KB131922

세상의 모든 수학

세상의 모든 수학

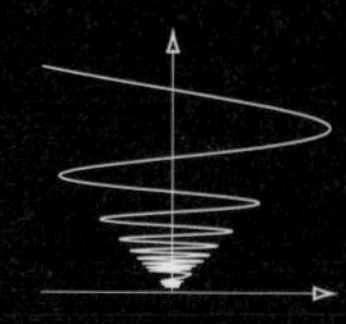

TOUTES LES MATHÉMATIQUES DU MONDE

세상에서 가장 매혹적인 수학 강의

에르베 레닝 지음
이정은 옮김 | 김성순 감수

다산사이언스

일러두기

1. 주요 고유명사가 본문에 가장 먼저 등장하는 곳에 알파벳으로 원문을 병기하였습니다.
2. 인명 표기는 국립국어원의 외국어표기법을 따랐습니다만 수학과 연관되어 더 친숙한 표기가 존재하는 일부 고유명사에 한해 예외가 있습니다.
3. 수학 관련 용어는 대한수학회 홈페이지(http://www.kms.or.kr)의 수학용어집을 참고하였습니다.
4. 본문에 등장하는 도서 제목은 대중에게 널리 알려진 제목이 있으면 우선하여 표기하였고, 더 깊이 알아보고 싶은 독자를 위해 원전에 가까운 언어와 제목을 선택하여 알파벳으로 원문 병기하였습니다.
5. 단행본은 『 』, 정기간행물은《 》, 논문 제목 및 영화, 희곡, 미술작품 등의 작품명은 「 」로 표기하였습니다.
6. 수식에서 '~등', 혹은 '계속해서 이어짐'을 의미하는 말줄임표는 '...'로, 문장 속의 말줄임표는 '……'로 구분하였습니다.
7. 서수와 수식에는 자릿수를 구분하는 쉼표를 사용하지 않았습니다.

감수를 마치며

프랑스 대학에서 수학을 가르친 지도 어언 25년이 되어 간다. 학생들을 가르치다 보면 지금까지 줄곧, 꾸준히 받게 되는 질문이 하나 있다. 과학을 전공하는 학생들에게서도 자주 받곤 하는데, "도대체 수학이 일상생활에 왜 필요합니까?"라는 것이다. 그들의 이야기를 들어보면 수많은 공식이나, 미적분 같은 복잡한 수학은 일상생활에 전혀 필요 없는 것 같다고들 한다.

그렇다, 수학은 우리들의 눈으로는 형태조차 볼 수 없는 것이다. 하지만 눈에 안 보인다고 그 존재 가치를 무시할 수 있을까? 우리는 뇌를 눈으로 직접 볼 수는 없지만, 우리는 뇌 없이 살 수 없다. 수학도 마찬가지다. 수학의 존재는 우리 일상생활에서 무궁무진하게 관여되어 있고 또 매 순간 존재하고 있다. 몇 개의 예를 들면, 의사가 환자의 암을 진단할 때에도 수학이 쓰인다. 암의 전이 단계가 초기인지, 말기인지를 판단하거나, 암의 전이속도를 파악할 때에 편미분학과 확률통계학을 기초로 한 프로그램을 이용하기 때문이다. 매일매일 우편물을 배달하는 집배원이나 택배기사들은 가능한 한 빠르고 짧은, 효율적인 루트로 배달을 완수하고 싶어 한다. 이를 잘 설명해주는 것은 그래프이론이다. 그 외에도 은행카드에는 암호론이 적용되어 있는 등 일상에서 수학이 쓰이는 예는 무수히 많다.

이처럼 우리와 멀리 떨어져 있다고 느껴지는 수학은 알고 보면 일상생활과 아주 가까이 연계되어 있다. 수학을 배우는 학생들에게 이런 예를 들려주면 더욱 더 호기심을 줄 수 있다. 아이들에게 2 더하기 3을 가르칠 때도, 아이가 초콜릿을 두 개 가지고 있는데 엄마가 세 개 더 주면 전부 몇 개를 먹을 수 있냐고 물어본다면 아이는 답을 더 쉽게 말할 것이다. 아이들을 대상으로 적은 수의 덧셈이나 뺄셈을 가르칠 때만 예시가 유용한 것은 아니다. 오히려 더 높은 수준의 수학을 배울수록 더 필요해진다.

대학에서 배우는 정수론에 중국의 나머지 정리Chinese Remainder Theorem라는 것이 있다. 이론만 따지자면 합동식Congruence expression을 모르는 사람이 언뜻 보기에는 무척 어렵고 복잡한 셈법이지만, 일단 이 정리에 왜 중국이라는 나라 이름이 붙게 되었는지부터 시작하면 약간이나마 호기심을 느끼게 할 수 있다. 궁금할 사람들을 위해 실제로 쓰일 만한 문제를 예로 들면, 수만의 병사를 통솔하는 한 장군이 각 소대별로 1,000명씩 병사를 배치하고 싶어 한다. 그런데 그 많은 사람들을 어느 세월에 하나하나 다 셀 수 있을까? 장군은 어느 학자에게 다른 쉬운 방도가 없는지 문의해 본다. 이 학자는 다음과 같이 세 단계를 거치면 1,000명을 간단히 쉽게 셀 수 있다고 대답한다.

첫 번째로, 군인들을 불러 모아 전체를 1,000명씩 나누면 만들 수 있는 소대의 수만큼 적당히 나누어 서도록 한 뒤, 각 소대별로 7명씩 일렬로 세운다. 전체가 몇 줄인지는 셀 필요 없다. 가장 마지막 줄에 딱 한 명 모자란 6명이 있는지 확인하고, 남거나 모자란 인원은 주위 소대와 조율하여 조건을 맞춘 뒤 다음 단계로 넘어간다. 이번에는 이 군인들을 다시 11명씩 일렬로 세우고 역시 맨 마지막 줄에 딱 한 명 모자란 10명만 남아 있나 확인한다. 이것도 만족되면 이제 마지막 단계로, 이번엔 같은 13명씩 일렬로 세우고 역시 마지막 줄에 딱! 한 명 모자란 12명이 남아 있나 확인한다. 여기까지의 세 단계가 모두 만족되면, 소대에 1,000명이 제대로 배치되었다고 결론짓는다.

이런 문제들이 중국의 문헌에 처음 등장한다. 5세기에 중국에서 쓰여진 수학서 『손자산경孫子算經』에 나온 문제가 연립 합동식의 동서고금을 막론하고 가장 오래된 기록이다. 언뜻 평범하게 들리는 이 문제를 수학적인 언어로 변형하여 알고리즘을 개발하게 되었고, 이 예화에서 모티브를 얻은 것을 기념하여 중국의 나머지 정리라는 이름을 붙였다. 실제로 이 정리를 수학적인 표현을 써서 증명하려면 그 과정이 그리 쉽지는 않다. 어찌되었든, 아무리 수학에 관심이 없던 학생도 이렇게 군대나 일상생활과 밀접한 얘기를 하면 귀를 기울이고 듣게 된다.

하지만 수학 과목을 가르치면서 항상 일상생활과 연결된 친숙한 예를 들기란 쉽지 않다. 이런 면에서 이 책은 여러 가지 재미있는 일화를 담고 있다(피타고라스의 정리나 에르되시Erdös 수에 관한 것 등등). 어떤 개념의 역사적인 내용을 소개할 때도, 모티브를 주기 위해 도움이 될 만한 이야기들이 꽤 있다. 또한, 이런 의미에서 내 조카들이 수행평가를 위해 수학 주제를 찾는 것을 보았는데 그럴 때도 이 책이 도움이 되리라 믿는다.

이 책을 읽는 동안 프랑스 교육 문화가 책의 곳곳에 깊이 배어있음을 많이 느꼈다. 프랑스 수학자들은 세미나에서 발표를 할 때도 주제의 모티프를 찾는 것에서부터 시작한다. 이들은 특정한 주제가 역사적으로 어떻게 생겨나고 발전해 왔는지 이해하는 것이 선행되어야 그 주제를 더 잘 파악할 수 있다고 생각한다. 따라서 세미나에서 연구자는 지금 발표하는 내용이 그 주제에서 어느 역할을 할 것인지, 그 목표를 알리며 시작한다.

프랑스의 이런 교육 철학은 나폴레옹이 교육 혁신을 외치며 세운 고등사범학교의 설립 이후 바뀌지 않고 계속 지금까지 전통을 이어오고 있다. 『세상의 모든 수학』 역시 같은 곳에 방점을 두고 쓰인 책이다. 책을 처음 읽기 시작했을 때 지난 20년간 대학에서 줄곧 가르쳐온 정수론, 그래프이론, 그리고 약간의 암호론을 포함한 모든 내용에 대해, 수학자들이 왜 이런 것을 생각하게 되었는지를 포함한 호기심에서부터 어떻게 현재 상태의 공식으로 결론이 나게 되었는지까지, 그 과정을 볼 수 있어서 페이지를 넘길수록 흥미를 더해갔다.

때문에 수학에 대해 처음으로 재미를 느끼기 시작하는 중학교 학생들이나, 또는 실전에서 어떻게 하면 학생들이 수학을 재미있게 공부할 수 있는 동기를 줄 수 있을까 고민하시는 중 · 고등학교 선생님들께 이 책을 적극 추천한다. 또한 입시를 끝내고 대학교에 갓 들어간, 이전에 수학 이론의 과정을 제대로 살펴볼 여유가 없었던 1학년 학생들에게도 일독을 권한다. 이 책이 대학 학부 2, 3학년이 배우게 될 여러 진법의 수나, 완전수 등과 같은 정수론의 많은 개념들이 탄생하게 된 역사적 동기까지 잘 설명해주고 있다. 당연히 학생들을 가르치는 교수님들에게도 훌륭한 참고서이며, 또 이 과정을 다 거치고 은퇴하신 교수님들께도 읽기의 즐거움과 함께 수학을 잊지 않고 계속 접하게 해줄 책으로 아주 많은 도움이 될 것이다.

비단 학생이나 교육자뿐 아니라, 이 책은 수학을 알아가고 싶은 모든 이들을 위한 것이다. 이 책의 저자는 매년 프랑스 전역에서 열리는 대규모 과학축제 페트 드 라 시앙스Fête de la science에서 대중에 여러 강의를 하며 알려진 유명한 수학자이자 그랑제콜 준비반École préparatoire(통칭 프레파, 그랑제콜 입시를 준비하는 학생이 고등학교 졸업 후 진학하는 3차교육기관) 교수님이시다. 게다가 내가 알기론 책에 나오는 내용 대부분이 프레파에서도 다루는 내용이다. 저자가 프레파에서 수십 년 가르친 경험이 있고 특히 이 과정은 프랑스의 필즈상 수상자들이 꼭 거쳐 가는 것으로, 그들이 어렸을 때 수학논리 기반을 다졌던 과정이니만큼 저자의 숙련되고 수준 높은 강의를 이 책에서 깊이 경험할 수 있을 것이다.

마지막으로 이 책의 추천사를 쓰게 되어서 영광으로 생각하고 좋은 책을 만나게 해준 다산북스에 감사의 마음을 전하고 싶다.

2020년 3월, 파리에서

김성순

서문 대신 쓰는 글

최초의 수학자들이 짐승의 가죽을 걸쳐 입었고 저녁식사로 영양을 사냥해 먹었다는 사실을 알고 있는가? 원주민들이 자신도 모르는 사이에 수학을 했다는 사실은? 수학 문제 풀이 경연대회가 각종 잡지의 여름 특집호 편집자들이 만들어낸 것이 아니라 이미 르네상스 시대에 이탈리아에서 유행했다는 사실은 어떤가? 어떤 수학 정리는 증명할 수는 없어도 참이라는 사실은?

당신은 이 책을 읽으면서 이 모든 것과 또 다른 여러 사실을 알게 될 것이다. 시공간을 뛰어넘어 여행하고, 고대 이집트에서 스핑크스의 수수께끼를 만나고, 무한과 복소수 앞에서 아찔함을 느끼며 전율하고, 프랙탈 도형이 그리는 무한한 경치를 보며 놀라고, 군론群論과 수백만 달러가 걸린 수학 문제 때문에 어리둥절해질지 모른다.

물론 세상의 모든 수학으로 떠나는 여행이 편안하지만은 않을 것이다. 가끔은 놀이동산에서 기구를 탄 것 같은 아찔한 느낌을 받을지도 모른다. 열심히 머리를 써야 할 테니 각오하자! 수학적 세계의 아름다움을 온전히 느끼려면 이 시간만큼은 끈질기게 매달려야 한다. 하지만 트레일 경주나 축구 시합을 준비하느라 훈련할 때도 역시 노력이 필요하지 않은가? 단언하건대, 이 여행은 충분히 노력할 만한 가치가 있다. 철학자 알랭 바디우Alian Badiou는 『수학 예찬Éloge des mathématiques』에서 수학을 산행에 비유한다. "오르는 길은 길고 힘겹다. …… 땀이 나고 고통스럽지만, 일단 정상에 오르면 그 보상은 이루 말할 수 없이 크다. 정말이다." 나도 같은 말을 하고 싶다.

하지만 그렇다 해도 왜 굳이 수학에 관심을 갖느냐며 되물을 사람도 있을 것이다. 현대인 대부분에게 문화와 수학은 거의 반대말에 가깝다. 프랑스에는 수학만 다루는 박물관은 없다. 세드리크 빌라니Cédric Villani, 1973년 출생(프랑스의 수학자이자 정치가 — 옮긴이)가 이런 계획을 하나 추진하고 있기는 하지만 말이다. 그럼에도 불구하고 피타고라스 정리의 증명이나 플라톤의 『메논Menon』에 나오는 논증은 호메로스의 서사시와 마찬가지로 인류 문화유산의 일부다. 마찬가지로, 항성이 움직이는 가운데 생기는 월식 현상을 이해하는 일 역시 르네상스 시대 화가들의 은밀한 기법만큼이나 문화의 일부를 이룬다. 이런 예는 그야말로 무궁무진하다.

매년 5월, 프랑스 파리의 생쉴피스Saint-Sulpice 광장에서는 박람회가 열린다. 그 박람회 이름에는 서로 잘 어울릴 것 같지 않은 단어 3개가 나란히 놓여 있어 지나가는 행인들을 놀랜다. 바로 '문화와 수학 놀이 박람회Salon de la culture et des jeux mathématiques'다. 어떤 이들은 '놀이'와 '수학'이라는 단어를 나란히 놓은 것을 보고 일종의 피학증被虐症까지 느낄지 모른다. 아마 학교에서 우등생을 선별하는 데 주로 수학을 이용하기 때문일 터다. 그럼에도 불구하고 수학의 세계에 들어서는 데 성공한 사람은 수학의 유희적인 측면에 매료되고 수학 수수께끼를 풀면서 특별한 행복감을 맛본다. 이런 경우가 비일비재하다.

당신이 손에 든 이 책은 이 박람회와 똑같은 목적을 추구한다. 바로 수학을 일반교양에 편입시키는 것이다. 다시 말해, 이 책은 수학에 관한 책이지 수학책은 아니다. 그런 점에서 이 책의 독창적인 면으로 수학이 시작된 기원부터 (18세기에서 멈추지 않고) 오늘날까지의 수학을 두루 소개하고, 알렉산더 그로텐디크Alexandre Grothendieck, 1928~2014 같은 현대 수학자를 과감히 다루며 수학이 언제나 살아 있음을 보여주고자 했다.

수학의 매력 가운데 하나는 보편성이다. 오로지 하나의 수학 문화만이 존재한다. 모든 수학자는 똑같은 언어를 말한다. 여성의 수학이 따로 존재하지도 않는다. 여성 수학자가 남성 수학자보다 적고 과학 교육 분야에서 여학생 수를 늘리는 일이 시급하긴 하지만, 수학에는 남녀 구분이 없다. 수학은 유일하고, 바로 이 때문에 프랑스에서는 수학이 복수형 '레 마테마티크les mathématiques'가 아니라 단수형인 '라 마테마티크la mathématique'로 일컬어지는 경우도 흔하다. 비록 이 책에서는 예전의 관례에 따라 복수형으로 쓰겠지만 말이다.

수학에 관한 전체적인 관점을 제시하기 위해서 이 책은 네 부분으로 나누어진다. 제1부에서는 수학의 기원을 다루며, 거대한 주요 수학적 질문이 정립되어온 모습을 살펴본다. 제2부에서는 이런 질문이 점차 추상화되어온 과정을 다루면서, 측량 같이 상대적으로 구체적인 목표를 추구하던 것이 어쩌다가 결국 에바리스트 갈루아Évariste Galois, 1811~1832나 앙리 푸앵카레Henri Poincaré, 1854~1912, 그로텐디크가 정립한 구조까지 나타나게 되었는지 보여준다. 제3부는 수학의 핵심, 즉 수학이 실제로 무엇인지를 다룬다. 따라서 상대적으로 철학적인 부분이기도 하다. 끝으로 제4부에서는 수학이 오늘날 어디에나 존재하며 수학의 존재를 무시하기 어렵다는 사실을 보여준다.

이 책에서 가능하면 수학 공식을 사용하지 않으려고 노력했다. 하지만 공식이 수학에서 유용하고 핵심적이라는 사실을 보이려고 몇 개를 남겨 두었다. 물론 어떤 공식의 바탕을 이루는 개념을 파악하기 위해서 그 수식의 미세한 특성을 모두 이해할 필요는 없다. 공식을 단순한 예로 간주하면 기본 개념을 이해하는 데는 무리가 없을 것이다.

수학의 세계에 온 당신을 환영한다!

차 례

감수를 마치며 • 005

서문 대신 쓰는 글 • 010

PART 1 | 기원

1 선사시대 및 고대의 뿌리 ········ 025

이상고 뼈 | 상거래의 증거 | 십 자릿수와 백 자릿수의 발명 | 주사위는 던져졌다! | 손가락으로 세기 | 마법의 수 | 유리수 | 신비주의가 끼어들다

2 원주민의 은밀한 수학 ········ 037

남자는 Tj, 여자는 N | 새로운 발견 | 원주민은 수학자였을까?

3 마법과 수학 ········ 043

완전수의 신적인 아름다움 | 마방진 | 의심할 여지 없는 심오함

4 세계의 측량자들 ········ 052

피라미드 위에서 4세기가 당신을 지켜보고 있다 | 세계를 측정하기 | 달의 둘레 | 지리학 연구소의 선조들 | 자오선을 공략하다

5 지도는 왜 부정확한가 ········ 065

경도와 위도 | 메카로 직진 | 지도는 쓰레기통으로?

6 피타고라스 정리에 얽힌 대서사시 ········ 071

정사각형의 문제 | 천 년 전 티그리스와 유프라테스 강가에서 | 태블릿 스타 | 중세의 이집트 삼각형 | 중국에서는 구고의 정리 | 가장 아름다운 증명: 레오나르도 다빈치

7 파악할 수 없는 희귀한 소수 086

기원 | 소수가 테이블 위에 오르다! | 아주 큰 소수들 | 잃어버린 규칙성을 찾아 나선 모험가들 | 악랄한 쌍둥이 | 한 노숙자와 증명이 담긴 여행가방 | 백만 달러 | 소수가 시험을 통과하다

8 역사에서 잊힌 계산법들 102

일본 수판 | 무(無)의 중요성 | 러시아식 곱셈법 | 다른 계산법 | 로그의 힘

PART 2 | 추상의 탄생

9 불가능의 아찔함 121

염소가 들판에 있다 | 펼쳐진 봉투 | 그리스인들의 맹목성 | 불가능에 대한 커다란 도전 | 아르키메데스의 나선 | 대수학, 성공의 열쇠 | 역사상 가장 유명한 정리

10 영 : '무'를 일컫는 단어 135

메소포타미아인들의 혼동 | 수냐, 비어 있음

11 수이기도 한 영 138

멍청한 질문 하나 | 젠장, 대체 영이 뭘 세는 거야? | 0, 자연수의 기초

12 방정식에 미쳐 허구를 만들어낸 사람들 145

전통의 계승자들 | 공책에 적힌 해법 | 대결 | 해답은 시에 담겨 있다 | 실수인 해는 없었지만…… | i에 대한 사실들

13 무한대가 계산에 끼어들면 155

아르키메데스, 제자리에서 빙빙 돌다 | 무한대를 부정하다 | 역설적인 무한대 | 비밀에 둘러싸인 방법 | 불가분에서 무한소로 | 무한대인 다른 합들 | 극한 개념에 구원을 요청하다

14 초월함수 도감 166

지수함수 | 평온한 가정의 아버지 | 오일러의 놀라운 발견 | 멱급수 | 복소수를 넘어서

15 함수 개념을 정의하는 일의 까다로움 ······ 174
널리 퍼져 있는 혼동 | 미분에 대한 제한적 시각 | 의미 손실 | 기하학 만세

16 기하학의 여러 얼굴 ······ 181
평면기하학: 정리들의 장(場) | 등거리변환은 무엇을 감추고 있나 | 닮음 |
아핀기하학: 면적을 중심에 두다 | 아핀기하학의 유명한 두 가지 정리 |
라파엘 그림의 기하학 | 파푸스의 정리 | 원뿔의 사영 | 신기한 육각형 | 비유클리드기하학

17 군의 무미건조한 아름다움…… ······ 200
그 기원은 기하학 | 추상적인 정의 | 군의 유용함 | 벡터 공간 |
벡터와 다항식을 잇는 다리 | 구조의 다른 영웅: 부르바키

18 전산학의 도전 ······ 211
소리와 이미지 | 튜링의 모델 | 보편 기계

19 우연과 혼돈을 길들이기 ······ 218
주사위를 조작해놓았나 | 피스톨 나누기 | 우연에 다른 의미 부여하기 |
콜모고로프가 최종 정리하다 | 수학자들 발에 바늘 | 가짜 난수

20 프랙탈, 덧없는 양상인가? ······ 230
코흐의 눈송이 | 프랙탈의 차원 | 동역학계에서 끌어온 한 가지 예 | 이상한 경계 |
망델브로 집합 | 소련의 음모

21 파이값을 찾으려는 혼신의 노력 ······ 240
오래된 광적인 경주 | 근대의 성과 | 알고리즘 효율성을 찾아서 | 파이는 정규수인가

22 밀레니엄 도전 ······ 246
면과 구멍 | 알고리즘 복잡성에 대한 도전 | 쉬운가 아닌가 | 추측: NP 문제

PART 3 | 수학의 중심부에서

23 수학, 수수께끼의 학문 ······ 259

여름휴가철 첫 게임 부록 | 달걀 바구니 | 브라마의 탑 | 밀알 | 짓궂은 로이드 | 불가능을 대중화한 사람

24 수학자는 모두 플라톤주의자인가? ······ 268

플라톤과 동굴의 비유 | 수학의 세계는 인간보다 먼저 존재했을까 | 시라쿠사 침공 | 이상적인 세계

25 공리는 무엇인가? 정리는 무엇인가? ······ 275

증명 과정 | 중요한 세 가지 논리 규칙 | 귀납 증명 | 정형 증명

26 칸토어의 천국과 직관론자들의 지옥 ······ 282

무한대에 질서를 부여하기 | 유클리드를 반박하다 | 스캔들 | 얼토당토않은 이야기 | 수학의 위기 | 집합론의 근대적 공리 체계

27 증명할 수는 없지만 진실! ······ 291

23개의 문제 중 하나 | 이 모든 것 뒤에 있는 근본적인 질문 | 기수에 대한 고찰 | 튜링 기계

28 수학자들이 바라보는 선과 악 ······ 298

절대적인 진리 추구 | 정신적 분열 | 어떤 입장을 취해야 하나 | 핵폭탄 | 수학에서의 미(美)

29 오류는 어리석음인가 진보의 열쇠인가 ······ 307

증명의 혼란스러움과······ 태양계에서 | 회전하는 바늘

PART 4 | 수학은 어디에나 있다

30 물리학이 수학이 될 때 ······ 319

아리스토텔레스와 지동설 | 수학적 접근의 요람기 | 케플러의 법칙 | 우주공간에서의 중력

31 신호 처리 ······ 326

모든 것을 바꾼 금속막대 | 근사한 생각 | 격렬한 반발 | 어디에서나 쓰이다 | 웨이블릿에 의한 압축

32 건축과 수학 ······ 333

점점 더 거대해지는 궁륭 | 건축학적 도전 | 지진에 저항하기 | 근대적 다리 | 직선으로부터 곡선을 | 원자력발전소의 (기하학적) 아름다움 | 과감한 건축물들 | 음향을 개선하기 위한 곡선

33 수학과 예술: 의심할 여지없는 가까움 ······ 351

프랙탈 예술 | 기하학, 수학과 회화를 잇는 다리 | 미치게 하는 기하학! | 쪽매맞춤, 기하학과 회화의 이단아 | 음악이 좋으면…… 수학이 울려 퍼지면

34 지구를 구하기 위한 수학? ······ 370

나그네쥐의 개체 수 | 팬데믹: 질병 범(汎)유행 주의 | 모기 정리 | 지수적 증가: 현실인가 모델인가

35 신생아의 수명을 예측할 수 있을까 ······ 379

살아 있는 사람의 기대 여명 | 현재의 생명표 | 그 기원은 해운업 | 이항분포

36 언론이 너무 빨리 숫자를 꺼내들 때 ······ 388

고속도로 위의 보행자 | 노숙자에 대한 논란 | 원자력 사고 | 차별의 오류 | 놀라운 벤포드의 법칙

37 여론조사와 선거의 뒤범벅 396
좋은 표본 | 여론조사의 위험 | 선거제도의 부당함 | 비례대표제도 능사는 아니다
법정에서 벌어지는 실수 | 무죄일 확률?

38 금융 수학은 범죄인가 407
46억의 손실 | 불안정성은 지속되는가

39 디지털, 위험인가 고용의 기회인가 411
보안을 위한 무작위 키 | 현대 암호 | 양자 알고리즘 | 소프트웨어에 난 문

40 지능적 기계로? 419
스팸 차단 필터에서 쓰이는 수학 | 검색 엔진 | 로봇공학의 법칙

에필로그 • 426
감사의 말 • 428
옮긴이 후기 • 429

부록

참고문헌 및 자료 • 434
이미지 출처 • 447
글상자 목록 • 449
찾아보기 • 451

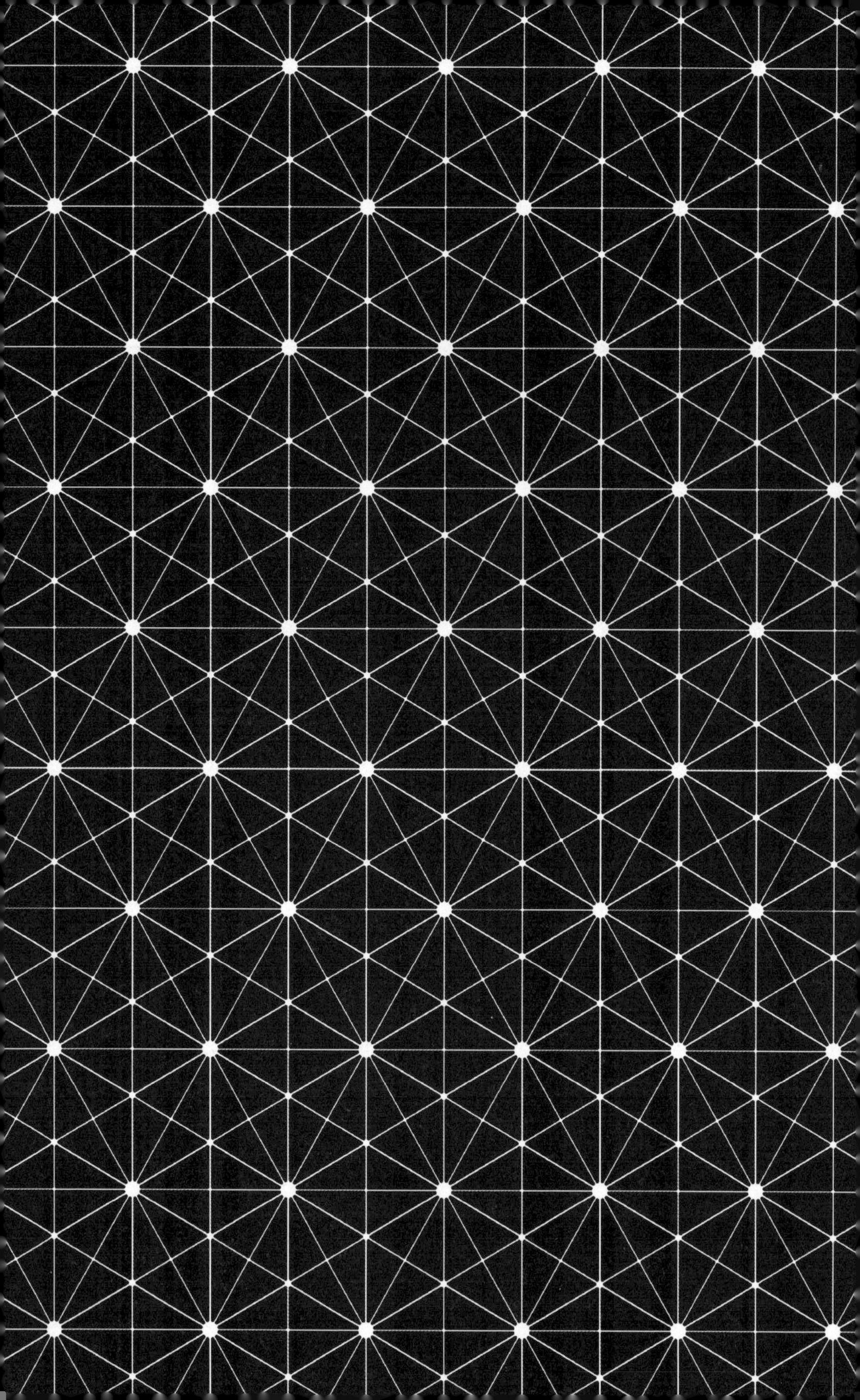

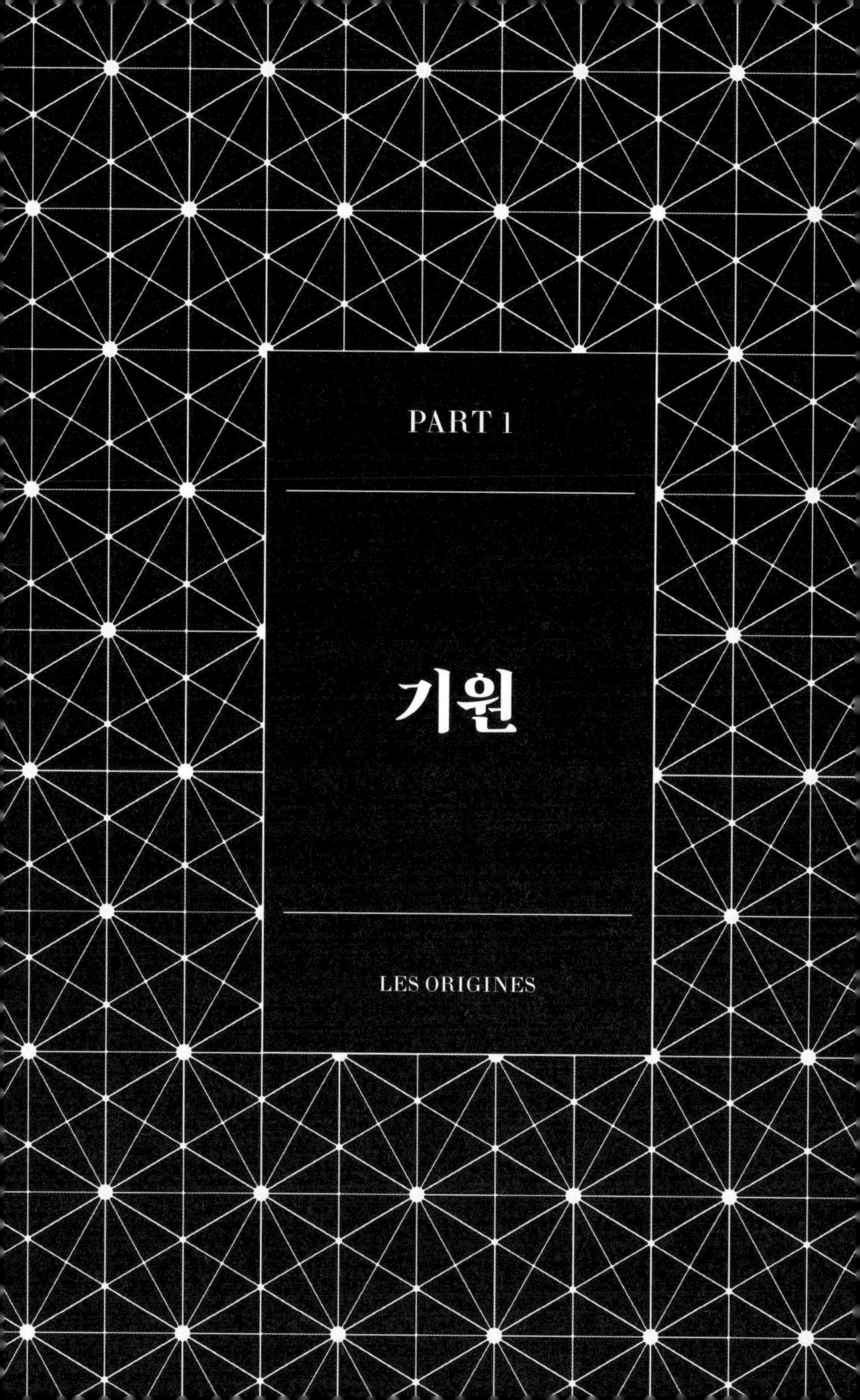

PART 1

기원

LES ORIGINES

수학은 언제 처음 만들어졌을까? 수학이라는 학문이 최초로 시작된 순간은 언제일까? 이 질문에 답하기란 어렵다. 인간이 수를 셀 줄 아는 유일한 종은 아니기 때문이다. 모든 동물은 수량을 가늠하는 감각을 타고난다. 벌은 1개부터 4개의 상징을 그린 그림을 알아본다. 유명한 앵무새 알렉스는 8까지 세는 법을 배웠다. 침팬지들은 적어도 연구실에서는 초콜릿 여러 개를 더한 적이 있고, 심지어 아라비아 숫자 같은 기호를 더하기도 한다.

동물의 이런 쾌거를 보면 수가 인간보다 먼저 존재했음을 알 수 있다. 수학자 레오폴트 크로네커Leopold Kronecker, 1823~1891는 이런 생각을 이렇게 요약했다. “신이 정수를 만들었고, 나머지 모든 것은 인간의 작품이다.” 그렇다 해도 인류 역사에서 ‘호모사피엔스’가 새로운 거주지로 이동하기 전에 자기 자식들이 전부 다 있는지 확인하거나, 사냥으로 잡아 온 순록의 넓적다리를 서로 똑같이 나누어 갖는 것만으로는 만족하지 못한 어떤 순간이 있었을 것이다. 별안간 호모사피엔스의 머릿속이 불이 켜지듯 환히 밝아졌다. 그 순간, 그는 부족들 간의 물물교환을 확인하거나 영토의 경계를 정하는 따위의 여러 가지 일을 할 때 수가 유용할 수 있다는 사실을 깨달았다. 고고학에 따르면 인간은 수천 년 전에 이런 깨달음을 얻었다.

최초의 수학은 구체적인 걱정거리에서 탄생한 듯 보인다. 바로 수를 세는 문제 말이다. 또, 수학은 가끔 다른 모습을 띠거나 무엇엔가 가려져 있다. 우리가 앞으로 살펴볼 토착 원주민이 근친혼을 피하는 전통적인 규칙에서처럼 말이다. 고대 이집트와 메소포타미아인이 맞닥뜨린 측량 문제에서도 이런 실용적인 측면을 찾아볼 수 있다. 나일강이나 유프라테스강이 범람한 다음에 자기 밭을 어떻게 되찾을 수 있었을까? 농부가 지닌 땅의 크기에 따라 달리 매겨지는 세금을 어떻게 계산했을까? 이런 구체적이고 일상적인 질문이 바로 '지구의 측량'이라는 어원을 지닌 기하학의 기원이었다.

수학은 농경과 토지에 관한 문제로부터 시작되었지만, 순전히 생각으로만 다룰 수 있는 추상적인 문제로 빠르게 진화했다. 지구 둘레의 길이를 추정하거나 메카의 방향을 찾아내는 따위의 문제 말이다. 수는 마술적인 의미를 띠었고, 그래서 가끔은 완전수 같은 의미심장한 이름이 붙은 흥미로운 문제가 제기되기도 했다.

이 시공을 넘나드는 여행을 아프리카 스와질란드 레봄보Lebombo산맥의 경사가 완만하고 푸르른 언덕 위에서 잠시 쉬어가는 것으로 시작하자. 그곳에 있는 어느 동굴에서 이상한 표시가 새겨진 뼈 한 조각이 발굴되었다…….

선사시대 및 고대의 뿌리

I

인간이 수학적으로 사고했다는 가장 오래된 흔적은 아프리카에서 발견되었다. 그것은 수만 년 된 눈금이 새겨진 뼈다. 우리 조상인 호모사피엔스는 사냥을 하고 야영지에서 입을 옷을 만들고 채집을 하다가 이따금 뼈에 평행으로 줄을 여러 개 그었다. 그들은 무엇의 수를 헤아린 것일까? 사냥으로 잡은 동물? 지나간 날수? 우리는 그것이 무엇인지 모르고, 심지어는 그 흔적이 그들이 무언가를 세기 위해 남겼는지조차 확신할 수 없다.

어쨌든 이런 흔적 가운데 알려진 가장 오래된 것은 기원전 3만 5000년경 전의 유물로 추정된다. 그것은 줄이 29개 새겨진 원숭이의 뼛조각으로 1970년대에 아프리카 남부 스와질란드의 레봄보산맥에서 발견되었다. 이 자국은 서로 완벽하게 평행한데, 이 말은 표시를 한 사람이 의도적으로 그렇게 했다는 말이다. 거기에다 자국이 29개라는 것까지 고려하면…… 어떤 이들은 이 자국이 태음력을 가리킨다고 생각할 것이다. 아마도 태음월의 일수를 세려 했던 것이 아닐까?

이상고 뼈

하지만 가장 큰 파문을 일으킨 뼛조각은 현재 콩고민주공화국의 이상고Ishango에서 발굴한 어떤 도구의 손잡이다. 약 2만 년 전에 호모사피엔스가 그 위에 일정한 간격으로 평행하게 수십 개의 홈을 새겨놓았는데, 이는 곧바로 수를 나타낸 것이라는 생각을 불러일으켰다.

1950년대에 이 뼈가 세상에 알려지자 이 표시가 무엇을 뜻하는지를 두고 격렬한 논쟁이 벌어졌다. 홈이 서로 다른 개수(11개, 그다음에 21개, 19개, ……)로 한데 모여 있는 이유는 오늘날까지도 여전히 수수께끼다. 가설에 따르면, 이런 불규칙성은 이 도구를 사용한 사람이 우리처럼 10단위로 숫자를 센 것이 아니라 보다 복잡한 형태의 (13을 12+1로 표시하는 나이지리아 야스구아족의 기수법 같은) 기수법을 사용했음을 입증한다. 과학자들은 이상고 뼈에 새겨진 표시가 수를 세는 능력을 증명한다는 사실에는 모두 동의하지만, 오늘날까지도 여전히 과학 저널의 지면이나 학회에서 이 표시가 의미하는 바를 어느 수준까지 해석해야 하는지를 두고 서로 격렬히 다투고 있다.

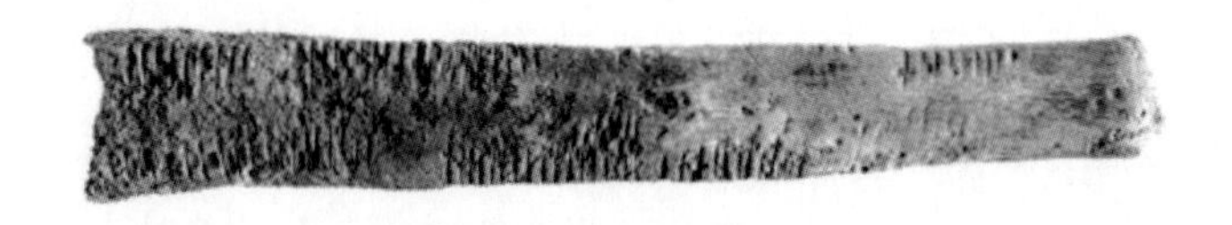

이상고 뼈. 브뤼셀 자연사박물관.

상거래의 증거

반면에 이보다 훨씬 후대에 만들어진 점토 주머니에 대해서는 보다 확실히 알려져 있다. 짐승의 수를 세는 데 사용한 이 주머니는 기원전 1500

년에 만들어졌으며 메소포타미아의 누지Nuzi 궁전 발굴터에서 발견되었다. 2개의 인장이 찍혀 있는데, 하나는 목동의 것이고 다른 하나는 가축 떼의 주인의 것으로 밝혀졌다. 바깥에는 쐐기문자로 '49마리 가축 무리'라고 쓰여 있다.

메소포타미아 누지에서 발견된 점토 주머니.

점토 주머니 안에는 정확히 49개의 돌멩이가 들어 있었다. 그래서 이 주머니가 일종의 영수증 역할을 했음을 쉽게 짐작할 수 있다. 돌멩이는 목동에게 맡겨진 양의 수를 나타낸 것이다. 목동이 마을로 돌아오면 양 주인은 점토 주머니를 부수어 개수가 맞는지 확인했다.

영리한 방법이긴 했지만, 점토 주머니는 시간이 흐르면서 다른 상거래 증거로 대체되었다. 바로 계산 막대기다. 이름은 막대기지만 실제로는 나무나 구운 점토로 만든 판으로, 그 위에 구매자와 판매자 간에 거래한 천이나 포도주 병 개수를 칼로 홈(프랑스어로 앙타유entaille — 옮긴이)을 내어 표시했다. 그런 다음 이 판을 긴 면을 따라 반으로 잘라 두 사람이 나누어 가졌다. 고객과 공급자가 모두 배송물이나 빚의 양을 정확히 알 수 있는 아주 영리한 방법이었다.

이런 식의 거래는 현대 프랑스어에도 흔적이 남아있다. 상인이 지니고 있던 판 조각은 타유taille라고 불렀고 구매자가 지닌 판은 콩트르타유 contre-taille(또는 에샹티옹échantillon)라고 불렀다. 앙시앙레짐(프랑스혁명 전의 구체제 — 옮긴이) 아래서 프랑스 국세청은 홈을 낸 막대기를 이용해서 내야 할 세금의 총액을 알려주었고, 여기에서 이 옛 세금의 이름(타유taille. 우리말로는 '인두세'라고 옮긴다 — 옮긴이)이 유래했다. 많은 경우에 인두세가 확실한 증거 없이 부당하게 책정되었기 때문에 이로부터 '끝없이 악용 가능한', 즉 '제멋대로 매긴 인두세와 부역을 부담해야 하는(taillable et corvéable à merci)'이라는 관용 표현도 생겼다.

십 자릿수와 백 자릿수의 발명

작대기를 그어 양 떼나 천의 수량을 세는 게 참 좋은 방법이긴 하지만, 그 수가 수십에서 수백에 이른다면 차라리…… 수십 개와 수백 개 단위로 세는 편이 낫다. 수를 일련의 선으로 나타낸 칼자국 표기법은 자연스러운 논리로 좀 더 큰 수를 표기하기 쉬워지는 쪽으로 발달했다. 가장 오래된 것은 이집트와 바빌로니아의 표기법으로 각각 기원전 3000년과 기원전 4000년에 만들어졌다. 이중에서 우리와 보다 가까운 시기에 문명이 꽃핀 이집트에서는 10단위를 사용했다. 즉 어떤 숫자든 10, 100, 1,000 등의 단위로, 아니, 막대기와 편자, 파피루스 두루마리, 연꽃, 별을 가리키는 손가락, 올챙이, 신 형상의 기호(신 기호는 100만에 해당)로 분해했다.

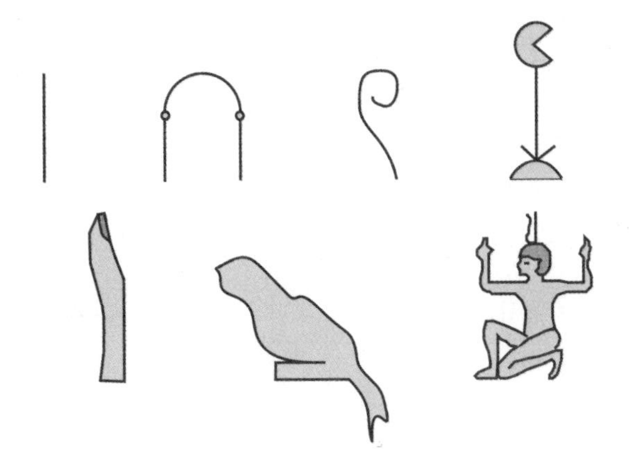

이것을 쉽게 읽기 위해서 고대 이집트인은 단위를 한 줄로 쓰지 않고 두세 줄로 나누어 썼다.

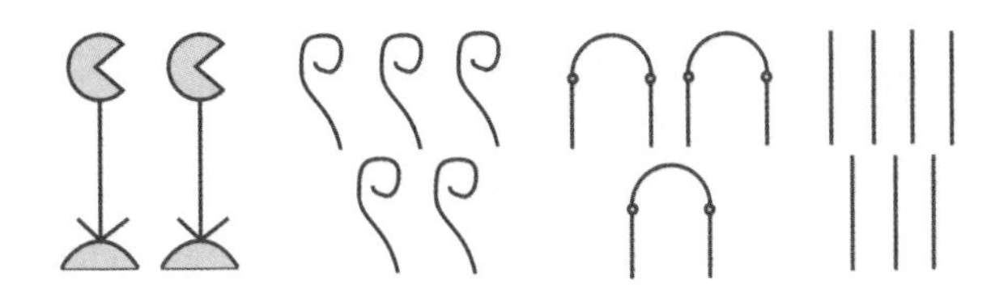

2,537을 상형문자로 쓴 것.

이들의 기수 체계는 순전히 가법加法적인 방식이었다. 즉 최종적인 수는 구성 요소의 총합으로, 오늘날 숫자와 자릿수로 구분하는 우리의 기수 체계와는 달랐다. 대신 이런 가법적인 방식을 사용함으로써 기호를 원하는 순서대로 적을 수 있었다. 가령, 24는 두 가지 방식으로 쓰일 수 있었다.

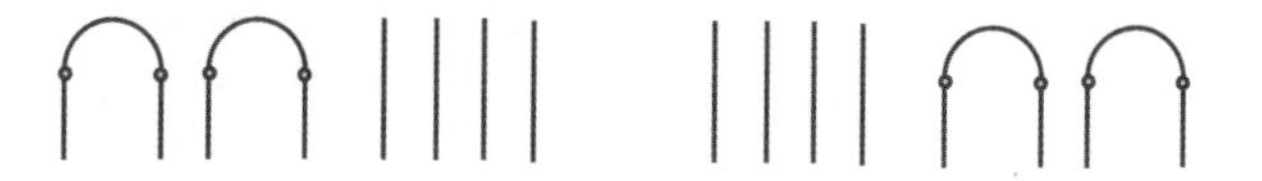

24를 서로 다른 두 가지 방식으로 쓴 것.

다른 특징은, 단위를 나타내는 막대나 다른 기호는 한 줄에 4개를 넘지 않았다는 점이다. 남은 막대는 그 아래에 적었다. 이런 방식으로 1부터 9까지 숫자는 다음과 같이 썼다.

주사위는 던져졌다!

카이사르는 자신의 군대를 이끌고 루비콘강을 건너면서 "주사위는 던져졌다!"라고 외쳤다고 한다. 만일 카이사르가 그날 실제로 주사위를 던졌다면, 주사위를 던져 나온 수를 말할 때 이집트 기수법보다 (후대에 만들어지긴 했지만) 더 복잡한 기수법을 이용했을 것이다. 로마인은 수를 10 단위로 셌지만 여기에 절반 단위를 더 만들었다. 즉 5는 V, 50은 L, 500은 D처럼 말이다. 그래서 155는 CLV(100+50+5)로 표기했다.

로마에서 좀 더 후대에 이르러 똑같은 기호를 3개 이상 나열하지 않기로 하면서 다른 규칙이 생겼다. 뺄셈 원칙이 추가된 이 규칙으로 인해 숫자 4는 IV로 쓰게 되었다. 아마도 인간이 숫자를 즉각적으로 파악할 때 부딪히는 자연스러운 한계 때문에 이런 규칙이 생긴 것 같다. 우리는 적은 수는 금방 본능적으로 파악하지만, 그 수가 4를 넘어가면 머릿속으로 이것을 다시 4 이하의 그룹으로 나누어야 한다. 로마인은 같은 기호의 개수를 줄여서 머리로 해야 하는 수고를 덜었다.

손가락으로 세기

이집트인과 로마인처럼 중국인도 10을 기본으로 한 가법적 기수법을 사용했다. 10을 기본 단위로 삼은 기수법이 많다는 게 놀랄 일은 아니다. 우리한테는 손가락이 10개 있으니까. 어떤 다른 민족은 발가락까지 합해 우리에게 20개의 손발가락이 있다는 사실을 잊지 않았다. 그래서 콜럼버스에게 발견되기 이전의 아메리카대륙에서 아즈텍족은 마야족과 마찬가지로 20을 기본으로 한 가법적 기수법을 사용했다. 아마 유럽의 켈트Celts(프랑스의 원주민인 골족은 이 지역에 정착한 켈트족을 일컫는다. 프랑스 일대의 과거 지명인 갈리아에서 유래했다 — 만든이)족도 그랬던 것 같다. 이 사실을 알면, 프랑스어에서 80을 카트르뱅quatre-vingt(4-20)이라고 부르는 것과 파리의 캥즈뱅Quinze-Vingts(15-20)병원의 이름이 이해된다. 캥즈뱅병원은 20명의 15배, 즉 300명의 환자를 수용할 수 있었다.

10 또는 20 단위로 수를 세는 것이 자연스러워 보이긴 하지만, 최초의 위치 기수법(기호의 순서가 중요한 기수법)의 단위는…… 무려 60이었다. 더욱 놀라운 것은, 우리가 시간과 각도를 재는 데 이 기수법을 아직까지 사용하고 있다는 사실이다! 적어도 기원전 3000년 전에 바빌로니아에서 고안된 이 기수법은 오늘날 점토판 형태로 우리에게까지 전해져 내려온다. 좀 더 정확히 말하자면 바빌로니아 기수법은 혼합형이었다. 1부터 59까지의 수는 10을 기본으로 한 가법적 기수법으로 썼다. 쐐기 하나를 1단위로 정해 1부터 9까지 다음과 같이 썼다.

그리고 10단위를 표시하기 위해 갈매기 기호를 고안해 덧붙였다(10부터 50까지).

우리는 여기서도 위에 언급한 최대 4개 요소로 된 그룹으로 나누어 쓰는 원칙을 찾아볼 수 있다. 가령 1,637과 5,002를 쓰려면, 일단 60을 단위로 하여 수를 나누고 ($1637=27\times60+17$, $5002=3600+23\times60+22$), 그런 다음에 10 단위 이하의 나머지를 옆에 적는 방식으로 변환했다.

마법의 수

어째서 바빌로니아인은 일반적인 상식을 거스르면서까지 수를 세는 기본 단위를 60으로 정했을까? 당대의 문서가 발견되어 해답을 밝혀줄 때까지 우리는 그저 가설을 세워볼 수밖에 없다. 가장 그럴듯한 가설은 천문학적인 이유, 즉 달력과 관련해 그렇게 정했다는 주장이다. 달력상의 연도는 순환하는 특성을 띠므로 하나의 원으로 간주할 수 있다. 대략 360일을 기준으로 한 은유적인 원과 360도짜리 진짜 원은 사실 거의 비슷하다고 볼 수 있다. 게다가 달은 1년에 12개의 순환주기를 지니므로, 바빌로니아인이 10과 12 단위 사이의 타협점을 선택했을 수 있다. 그리고 그것은 자연히 10과 12의 최소공배수…… 60이었다. 그런데 360 역시 60의 배수다. 그러니 하늘을 관찰하다 보면 60은 일종의 마법의 수에 해당한다는 사실을 알 수 있다.

60을 기준으로 수를 분해하는 것은 정삼각형, 정사각형, 정오각형, 정육각형 같은 단순 정다각형에 관심을 둔 당시의 수학에서 의미 있는 일이었다. 그런데 이런 도형은 각각 그 가장자리에 놓인 원의 6분의 1, 4분의 1, 10분의 3의 각도를 내포한다. 이 각이 정숫값을 띠려면, 그 전체 둘레에 6과 4, 10의 공배수, 즉 60의 배수를 할당해야 한다.

여기에 덧붙여 이들 도형의 모든 내각이 정숫값을 띠려면, 전체 둘레가 360이어야 한다. 이 경우 내각은 정삼각형이 60°, 정사각형이 90°, 정오각형은 108°다.

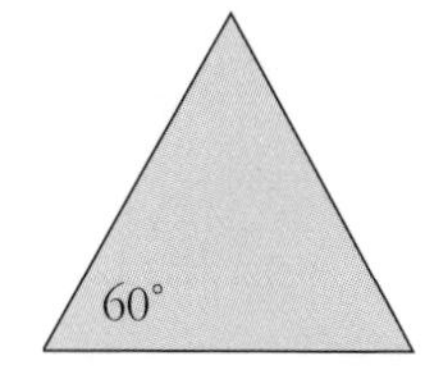

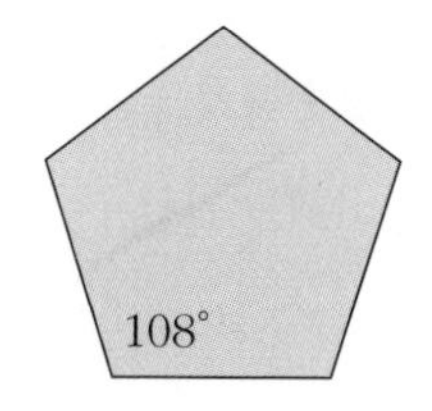

기하학의 기본 각도 60°는 이렇게 바빌로니아인에게 중요한 의미를 지녔다. 이런 생각은 이 민족이 전해준 오래된 유산으로 남아 오늘날 우리가 각도와 시간을 분(1시간 또는 1°=60분)과 초(1분=60초)로 재는 방식에서 다시 찾아볼 수 있다.

유리수

옛날 옛적에 스핑크스의 수수께끼와 린드 파피루스Rhind Papyrus의 수수께끼가 있었다. 이 수수께끼는 "어떤 수를 그 수의 7분의 1에 더하면 19가 된다. 이 수는 무엇일까?"다. 기원전 1650년 전쯤으로 거슬러 올라가는 이 린드 파피루스 덕분에 우리는 고대 이집트 수학에 흠뻑 빠져들게 된다. 린드 파피루스는 이미 해답이 주어진 산술과 기하, 측량(면적 계산) 문제 84개를 모아놓은 것이다. 위에 소개한 제24번 문제는 분수에 관한 문제다. 우리가 정수에 대한 감각을 타고났다면, 분수의 경우는 다르다. 오늘날 우리는 분수도 수로, 좀 더 정확히 말하자면 유리수로 간주한다.

이집트인은 분수를 표현하려고 단위 분할에 기초한 체계를 만들었다. 입 모양 상형문자(이것은 '부분'을 뜻하기도 한다) 아래에 숫자를 하나 적으면 $\frac{1}{2}$, $\frac{1}{3}$, $\frac{1}{4}$ 등을 뜻했다. $\frac{1}{2}$ 같은 기본적인 분수와 단위분수가 아닌 2개의 분수$\left(\frac{2}{3}\right.$와 $\left.\frac{3}{4}\right)$는 고유 기호를 지녔다. 그리고 다른 모든 분수는 가법적 원칙을 지켜 분수를 여러 개 나열해 표현했다. 가령 이집트인은 $\frac{5}{6}$을 아래와 같이 $\frac{1}{2}+\frac{1}{3}$로 나누어 썼다.

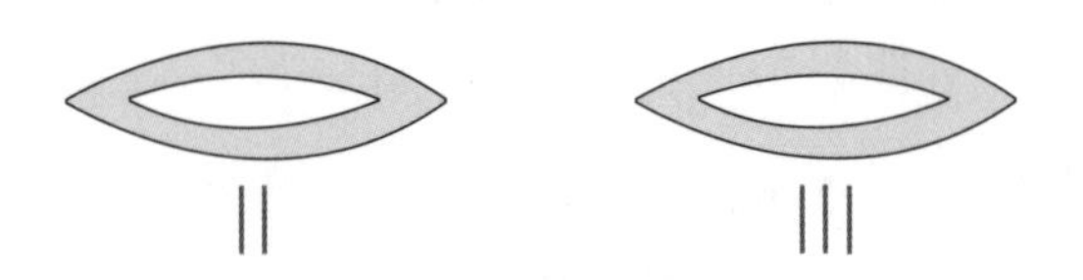

오늘날까지도 우리는 분자가 1인 분수를 흔히 이집트 분수라고 부른다. 어떤 유리수든 서로 다른 분모를 지닌 단위분수의 합으로 분해해 표현할 수 있다. 가령 $\frac{3}{7}$은 $\frac{1}{3}+\frac{1}{15}+\frac{1}{35}$로도 쓸 수 있다.

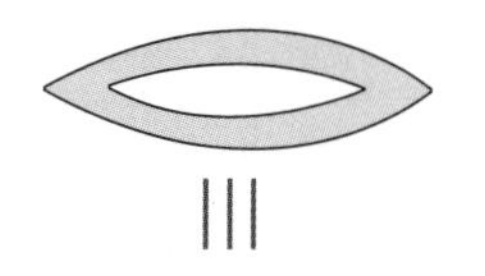

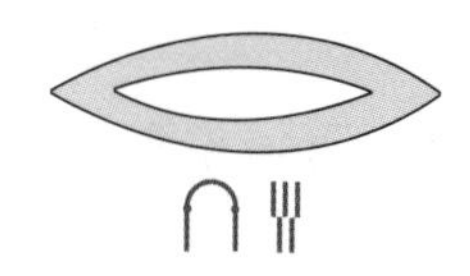

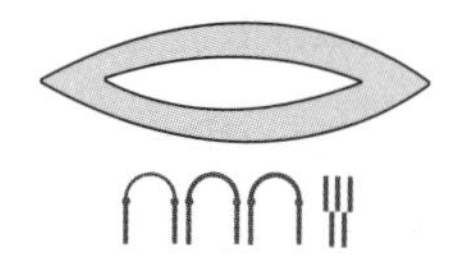

이집트 분수는 정수들 사이의 보이지 않는 연관성을 발견해내는 수학 분야인 수이론 연구에서 매력적인 연구 대상이다.

신비주의가 끼어들다

분수의 발명으로 인류를 위한 탐구의 한 형태가 완성된다. 바로 숫자로 세상을 묘사하는 것이다. 21세기를 사는 우리는 물론 정수와 분수 말고 다른 수(특히 우리가 조금 있다가 다룰 무리수)가 존재함을 알고 있다. 하지만 당시에는 이 모든 것을 전혀 몰랐다. 이집트에서 처음으로 분수가 쓰인 다음 한참이 지나 기원전 약 500년 전에 피타고라스는 이런 완성되었다는 느낌에 근거해 자신의 철학을 정립했다. 이 철학은 그가 한 유명한 말 "모든 것이 수다!"에 요약되어 있다.

피타고라스는 이렇게 선포함으로써 단지 경험적 사실을 확인하는 것을 넘어서 수학 영역에 신비주의를 도입했다. 이 수학자가 1+2+3+4=10이라는 놀라운 성질에 대해 어떤 식으로 말했는지 살펴보자.

> "'1'은 신성, 모든 것의 원리다……. '2'는 남성과 여성 커플, 이중성이다……. '3'은 세상의 세 층위인 지옥과 땅, 하늘이다……. '4'는 네 요소인 물과 공기, 흙, 불이다……. 끝으로 이 모든 것을 합하면 '10', 즉 신까지 포함한 우주의 총합이다!"

피타고라스에 따르면 이는 신성한 삼각형을 이루었다. 꼭대기에는 '1'이 있고, 그 아래에 '2'와 '3', 그리고 '4'가 있다.

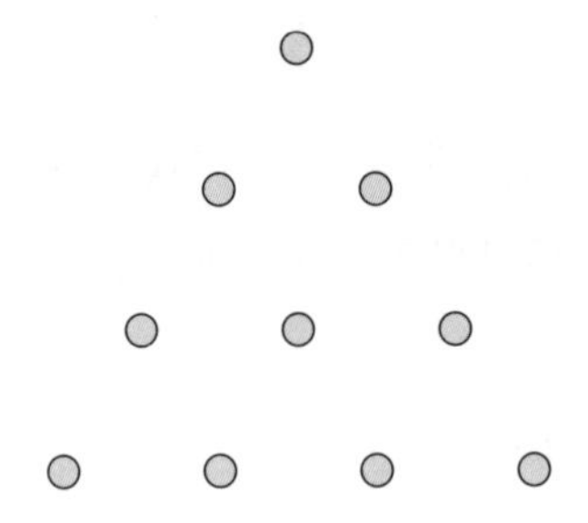

뒤에서 살펴보겠지만, 피타고라스와 그의 제자들만이 수에 초자연적인 의미를 부여하려는 유혹에 굴복한 유일한 사람들인 것은 아니었다.

원주민의 은밀한 수학

2

수학은 위대한 문명이 활짝 피어난 여러 대륙에서 탄생했다. 하지만 원주민의 놀라운 예를 보면 일부 부족사회에서도 수학 문화가 발달했다는 사실을 알 수 있다. 수학은 가끔 우리가 전혀 예상치 못했던 곳에 숨어 있다. 예를 들면…… 사회 규범 말이다. 초창기 오스트레일리아 대륙의 원주민Aborigines들은 복잡한 방식으로 친족 관계를 관리하면서 스스로 의식하지 못한 채 수학을 했을지 모른다! 주르댕 씨Monsieur Jourdain가 자신도 모르게 산문을 읊은 것처럼 말이다(프랑스 희곡 작가 몰리에르Molière의 작품 「서민 귀족Le Bourgeois gentilhomme」에 나온 내용 — 옮긴이).

서구인의 상상 속에서 원주민의 문화만큼이나 수학과 동떨어진 것이 뭐가 있을까? 이 원시사회는 이상고 뼈와 레봄보 뼈의 시대에서 불쑥 나타난 것처럼 보이니 말이다. 프랑스 인류학자 클로드 레비스트로스Claude Lévi-Strauss는 이들 원주민을 '선사 세계의 정신적 귀족'이라고 불렀다. 6만 년 된 그들의 문명은 18세기에 서구인이 오스트레일리아에 도착하기 전까지 아무 커다란 변화도 겪지 않았다.

원주민의 꿈의 시대

원주민이 근친혼을 피할 수 있게 해주는 거의 수학적이라고 할 만한 규칙은 보다 광대한 이야기인 '꿈의 시대Dreamtime'의 일부다. '꿈의 시대'는 오스트레일리아 원주민들의 세계의 기원에 대한 신화이자 생존에 필요한 지혜가 담겨 있는 전승 민담이다. 이 민담은 우리가 상상하듯 환각 상태에서 꾼 꿈의 내용을 다루지는 않는다. 오히려 다음과 같은 아주 현실적인 의문에 답한다. 어떻게 캥거루를 사냥할까? 어떻게 악어를 피할까? 먹고 옷을 해 입고 몸을 씻는 데 필요한 식물을 어떻게 찾을까?

꿈의 시대는 현대 원주민 화가가 그린 그림에서도 찾아볼 수 있다. 기묘한 형태를 띤 그림들은 현대 수학을 연상케 한다. 원주민 화가는 자신이 그릴 그림의 주제를 서구 화가들처럼 자기 뜻대로 선택하는 게 아니다. 자신이 태어나면서 받은 살갗 이름과 연관된 테마를 중심으로 작품을 전개한다.

티모시 쿡Timothy Cook의 「쿨라마Kulama」, 2010년. 뤼크 베르티에 갤러리.

원주민 문화에서 모든 개인은 태어날 때 '살갗 이름skin name'을 부여받는다. 살갗 이름은 사회 속에서 그의 위치와 그에게 주어진 이야기(글상자 참조)뿐 아니라, 그 사람이 짝을 이룰 수 있는 배우자도 결정한다. 사회에 속한 모든 사람, 심지어 원주민 부족이 받아들인 서구인이라 할지라도 살갗 이름을 부여받는다. 그러지 않으면 그 사람은 사회 내에서 아무런 지위나 역할도 지닐 수 없고 결혼도 금지된다. 살갗 이름을 부여할 때에는 참으로 복잡한 규칙이 적용된다.

남자는 Tj, 여자는 N

이 규칙은 종족에 따라 다르다. 지구의 배꼽이라 불리는 바위 울루루가 유명한 오스트레일리아 중부 붉은 사막지대에 사는 왈피리족의 경우를 예로 살펴보자. 왈피리족에게는 uppurula, apangati, angala, apaltjari, apananga, ampitjinpa, ungurrayi, akamarra 등 여덟 개의 살갗 이름이 있다. 남자는 그 앞에 Tj를 붙이고 여자는 N을 붙이며, 형제자매는 같은 살갗 이름을 갖는다. 가령, Nuppurula의 남자 형제는 Tjuppurula다.

원주민은 자신의 살갗 이름에 따라 배우자를 선택해야 한다. 남편 후보감의 살갗 이름을 알기 위한 규칙은 자기 남자 형제의 살갗 이름을 알기 위한 규칙보다 더 복잡한데, 이 규칙은 아주 엄격하게 지켜진다. 부부가 아이를 낳으면 아이들의 살갗 이름 역시 미리 정해진다. 다음은 이때 따라야 할 규칙을 요약한 표다.

	1	2	3	4
여자	Nuppurula	Napangati	Nangala	Napaltjari
남자	Tjapananga	Tjampitjinpa	Tjungurrayi	Tjakamarra
자녀	apangati	angala	apaltjari	uppurula
	5	6	7	8
여자	Napananga	Nakamarra	Nungurrayi	Nampitjinpa
남자	Tjuppurrula	Tjapaltjari	Tjangala	Tjapangati
자녀	akamarra	ungurrayi	ampitjinpa	apananga

이 표의 제1열을 읽다보면 첫 번째 행의 여자 Nuppurula는 두 번째 행의 남자 Tjapananga와 결혼해야 한다는 사실을 알 수 있다. 그들 부부의 자녀는 apangati(세 번째 행)일 것이다. 이 말은 곧, 그들의 딸은 Napangati(N-apangati)이고 아들은 Tjapangati(Tj-apangati)라는 말이다. 이 부부의 딸은 Napangati이므로 Tjampitjinpa하고만 결혼할 수 있다. 이런 식으로 계속 이어진다.

새로운 발견

살갗 이름을 부여하는 이 규칙은 모호하고 제멋대로인 듯 보인다. 게다가 외우기도 어렵다! 그런데 수학이 이 규칙을 놀랍도록 분명히 밝혀준다. 이 규칙을 표로 나타내는 대신, 아래 그림처럼 2개의 동심원으로 나타내보자(원주민들이 밤에 의식을 치를 때 동심원을 그리며 추는 춤처럼 말이다).

이제 사람들을 움직여 보자. 여자는 어머니에게서 딸들로 내려오며 네 단계로 이루어진 두 순환 주기를 따라간다. 두 순환 주기는 서로 반대 방

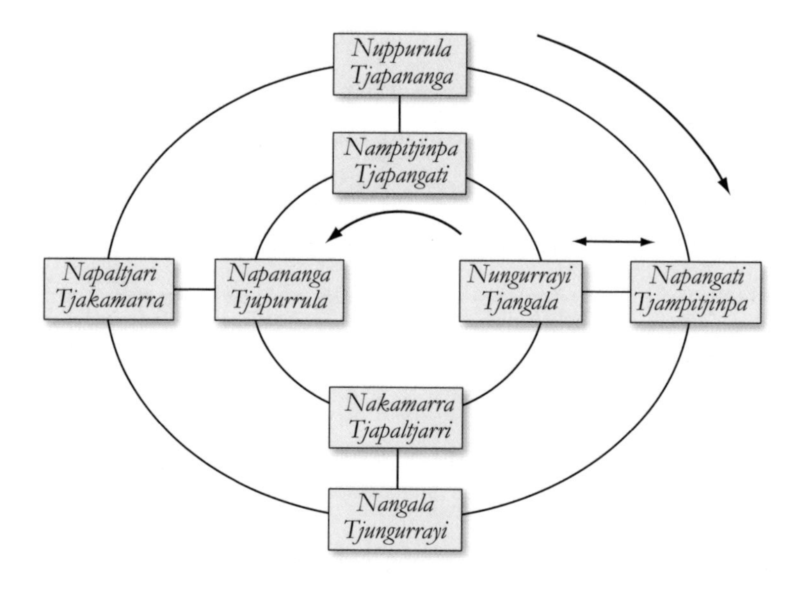

살갗 이름을 부여하는 원무.

향으로, 즉 바깥 원은 시계 방향으로, 안쪽 원은 그 반대 방향으로 움직인다. 그동안, 남자는 아버지로부터 아들로 이어지며 두 순환 주기의 인접한 위치 사이로 움직이며 순환 주기를 옮겨 간다.

이 과정을 따르다 보면, 위 원무에서 Nuppurula 여자(위쪽 사각형)의 딸들은 Napangati(오른쪽으로 원의 4분의 1을 돌아가면 나오는 사각형)이고, 아들들은 Tjapangati(위쪽 아래 사각형, 즉 안쪽 순환 주기)임을 알 수 있다. 원무는 이런 식으로 세대를 거치며 계속되어 한 부부의 아들딸이 서로 혼인하지 못하게 한다. 보다 깊이 있는 수학적 분석에 따르면, 3세대가 지나서야 한 부부의 후손이 서로 혼인할 수 있는데 그 확률은 무척 낮다. 결국, 언뜻 보기에는 이상한 이 규칙 덕분에 원주민은 근친혼을 피해왔다. 호적 등본 같은 것이 하나도 없는 상태에서 말이다!

원주민은 수학자였을까?

앞의 규칙은 근친혼으로 인한 유전병을 피하는 참으로 영리한 방법이다. 과연 이걸 원주민이 의도적으로 만들어냈을까? 그들이 그토록 대단한 수학자들이었을까? 그들은 실제로 2개의 순환 주기에서 살갗 이름을 분배하는 일련의 방식을 생각해냈고, 우리가 보기에 이런 사고방식은 수학을 연상시킨다. 하지만 그들이 수학적 사유를 했다는 다른 명확한 증거를 찾지 못하면 이것은 단순한 우연일 수 있다. 그러므로 그들이 수학 문화를 지녔다고 말하는 건 아직 무모한 노릇이다.

자신의 중요한 저서가 될 『친족의 기본 구조』 저술을 준비하던 레비스트로스는 1940년대에 일부 원주민 부족의 혼인을 관장하는 이 규칙을 알게 되었다. 그는 이 규칙이 너무도 혼란스럽고 복잡해 보여서 수학자 앙드레 베유André Weil, 1960~1998(뒤에 부르바키 현상을 다룰 때 다시 등장할 인물)에게 이 문제를 풀게 도와달라고 부탁했다. 베유는 살갗 이름 체계에서 군群 구조(연산법이 갖추어진 원소들의 집합, 뒤에 살펴볼 것이다)를 밝혀냈다. 이는 무척 흥미로운 관점이다. 하지만 이것으로 원주민이 군 구조를 어렴풋이나마 알고 있었다는 사실이 증명되지는 않는다. 물론 여기서 원시 부족을 바라보는 서구인의 오만함만은 피하도록 하자. 원주민 문화가 수학적이지 않다는 것이 반드시 그 문화의 사고 체계가 빈약하다는 뜻은 아니다. 수학 문화의 존재 여부로 전체 문화 수준을 판가름한다면, 우리 자신의 교양이 그 정도뿐이라는 뜻일 테다.

마법과 수학

3

'신성한 비례'에 관한 자료를 잔뜩 채워 넣은 댄 브라운Dan Brown의 소설 『다빈치 코드』부터 스페인 건축가 가우디가 설계한 바르셀로나에 있는 사그라다 파밀리아의 마방진이 새겨진 전면 장식에 이르기까지 현대 문화에서 수학을 비교秘教스럽게 사용한 예는 수두룩하다. 2,500년 전에 이미 피타고라스는 "모든 것이 수"라고 선언하며 신비주의를 건드렸다(1장 참조). 이성적인 독자로서는 받아들이기 힘들겠지만, 마법과 비교는 수학 역사의 일부를 이룬다. 심지어 수학 발달에 기여하기까지 했다!

피타고라스 시대 이후로 여러 마술적 믿음이 여전히 수학과 연결되어 있다. 가장 간단한 예는, 사람에 따라 행운을 가져오거나…… 불운을 가져오는 수 13이다. 오늘날 우리는 아직도, 심지어는 일부 수학자들도 식탁에 13명이 둘러앉는 것을 피한다. 이런 믿음은 수학 외부에서 생겨났다. 즉 그리스도가 자신의 제자들과 한 마지막 만찬에서 유래했지 13이라는 수의 수학적 특성에서 유래한 게 아니다.

마술적이거나 신성하다고 여겨지는 수도 대부분 마찬가지다. 그 예로 7을 들 수 있다. 덧셈을 통해 미래를 예견할 수 있다고 주장하는 수점술(숫자점)이 수학과 맺는 관계는, 천문학에 대한 점성술의 관계와 같다……. (일부 천문학자가 점성술사였듯이) 수학자가 수점술가이기는 했지만, 오늘날 수학자가 이런 사이비과학을 연구한다는 것은 상상하기 어려운 일이다.

완전수의 신적인 아름다움

사람들은 수학 외적인 이유로 13과 7에 초자연적인 힘을 부여했다. 하지만 더욱 놀라운 것은 수학 내적인 이유로 마술적이라고 여겨진 수가 있다는 사실이다. 이중에서 가장 많이 연구된 수로는 유클리드(에우클레이데스Eucleides, BC 300년경)가 기원전 3세기에 이미 자신의 『원론Stoicheia』에서 언급한 완전수가 있다. 완전수는 자기 자신을 제외한 다른 약수를 모두 더한 것과 같은 수다. 가령 6은 자기 자신을 제외한 약수가 1, 2, 3이고 이것을 더하면 6이므로 완전수다. 유클리드가 완전수를 일컫는 데 사용한 그리스어를 직역하면 '부족함이 없는 수'다.

이 수의 '완전한' 성질은 그저 수학의 신기한 성질 가운데 하나로 여겨지는 데 그칠 수 있었겠지만, 고대에는 이런 특질을 가볍게 보아 넘기지 않았다. 히포의 아우구스티누스Augustinus, 354~430가 쓴 『신국론』에서는 이런 완전함에 대한 신비주의적 관점을 엿볼 수 있다.

> "따라서 우리는 신이 자신의 모든 일을 엿새 만에 마쳤기 때문에 6이라는 수가 완전하다고 말해서는 안 된다. 도리어 신이 자신의 모든 일을 엿새 만에 마친 이유가 바로 6이라는 수가 완벽하기 때

문이다. 세상을 없애도 이 수는 여전히 완벽할 것이다. 하지만 만일 이 수가 완벽하지 않다면, 이 수와 같은 관계를 재현하는 세상은 더 이상 지금과 같은 완벽함을 지니지 않을 것이다."

신피타고라스학파 철학자 게라사의 니코마코스Nikomachos, 50~150?의 저작 『산술입문Arithmētikē eisagōgē』에서도 이와 비슷한 생각을 찾아볼 수 있다. 그는 진정한 수학자이기도 했다. 네 번째 완전수를 찾아냈기 때문이다.

"아름다움과 완전함이 희귀하고 그 수를 쉽게 헤아릴 수 있는 것과 마찬가지로…… 완전수도 쉽게 헤아릴 수 있으며 적당한 질서로 이어진다. 한 자리 수 가운데에서 완전수는 6 단 하나뿐이며, 두 자리 수에서는 28 하나를 찾아볼 수 있고, 세 번째 완전수는 조금 더 멀리 떨어진 세 자리 수 496이다. 네 번째 완전수는 네 자리 수 영역에 있으며 1만에 가깝다. 바로 8,128이다. 이런 수에는 공통점이 있다. 바로 6이나 8로 끝나며 항상 짝수라는 점이다."

니코마코스가 언급한 마지막 공통점(완전수는 짝수다)은 현재 추측으로 남아 있다. 아무도 홀수인 완전수를 단 하나도 찾아내지 못했다는 사실로 보아 이 추측이 옳은 것 같지만, 아직 아무도 홀수인 완전수가 존재하지 않음을 증명하지 못했다. 마찬가지로, 짝수인 완전수가 무한히 존재한다는 것 역시 추측이다. 고대에 이미 처음 4개의 완전수 6과 28, 496, 8,128이 확인되었고, 지금까지도 고작 총 49개밖에 알아내지 못했다! 그 중 가장 큰 완전수는 아주 최근에야 발견되었는데 몇천만 자릿수다.

마방진

시대는 바뀌었고 이제는 아무도 '완전수'라는 표현을 수학 외적인 완벽함으로 이해하지 않는다. 그런데 신기하게도 마방진(프랑스어나 영어로 직역하면 '마법의 정사각형'—옮긴이)은 다르다. 마방진의 기원에 얽힌 전설은 고대 중국 하夏나라로 거슬러 올라간다. 뤄허강洛河 옆에 사는 농부들이 어떻게 꾀를 내어 신의 분노를 달랬는지 이야기하는 전설의 여러 버전 중 하나를 소개한다.

> "강의 신을 달래기 위해서 매번 물이 범람할 때마다 위험에 처한 강가 마을 주민들은 강의 신에게 희생제물을 바쳤지만 아무 소용이 없었다. 그런데 그들은 매번 거북 한 마리가 제물을 바친 장소로 왔다가 떠난다는 사실을 눈치챘다. 강의 신이 아무런 응답을 하지 않는 가운데, 어느 날 아이 하나가 거북의 등에서 신기한 모양을 발견했다. 그 모양의 각 행과 열, 대각선 수는 모두 같았다. 이것을 보고 마을 사람들은 강의 신이 15가지 제물을 원한다는 사실을 깨달았고 마침내 신을 달랠 수 있었다……."

이 그림을 '낙서洛書[뤄슈]'라고 불렀는데 직역하면 '뤄허강의 책'이라는 뜻이다. 이 그림은 중동과 그리스에서 여러 형태로 전해져왔다. 고대 그리스의 피타고라스도 이 그림을 알았을 것이라고 한다. 이 그림은 행운을 가져다주는 부적으로 계속 사용되고 있으며, 일부 아시아 문화권에서 운세를 점치는 데 쓴다(낙서의 그림은 하도河圖와 함께 역술의 바탕이 되는 팔괘의 기원이다—만든이).

대각선과 행, 열의 총합이 단 하나의 값을 갖는 이런 정사각형을 마법

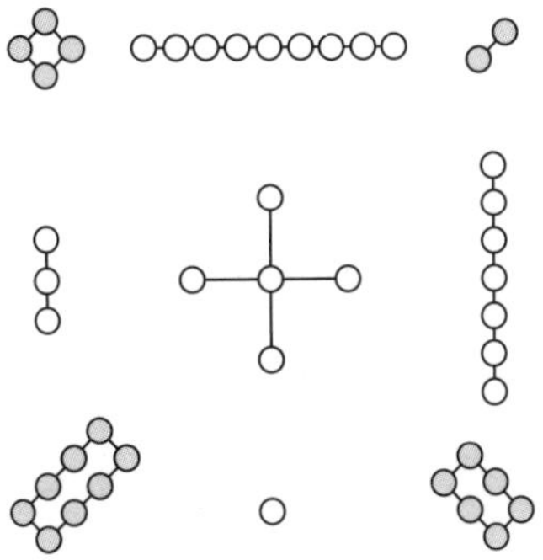

전설에 나온 거북의 등.

의 정사각형, 마방진이라고 한다. 프랑스에서는 여름철에 수학 퍼즐 형태로 된 심심풀이 게임이 담긴 잡지 특집호가 무수히 나온다. 거기에는 낙서 마방진의 수수께끼에 담긴 덧셈 규칙에 따라 이미 몇 개의 숫자가 쓰여 있는 표를 채우는 문제도 나온다.

의심할 여지 없는 심오함

완전수와 마찬가지로 마방진은 수를 헤아리고 다른 조합들을 만들어 내고 특징을 연구한 진정한 수학적 연구 대상이었다. 사람들은 3차 마방진, 즉 행이 3개, 열이 3개인 마방진은 단 하나밖에 없다는 사실을 깨달았다(물론 회전, 또는 대칭 이동한 마방진은 제외하고, 1부터 9까지의 숫자로 제한한다는 조건에서).

이것은 무척 간단히 증명할 수 있다. 핵심은 마방진 숫자의 총합이 1부터 9의 총합, 즉 45와 같다는 사실을 아는 것이다. 이로부터 행과 열, 대각선의 숫자를 합하면 45의 3분의 1인 15라는 사실을 추론할 수 있다. 마방진 중앙의 수는 15를 3개의 수로 나누는 네 가지 조합에 포함된다. 몇 번만 시도해보면 그 수가 5임을 금방 알 수 있고, 표를 채워 다음과 같은 마방진을 얻을 수 있다.

6	1	8
7	5	3
2	9	4

3차 마방진은 단 한 가지밖에 없으므로, 이 표는 당연히 최초의 마방진 낙서와 똑같다. 오늘날, 신비한 것을 즐기는 사람들은 이 마방진의 첫 행에 숫자 6, 1, 8이 나오도록 적기를 좋아한다. 왜냐하면 이것이 황금비의 소수점 이하 첫 세 숫자이기 때문이다. 이러면 마방진은 더욱 마술적으로 보인다.

온갖 크기의 마방진이 존재한다. 주어진 크기의 마방진에서 행과 열, 대각선의 총합은 구하기 쉽다. 3차 마방진과 마찬가지로 하면 된다. 가령 4차 마방진의 경우, 그 값은 1부터 16까지 숫자의 총합을 4로 나눈 34다. 하지만 표를 적절한 숫자로 채워 넣는 일은 만만치 않다(4차 마방진의 경우만 해도 방법이 상당히 많아서, 숫자를 대칭 이동하여 찾아낼 수 있는 조합까지 감안하면 880개다). 그래서 이를 위한 방법을 따로 만들어내야 했다.

여기에 아주 간단한 마방진 조합을 하나 소개한다. 일단 1부터 16까지의 수를 오름차순으로 적어 넣는다. 대각선을 이루는 수의 총합(왼쪽 그림에서 회색 부분)은 34다. 다른 수를 건드리지 않고 대각선을 뒤집으면 4차 마방진을 얻을 수 있다!

1	2	3	4
5	6	7	8
9	10	11	12
13	14	15	16

16	2	3	13
5	11	10	8
9	7	6	12
4	14	15	1

4차 마방진 중에서 가장 잘 알려진 것은 16세기에 제작된 알브레히트 뒤러Albrecht Dürer의 판화 「멜랑콜리아Melancholia」에 담긴 마방진이다. 이 작품에 대해서는 나중에 다시 살펴볼 것이다.

16	3	2	13
5	10	11	8
9	6	7	12
4	15	14	1

이 마방진은 우리가 위에서 방금 얻은 마방진의 중앙 두 열을 서로 바꾸어 얻는다.

처음 발견된 뒤부터 수천 년이 지난 오늘날에도 마방진은 계속 연구되고 있다. 풍수 사상 신봉자들은 여전히 마방진의 마술적 힘을 믿기도 하지만, 마방진의 먼 친척인 스도쿠의 전 세계적 성공이야말로 유일한 마법이라 할 것이다.

수학 시합

식구나 지인들과 함께 하는 식사 자리에서 마방진으로 사람들을 깜짝 놀라게 해서 분위기를 띄우고 싶은가? 그렇다면 5차 마방진을 찾아내는 문제를 내고 샴페인 한 병을 걸어보라. 17세기 초반에 활동한 수학자이자 시인인 클로드가스파르 바셰 드 메지리아크Claude-Gaspard Bachet de Méziriac, 1581~1638가 제시한 빠른 방법을 아는 사람은 당신밖에 없을 것이다. 이 방법의 포인트는 45° 돌려놓은 정사각형에서 시작하는 것이다. 바셰는 이 방법을 『수로 하는 유쾌하고 즐거운 문제들Problèmes plaisants et délectables qui se font par les nombres』에서 밝혔다. 정사각형을 에워싼 마름모꼴 도형에 아래 그림에서처럼 비스듬하게 대각선을 따라 1부터 25까지 수를 적어 넣는다.

				1				
			6		2			
		11		7		3		
	16		12		8		4	
21		17		13		9		5
	22		18		14		10	
		23		19		15		
			24		20			
				25				

마방진 정사각형의 행과 열, 대각선 숫자의 총합이 1부터 25까지 더한 수를 5로 나눈 값, 즉 65와 같아야 한다. 그런데 이 65라는 수는 정사각형과 마름모의 대각선에 놓인 수들의 합이다. 이 수들이 등차수열을 이루기 때문에(가령 5, 5+4, 9+4, ...) 계산이 쉽다. 이제 오른쪽에 회색으로 표시

된 삼각형을 밀어 왼쪽 회색 삼각형 자리에 맞추어 넣고, 다른 세 면(왼쪽, 아래쪽, 위쪽)도 마찬가지로 한다. 그러면 마방진을 얻을 수 있다. 그리고 샴페인은 당신 것이다!

11	24	7	20	3
4	12	25	8	16
17	5	13	21	9
10	18	1	14	22
23	6	19	2	15

세계의 측량자들

4

인간의 어떤 활동으로부터 수학이 시작되었을까? 인간이 머리를 쥐어짜 비물질적 개념을 만들어내도록 이끈 것은 과연 무엇이었을까? 최초의 수학자들(그때는 그들을 이렇게 부르지 않았지만)은 물질세계를 초월한 지식을 만들어내는 것이 아니라, 아주 실질적인 문제에 답하길 원했다. 주로 측량(토지 면적 측정) 문제, 그리고 보다 일반적으로 크기 추정 문제가 그들의 상상력을 자극했다.

이집트인이 측량에 관심을 가졌다는 사실이 우리에게까지 전해진 것은, 앞서 이미 언급했으며 현재 대영박물관에 소장되어 있는 린드 파피루스 덕분이다. 이집트 중왕국 때 작성된 린드 파피루스는 어느 서기의 작품인데, 거기에는 87개의 산술 문제와 해답이 적혀 있다. 삼각형과 사각형, 원의 면적 계산 문제 등이다. 미래의 공무원인 견습 서기들은 이런 골치 아픈 문제를 풀면서 들판의 면적을 추정하는 법을 배웠다.

이집트인이 측량에 그토록 열을 올린 이유는 분명하지 않다. 가장 흔히 드는 이유는 기원전 5세기에 헤로도토스가 말한 나일강의 범람이다. 홍수가 난 다음에는 밭의 경계가 제대로 보이지 않았다. 이때, 홍수가 나

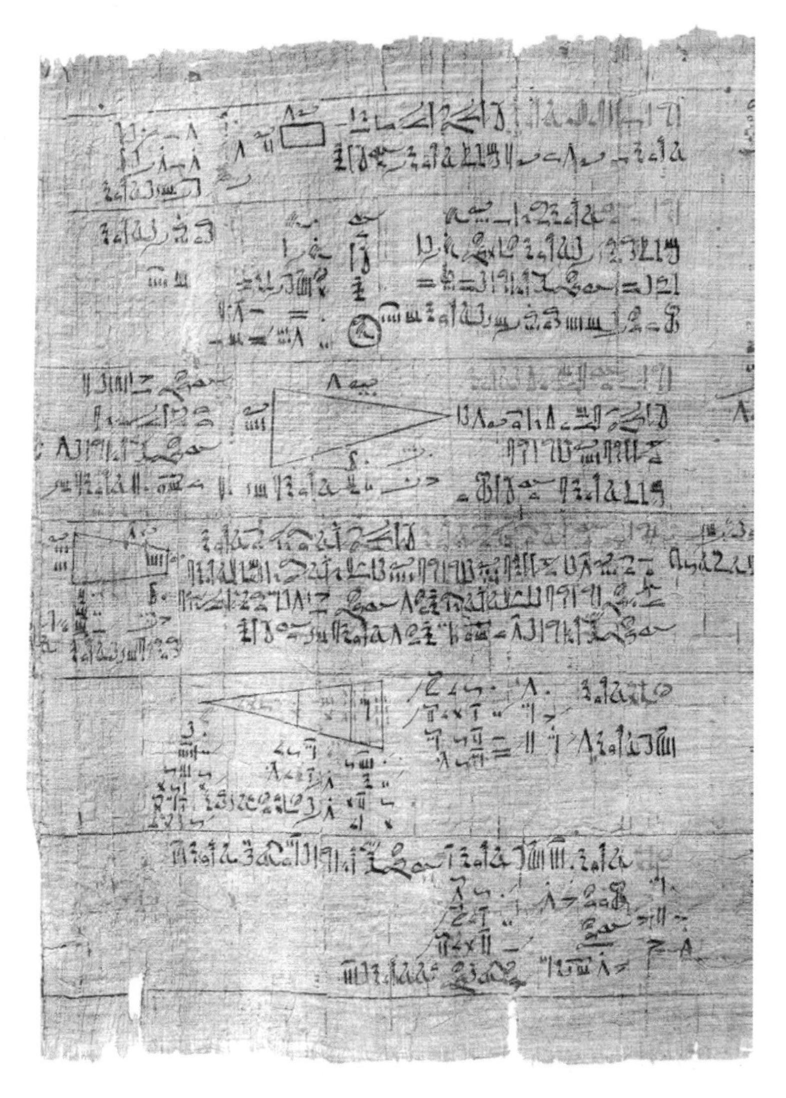

린드 파피루스. 대영박물관.

기 전에 자기 밭의 면적을 측정해둔 땅주인은 같은 면적의 땅을 쉽게 되찾을 수 있었다. 하지만 조세 당국을 이유로 든 다른 가설도 있다. 농부는 자기가 소유한 땅 면적에 비례해 세금을 냈으므로, 조세 당국은 경작 가능한 농지에 대한 토지대장을 작성해야 했다.

냉소적인 사람이라면 두 번째 이유가 그럴듯하다고 생각할 것이다. 이유는 아주 단순하다. 조세 당국이 린드 파피루스의 계산법을 이용해 농부들을 속였을 가능성이 크기 때문이다. 직사각형 모양의 밭 면적을 재기 위해서 이집트인들은 '너비×길이'라는 제대로 된 공식을 사용했다. 하지만 완벽한 직사각형이 아닌 밭의 경우, 면적을 '부풀려' 측정하는 대략적인 공식(글상자 참조)을 사용했다. 수학 공식을 적용함으로써 원래 걷어야 하는 액수보다 더 많은 세금을 걷은 것이다! 당시 이집트 공무원들은 이 사실을 알고 있었을까? 모를 일이다.

이집트 조세 당국의 사기

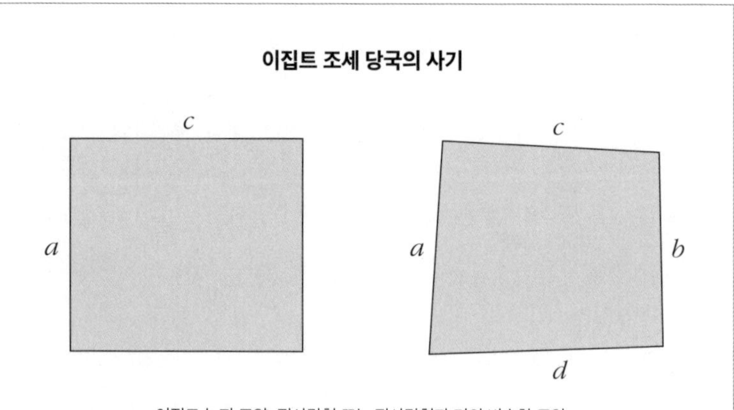

이집트 농지 모양: 직사각형 또는 직사각형과 거의 비슷한 모양.

이집트인이 어떻게 농지를 측정해서 농부들을 속였는지 알아보자. 그들은 변이 a와 c인 직사각형 밭에 대해 $a \times c$라는 정확한 공식을 적용했다.

직사각형이 아닌 밭도 여전히 직사각형으로 간주하고 면적을 측정하기 위해서 서로 마주보는 변 길이의 평균, 즉 $\frac{(a+b)}{2}$와 $\frac{(c+d)}{2}$를 사용했다. 따라서 이 사각형의 면적은 이 두 길이를 곱한 값이라고 생각했는데…… 이건 $a=b$이고 $c=d$가 아닌 한 잘못된 계산이다.

이를 증명하려면 주어진 사각형을 몇 개의 삼각형으로 나누어보면 된다. 사각형의 대각선을 이용하면 두 가지 방법이 가능하다. (이집트인들도 이렇게 할 수 있었지만, 그냥 대략적인 계산으로 만족했다.)

아래의 왼쪽 그림은 회색 삼각형의 면적이 $\frac{A \cdot H}{2}$와 같고 따라서 $\frac{A \cdot B}{2}$보다 작음을 보여준다. 두 면적이 같으려면 회색 삼각형이 직각삼각형(오른쪽 아래 각이 직각인)이어야 하기 때문이다.

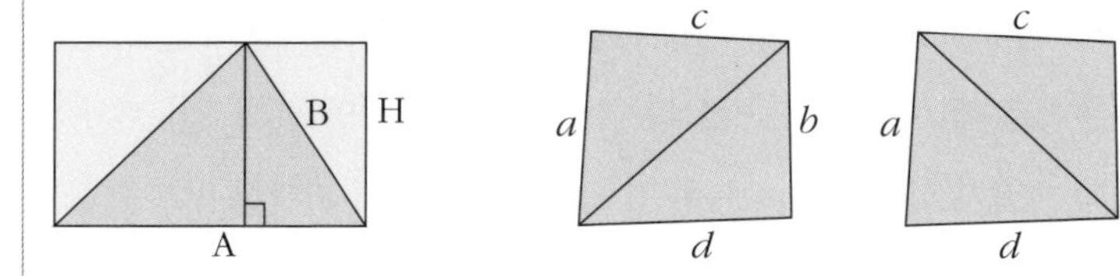

이집트 조세 불평등 증명 요약.

이 부등식을 사각형의 첫 번째 분할(가운데 그림)에 적용하면, 그 면적이 $\frac{(ac+bd)}{2}$보다 작음을 알 수 있다. 이 부등식을 사각형의 두 번째 분할(오른쪽 그림)에 적용하고 그 차를 합하면, 부등식을 증명하면서 동시에 유일하게 등식을 이루는 경우를 경우를 알게 된다. 세금은 밭의 면적에 비례한다. 밭이 직사각형꼴에서 멀어질수록, 공무원이 농부에게 부당하게 매긴 세금 액수도 올라갔다. 세금을 과다 징수하는 것이야말로 조세 불변의 요소일까?

피라미드 위에서 4세기가 당신을 지켜보고 있다

높이와 길이 측정은 수학적 사고의 또 다른 자극제였다. 기자의 대피라미드 아래에서 벌어진 전설 같은 이야기를 하나 살펴보자. 그리스의 철학자이자 현자인 탈레스가 이집트를 방문해 대피라미드를 감상하고 있었는데, 당시의 파라오가 별안간 피라미드 높이를 재는 내기를 하자고 도전한다. 탈레스는 파라오에게 침착하게 말했다. "제가 제 그림자와 맺는 관계는 피라미드가 자기 그림자와 맺는 관계와 같습니다." 그런 다음 탈레스는 피라미드의 높이를 계산했다고 한다. 이 유명한 일화는 탈레스가 죽은 뒤 4세기가 지나 로도스의 히에로니무스라는 사람이 전했다.

신화를 깨는 일을 두려워하지 말자. 솔직히 이 이야기는 실제라기에는 너무나 근사하지 않은가! 탈레스가 정말 피라미드의 높이를 재는 데 성공했다는 말은 없다. 적어도 정확하게는 말이다. 하지만 탈레스의 키와 탈레스의 그림자 길이, 피라미드의 그림자 길이를 알면 간단한 비례 계산으로 피라미드의 높이를 구할 수 있다. 예를 들어 각각이 1.8미터, 0.9미터, 70미터라고 하면, 1.8은 0.9의 두 배이므로 피라미드의 높이는 70미터의 두 배, 즉 140미터가 된다. 하지만 이건 이론적인 계산일 뿐이다. 탈레스는 피라미드의 중심(원점)에 가닿을 수 없으므로…… 피라미드의 그림자 길이를 직접 측정할 수 없기 때문이다. 이를 교정할 계산이 필요한데, 이

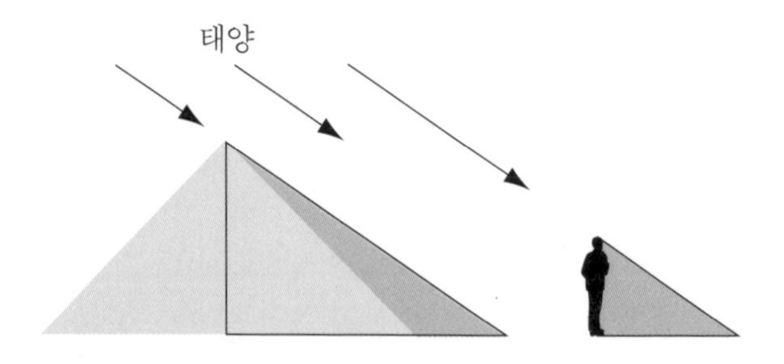

에 대해 히에로니무스는 별다른 말을 하지 않는다.

이 전설 같은 이야기의 다른 버전에서는, 탈레스가 파라오의 질문에 답하려는 순간, 어떤 막대기의 그림자가 그 막대기의 높이와 같다는 사실을 깨달았다고 전한다. 탈레스는 여기에서 피라미드 높이가 피라미드의 그림자 길이와 같다고 추론했을 것이라고 한다. 엄청난 양의 계산 끝에 이런 상황은 태양의 적위가 정확히 15도일 때에만, 즉 11월 2일과 2월 8일에만 생긴다는 사실이 입증되었다. 그림자 길이에 대한 허용 오차를 1퍼센트라고 하면 하루가, 5퍼센트라고 하면 닷새가 차이 난다. 그렇다면 이 아름다운 일화는 1년의 22일 중 어느 하루에 생길 수 있었다. 운 좋은 탈레스! (참고로 이 방법에서는 그림자의 원점에 대한 문제를 다루지 않는다.)

세계를 측정하기

피라미드 이야기가 전설이든 아니든, 적어도 수학의 두 개념 사이에 존재하는 차이를 보여준다는 점에서 의미가 있다. 이집트인은 측량 문제를 중심으로 실용적인 수학을 발달시킨 반면, 그리스인은 보편성을 지향하며 지구나 달의 반지름을 계산하는 일처럼 실제적인 목적을 지니지 않은 질문에 관심을 두었다. 가령 기원전 3세기에 에라토스테네스 Eratosthenes, BC 274~BC 196는 기발하게도 하지의 태양 높이를 이용해 지구 둘레를 깜짝 놀랄 만큼 정확하게 추정했다.

에라토스테네스는 하짓날 정오에 시에네(오늘날의 아스완)에서 태양이 우물 밑바닥을 밝힌다는 사실, 즉 태양빛이 지면에 수직으로 비친다는 사실을 알고 있었다. 알렉산드리아는 시에네와 경도가 대략 같았으므로 이 두 도시의 정오도 같았다. 따라서 에라토스테네스는 같은 날 같은 시각, 즉 하짓날 정오에 알렉산드리아로 가서 태양광선이 수직선과 이루는 각도 a를 계산했다 (오벨리스크 기둥의 그림자를 이용했다). 그런데 (원 전체 둘레의 5분의 1에 해당하는) 이 각도는 정확하게 지구의 중심에서 알렉산드리아와 시에네를 바라본 각도다. 에라토스테네스는 이 두 도시 사이의 거리를 구한 다음(글상자 참조), 간단한 비례 계산으로 지구 둘레를 25만 스타디온stadion이라고 추정했다.

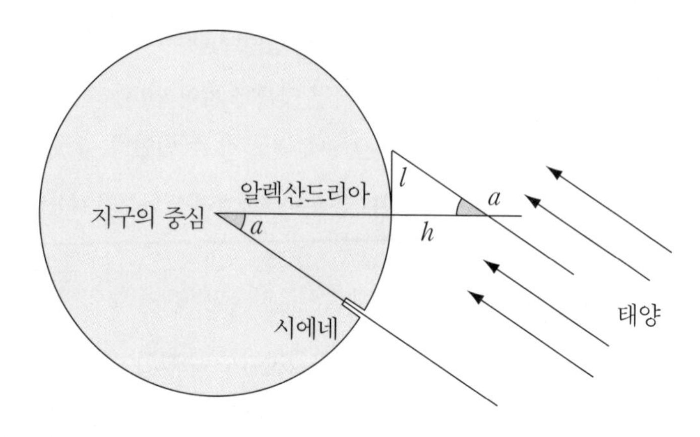

에라토스테네스는 지구의 둘레를 측정하기 위해서 먼저 지구 중심으로부터 알렉산드리아와 시에네가 이루는 각도 a를 측정했다. 이는 원 전체가 이루는 각의 5분의 1이다. 그는 두 도시 사이의 거리가 5,000스타디온임을 측정하여 지구의 둘레를 250,000스타디온이라고 계산할 수 있었다.

이 스타디온이 나중에 프톨레마이오스 왕조가 정한 이집트의 스타디온(157.50미터)을 가리킨다면, 에라토스테네스가 구한 지구의 둘레는 39,375킬로미터, 즉 정확한 수치(40,075킬로미터)와 2퍼센트밖에 차이가 나지 않는다! 에라토스테네스가 결과보다는 방법에 더 관심이 있었던 건 확실하지만, 그 정확도는 참으로 놀랍다.

알렉산드리아-시에네 거리 측정

에라토스테네스는 두 도시 사이의 거리를 어떻게 측정했는지 명시하지 않았다. 당대의 측량사들은 길이를 재기 위해 두 가지 방법을 사용했다. 첫 번째 방법은 낙타의 발자국 수를 새는 것이다. 낙타는 아주 규칙적인 보폭을 지닌 동물로 잘 알려져 있다. 두 번째 방법은 나일강에서 배가 한 지점에서 다른 지점으로 가는 데 걸리는 시간을 재는 것이다. 이런 방법으로는 아주 먼 거리를 정확하게 잴 수 없었기에 에라토스테네스는 5,000스타디온이라는 대략적인 길이만 구할 수 있었다.

달의 둘레

에라토스테네스의 측정법을 제대로 사용하려면 딱 두 가지 사실만 인정하면 된다. 지구가 둥글고, (태양 광선이 서로 평행하도록) 태양이 무한히 먼 곳에 위치한다는 사실이다. 지구가 태양 주위를 돌든(지동설) 그 반대(천동설)든 측정치는 유효하다. 에라토스테네스는 같은 시대에 알렉산드리아에 살던 위대한 학자 아리스타르코스Aristarchos, BC 310~BC 230와는 반대로 천동설을 지지했다. 하지만 두 학자는 모두 지구가 달과 마찬가지로 둥글다는 점에서는 의견이 일치했다. 아리스타르코스는 그 증거로 월식 때 지구가 달에 비추는 둥그스름한 얼룩을 들었다.

아리스타르코스는 시대를 앞서간 이런 생각을 따라가다 달의 크기에 관심을 갖게 되었다. 아리스타르코스는 먼저 이 자연위성의 움직임에 대해 두 가지 관찰을 했다. 첫 번째 관찰 결과는 달이 자신의 지름에 해당하는 거리를 한 시간 만에 이동한다는 것, 두 번째 관찰 결과는 월식에 두 시간이 걸린다는 것이었다.

아리스타르코스는 이로부터 달의 지름이 지구의 지름의 3분의 1이라는 사실을 추론해내는데(아래), 실제 비율이 27퍼센트이므로 이는 합리적인 추정이라 할 수 있다. 그는 태양-지구와 달-지구의 거리와 같은 수치도 측정하려고 시도했지만, 이번에는 상하현달인 때에 달-지구-태양의 각도를 잘못 추정한 바람에 보기 좋게 실수했다.

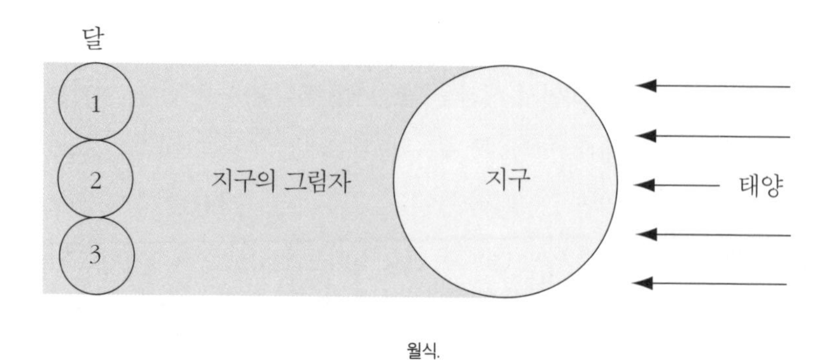

월식.

지리학 연구소의 선조들

로마 제국의 국경이 그려진 오래된 유럽 지도를 들여다보기만 해도 고대 기하학자의 거리 감각이 그다지 좋지 않았음을 알 수 있다. 위에서 살펴본 것처럼 고대 그리스에서 시대를 앞선 연구가 이루어졌는데도, 지구를 측량하고 영토를 정확히 지도로 그려낸다는 생각은 17세기가 되어서야 진지하게 대두된다. 기하학자들이 선택한 수학적 도구는 삼각법이었다. 삼각법은 고대에 만들어진 학문 분야로, 이후 인도와 페르시아, 아라비아 수학자들이 개선했다.

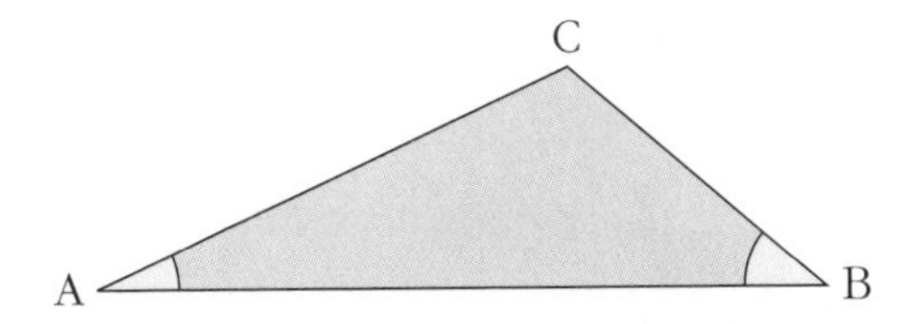

지구를 지도에 그려내기 위해 지난 수 세기 동안 사용된 삼각법으로 AB의 길이와
그 인접각(위의 A와 B)으로부터 AC와 BC의 길이를 구할 수 있다.
이를 계산하려면 A와 B, A + B 각들의 사인(Sin)을 사용해야 한다.

이 삼각법을 사용하면서 시간을 엄청나게 절약할 수 있었다. 이제는 걸어서 거리를 재는 대신 각도를 재면 되었기 때문이다. 삼각형을 작도해 거리를 구하는 이 기법에는 '삼각측량triangulation'이라는 이름이 붙여졌다. 삼각형 한 변의 길이를 알면 다른 두 변의 길이는 인접각을 측정해서 알아낼 수 있었다. 유럽 전역에, 나중에는 모든 대륙에 삼각형으로 이루어진 망이 구축되었다. 그 삼각형들 중 1개의 한 변을 측정함으로써 다른 모든 거리도 점진적으로 계산해낼 수 있었다.

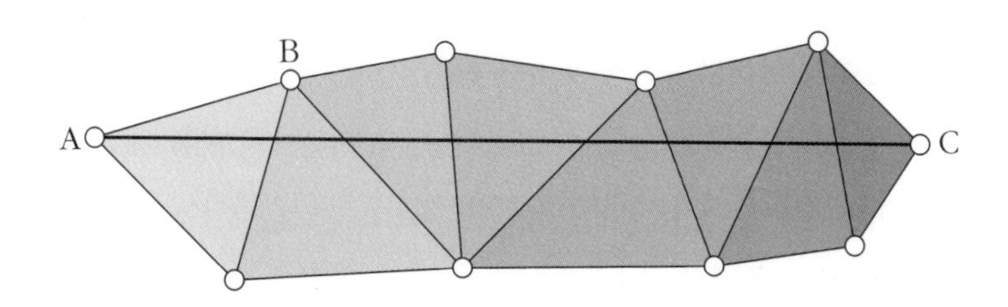

AB로부터 AC를 알아내려면 삼각형의 각을 측정하기만 하면 된다.

실제 현장에서 여러 삼각형의 꼭짓점은 멀리서도 보이는 고정된 지표로 표시되어 있어서 그곳을 조준해 각도를 잴 수 있었다. 프랑스에서 이런 지표는 18세기에 자크 카시니Jacques Cassini와 그의 아들 세자르프랑수아

툴롱 근처 레베트에 있는 카시니의 피라미드.

카시니César-François Cassini가 최초로 설치했다. 이를 '카시니의 피라미드'라고 불렀다. 오늘날에도 여전히 등산객은 중간 높이의 산봉우리에서 이 지표와 마주치곤 한다. 현장에서 직접 측정한 유일한 거리는 빌쥐프와 쥐비지 사이의 거리이며 장대를 이용해 측정했다. 거리는 5,663투아즈toise(길이의 옛 단위 — 옮긴이)로 11킬로미터가 조금 넘는다. 빌쥐프에서는 여전히 최초의 피라미드를 감상할 수 있다. 이들 피라미드의 망은 예를 들어 파리와 마르세유 사이의 거리를 정확히 재고 프랑스를 지도로 나타내는 데 사용되었다.

자오선을 공략하다

소축척 지도 덕분에 기하학자들의 야망은 부풀어 올랐고 급기야 지구의 둘레를 측정하는 데 도전하게 되었다! 1718년에 자크 카시니는 먼저 됭케르크부터 피레네산맥까지 경도상의 거리를 삼각측량으로 계산했다.

계산에 따르면 파리 북쪽이 남쪽보다 동일 경도에서 계산한 각도의 거리가 더 짧은 것처럼 보였다! 그래서 그는 지구가 극으로 갈수록 길쭉해진다고 추정했는데, 이는 아이작 뉴턴Isaac Newton, 1643~1727의 예측과 반대였다. 영국의 과학자 뉴턴은 자신이 발견한 만유인력의 법칙, 그리고 행성이 커다란 형체일 때 유체처럼 움직인다는 가설에 근거해 지구가 극 지점에서 납작해진다고 예측했다. 지구는 자전하기 때문에, 빙글빙글 도는 놀이기구가 어린이를 튕겨내는 것 같은 힘의 작용으로 적도 부분이 부풀고 늘어나기 때문이다.

논의를 끝마치기 위해서는 선택의 여지가 없었다. 모기와 비바람을 무릅쓰는 수밖에! 그래서 탐험대 두 팀을 위도상의 말단 지역으로 보냈다. 한 팀은 1735년에 에콰도르(당시 페루 부왕령)로, 다른 한 팀은 1736년에 라플란드(스칸디나비아의 북부 지역 — 옮긴이)로 말이다. 피에르 드 모페르튀Pierre de Maupertuis가 이끄는 이 두 번째 탐험대에는 수학자 알렉시 클레로Alexis Clairaut도 합류했다. 극지방으로 떠난 탐험대는 (지축을 지나는) 한 각도의 거리가 57,438투아즈임을 알아냈다. 적도로 떠난 탐험대가 잰 한 각도의 거리는 56,749투아즈였다. 그런데 다음 그림에서 보듯, 지구의 극지방이 납작하다는 사실은 극지방에서 이 거리가 늘어나는 것으로 나타난다. 이 연구의 결론은 분명했다. 지구는 극지방이 납작하다!

두 대척점에서 이루어진 지도 제작에 관한 연구가 일으킨 반향은 컸다. 하지만 언제나 그렇듯 지지자만 있는 것은 아니었다. 볼테르Voltaire는 철학시 『인간론』에서 "여러분은 뉴턴이 자기 집에서 꿈쩍하지 않고 알아낸 사실을 굳이 직접 찾아가서 피곤하게도 확인했군요"라고 말하며 모르페튀와 그 동료들을 비웃었다. 볼테르는 심술궂고 악의에 차 있었다(그는 모르페튀와 겪던 오랜 개인적인 불화에 이 사안을 이용했다). 게다가 이 현장

확인으로 뉴턴의 가설이 입증되었다는 점에서 볼테르의 말은 잘못된 것이었다.

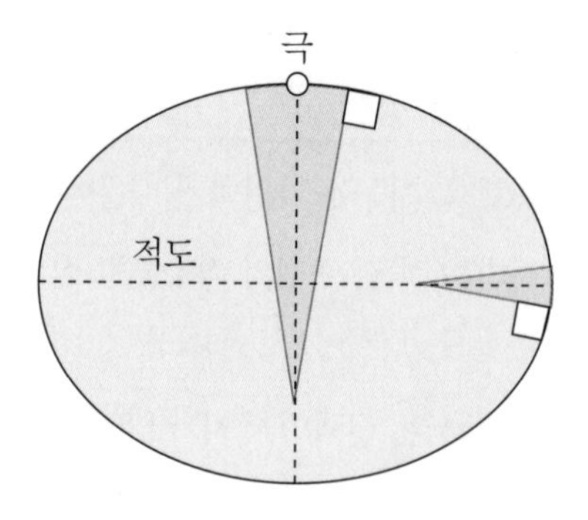

타원형인 지구의 모습을 일부러 과장해서 그렸다. 극지방과 적도지방의 각도는 같다(20°).
지구가 납작한 탓에 이 각도에 해당하는 지구 표면의 호의 길이는 서로 달라져서 극지방의 호가 더 길다.

지도는 왜 부정확한가

5

파리와 뉴욕 사이를 운항하는 장거리 비행기를 타본 적이 있다면, 의자 등에 달린 작은 화면에 표시되는 비행 경로가 이상하다고 생각했을지 모른다. 비행기가 뜨자마자 곧장 북서쪽으로 향한 뒤 대서양을 아주 북쪽으로 붙어서 가로지르다가 캐나다 해안에 이르러서야 뉴욕 쪽으로 방향을 트니 말이다! 비행기 조종사의 머리가 어떻게 된 것일까?

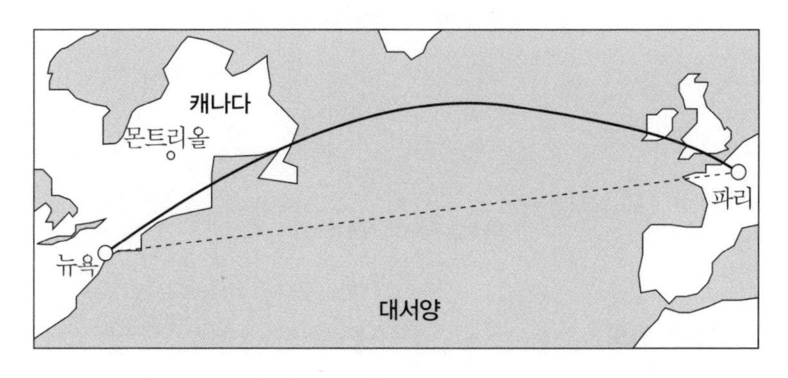

실선으로 그린 곡선은 비행기가 가는 경로고, 점선은 지도상의 직선이다.

물론 아니다. 비행기는 가장 짧은 경로를 따랐을 뿐이다. 그 경로가 우리의 직관과 어긋난다면 그건 단지 지구가 평평하지 않고 둥글기 때문이다. 구형인 세계를 어떻게 2차원으로 생각하고 나타낼 것인가? 이것이 바로 지도 제작자들에게 주어진 도전이자 2,000년 동안 수학이 풍성히 자라도록 자양분을 제공해준 문제였다.

지구의 두 지점 A와 B 사이의 가장 짧은 경로를 어떻게 정할까? 그 답을 알려면 우리가 찾아갈 수 없는 지점인 지구의 중심 O를 상상해야 한다. 대칭성 때문에 A와 B 사이의 최단 경로는 O와 A, B를 지나는 평면 위에 존재한다. 그러므로 최단 경로는 이 평면과 구가 만나는 지점, 즉 A와 B를 지나는 거대한 원 위의 경로라고 추정할 수 있다. 이는 지구상에서 남반구인지 북반구인지 하는 개념과는 아무 상관이 없고, 따라서 남서쪽으로 가려면 북서쪽을 향해 떠나야 할 수도 있다! 마찬가지로, 홍콩으로 가려고 뉴욕에서 비행기로 이륙하는 사람은 누구나…… 북극을 지나가야 한다.

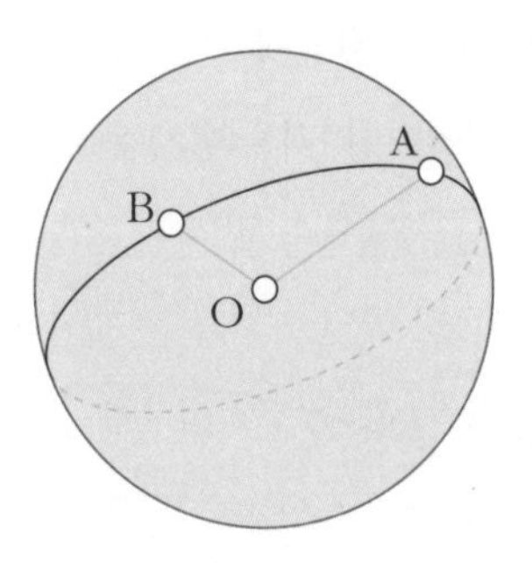

구에 놓인 두 지점 사이의 최단 경로.

경도와 위도

이제 이 원을 구체적으로 정하는 일이 남았다. 지도 제작자는 지구에서 자신의 위치를 알아내기 위해서 두 가지 각도를 이용한다. 바로 경도와 위도다. 경도는 천문관측소가 있는 런던 근교의 마을 그리니치의 자오선으로부터 측정한다. 한편 위도는 적도에서 시작된다. 이 정보로부터 A 지점에서 B 지점까지 최단 거리를 그리는 큰 원은, 이 원이 A를 지나는 자오선과 이루는 각인 a로 간단히 정해진다.

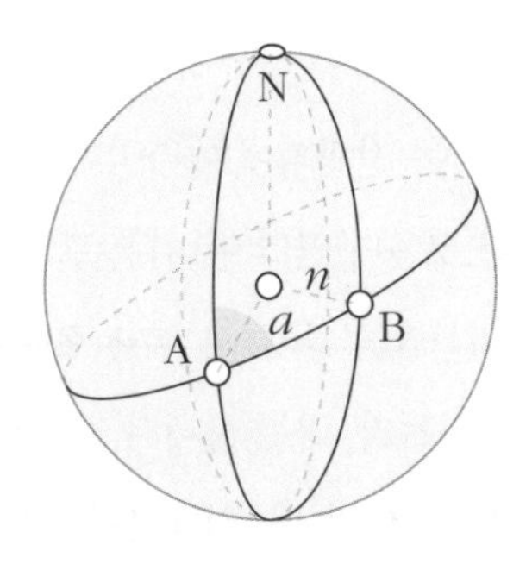

A와 B 사이의 최단 경로는 각도 a로 정해진다.

1세기 알렉산드리아의 메넬라오스Menelaus, 70~140는 특별히 뉴욕까지 날아갈 궁리를 한 건 아니었지만, 각들의 사인값 3개를 이용해서 각도 a를 계산할 수 있는 정리를 발견했다. 이 방법의 실제적인 복잡성은 중세 아라비아와 페르시아 수학자들도 알았고, 이들은 계산을 단순화하기 위해 다른 공식들을 찾아 헤맸다. 첫 번째 공식은 코사인 공식이라 불린다. 이 공식에서는 주로 삼각형 각의 코사인이 사용되기 때문이다. 일반적으로 이 공식은 아라비아의 수학자이자 천문학자 아부 알바타니Abu Al-Battânî, 858~929가 9세기에 발견했다고 전해진다. 메넬라오스의 공식보다 훨씬 더 간단한 사인 공식은 10세기에 페르시아의 수학자 아부 알와파Abu Al-Wafa, 940~998가 제시했다. 이 학자는 사인 공식을 사용할 때 반드시 필요한 삼각법 표를 정립하는 데도 기여했다.

위에 나온 NAB 구면삼각형에 이 두 공식을 적용하면 각도 a뿐만 아니라 n도 구할 수 있다. 각도 a는 우리가 B로 가기 위해 가야 할 방향을 정해주고, 각도 n은 A부터 B까지 거리를 알려준다. 오늘날에는 소프트웨어가 비행사 대신 이 계산을 해준다…….

메카로 직진

서기 1000년이 넘어가는 전환기에 아라비아와 페르시아 학자들이 행성 기하학 문제를 제기한 것은 우연이 아니다. 그들은 필시 모든 무슬림이 관련된 특별한 문제에 대한 답을 구하려 했을 것이다. 바로 기도를 할 때 어느 방향을 바라보아야 하는가, 라는 문제다. 이슬람 교리에 따르면 신도들은 메카를 바라보고 기도해야 한다. 이 규율은 엄밀한 의미로, 그러니까 '메카를 바라보는 최단 직선 방향'을 뜻하는 것으로 이해해야 한다.

여기에서 비행기 항로와 연관된 문제가 다시 제기된다. 무슬림이 아라비아 반도에서 멀어지면 멀어질수록, 어느 방향으로 무릎을 꿇어야 하는지를 알기 위해 지도를 신뢰하기 어려워질 수밖에 없다. 캐나다에서는 남동쪽이 아니라 북동쪽을 향해 기도해야 하는 일이 벌어진다! 그러니 어째서 무슬림들이 자신이 있는 곳에 따라 기도할 방향을 알기 위해 나침반이 내장된 휴대전화의 메카 방향 찾기 기능이나 컴퓨터 프로그램의 도움을 받는지 이해할 수 있다.

지도는 쓰레기통으로?

지도로 다시 돌아와보자. 앞에서 살펴본 내용 덕분에 이제 지도가 실제 거리와 전혀 일치하지 않는다는 사실을 알게 되었을 것이다. 그렇다,

지도는 상당히 부정확하다! 하지만 지도가 모든 면에서 다 틀리지는 않게 하는 일은 가능하다. 좀 더 정확히 말하면, 3차원 구형을 평면으로 옮길 때 사용하는 투영법으로 면적 또는 각도를 각각 보존할 방법이 있다(하지만, 이 둘의 정확도를 동시에 보존할 수는 없다).

면적을 보존하는 투영법을 '정적도법'이라고 한다. 골-피터스 도법의 경우가 그러한데, 이것은 1855년에 제임스 골James Gall이 만들었고 1967년에 아르노 피터스Arno Peters가 재발견했다. 각도를 보존하는 투영법은 '정각도법'이라고 하는데, 1565년에 헤라르드 크레메르Gerhard Kremer가 만든 메르카토르 도법이 그렇다(크레메르Kremer가 네덜란드어로 상인, 즉 라틴어로 메르카토르mercator를 뜻하므로 메르카토르라는 라틴어 이름을 썼다). 항해사들은 두 번째 투영법을 선호한다. 나침반을 이용해 정확한 방향을 유지할 수 있기 때문이다.

프랑스에서는 지난 2세기 동안 이 두 가지 도법으로 만든 지도를 번갈아 사용했다. 1802년에 나폴레옹은 군 참모본부의 지도를 만드는 데 정적도법인 본Bonne도법을 택했다. 이 도법은 르네상스 시대에 만들어지고 1780년에 샤를마리 본Charles-Marie Bonne이 제안했다. 그런데 대포가 발전해 장거리 발포가 가능해지면서 육안으로 보지 않고 지도를 보며 발포하기 시작하자 결점이 드러나기 시작했다. 이런 경우에는 메카 찾기나 바다나 하늘에서 이동하는 경우처럼 올바른 방향을 아는 편이 정확한 면적을 아는 편보다 나았다……. 그래서 프랑스 군대는 제1차 세계대전 중에 보다 적합한 도법을 채택해 지도를 바꾸었다. 프랑스 국립지리연구소IGN가 인쇄한 지도는 (람베르트) 정각도법을 준수한다. 메르카토르법을 사용하기 때문에 가장 고전적인 세계지도이기도 하다.

하지만 모든 지도 형식에는 장단점이 있다. 지역 지도와 해양 지도는 정각도법으로 제작한 게 좋다. 형태도 보존되어 있고 방향도 찾을 수 있기 때문이다. 세계 지도는 정적도법으로 제작한 것이 좋지만, 이 지도를 방향을 정할 목적으로 사용하는 것은 바람직하지 않다. 만일 두 가지 장점을 모두 누리고 싶다면 가장 좋은 방법은 역시…… 지구본을 이용하는 것일 테다.

피타고라스의 정리에 얽힌 대서사시

6

학교 수학 수업 시간의 스타이자 아마도 집단적 기억에 가장 뿌리 깊이 박혀 있을 수학의 쾌거. 바로 피타고라스의 정리다. 피타고라스Pythagoras, BC 570년경는 기원전 6세기에 사모스섬에 태어나 살았던 종교 개혁가이자 철학자다. 그의 이름은 '델포이의 여사제 피티아가 예언한 사람'이라는 뜻인데, 델포이로 여행을 간 그의 아버지가 아들의 탄생을 계시 받은 데서 유래했다. 피타고라스에 대해 역사에 알려진 것은 거의 없지만, 그는 의심할 여지없이 수학, 음악, 영혼의 본질, 의학 등에 두루 관심을 보인 보편적 정신을 지닌 고대 그리스 최초의 위대한 사상가 중 한 사람이었을 것이다. 하지만 그토록 지적이고 다방면에 걸쳐 교양 있는 인물의 이름을 하나의 수학 정리에 부여한 일은…… 역사의 착각일지도 모른다.

아이러니하게도 당시 기록이 거의 없다는 것은 피타고라스가 정리의 주인인지 확실하지 않다는 뜻이기도 하다. 하지만 이건 그리 중요하지 않다. 피타고라스의 정리가 여러 시대와 인물을 거쳐 발견에 재발견을 거듭하며 정립되어온 내력은 그 자체로 참으로 흥미진진하기 때문이다. 실크로드와 '직각삼각형'. 유럽에서 아시아에 이르는 대륙을 수천 년간 가로질러온 존재. 피타고라스의 정리는 수학적 모험, 더 나아가 인간 지식의 대서사시다.

유클리드의 육필 원고에서 발췌(바티칸 사본 190, 바티칸 로마교황청도서관).

정사각형의 문제

오늘날 우리에게 '피타고라스의 정리'라는 이름으로 알려진 정리의 완결된 형태는 기원전 300년경의 다른 위대한 그리스 수학자인 유클리드의 『원론』 제1권에 나온 정리 47에서 찾아볼 수 있다. 그 내용은 다음과 같다. "모든 직각삼각형에서 그 빗변에 세운 정사각형의 면적은 직각을 이루는 면에 세운 정사각형들의 면적의 합과 같다."

어휘의 함정에 주의하자. 여기서 말하는 정사각형은 진짜 정사각형(사변형)이지 제곱수가 아니다. 이 두 가지가 결국 마찬가지이긴 하지만(정사각형의 넓이는 그 변의 제곱과 같으니까!). 유클리드는 단 한 번도 피타고라스의 이름을 이 정리와 연결 짓지 않는다. 이 책에는 그림으로 설명한 일반적인 증명이 나오는데, 더욱 분명히 설명하기 위해서 이 그림을 세 부분으로 나누어 소개한다.

유클리드는 빗변으로 만든 정사각형을, 직각을 이루는 두 변으로 만든 정사각형과 각각 넓이가 같은 2개의 직사각형으로 나누었다. 이제 A=B라는 것만 증명하면 된다. 다른 쪽은 좌우대칭에 따라서 자연히 증명되기 때문이다. B부분을 두 번 변형해 오른쪽 그림과 같이 만들면 이를 증명할 수 있다.

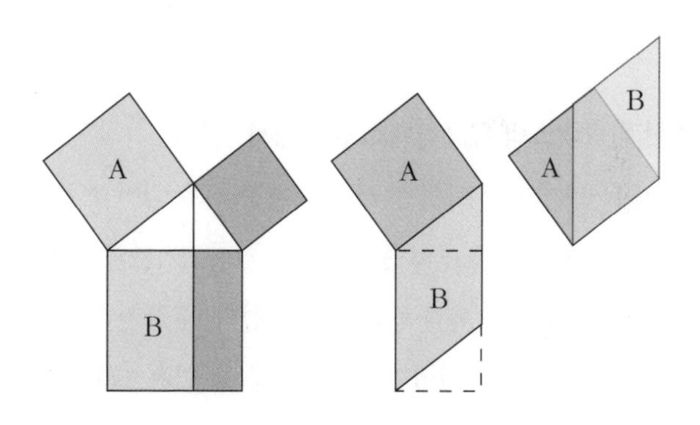

필사가가 원고 아래쪽 여백에 더 쉽게 이해할 수 있는 증명을 보여주는 그림을 주석처럼 덧붙여 그려 넣었는데, 이 증명은 직각이등변삼각형의 경우에만 적용된다.

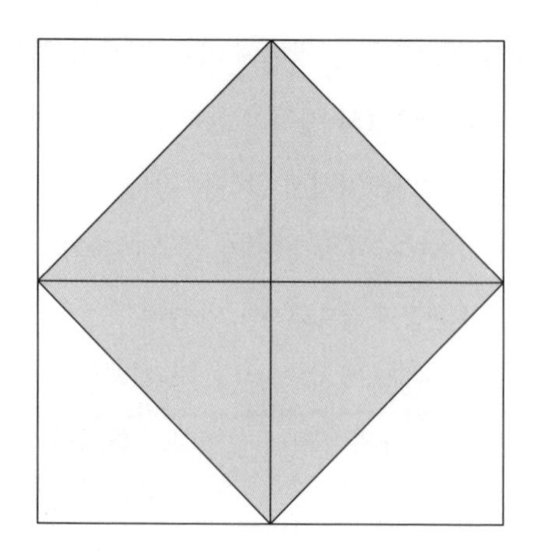

삼각형의 개수를 세어서 빗변으로 만든 (기울어진 회색) 정사각형이 작은 정사각형의 두 배임을 증명할 수 있다. 이로부터 커다란 정사각형의 면적은 회색 정사각형 면적의 두 배임을 추론할 수 있다. Q.E.D.Quod erat demonstrandum(라틴어로 '이것이 증명하려는 내용이었다'라는 뜻. 수학에서 증명을 끝낼 때 쓰는 관용적인 표현 — 옮긴이)!

천 년 전 티그리스와 유프라테스 강가에서

피타고라스 정리의 이 특별한 경우를 아무 이유 없이 거론한 건 아니다……. 위에 나온 도형은 우리에게 알려진 피타고라스의 정리를 나타내는 가장 오래된 고고학적 유물을 떠올리게 한다. 유물은 기원전 2000년 전 메소포타미아에서 발견되었다. 손으로 쥘 수 있는 크기의 작은 점토판tablette으로, 고고학자들의 추정에 따르면 학생이 만든 작품이다. 이 점토판에는 4개의 직각이등변삼각형으로 나뉜 정사각형과 일련의 숫자가 적혀 있다. 메소포타미아 사람들은 풀어야 할 문제의 조건과 그 해답을 점토판에 동시에 적는 습관이 있었다. 그렇다면 이 점토판에는 어떤 연습문제가 담겨 있을까? 메소포타미아인은 피타고라스의 정리를 그리스인보다 천 년 먼저 발견했을까?

YBC 7289 점토판, YBC는 예일대학교에 보관된 예일 바빌로니안 컬렉션Yale Babylonian Collection을 뜻한다.

고대 근동의 여러 민족이 수학적 내용을 담은 점토판 수백여 점을 남겼다. 이런 점토판에는 밭의 크기 결정, 관개 운하 파기, 곡물 저장 같은 구체적인 사안에 관한 내용이 담겨 있지만, 현실적인 일과 관계없는 문제도 상당히 많이 찾아볼 수 있다. 이집트와 마찬가지로 메소포타미아의 견습 서기들도 수학을 습득하기 위해 학교에 다녔는데, 그중에서 가장 명망 있는 학교가 고대 메소포타미아의 종교문화적 수도인 니푸르Nippur에 있었다.

이 견습생 중 하나가 4천 년 전에 연습용으로 쓴 점토판에는 쐐기문자로 3개의 수가 쓰여 있다. 첫 번째 수는 다음과 같다.

30이다. 위치를 보아 정사각형의 한 변의 길이를 가리키는 것 같다. 두 번째 수는 다음과 같다.

육십진법(메소포타미아인이 사용한 60을 기본단위로 한 기수법)으로 1'24'51'10'인데, 아포스트로피는 각각 60자릿수를 구분한다. 위의 수는 십진법으로 쓰면 305,470이다. 세 번째 수는 다음과 같다.

42'25'35'이다. 이는 십진법으로는 152,735이고 앞에 나온 수의 절반이다. 그런데 주목할 점은 마지막 두 수가 대각선 가까이 쓰여 있다는 사실이다.

이 세 수는 이들이 일찍이 피타고라스의 정리를 다룰 줄 알았음을 뜻하는 걸까? 바빌로니아 기수법에서 항상 만나는 어려움인데, 여기에서도 마찬가지로 학생은 점토판에 단위를 명시하지 않았다. 시대가 다르긴 하지만 현재의 기수법에 비추어 이 학생이 쉼표를 생략했다고 유추해볼 수 있을 것이다(쉼표는 르네상스 시대에 와서야 만들어진다). 따라서 우리는 서로 다른 모든 가능성을 탐구해볼 수밖에 없다. 두 번째 수 1'24'51'10'을 살펴보자. 가령 쉼표를 첫 번째 수 뒤에 쓰면 $\frac{305470}{60^3}$, 즉 1.414212963...

이 된다. 그런데 이것은 1.414213562..., 즉 2의 제곱근의 훌륭한 근사치 아닌가. 우연이라고 보기는 어렵다.

같은 방식으로 해독하면, 세 번째 수는 $\frac{152735}{60^2}$, 즉 42.42638889... 이다. 이는 30에 2의 제곱근을 곱한 값이며, 정확하게 한 변이 30인 정사각형의 대각선 길이다! 이 놀라운 사실로부터 무엇을 추론해낼 수 있을까? 바로 메소포타미아 사람들이 이등변삼각형이라는 특수한 경우에 피타고라스의 정리를 적용했다는 사실이다. 서기 학생이 선생님으로부터 정사각형의 변의 길이와 2의 제곱근이라는 정보를 받아서 정사각형의 대각선을 계산해낸 것 같다. 그렇다면 선생님은 어떻게 2의 제곱근을 알고 있었을까? 이를 구하는 간단한 방법이 있는데, 이것은 고대의 계산 기법을 다루면서 살펴볼 것이다.

태블릿 스타

메소포타미아 사람들은 이등변삼각형에만 그들의 지식을 적용할 줄 알았을까, 아니면 보편적인 의미에서 피타고라스의 정리를 알고 있었을까? 수학적 내용을 담은 작은 판(태블릿) 가운데 가장 유명한 점토판이 이 질문에 답하는 데 도움을 줄 수 있다. 미국의 출판인이자 자선가, 그리고 이 점토판을 컬럼비아대학교에 기증한 조지 아서 플림프턴George Arthur Plimpton의 이름을 따서 플림프턴 322라고 이름 붙은 점토판은 오랫동안 수학자들을 경악케 했다(그리고 지금도 계속 그러고 있다). 이 점토판에는 4열 15행으로 이루어진 수의 표가 그려져 있다(그림 오른쪽과 왼쪽 첫 번째 열이 깨져 있다. 그러므로 점토판 수를 복원해내는 것은 무모한 시도다).

플림프턴 322 점토판, 컬럼비아대학교.

오직 12개의 행만 온전히 읽을 수 있다. 여기에 나온 수를 살펴보면(육십진법으로 쓰였다. 글상자 참조), 제1열의 항과 다음 두 열의 항 사이에 특정한 관계가 있음을 알 수 있다. 직각삼각형의 빗변과 다른 변들 사이에 존재하는 관계와 같다. 수학자들은 각 행에 나오는 일련의 세 숫자를 자신들의 은어로 '피타고라스 삼조'라고 부른다.

피타고라스 삼조는 변이 정수인 직각삼각형의 치수다. 다시 말하면, $c^2 = a^2 + b^2$ 등식을 만족하는 정수 (a, b, c) 삼조다. 이 공식을 보면 옛날 학교에서 피타고라스의 정리를 배운 기억이 떠오를 것이다!

피타고라스 삼조의 목록이 하나의 점토판에 적혀 있었다는 사실은 무엇을 뜻할까? 바빌로니아 사람들이 피타고라스의 정리를 보편적인 의미에서 알고 있었음을 뜻할까? 다른 증거가 없기 때문에 확실히 답하기 어렵다. 마찬가지로, 바빌로니아 수학자들이 어떻게 이 목록을 얻어냈는지

플림프턴의 점토판 해독

이 점토판을 십진법으로 해석하면 다음과 같다. a와 c, b 열은 각각 점토판의 첫 번째, 두 번째, 세 번째 열에 해당한다.

육십진법		십진법			
a	c	a	c	b	a / c
1' 59	2' 49	119	169	120	0.704142
56' 7	1' 20' 25	3,367	4,825	3,456	0.697823
1' 16' 41	1' 50' 49	4,601	6,649	4,800	0.691983
3' 31' 49	5' 9' 1	12,709	18,541	13,500	0.685453
1' 5	1' 37	65	97	72	0.670103
5' 19	8' 1	319	481	360	0.663201
38' 11	59' 1	2,291	3,541	2,700	0.646992
13' 19	20' 49	799	1249	960	0.639711
8' 1	12' 49	481	769	600	0.625487
1' 22' 41	2' 16' 1	4,961	8,161	6,480	0.607891
45	1' 15	45	75	60	0.600000
27' 59	48' 49	1,679	2,929	2,400	0.573233
2' 41	4' 49	161	289	240	0.557093
29' 31	53' 49	1,771	3,229	2,700	0.548467

여기에서 알 수 있는 사실은 b열이 항상 c^2-a^2의 제곱근이며 정수라는 사실이다. 이런 식으로 우리는 오늘날 '피타고라스 삼조'라고 불리는 $c^2=a^2+b^2$를 만족하는 정수의 삼조 14개를 얻는다.

표의 네 번째 열은 비 $\frac{a}{c}$에 해당한다. 게다가 이 표에는 이 매개변수, 그러니까 삼각형의 가장 작은 각에 대응하는 변수가 내림차순으로 정렬되어 있다. (밑줄 친) 두 수는 확실히 필사가의 실수로 보이므로 수정했다.

도 알 수 없다. 이 목록이 천 년 전에 유클리드가 알아낸 완전한 목록의 극히 일부일 뿐이라도 말이다. 또한 가장 유명한 피타고라스 삼조인 (3, 4, 5)는 이 점토판에 나와 있지 않다(비록 이것을 15로 곱한 직각삼각형 (45, 60, 75)가 나와 있긴 하지만). 확인할 수 없는 가정을 너무 많이 해야 하기 때문에 이 문제를 더 깊이 다루지는 않겠다. 지금 우리가 말할 수 있는 사실은, 바빌로니아인이 직각삼각형에 관심을 두었고 그들이 연구한 직각삼각형이 전부 피타고라스의 법칙을 충족한다는 사실이다. 피타고라스가 태어나기 천 년 전에 말이다.

중세의 이집트 삼각형

메소포타미아인이 알고 있던 피타고라스 삼조 가운데 하나는 놀라운 형태로 시대를 거쳐 내려왔다. 가장 간단한 피타고라스 삼조 (3, 4, 5)는 3천 년이 지난 뒤에…… 노끈의 형태로 다시 등장한다. 중세에 성당을 지은 장인들은 직각을 그리기 위해서 피타고라스 삼조를 나타낸 노끈을 사용했다. 노끈에는 13개의 매듭(길이 12=5+4+3)이 묶여 있었다. 그 덕분에 장인은 이 노끈을 적당히 구부려 직각을 그릴 수 있었다.

당시 건축 장인들은 이 노끈이 고대 이집트에서도 사용되었다고 생각했기 때문에(실제로는 그랬다는 아무런 증거도 없다) 그때부터 매듭이 13개 있는 노끈은 '이집트 삼각형'이라는 이름으로 불린다. 이 피타고라스 삼조를 고대 이집트에 연결 짓는 유일한 기록은 플루타르코스Plutarchos, 46~125의 산문집 『모랄리아Moralia』에 수록된 「이시스와 오시리스에 관하여」에서 찾아볼 수 있는데, 여기에서 플루타르코스는 피타고라스 삼조를 신비주의적인 용어로 기술한다.

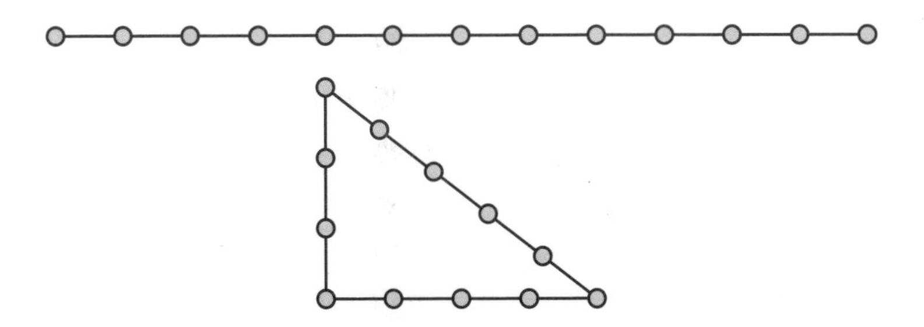

매듭이 13개 있는 노끈을 구부려 팽팽히 당기면 직각삼각형이 된다.

"이집트인들은 가장 아름다운 형태의 삼각형으로 세상을 상상한 듯 보인다. 플라톤이 자신의 저서 『국가』에서 이 삼각형을 혼인의 상징으로 삼았듯 말이다. 이 삼각형은 3으로 이루어진 수직 변과 4인 밑변, 5인 빗변을 지녔고, 빗변으로 만든 정사각형은 다른 두 변으로 만든 정사각형의 합과 같다. 수직 변은 세계를 상징하고, 밑변은 여성, 빗변은 그 둘의 자녀를 상징한다."

중국에서는 구고의 정리

그리스인, 메소포타미아인, 이집트인 가운데 어느 민족이 피타고라스 정리를 처음으로 만들었을까? 우리가 이제껏 살펴보았듯이 고대 그리스와 고대 근동 세계에서 이 정리가 생긴 시기를 정확히 알아내기란 어렵다. 이 정리는 아마도 유클리드보다 최소한 한 세기 전인 플라톤의 시대(기원전 400년경)에 보편적인 정리 형태로 발견되었을 것이다. 플라톤은 『티마이오스Timaios』에서 그 여러 형태를 언급했다. 하지만 당시에 지중해 동부 지역 밖에서도 다른 위대한 문명이 활짝 꽃피고 있었다. 특히 아시아는 위대한 수학 문화를 꽃피운 두 민족인 중국과 인도의 요람이었다. 숫자를 각별히 좋아한 그들 민족이 과연 삼각형의 비밀도 탐구했을까?

대답은 '그렇다'이다. 중국인은 인도인과 마찬가지로 고대에 피타고라스의 정리를 발견했다. 적어도 직각이등변삼각형과 삼각형 (3, 4, 5) 같은 특별한 경우는 그랬다. 인도인은 이 정리를 '대각선의 정리'라고 불렀고, 중국인은 '구고의 정리('구勾'는 직각변 중 짧은 변을, '고股'는 긴 변을 뜻한다)'라고 불렀다. 중국의 가장 오래된 수학 개론서인 『주비산경周髀算經』에 삼각형 (3, 4, 5)에 대한 피타고라스의 정리를 증명하는 부분이 나온다. 이 책이 유클리드보다 앞서 존재했을 거라 생각되지만, 쓰인 시기를 정확히 밝히기는 어렵다. 여기에서 자세히 다루지는 않겠지만, 그 증명은 직각삼각형을 마치 픽셀처럼 작은 정사각형들로 나뉜 커다란 정사각형 안에 넣어서 한다.

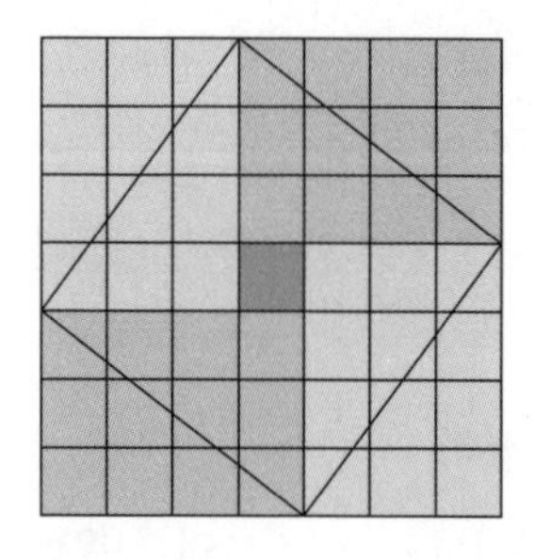

삼각형 (3, 4, 5)의 경우에 피타고라스 정리의 증명.

이 증명법은 곧바로 일반화할 수 없다. 이 사실로부터, 당시 중국인은 이 정리를 다른 직각삼각형으로 굳이 확대하여 적용하려 들지는 않았음을 알 수 있다. 기원후 3세기 들어 수학자 유휘劉徽, 220년경~280년경가 『주비산경』에서 보편적인 증명을 제시한다. 그림이 없고 글로만 설명되어 있지만, 이것을 읽으면 다음과 같은 퍼즐이 떠오른다(그림 참조). 여기에서 1, 2, 3으로 번호가 매겨진 삼각형을 움직이면, 작은 두 정사각형으로부터 커다란 정사각형을 구성할 수 있다.

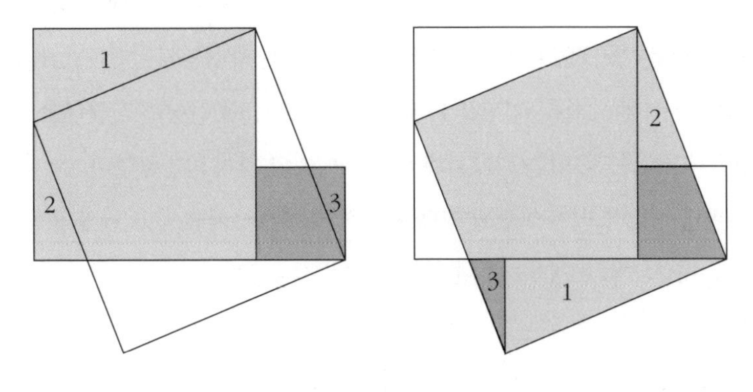

유휘의 퍼즐.

이렇게 도형 조각들을 움직여보면 면적이 같음이 증명된다. 커다란 정사각형의 면적=다른 작은 정사각형 2개의 면적의 합. 즉, 피타고라스의 정리가 증명된 것이다.

7세기에 인도 수학자 바스카라Bhaskara, 1114~1185 역시 퍼즐 형태의 증명으로 유휘의 생각을 일반화했다.

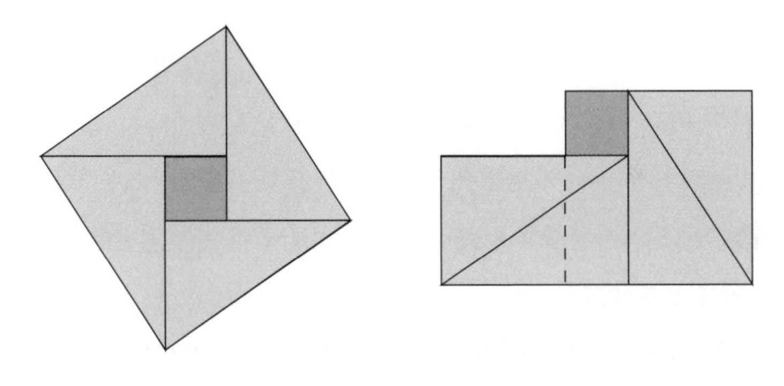

바스카라의 퍼즐.

가장 아름다운 증명: 레오나르도 다빈치

피타고라스 정리의 가장 간단한 증명 역시 이루어진 시기는 쉽게 알 수 없으나 인도 전통으로부터 우리에게 전해져 내려온다. 어떤 이들은 이를 베다 시대Vedic Age(기원전 1500년 전~기원전 500년경)까지 거슬러 올라간다고 보는데, 이는 위에서 살펴본 이야기와 일치하지 않는다. 이 정리가 베다 시대에 이미 보편적 형태로 발견되었다면, 어째서 그 이후의 문서에서 특정한 몇몇 경우만 다루어졌겠는가?

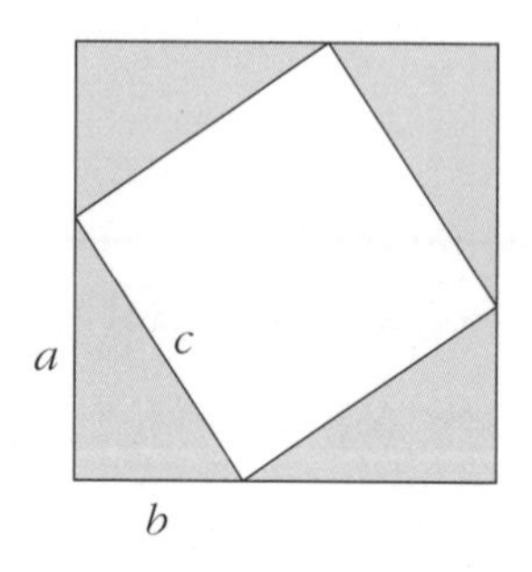

베다 증명은 반은 기하학적이고 반은 대수학적이다.
변이 $a+b$인 큰 정사각형을 위의 그림처럼 나누면 $(a+b)^2=c^2+2ab$고, 이를 간단히 쓰면 $a^2+b^2=c^2$다.

피타고라스의 정리는 19세기 이전까지는 더 이상 발전하지는 않지만, 명확성이나 독창성, 아름다움을 추구한 수백 가지 증명법이 제시된다. 이중에서 가장 아름다운 증명은 단연 레오나르도 다빈치Leonardo da Vinci, 1452~1519의 증명이다. 이 증명은 조금 복잡한 도형(다음 그림 참조)으로 시작하긴 하지만, 단 세 줄로 완결된다. 과연 이보다 더 이상 간결한 증명법을 찾아낼 수 있을까?

끝으로, 피타고라스의 정리를 오늘날처럼 $a^2+b^2=c^2$의 형태로 쓰는 것은 현대적인 사고방식에서 나왔음을 지적한다. 고대 민족은 추상적

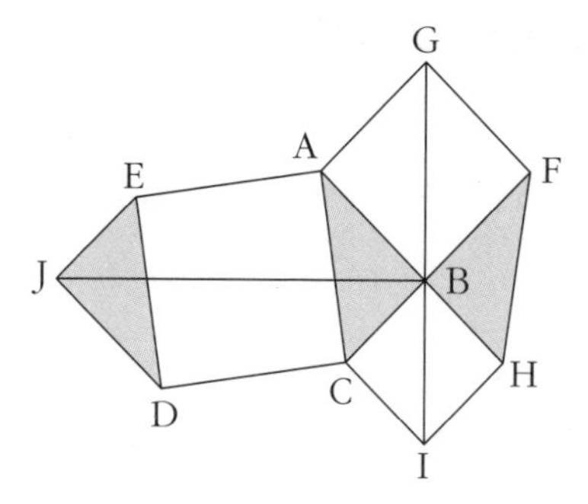

레오나르도 다빈치의 아름다운 피타고라스의 정리 증명. 위 그림의 사각형 ABJE와 BCDJ, ACIG, GFHI는 모두 면적이 같다. 그런데 처음 두 사각형의 면적의 합은 커다란 사각형에 삼각형 2개를 더한 것과 같고, 나머지 두 사각형의 합은 작은 정사각형 2개에 삼각형 2개를 더한 것과 같다. 여기에서 피타고라스의 정리를 추론해낼 수 있다.

인 대수학적 언어를 지니지 않았기에 기학학적인 방식이나 순전히 숫자만 이용해서 기술했다. 문자를 사용하는 우리의 표기법은 피타고라스의 정리를 평면보다 더 복잡한 공간에서 일반화할 수 있다는 특별한 이점이 있다. 피타고라스의 정리는 이렇게 확장되어, 상상할 수 없을 만큼 무수한 방식으로 응용되었다. 특히 평면기하 정리로 조출하게 탄생한 응용들을 생각하면 더욱 그렇다(유클리드의 『원론』에 등재된 평면기하 정리만 해도 200여 가지나 된다 — 만든이).

파악할 수 없는 희귀한 소수

7

수학의 역사에서 소수만큼 많은 논평을 불러일으킨 수가 있을까? 아마도 소수는 누구나 그 정의를 쉽게 파악할 수 있기에 그토록 오래전부터 사람들을 매료시켜왔으리라……. 가끔은 맹목적일 정도로. (인류 역사에서 수학의 최초 흔적 중 하나라고 여겨지는) 이상고 뼈가 발견되자, 고고학자들은 2만 년 전의 호모사피엔스가 이미 소수의 개념을 알고 있었던 것은 아닌지 아주 심각하게 궁금해했다. 어째서일까? 바로 뼈에 어지럽게 새겨진 자국 가운데 11, 13, 17, 19라고 연달아 쓰인 부분을 찾아냈기 때문인데, 이는 정확히 소수에 해당한다! 선사시대 사람들이 사냥을 쉬는 날이면 수학 문제를 풀며 시간을 때우기라도 한 것일까?

소수는 1과 자기 자신으로만 나뉠 수 있는 수다. 그런데 이 정의는 어떤 현실을 가린다. 소수는 단순한 수가 아니라, 그 자체만으로 하나의 독립적인 수학 분야다. 이는 소수가 암호화에 응용되기 때문만은 아니다. 2006년에 오스트레일리아의 수학자 테렌스 타오Terence Tao, 1975년 출생는 소수의 규칙성에 관한 연구로 수학 분야에서 가장 큰 영예인 필즈상을 받았다(글상자 참조). 이것은 하나의 예일 뿐이다. 과거뿐 아니라 오늘날까지, 아이들도 이해할 만큼 단순한 소수의 정의는 사람들을 계속해서 사로잡고 있다.

왜 노벨수학상은 없는가?

수학 분야의 노벨상이 없기에 많은 수학자가 필즈상을 받거나 존 내시John Nash, 1928~2015처럼 노벨경제학상을 받았다. 노벨수학상이 없는 이유를 여성의 바람기에 얽힌 어두운 이야기로 설명하는 의견도 있다. 노벨의 아내가 (뒤에서 푸앵카레에 관해 살펴보며 다시 만나게 될) 스웨덴 수학자 예스타 미타그레플레르Gösta Mittag-Leffler, 1846~1927를 각별히 아꼈기 때문에 노벨수학상이 없다는 것이다. 하지만 노벨은 결혼한 적이 없기 때문에 이 설명은 근거가 없다. 노벨은 그저 수학이 인류애와는 별로 연관성이 없다고 생각한 게 아닐까?

기원

피타고라스의 정리가 언제 생겨났는지 거슬러 올라가 밝히기 어렵듯, 소수를 누가 처음 만들어냈는지 알아내기란 쉽지 않다. 소수(프랑스어로 nombre premier, 영어로 prime number — 옮긴이)에 프르미에premier(프라임prime)라는 단어가 처음 사용된 곳은 유클리드의 『원론』이다. 하지만 이 이름은 소위 피타고라스학파 전통의 수, 즉 '도형으로 표현된' 수에서 유래한 듯 보인다. 이 수는 일정한 도형을 이루는 일련의 점으로 표현할 수 있는 수를 말한다. 6은 도형으로 표현된 수다. 다음과 같이 도식화될 수 있기 때문이다.

그리스인은 도형으로 표현된 수를 그 수가 이루는 도형에 따라 구분했다. 우리의 관심을 끄는 범주는 6과 같은 직사각형 수다. 우리는 5, 7, 11이 직사각형 수가 아니라는 사실을 쉽게 알 수 있다. 피타고라스학파의 전통에서 이 세 수와 그 사촌들인 비非직사각형 수는 선線형이다. 평면에 오로지 선으로만 배치할 수 있기 때문이다. 5, 7, 11, 13, 17 ……. 무언가가 떠오르지 않는가? 이들은 전부 소수다.

이런 정의에 따라, 비직사각형/선형인 수는 전부 소수다. 유클리드가 소수라는 용어를 만들기 위해 어디에서 영감을 끌어왔는지 쉽게 알 수 있다. 그의 생각에 'premier(영어로 prime)'는 일종의 '선형'에 해당했다. 여기에서 고대 그리스인이 문제를 해결하기 위해 기하학적으로 접근하는 모습을 다시 찾아볼 수 있다.

소수가 테이블 위에 오르다!

유클리드는 소수를 정의하긴 했지만 예는 하나도 들지 않았다. 반면에 유클리드보다 조금 후대의 에라토스테네스는 어떤 특정한 수 이하의 소수를, 마치 체로 거르듯이, 소수가 아닌 다른 모든 수를 소거함으로써 알아내는 방법을 만들어냈다. 예를 들어 150 이하의 모든 소수를 알려면, 먼저 표에 2부터 150까지 수를 적는다. 그리고 소수인 2를 남기고 그 배수를 소거하는데, 여기에는 특별한 계산이 필요 없다. 표에서 한 칸씩 건너뛰며 수를 지우면 된다. 그런 다음에 소거되지 않은 첫 번째 수, 즉 3을 가지고 똑같이 하고, 뒤이어 계속 이런 식으로 수들을 지워나간다. 그러면 2의 배수는 연한 회색으로, 3, 5, 7, 11의 배수는 짙은 회색으로 칠한 다음과 같은 표를 얻는다. 소수는 흰색으로 남겨두고 원으로 표시했다.

1	2	3	4	5	6	7	8	9	10	11	12	13	14	15
16	17	18	19	20	21	22	23	24	25	26	27	28	29	30
31	32	33	34	35	36	37	38	39	40	41	42	43	44	45
46	47	48	49	50	51	52	53	54	55	56	57	58	59	60
61	62	63	64	65	66	67	68	69	70	71	72	73	74	75
76	77	78	79	80	81	82	83	84	85	86	87	88	89	90
91	92	93	94	95	96	97	98	99	100	101	102	103	104	105
106	107	108	109	110	111	112	113	114	115	116	117	118	119	120
121	122	123	124	125	126	127	128	129	130	131	132	133	134	135
136	137	138	139	140	141	142	143	144	145	146	147	148	149	150

에라토스테네스의 체.

에라토스테네스의 체를 만들어보면, 처음 10까지는 1을 제외한 9개의 수 가운데 우리에게 비교적 익숙한 소수가 4개나 발견되지만 그 뒤로는 점차 드물어짐을 알 수 있다. 오늘날에는 소수를 찾는 방법이 훨씬 정교해졌지만, 150 이하에서 소수를 찾는 것은 2와 3, 5, 7, 11의 배수만 알면 충분하다. 한편, 위의 체를 통해 유클리드가 말한 것처럼 모든 숫자를 소수의 곱으로 표현(소인수분해)할 수 있음을 알 수 있다. 다시 말하면, 어떤 수는 소수이거나 소수의 곱으로 표현할 수 있고, 이는 곱하는 순서가 다른 경우를 제외하면 유일하다는 사실(고대에는 언급되지 않았지만 유클리드와 에라토스테네스가 분명히 알고 있었을 정리)이 증명된다. 오늘날 이 내용은 '산술의 기본정리Fundamental theorem of arithmetic'라는 이름으로 불린다.

아주 큰 소수들

이제껏 알려진 가장 큰 소수는 무엇일까? 바로 2,200만 자리 이상의 수다! 컴퓨터로 계산한 이 수는 $M_{74207281}$이라는 이상야릇한 이름을 지녔다. 이 수가 소수일 뿐 아니라 메르센 수(74,207,281번째 메르센 수)이기 때문이다. 1666년에 콜베르Colbert가 창설한 프랑스 왕립 과학아카데미의 전신이라 할 수 있는 비공식 아카데미를 만든 마랭 메르센Marin Mersenne, 1588~1648은 2의 거듭제곱 바로 앞의 수에 관심을 가졌다. 그 이후 이 수를 메르센 수Mersenne number라고 부르고 $M_p=2^p-1$이라고 쓴다.

메르센 수와 소수 사이의 관계는 이후에 에두아르 뤼카Édouard Lucas, 1842~1891가 정립했다. 에두아르 뤼카는 이에 더해 어떤 메르센 수가 소수인지 알아내는 더욱 빠르고 개선된 방법을 찾아냈다. 가장 큰 소수들이 메르센 수인 것은 바로 이런 이유에서다. $M_{74207281}$은 2016년에 인터넷 메르센 소수 탐색Great Internet Mersenne Prime Search, GIMPS 덕분에 발견되었다. GIMPS는 인터넷 공간에서 무려 17만 명이 넘는 멤버가 모인 참여 계산 프로젝트다! 더욱 놀랍게도, 메르센보다 훨씬 이전에 유클리드는 이 수들이 소수일 때 이 수와 완전수(6처럼 자신의 약수들의 합인 수) 사이의 예기치 못한 연관성을 찾아냈다. 즉 M_p가 소수면, $2^{p-1}=M_p$는 완전수다. 2천 년 후에, 레온하르트 오일러Leonhard Euler, 1707~1783는 이런 식으로 모든 짝수 완전수를 얻어낼 수 있음을 증명했다.

유클리드는 이토록 큰 소수는 알아낼 생각도 하지 못했다. 그 대신 소수에 관한 매우 추상적인 질문을 던졌다. 소수의 개수는 제한되어 있을까, 라는 질문이다. 이어서 유클리드는 그렇지 않음을 증명했다. 그 질문에 답하는 건 얼핏 보아도 만만치 않은 일이었다. 그토록 큰 수에 이르러 무슨 일이 벌어지는지 누가 안단 말인가? 어느 한계를 넘어서면 모든 수는 자기 자신이 아닌 다른 수로 나누어질 거라고 상상하기 쉽다.

유클리드의 생각은 아름답고도 단순하다. 이를 현대 용어로 다시 써보면 이렇다. 유클리드는 먼저 소수 집합 $a, b, c, \ldots$가 있다고 가정한다. 그런 다음 이 수들을 모두 곱하고 여기에 1을 더한다. 이제 이 새로운 수를 소인수분해하면 하나의 조합을 얻는다(이것은 유클리드가 다른 곳에서 증명한 결과다). 이 소인수가 위의 소수 집합에 포함되어 있다고 가정할 경우, 예를 들어 a라고 하면 $abc\ldots+1$과 $abc\ldots$는 모두 a로 나누어떨어져야 하고, 또한 두 수의 차는 1이다. 이것은 말도 안 되는 소리다. 따라서 가정은 거짓이다. 이 소인수는 앞의 소수 집합에 속하지 않는다. 결론은, 어떤 소수의 집합에서 새로운 소수를 만드는 것은 항상 가능하다. 달리 말하면, 소수의 집합은 무한하다.

유클리드가 자신의 증명에 무한을 언급하지는 않았다. 무한은 까다로운 개념이라서 9세기에 와서야 아라비아 수학자 알 킨디 Al Kindī, 801~873가 제대로 다룬다. 유클리드는 이 개념을 교묘하게 피해가면서 이렇게 단언하는 편을 택했다. "전체 소수의 집합은 주어진 어떤 소수의 집합보다 더 크다."

잃어버린 규칙성을 찾아 나선 모험가들

처음 보면 소수들은 서로 아무런 관련이 없는 것처럼 보인다. 하지만 정말 그럴까? 소수들을 서로 연결하는 숨겨진 규칙성이 존재하지는 않을까? 팔림프세스트 palimpsest(재기록 양피지 사본. 본래의 문자를 지우고 그 위에 정정해 기록한 사본 — 옮긴이) 같아서 그것을 긁어보면 숨겨진 진실이 드러나는 것은 아닐까? 세기를 거치며 많은 수학자가 소수의 비밀을 탐구했다.

이런 노력은 오늘까지도 계속되고 있는데, 그 내용을 알아보기 위해서 에라토스테네스의 체를 나타낸 표로 되돌아가보자. 표를 다시 살펴보면, 소수가 열로 모여 있음을 알 수 있다. 예를 들어 7로 시작하는 열에는 37, 67, 97, 127, 157이 있다. 이 표를 보고 30씩 더하면 소수를 알아낼 수 있다고 추론했다면 당신의 관찰력은 좋은 편이다……. 하지만 이 추론은 틀렸다. 왜냐하면 187은 11로 나눌 수 있으니까.

조금 더 밑으로 내려가보면 소수로 이루어진 다른 긴 수열을 찾아볼 수 있다. 가령 277부터 397까지 연속된 소수 5개가 있다. 수학자들은 서로를 가르는 간격이 일정한 일련의 수를 전문 용어로 '등차수열'이라고 부른다. 기하학적으로 이런 등차수열은 에라토스테네스의 체에서 열과 대각선으로 나타난다. 대각선을 예로 들면 5로 시작하는 5, 19, 47, 61, 89, 103, 131과 같은 진행 말이다.

유클리드와 에라토스테네스보다 2천 년 뒤에 아드리앵마리 르장드르Adrien-Marie Legendre, 1752~1833는 등차수열의 첫 번째 항과 공차(연속하는 두 항 사이의 차이)가 공약수를 갖지 않는 등차수열은 소수를 무한히 포함한다고 추측했다. 이 정리는 좀 더 훗날에 요한 디리클레Johann Dirichlet, 1805~1859가 증명했고, 몇 차례에 걸쳐 세밀하게 가다듬어졌다. 이 정리가 마지막으로 개선된 것은 2004년이다. 벤 그린Ben Green, 1977년 출생과 테렌스 타오(2006년 필즈상 수상)의 업적인데, 이들은 임의로 긴 소수로만 이루어진 등차수열이 존재함을 증명했다.

악랄한 쌍둥이

이 예는 다른 많은 예 가운데 하나일 뿐이다. 소수는, 기술하는 것은 간단하지만 증명하기는 엄청나게 어려운 추측을 무수히 만들어낸다. 가령 쌍둥이 소수Twin Prime, 즉 3과 5, 5와 7, 59와 61, 137과 139처럼 두 수의 차이가 2인 소수의 쌍이 무한히 존재한다고 여겨진다. 현재 이런 쌍 가운데 가장 큰 것은 200,700자릿수지만, 아무도 이런 쌍이 무한히 존재함을 증명해내지는 못했다. 현대 수학은 이런 식의 문제를 효과적으로 해결해낼 능력이 없는 듯 보인다.

소수에 대한 추측(옳다고 생각하지만 아직 증명하지 못한 특질) 중에서 가장 유명한 것은 아마도 골드바흐의 추측이다. 1742년에 크리스티안 골드바흐Christian Goldbach, 1690~1764가 처음 제기했고 오일러가 재정리했다. 이 추측은 오일러를 비롯해 그 이후 어떤 수학자도 아직 증명하지 못했다. 겉보기에 너무도 단순해서 더욱 매력적인 이 추측은 다음과 같다. "모든 (4 이상의) 짝수는 두 소수의 합이다."

약간 부담스러울 수 있겠지만 이해할 수 있도록 조금만 더 설명하겠다. 이 명제를 증명하려면 다음 두 질문에 답할 수 있어야 한다. 짝수란 무엇인가? 소수란 무엇인가? 작은 수에 대해 이 명제를 확인하는 것은 쉽다. $4=2+2$, $6=3+3$, $8=3+5$, $1000=17+983$, ……, $389965026819938=5569+389965026814369$, 등등. 그럼에도 불구하고 이 명제의 증명은 위대한 수학자들에게도 큰 도전이었다. 이로 인해 소수의 분포에 관한 연구가 촉발되었고, 힘겹고 험난한 수학 연구 영역이 빠르게 펼쳐졌다. 특히 자연수 n에 대하여 1에서 n 사이에 분포하는 소수의 개수를 각각의 n에 대응시키는 π 함수에 대한 연구가 활발히 이뤄졌다. 비록 계산을 많이 해야 하지만, 이 함수는 표의 형태로 나타낼 수 있다. 10의 거듭제곱에 대한 π의 일부는 다음과 같다.

n	10	100	1,000	10,000	100,000	1,000,000
$\pi(n)$	4	25	168	1,229	9,592	78,498

아마도 이런 식의 표 덕분에 르장드르가, n이 무한대로 커질 때 $\pi(n)$의 n에 대한 비율이 0에 가까워진다는 사실을 추측하고 증명했을 것이다. 르장드르는 놀랍게도 겉보기에 산술과 아무런 관계가 없는 함수인 로그함수를 도입했다. 로그함수는 ln이라고 표기하는데 나중에 이 함수를 그 자연스러운 맥락('초월' 함수)에서 살펴볼 것이다. 그는 n의 값이 클 때 $\pi(n)$이 대략 $\frac{n}{\ln n}$에 수렴한다고 추측했다. 이것은 오랫동안 추측으로만 남아 있다가 1세기 후인 1986년에 자크 아다마르Jacques Hadamard, 1865~1963에 의해서, 그리고 이와는 독립적으로 샤를 드 라 발레 푸생Charles de La Vallée Poussin, 1866~1962에 의해 증명되었다(이들은 얼핏 보기에 무척 간접적인 방법을 사용했는데, 이 방법은 나중에 리만 제타 함수를 다루며 설명하겠다). 아주 큰 수에 대해 $\pi(n)$이 $\frac{n}{\ln n}$에 수렴한다는 사실은 다른 설명 없이 그냥 '소수 정리the Prime Number Theorem, PNT'로 불렸다. 이것만 보아도 시간이 흐르면서 이 추측이 얼마나 중요하게 여겨졌는지 알 수 있다.

한 노숙자와 증명이 담긴 여행 가방

1949년에 아틀레 셀베르그Atle Selberg, 1917~2007와 폴 에르되시Paul Erdös, 1913~1996의 연구에 이르러서야 이 정리의 기초적인 증명, 즉 명제를 넘어서는 정리를 최소한 사용한 증명이 등장한다. 특이한 인물인 에르되시에 대해서는 몇 줄 적고 넘어갈 가치가 있다. 헝가리 출신 유대인인 에르되시는 당시 자국에 만연해 있던 반유대주의로 인해 망명할 수밖에 없었고 처음에 영국에 자리를 잡았다가 미국으로 갔다. 1963년부터 정해진 거처 없이 홀로 여행 가방 2개를 들고 호텔이나 친구 집에서 머물며 학회를 전전했다. 에르되시는 새로운 수학자를 만날 때면 이렇게 물었다고 한다. "그렇다면 자네는 무슨 정리를 만들었나?" 그리고 상대방이 뭐라고 답하든 항상 재치 있는 말로 응답했다고 한다. 비록 그것이 나중에 살펴볼 시러큐스 문제Syracuse problem(흔히 '콜라츠 추측Collatz conjecture'이라고 불린다 — 옮긴이)에 대해 그가 한 말처럼 "수학은 아직 그걸 받아들일 준비가 안 되어 있다네!" 같은 대꾸일지라도 말이다. 에르되시는 88세에 한 호텔 방에서 죽었다. 그의 이름은 수학 자체보다도 수학계와 연관된 어떤 수에 붙게 되었다.

에르되시 수, 수학자들의 친족관계 측정법

에르되시 수는 수학계를 무척 즐겁게 해주는 수다. 이 평범하지 않은 수학자의 특징 가운데 하나는 공동 작업을 무척 많이 했다는 것이다. 살아생전에 함께 논문을 쓴 수학자의 수는 약 500명 정도다. 이 사실에 영감을 받아서 어떤 수학자들은 한 수학자가 에르되시와 맺은 관계의 정도를 나타내는 에르되시 수를 만들어낼 생각을 했다.

이 수를 계산하는 방법은 다음과 같다. 일단 에르되시에게 숫자 0을 부여한다. 그리고 그와 함께 논문을 쓴 사람에게는 숫자 1을 붙인다. 1등급 사람과 논문을 함께 쓴 (하지만 에르되시와는 직접 연결되지 않은) 수학자에게는 숫자 2가 부여된다. 이런 식으로 한없이 계속해보았다.

계산 결과, 수학계는 좁은 편이라는 사실이 밝혀졌다. 7보다 높은 에르되시 수는 찾지 못했기 때문이다. 물론 등급을 매기지 못한 연구자도 많다. 예를 들어 누구와도 공동 연구를 하지 않은 수학자가 그렇다. 그리고 당연히 각 수학자의 등급은 계산할 때 어떤 도서, 잡지, 학회 논문집을 참조했는지에 따라서 달라진다. 하지만 모든 수학자는 자신의 에르되시 수가 상대적으로 작다는 사실을 발견하면 조금이나마 가슴이 뭉클해짐을 느낀다. 비록 그게 젊은 시절에 쓴 별로 중요하지 않은 논문 한 편 때문이라도 말이다!

이런 '사회적 근접성'은 수학에만 적용되지 않는다. 두 사람 사이의 거리를 나타내는 모든 종류의 수를 정할 수도 있다. 가령 페이스북에는 '친밀도' 수치가 있다. 모든 소셜 네트워크에서 이런 식의 거리를 계산할 수 있다. 지구상에서 우연히 고른 두 사람 사이의 사회 근접성 거리가 절대로 6을 넘지 않는다고 하는데, 이것은 에르되시의 동족인 헝가리 작가 프리제시 카린시Frigyes Karinthy, 1887~1938가 1929년에 제시한 이론이다. 이 이론은 '악수 여섯 번 이론'이라는 이름으로 알려져 있다. 세상은 (정말로) 좁다!

수학자들이 소수의 수량을 측정하려고 노력하기 전에, 다른 수수께끼 하나가 매우 조숙한 수학자 조제프 베르트랑Joseph Bertrand, 1822~1900을 괴롭혔다(베르트랑은 이미 11살에 에콜 폴리테크니크École polytechnique 청강생이었다!). 연속하는 두 소수 사이에 숨겨진 관계가 있을 거라고 의문을 제기한 베르트랑은 이렇게 추측했다. "어떤 소수와 그다음 소수의 차는 처음 출발한 수보다 클 수 없다." 이 추측을 증명하려면 n과 $2n$ 사이에 소수가 존재함을 증명해야 한다. 1849년이 되어서야 어떤 함수를 이용해 $\pi(n)$(n보다 작은 소수의 개수)의 매우 좁은 근사치 범위를 구하여 베르트랑의 공리를 증명할 수 있었다(글상자 참조). 시간이 흘러 $\pi(n)$을 더욱 미세하게 결정할 수 있게 되자 n이 충분히 크면 $[1, n]$ 구간에는 $[n, 2n]$보다 더 많은 소수가 포함된다는 사실도 증명할 수 있었다.

베르트랑의 추측 증명

"어떤 소수와 그다음 소수 사이의 차는 처음에 출발한 수보다 클 수 없다." 이 추측을 증명하려면, n과 $2n$ 사이에 소수가 존재함을, 즉 $\pi(2n)-\pi(n)>0$임을 증명해야 한다. 수가 크면 $\pi(n)$는 $f(n)=\frac{n}{\ln n}$에 가까워진다는 르장드르의 추측은 이 결과가 옳음을 암시한다. $f(2n)-f(n)$은 모두 양수이기 때문이다. 하지만 이것으로는 모든 n값에 대한 결과가 그렇다고 확신하기에 충분치 않다. 1849년에 파프누티 체비쇼프Pafnouti Tchebychev가 $0.921f(n)$과 $1.106f(n)$($n\geq30$일 때)에 의해 $\pi(n)$의 근사치 범위를 구하고 나서야 비로소 베르트랑의 공리를 증명할 수 있었다. 이 근사치 범위를 이용해서 $\pi(2n)-\pi(n)$ 값을 줄여갈 수 있었고, 이로부터 이 값은 반드시 양수임을 밝혀서 결론을 끌어냈다.

백만 달러

언젠가 우리가 소수의 영토에 대한 완전한 지도를 얻게 될까? 언젠가는 우리가 큰 수에 대하여 규칙을 발견했듯 거대한 규모 속에서 구불구불 꼬여있는 그들의 길을 찾아낼 수 있을까? 당신이 르장드르나 에르되시의 발자취를 따라가고 싶다면, 이 질문들이 오로지 순수한 의도를 지닌 이들을 위한 것만은 아니라는 사실을 알아두면 좋을 것이다. 수학자들은 대체로 돈에 큰 관심이 없지만, 그래도 클레이수학연구소에서는 소수에 관한 지식을 크게 발전시킬 어떤 문제(리만의 가설)를 푸는 사람에게 상금 백만 달러를 지급하기로 약속했다.

이 문제는 무엇보다 복소함수에 관심을 둔 수학자 베른하르트 리만Bernhard Riemann, 1826~1866의 연구에서 비롯했다. 리만은 소수의 빈도와 특정한 복소함수 사이의 관계를 밝힘으로써 모든 이의 경탄을 불러일으켰다. 소수의 빈도는 순수하게 산술적인 문제인데, 여기에서 복소함수가, 그것도 로그함수가 나타나다니 참으로 경악할 노릇이었다. 이 함수는 이후 '리만 제타 함수Riemann zeta function'라고 불린다. 나중에 더욱 자세히 살펴볼 것이다. 다음은 이 함수의 원점 부근을 실수 평면에 나타낸 것이다.

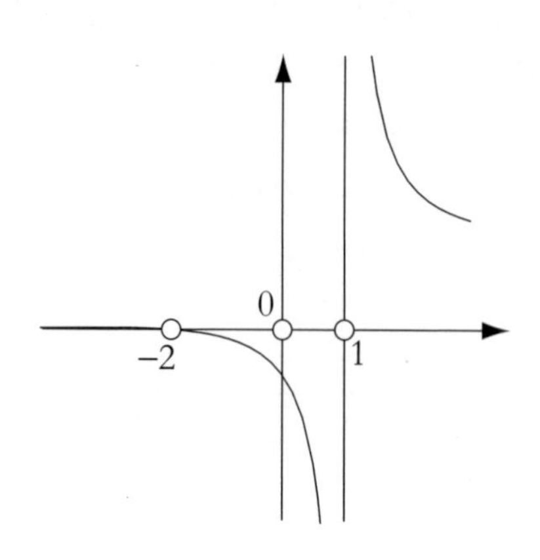

실수 평면에 리만 제타 함수를 나타낸 것.
$x=1$에 점근선漸近線이 1개 있다.

우리를 부자로 만들어 줄지 모를 리만 가설은 이 함수가 상쇄되는 곳에 적용된다. 제타 함수는 실수 영점들(즉 함수가 상쇄되는 수들)을 갖는데 이것들은 찾기 쉽다. 이는 -2, -4 등과 같은 음의 짝수다. 리만은 다른 모든 영점은 $\frac{1}{2}$에 해당하는 실수부의 허수들이라고 추측했다. 산술과 직접적으로 관계가 있는 건 아니지 않은가? 바로 이것이 소수의 아름다움이자 풍요로움이다. 리만의 가설은 처음 100만 개의 영점들에 대해서는 확인이 되었지만, 아무도 이를 증명해내지 못했기에 여전히 추측으로 남아 있다. 이미 말했듯이 이는 클레이수학연구소가 넉넉하게 후원하는 7대 수학 난제 중 하나다(나중에 이 7대 난제를 살펴볼 것이다).

제타 함수의 영점들을 자세히 알게 되면 얼마나 큰 발전을 이룰 수 있을까? 정말 엄청날 것이다. 이로부터 골드바흐의 추측이나 쌍둥이 소수에 대한 추측 같은, 소수에 대한 추측들을 풀어낼 수 있으리라고 기대할 수 있다. 보다 실용적인 관점에서, 이 추측을 해결하면 정수의 인수분해에 커다란 발전을 이룰 수 있을 것이다. 이는 실제적인 결과를 가져올 것이다. 은행 거래나 인터넷상의 메시지를 보호하는 암호화가 바로 이 인수분해의 어려움에 기초하기 때문이다. 하지만 어떤 수학 천재가 나타나 당신 은행 계좌를 탈탈 털어갈까 봐 걱정할 필요는 없다. 제타 함수의 영점들에 대한 지식이 은행을 위험에 몰아넣을 만큼 발달하는 것은 거의 불가능하니까 말이다!

소수가 시험을 통과하다

마지막을 위해 가장 중요한 문제를 남겨놓았다. 바로, 어떤 수가 소수인지 아닌지 어떻게 아는가 하는 문제다. 가능한 모든 약수로 나누어보는 방법은, 수가 열 자리만 넘어가도 컴퓨터로 실행하기가 불가능해진다. 그런데 가령 암호화에 적용하려면 수백 자릿수를 사용해야 한다. 다행히도 이런 괴물 같은 수를 분석할 수 있는 테스트가 존재한다. 이 테스트는 이것을 발견한 사람인 피에르 드 페르마Pierre de Fermat, 1601~1665의 이름을 따서 부르는 오래된 정리에 근거한다.

페르마는 법관이었고, 당시 대부분의 수학자들처럼 여가 시간에만 수학을 했다. (뒤에 다룰 다른 페르마의 정리와 구분하여) 페르마의 '작은 정리'라고 부르는 이 정리의 아이디어는 몇 줄로 정리할 수 있다. 이 정리는 어떤 짝수의 제곱은 항상 짝수고, 홀수의 제곱은 항상 홀수라는 관찰에서 시작된다. 다시 말해 x가 정수면, x^2과 x를 2로 나눈 나머지는 같다. 여기까지는 특별할 게 하나도 없다. 3에 대해서도 마찬가지다. x^3과 x를 3으로 나눈 나머지는 같다. 반면, 4는 그렇지 않다. $2^4=16$과 2를 4로 나눈 나머지가 같지 않다(0과 2). 이것은 5에 대해서는 다시 참이지만, 6에는 적용되지 않고, 7에는 적용되고 이런 식으로 계속 진행된다. 페르마는 이 명제가 소수에 대해서 참이라고 추측하고 증명했다. 좀 더 정확히 말하면, p가 소수일 때 '모든 정수 x에 대하여 x^p와 x는 p로 나누었을 때 나머지가 같다'.

그렇다면 이게 어떤 수가 소수인지 알아보는 검사법과 무슨 관련이 있을까? 이 정리는, 2와 $p-1$ 사이의 모든 정수 x에 대하여, $x^{p-1}-1$은 p로 나누어짐을 뜻한다. 따라서 p가 소수인지 확인하려면 $x^{p-1}-1$이 2, 3, ..., $p-1$ 가운데 하나의 값 x에 대해 p로 나누어질 수 있는지 알아보면 된다. 이 방법은 손으로는 실행할 수 없지만 프로그래밍은 상대적으로 간단하다. 계산에 걸리는 시간은 대략 p의 자릿수에 상응하는데, 에라토스테네스의 체로 하는 고전적인 방법보다 훨씬 빠르다.

하지만 문제가, 그것도 적지 않은 문제가 있다. 이 검사가 항상…… 제대로 된 결과를 내지는 않는다는 점이다! 좀 더 정확히 말하면, 검사 결과가 '거짓'이면 이는 곧 p가 합성수임을 뜻한다. 하지만 검사 결과가 '참'이어도 p가 소수라고 확신할 수 없다. 예를 들어 $2^{340}-1$은 341로 나누어진다. 하지만 341은 11과 31의 곱이고, 따라서 소수가 아니다.

이런 어려움을 피해가는 방법으로 p가 소수가 아닐 때 '참'인 답을 얻을 확률을 연구해볼 수 있다. 실제로 이럴 확률은 극히 적다. 보다 정확히 말하면, 가장 작은 250억 개의 수 가운데 임의로 정한 어떤 수에 대해 p가 소수가 아닐 때 답이 '참'일 확률은 약 2×10^{-5}다. 이 '오류율'을 줄이는 방법으로는 여러 x값을 가지고 여러 번 검사를 해보는 것이다.

오늘날 아주 많이 사용되는 소수에 대한 다른 검사법은 앞의 방법을 개선한 버전인데, 미하엘 라빈Michael Rabin, 1931년 출생과 개리 밀러Gary L. Miller가 알아냈다. 라빈-밀러 소수판별법을 k번 반복하면 p가 소수인지 여부를 오차확률 $\frac{1}{4^k}$로 매우 정확하게 알아낼 수 있다. 이 방법은 여전히 확률론적이지만, '작은' 수에 대해서는 쉽게 확정적인 검사 결과를 끌어낼 수 있다. 한편, 이 연구를 계속 이어간 인도 수학자 세 명은 2002년에 일반적으로 적용 가능한 확정적인 검사법을 발견해냈다. 이른바 (저자 마닌드라 아그라왈Manindra Agrawal, 1966년 출생, 니라즈 카얄Neeraj Kayal, 1979년 출생, 니틴 삭세나Nitin Saxena, 1981년 출생의 머리글자를 딴) AKS 검사법의 수행 시간은 라빈-밀러 검사법의 수행 시간과 비슷하다. 이 인도 과학자들은 이 연구로 저명한 괴델상을 받았다. 소수는 나누어지지 않을지 모르지만, 상과 상금을 여러 배로 불리는 건 확실하다…….

역사에서 잊힌 계산법들

8

당신이 이 책을 처음부터 끝까지 단숨에 읽어 내려가고 있다면 여기 좋은 소식이 있다. 이 장에서 머리를 좀 식힐 수 있을 것이다. 바로 앞에서 추상적 관념을 다루었으니 이제 구체적인 사항을 살펴보자. 당신은 이 장에서 수학을 다루는 대부분의 책이 침묵하고 넘어가는 어떤 내용을 읽게 될 것이다. 하지만, 고대 여러 민족에게 '이것'보다 더 중요한 것은 거의 없었다. 역사에서 잊힌 그것은 무엇일까? 바로 계산법이다. 최초의 계산 도구는 아마도 손가락(우리가 이미 살펴보았듯이 10을 기본 단위로 삼은 이유)과 돌멩이였을 것이다. 계산(프랑스어로 calcul)이란 용어는 바로 여기에서 유래했다(calculus는 라틴어로 '돌멩이'를 뜻한다).

일단 한 가지 짚고 넘어가자. 이제까지 우리는 유클리드가 제시한 모습대로 수학을 살펴보았다. 즉 계산적인 측면은 제외했다. 고대 그리스인이 셈법이라고 부른 이 분야는 열등한 지위를 차지했다. 시대를 좀 건너뛰어 살펴보면, 이런 구분은 현대에 순수수학과 응용수학을 구분하는 것을 미리 예견한다고 할 수 있겠다. 오늘날 아무도 말로 하지는 않지만 응용수학은 순수하지 않다고 여겨진다. 그럼에도 불구하고 계산 기법은 유클리드의 시대에도 엄연히 존재했다.

돌멩이로 되돌아가보자. 인간은 수를 세려고 돌멩이를 사용하기 시작하면서 일찍부터 돌멩이를 1단위, 10단위, 100단위 등을 나타내는 열로 정돈할 생각을 했다. 이런 식으로 정렬함으로써 계산기의 선조가 탄생했다. 바로 원시적인 형태의 수판이다. 일종의 (반드시 돌멩이로 채워져 있지는 않은) 도표인데 그 위에다 계산을 했다. 그리스에서는 모래로 뒤덮인 탁자 위에 점을 그려 넣었다.

100단위	10단위	1단위
○ ○	○	○ ○ ○ ○ ○
	○ ○ ○ ○	○ ○ ○ ○ ○ ○
○ ○	○ ○ ○ ○ ○	○ ○ ○ ○ ○ ○ ○ ○ ○ ○ ○
○ ○	○ ○ ○ ○ ○ ○	○

수판을 이용해 두 단계로 나누어 215와 46을 더하기.

수판의 장점은 사칙연산을 할 수 있다는 것이다……. 그렇다고 그게 쉽다는 말은 아니다! 사칙연산 중에서 가장 쉬운 덧셈은 세 단계로 이루어진다. 일단 피연산자 2개를 열 맞추어 적고, 각 열의 돌멩이를 합한 다음,

1의 자리의 돌멩이 10개를 그다음 높은 자리의 돌멩이 하나와 바꾼다.

일본 수판

수판 시스템은 오늘날에도 여전히, 특히 아시아에서 주판으로 사용된다. 그중 가장 개량된 형태의 주판이 바로 일본 주판인 '소로반算盤'이다. 소로반에서 0부터 9까지 모든 수를 나타내려면 1을 나타내는 주판알 4개와 5를 나타내는 주판알 1개만 있으면 된다. 수를 적으려면, 각 자리에 원하는 만큼 1짜리 주판알과 5짜리 주판알을 가로막대 쪽으로 옮겨놓는다. 가령 1을 나타내는 주판알 3개에 5를 나타내는 주판알 하나를 보태면 8이 된다. 다음 두 그림에서 첫 번째 그림은 피연산자들을 어떻게 놓는지, 두 번째 그림은 어떻게 두 번째 수의 각 자리 숫자를 첫 번째 수의 해당 자리 숫자에 더한 결과를 얻는지 보여준다. 이렇게 더할 때 받아올림하는 것을 잊지 않는다.

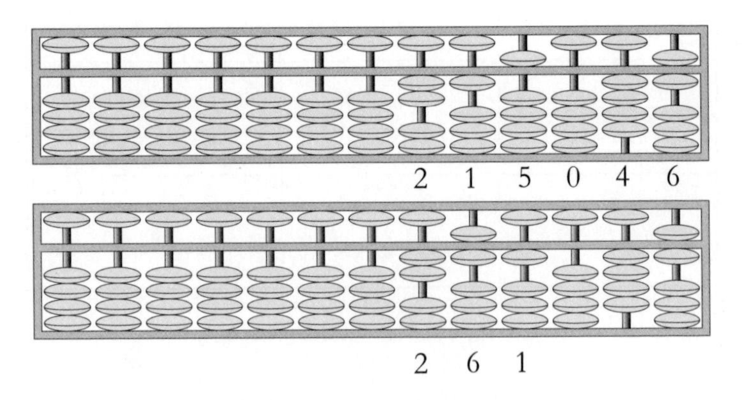

13줄짜리 일본 수판으로 215와 46을 더하는 모습.

이 주판은 엄청나게 효율적이다. 숙련된 사람은 전자계산기보다 더 빨리 덧셈과 뺄셈을 할 수 있다! 곱셈과 나눗셈에는 시간이 조금 더 걸리지만, 이것도 역시 순식간에 할 수 있다.

서구에서는 중세와 프랑스 혁명기 사이에 수판을 점차 사용하지 않게 되었고, 그 대신 오늘날 우리가 알고 있는 아라비아 숫자를 이용한 연산演算 기법(프랑스어로 'algorithme')을 사용하기 시작했다. 알고리즘Algorithm이라는 단어는 알콰리즈미Al-Khawârizmi, 783~850의 이름에서 나왔다. 그가 연산 개념을 만든 것은 아니지만 이를 자주 사용했다. 연산이란 요리에서 조리법에 해당하는 것의 엄격한 수학적 버전이라고 보면 된다.

서구에서 아라비아 숫자 사용에 관한 최초의 책은 1202년에 나왔다. 이상하게도 책의 저자인 레오나르도 피보나치Leonardo Fibonacci, 1175~1259는 이 책을 『리베르 아바치Liber abaci』(직역하면 '수판의 책')라고 이름 붙였다. 수판을 사용하지 않고 새로운 숫자 체계와 연관된 연산을 사용하면서 말이다. 이 책은 당시에 환영받지 못했고 심지어 피렌체 같은 일부 도시국가에서는 은행원이 아라비아 숫자를 사용하지 못하게 금지하기까지 했다. 일반 대중의 눈에는 이것이 무언가를 감추려는 꼼수로 보일 뿐이었다!

이때부터 수판 전통주의자(고대 로마의 수판 지지자)와 (아라비아 숫자를 사용하는) 연산 개혁파 두 진영이 대립했다. 이들 사이의 논쟁이 몇 세기에 걸쳐 지속되다가 결국 후자가 힘을 얻었고, 이들에 의해 아라비아 숫자를 사용한 연산이 전파되고 변형되어 17세기에 이르러 현재의 모습을 갖추었다. 초등학교 학생이 두 수를 나누는 법을 배울 때, 이 학생은 자신도 모르는 사이에 연산법을 주창한 계산의 반란군들이 남긴 불씨를 이어가는 셈이다.

무無의 중요성

그렇다면 그 유서 깊은 수판을 밀어낸 새로운 수 체계의 장점은 무엇일까? 일단, 수를 경제적으로 적을 수 있다. 10개의 숫자(0, 1, 2, 3, 4, 5, 6, 7, 8, 9)를 사용하고 이 숫자들의 위치에 근거해 수를 표기하기 때문이다. 가령, 1,025는 1,000 더하기 10의 두 배 더하기 5인데, 이것을 로마인은 MXXV라고 썼다. 즉, I, X, C, M 등의 문자를 모두 1로 적을 수 있다는 경제성 말이다. 새로운 숫자 체계는 척 보기에 이런 경제성을 빼면 기존의 기수법과 별 차이가 없는 것 같지만, 이 사소한 차이가 엄청난 변화를 불러온다. 이로 인해 기수법에도 엄청난 변화가 생겼다. 이 1이라는 기호의 위치가 1, 10, 100 또는 1,000이라는 가치를 정한다. 이 수 체계 덕분에 아라비아 숫자 10개만으로 모든 수를 적을 수 있게 되었다. 반면에 로마 수 체계에서는 숫자가 무한대로 필요했으니!

실제로 연산 표기법이 가능했던 것은 아주 사소한, 하지만 모든 것을 바꾸어놓은 엄청난 사건이 있었기 때문이다. 바로 영의 발명이다. 영은, 가령 100이라는 수에서, 그저 각각의 자리가 채워지도록 돕는다. 그전에는 100이라는 수가 백 자릿수 1, 십 자릿수 0, 일 자릿수 0으로 이루어졌다는 것을 명확하게 말할 방법이 없었다. ('0'은 돌멩이가 없다는 추상적인 의미를 지녔다).

숫자의 경제성 이외에도, 새로운 수 체계의 장점은 일상적인 연산(덧셈, 뺄셈, 곱셈, 나눗셈)을 간단히 수행하게 해준다는 점이다. 더욱이 귀납적이고 독립적인 방식으로 해답을 확인해볼 수도 있었다.

9의 검산은 사실 진정한 검산은 아니다. 이것이 충족되어도 곱셈 결과가 정확하다고 확신할 수는 없다. 운이 좋았든지, 아니면 실수로 같은 값이 나왔을 수 있다. 실제로 9의 검산은 셈이 틀릴 때만 효력을 발휘한다.

또 덧셈 결과를 확인할 때에도 사용된다. 이때에는 얻어진 2개의 숫자를 곱하는 대신 더한다. 이것이 바로 9의 검산…… 또는 학교에서 벌을 피하는 방법이다.

9의 검산: 옛날에는 초등학생이 어떻게 계산 결과를 확인했나

요즘에는 거의 가르치지 않지만, 이 방법은 프랑스에서 1970년대 초 근대 수학 개혁 때까지 학교 수학책에 소개됐다. 곱셈 결과가 정확한지 알아보는 빠른 확인법인 9의 검산법 말이다. 수를 간단히 조작하는 방법인데 원칙은 단순하다. 3075 × 143 = 439725인지 확인하는 예를 살펴보자.

일단 각 수를 숫자들의 합으로 대체한다. 그 결과 얻어진 수가 길면 이 과정을 반복한다. 그러면 3,075는 3 + 7 + 5 = 15가 되고, 15가 합성수이므로 이를 다시 1 + 5 = 6으로 대체한다. 같은 방식으로 하면 143은 8이 된다. 이 새로운 언어에서 3075 × 143은 6 × 8, 즉 48 = 12 = 3이 된다.

이제 세 번째이자 마지막 단계로, 계산에서 추정한 답인 439,725를 마찬가지로 대체한다. 439,725는 4 + 3 + 9 + 7 + 2 + 5 + … = 3으로 대체한다. 즉 앞에서 얻은 결과와 같다. 그러므로 이 계산은 9의 검산을 만족한다.

학생들은 9의 검산을 십자 모양으로 쓰곤 했다. 화살표 1, 2와 3은 우리가 방금 거친 각 단계에 해당한다.

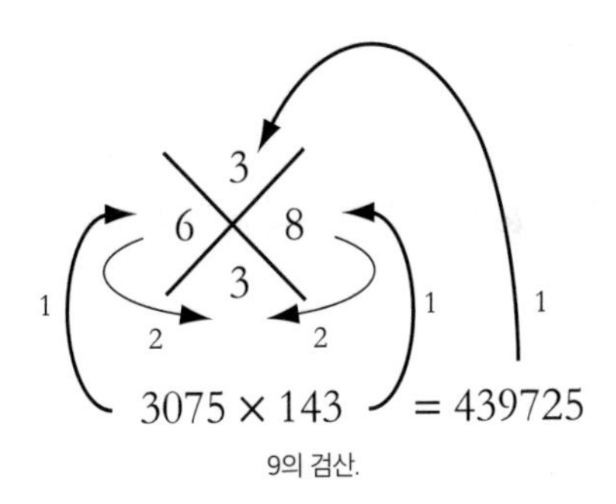

9의 검산.

러시아식 곱셈법

세기를 거치며 알고리즘 학자들이 만들어낸 계산법은 오늘날 우리가 학교에서 배우는 계산법에 국한되지 않는다. '러시아식 곱셈법'은 대안적인 알고리즘의 예다. 프랑스 학교에서 이 계산법을 최근까지 가르쳤고 러시아에서는 요즘도 가르치고 있다. 이것은 곱해야 하는 수 중 하나를 2의 거듭제곱으로 분해하는 것이다. 253 곱하기 13의 예를 들어보자. 이 두 수 중 작은 수를 2의 거듭제곱의 합으로 바꾸어 쓴다. 그러면 이 계산은 253×(8+4+1)이 된다. 이제 253의 2, 4, 8배수를 계산해 이것들을 더하면 된다. 결국 이 계산은 2로 몇 차례 곱하는 것으로 요약된다!

253	×	1					=	253
253	×	2	=	506				
253	×	4	=	506	×	2	=	1012
253	×	8	=	1012	×	2	=	2024
253		13					=	3289

러시아식 곱셈법.

러시아식 곱셈은 간혹 이집트 곱셈이라는 이름으로도 불린다. 린드 파피루스에서 그 흔적을 찾아볼 수 있기 때문이다. 이것으로 미루어 우리가 오늘날 사용하는 계산법이 전부 알고리즘 학자들이 무無에서 창조해낸 게 아님을 알 수 있다. 어떤 계산법은 고대에 뿌리를 둔 기법으로부터 이어져 내려왔다.

다른 계산법

일상적인 사칙연산을 하는 여러 방법과 동시에 복잡한 계산 알고리즘이 고대에 만들어졌다. 그 예로 기원전 1세기에 그리스인 헤론Heron, 10~70이 개발한 제곱근 계산법이 있다. 그는 기술자이자 수학자였고……「스타트렉Star Trek」을 예고한 사람이기도 했다(이 공상과학영화에는 자동문이 등장하는데, 헤론은 그 시대에 이미 공기압을 이용해 사원의 문을 자동으로 여는 기계를 만들 프로젝트를 세워 이러한 자동문을 상상했다). 그가 제곱근을 구하는 방법을 살펴보면 아마도 바빌로니아인이 2의 거듭제곱을 구한 방법을 이해할 수 있을 것이다. 우리는 이것이 근대적 방법을 예견했다고 말할 수 있지만, 고대인들이 보기에는 기하학에 기초한 방법이었다. 그들에게 2의 거듭제곱근을 결정하는 것은 무엇보다 2와 같은 면적의 정사각형을 찾아내는 일이었기 때문이다.

이를 살펴보기 위해서 일단 정사각형 2개를 가정하자. 하나는 변이 AB=1이고, 다른 하나는 변이 AC=2다. 그러면 이제 어떤 정사각형의 면적이 2일지 생각해보자.

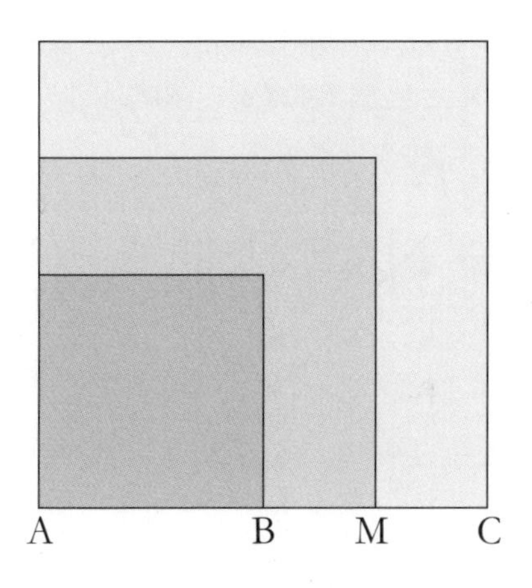

면적이 2인 정사각형에 근접하기 위한 논리적인 방법은, M이 변 BC

의 중앙에 있을 때 변이 AM인 정사각형을 생각해보는 것이다. $AM = \frac{3}{2}$이므로 이 정사각형은 면적이 $\frac{9}{4}$이고, 이는 2보다 크다. 따라서 구하려는 정사각형은 변이 1인 정사각형과 변이 $\frac{3}{2}$인 정사각형 사이에 위치한다. 헤론의 생각은, 새로 주어진 틀에서 다시 똑같이 계산하는 것이다. 근대적인 용어로 말하면 이로써 2의 거듭제곱근의 근사치인 일련의 수를 얻는다. 이런 계산을 네 번만 하면 1.414216이라는 값을 얻는데, 이로써 앞서 살펴본 바빌로니아 점토판에서 본 정확도가 충분히 설명된다.

정수를 더하는 가우스의 방법

삼각수는 삼각형 모양으로 정렬할 수 있는 수다. 이 수들은 단순하고 아름다운, 그야말로 '마술적인' 발견으로 이어졌다. 그 발견이란 최초의 정수들의 합을 빨리 계산하는 문제에 관한 풀이법이다.

한 삼각수의 복사본을 뒤집어서 처음의 삼각수에 갖다 붙이면 사각형을 얻는다. 여기에서 우리는 $2\times(1+2+3+4)=4\times5$라고 결론 내린다. 이로써 합 $1+2+3+4$의 값을 구할 수 있다. 이 공식은 쉽게 일반화된다. 이런 간단한 기하학적 조작으로 최초의 정수 100개의 합은 100×101을 2로 나눈 값, 즉 5,050과 같음을 알 수 있다.

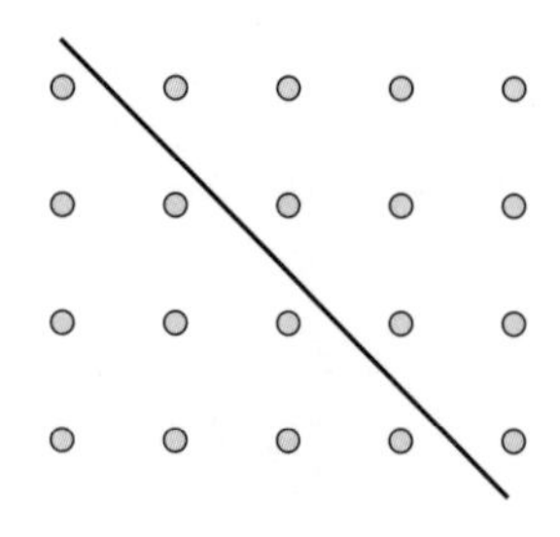

이 계산법은 간혹 '가우스의 방법'이라고 불린다. 위대한 수학자 카를 가우스Carl Gauss, 1777~1885의 일화와 연관되기 때문이다. 가우스가 초등학교에 다닐 때, 선생님이 얼마간 조용히 시간을 보내려고 학생들에게 최초의 정수 100개의 합을 구하라고 했다. 선생님한테는 딱한 일이지만 가우스는 덧셈을 99번 하지 않아도 되는 방법을 빨리 찾아냈다!

물론 이 방법은 고대부터 알려져 있지만 세대마다 아이들은 이 방법을 재발견한다. 하지만 가우스처럼 어린 나이에 이 방법을 알아내는 경우는 드물다.

로그의 힘

알고리즘 학자들의 발견 말고도, 계산 기법의 역사에 흔적을 남긴 다른 지표가 있다. 바로 로그의 발명이다. 이는 미하엘 슈티펠Michael Stifel, 1486~1567, 그리고 뒤이어 존 네이피어John Napier, 1550~1617가 이룬 성과다. 전통적으로 네이피어를 발명가로 간주하는데, 그 이유는 그가 최초의 로그표를 만들었기 때문이다. 네이피어는 이를 위해 40년 동안 연구했다! 로그의 장점은 곱셈을 보다 쉬운 덧셈으로 바꾸어준다는 점이다. 상용로그(다른 종류의 로그가 존재한다. 가령 네이피어가 고안한 밑수가 10이 아닌 네이피어 로그Napierian logarithm — 보통 자연로그로 간주하지만 오늘날의 자연로그와는 구분되는 — 가 있다)의 정의는 단순하다. $\log x$는 $x=10^a$일 때 수 a다. 따라서 $\log 1=0$, $\log 10=0$, $\log 100=2$ 등이 된다. 다음은 로그표의 아주 일부를 발췌한 내용이다.

n	2	3	4	5	6	7	8
$\log x$	0.301030	0.477121	0.602060	0.698970	0.778151	0.845098	0.903090

어느 로그표의 일부. log 4=2 log 2이고 log 6=log 2+log 3임을 확인할 수 있다.

윌리엄 오트레드William Oughtred, 1574~1660는 1630년에 로그를 이용한 작은 도구인 계산자를 만들었다. 이것이 엔지니어들의 작업 방식을 혁명적으로 바꾸어놓았다. 계산자는 2개의 자로 이루어져 있는데, 하나는 고정되어 있고 다른 자는 미끄러지듯 밀리도록 되어 있다. 또 각각의 자에는 로그 단계에 따라 눈금이 매겨져 있다. 미끄러지는 부분을 단순히 이동하기만 하면 그 어떤 곱셈도 덧셈으로 바뀐다. 여러 가지 계산(제곱근, 세제곱근, 삼각함수 계산……)을 가장 근대적인 방법으로 손쉽게 할 수 있도록 만들어준 계산자는 1970년대에 전자계산기가 자리를 대신할 때까지 엔지니어들에게 없어서는 안 될 도구였다.

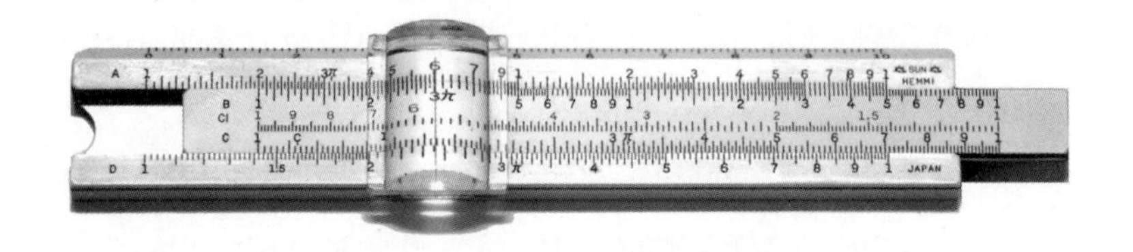

컴퓨터가 등장하기 전에 항해나 토목, 군사(특히 포탄 궤적 계산)와 같이 많은 계산을 요구하는 모든 분야에서 로그를 사용했다. 이때도 로그표를 사용했는데…… 불행히도 이 표는 항상 정확하지는 않았다. 당시에 손으로 작성한 로그표에는 여러 오류가 있었기 때문이다. 항해 방향을 계산할 때 로그표의 오류로 부정확하게 계산해서 난파 사고가 생긴 일이 한두 번이 아니었을 거다.

인간의 실수를 줄이기 위해 찰스 배비지Charles Babbage, 1791~1871는 로그 계산을 수행할 기계를 만들려 했다. 불행히도 그의 계획은 구상 단계에서 멈추었다. 배비지의 기계가 발명되었다면 공학용 계산기와 컴퓨터의 선조가 되었을 테지만, 당시에는 그런 기계를 작동시킬 만큼 기술이 충분히 발달하지 않았다. 그런 최초의 기계인 '차분 기관difference engine'은 함수들의 차로부터 함수표를 구축하도록 설계되었다. 이 기계는 1991년에 배비지가 남긴 그림을 바탕으로 몇 가지 미세한 수정을 가해 제작되었고, 마침내 작동하는 데 성공했다.

차분 기관. 런던과학박물관.

배비지의 기계에 앞서 마찬가지로 톱니바퀴 장치로 만든 단순한 모델도 여럿 있었다. 그 예로 1642년에 블레즈 파스칼Blaise Pascal, 1623~1662이 만든 기계를 들 수 있다. 이 기계는 덧셈과 뺄셈만 수행했고 기계가 제시하는 해답은 거의 신뢰할 수 없었다. 한편 고트프리트 라이프니츠Gottfried Leibniz, 1646~1716는 사칙연산을 할 수 있는 기계를 만들었다.

온전히 기능적인 계산 기계는 19세기 말에야 만들어진다. 그런데 1901년에 그리스의 안티키테라섬 앞바다에 가라앉은 고대 난파선에서 발견된 기이한 기계가 이런 계산 기계를 연상시킨다. 1950년대에 이 기계의 부속 82개를 환원하여 복원하자 눈금판, 축, 드럼, 바늘로 이루어진 장치가 나타났는데, 이것은 르네상스 시대의 천문시계를 연상시켰다. 2005년에 이 부속들을 스캔해 기계를 재구성할 수 있었다.

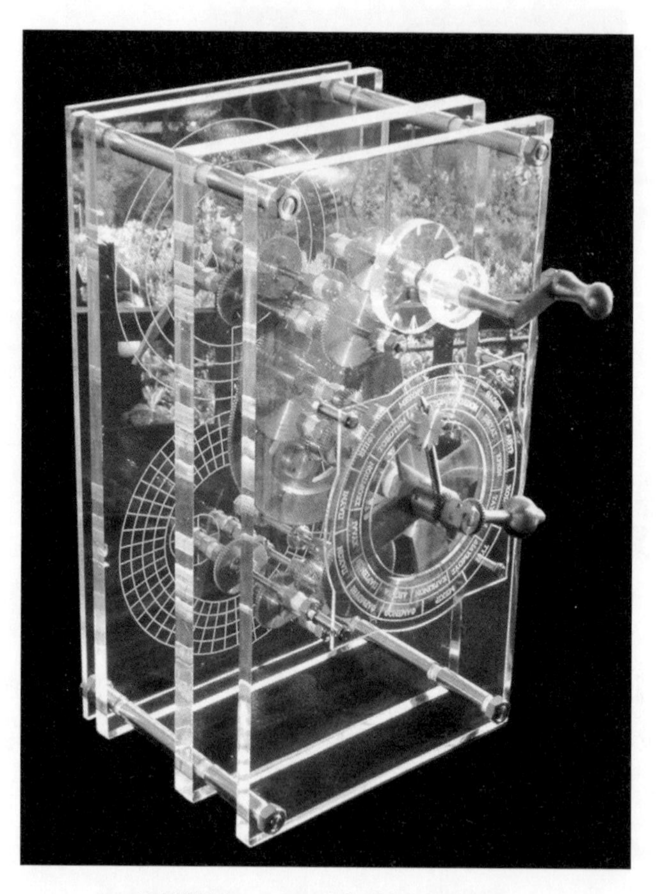

모지 비첸티니Mogi Vicentini가 재구성한 안티키테라 기계.

이것은 이제껏 알려진 것 중 가장 오래된 톱니바퀴 장치다. 태양과 달을 비롯한 일부 행성의 운행을 모델화하고 있다. 결국 일종의 계산 기계인 것이다. 이 발견으로 고대 그리스 과학에 대한 우리의 생각이 바뀌었다. 우리가 오랫동안 생각해온 것과 달리 그리스의 과학은 좀 더 응용적이었다.

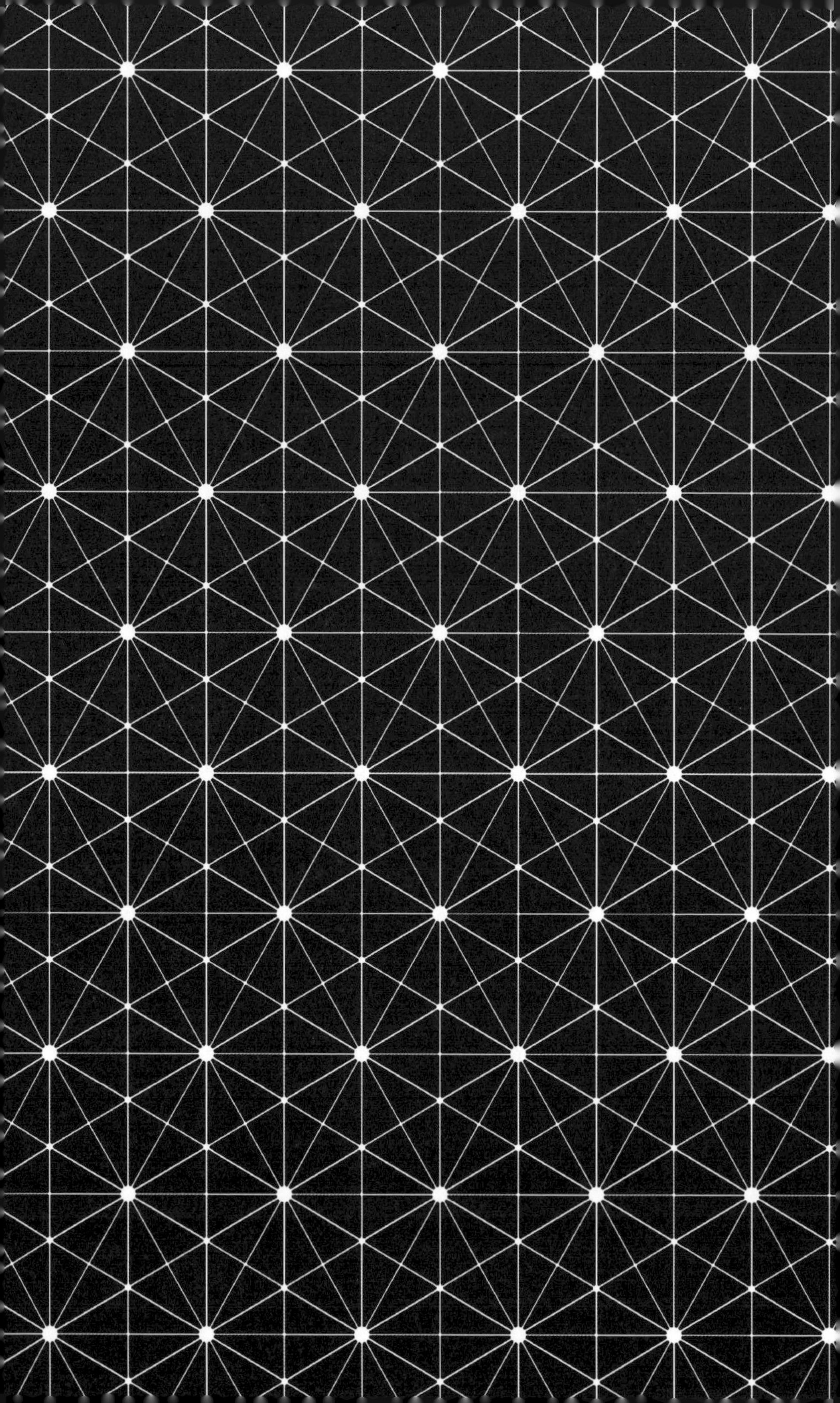

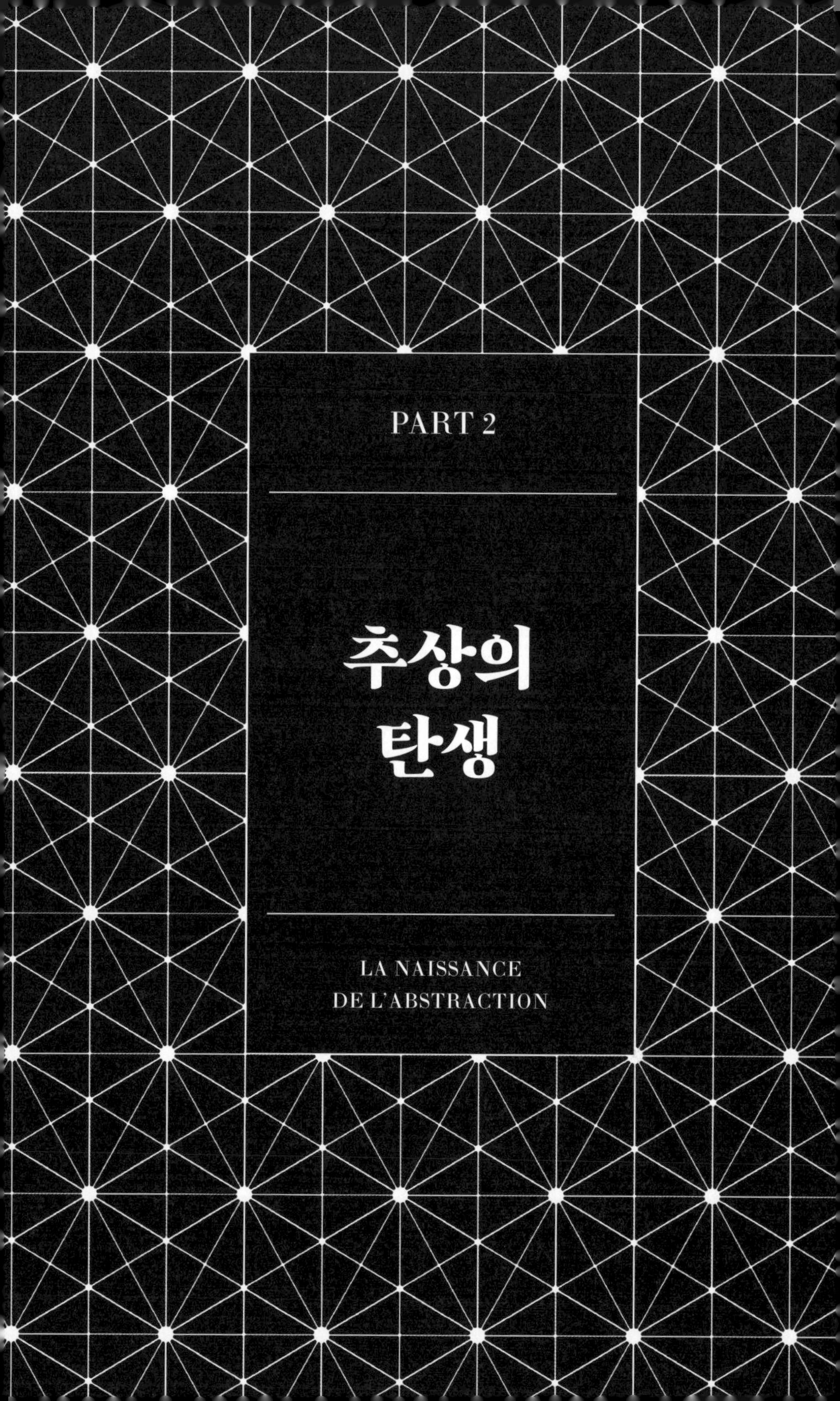

PART 2

추상의 탄생

LA NAISSANCE
DE L'ABSTRACTION

수학자들 사이에 떠도는 오래된 농담이 있다. 어떤 남자가 열기구를 타고 여행하다가 방향을 잃었다. 그는 땅에서 걷고 있는 등산객을 발견하자 소리쳐 물었다. "실례합니다만 제가 지금 어디에 있는지 알려주실 수 있을까요?" 등산객은 한참 생각해보더니 이렇게 대답했다. "네, 물론이지요……. 열기구 안에 계시지 않습니까." 열기구를 탄 남자는 곧바로 이렇게 되묻는다. "혹시 수학자이십니까?" "네, 어떻게 그걸 아셨습니까?" "세 가지 이유 때문이지요. 일단 오래 생각해본 다음에 대답하셨고, 당신 대답은 논리적으로 반박할 수 없지만……, 저한테 아무런 도움이 안 되거든요."

나는 좀 진부하긴 하지만 이 자조 가득한 농담을 좋아한다. 수학 초심자가 보기에 이 이야기의 메시지는 '수학은 아무런 쓸모가 없다'일지 모른다. 하지만 실제로 이 이야기가 전하고자 하는 메시지는, 수학자에게 중요한 것은 정확성과 완벽한 확신이지 응용이 아니라는 점이다. 모두가 페르마의 정리가 참이라고 믿었기에 이를 증명하는 것이 의미 없다고 보였고, 3세기에 걸쳐 이 정리를 아무도 증명하지 못했기에 의욕을 내기 어려웠을 텐데도, 앤드루 와일스Andrew Wiles는 이 정리를 증명해 보이기로 결심했다. 그는 7년 동안 남몰래 연구해서 목적을 달성했다. 수학 문외한이 보기에는 참으로 난해하고 관념적인 일 아니겠는가!

그런데 수학은 어느 시기에 관념적, 추상적이 되었을까? 수학의 추상화가 최근에 벌어진 현상이라고 생각하기 쉽다. 거칠고 경험적인 수학의 '선사시대'가 있었고, 그 뒤에 비물질적인 특성을 띤 근대 수학의 시대가 열렸다는 것이다. 하지만 이보다 더 그릇된 해석은 없을 것이다.

고대 그리스인은 이미 순전히 기술적인 구체적 문제로부터 진실을, 그것도 반박할 수 없는 진실을 추구하는 방향으로 진화했다. 그랬기에 플라톤은 자신이 철학을 가르치던 아카데미 입구에 '기하학자가 아닌 자는 들어오지 말라'라고 적었을 것이다. 당시에 기하학자는 철학자와 마찬가지로 진리를 추구하는 사람이었다.

수학의 추상화 과정에서 매력적인 점이 있다. 지식과 같은 형이상학의 영역에서 별안간 벌어진 게 아니라 일찍이 고대부터 아주 실제적인 문제에서 시작되어 서서히 진행되어 왔다는 점이다. 이런 모든 문제는 겉으로 보기에는 단순했지만 그전까지 인간이 제기한 문제와는 본질적으로 달랐다. 문제들은 현기증이 날 만큼 심오했고, 그 앞에서 수학자들은 공포에 사로잡힐 정도였다. 내가 이런 말로 표현해도 될지 모르겠지만, 이런 문제들은 인류에게 '최초의 진정한 두통'을 안겨주었다. 문제 해결은 무척 어려웠기 때문에 수학자들은 이를 해내기 위해서 새로운 개념을 만들어내야만 했다. 영과 허수 같은 기이한 창조물은 그들의 가열한 숙고의 열매였고, 이보다 더 구체적으로 파악하기 힘든 '수학적 불가능'과 같은 개념이 만들어지기도 했다. 우리 수학의 역사는 구체적인 것으로부터 추상이 탄생했다는 역설적인 가르침을 던져준다.

그리고 그 모든 것은 피타고라스의 실수에서 시작됐다…….

불가능의 아찔함

9

불가능이라는 개념은 가장 추상적인 개념 가운데 하나다. 그게 어떤 것인지 조금 느껴보고 싶다면, 당신이 기르는 고양이에게 당신의 의지와는 독립적인 이유(시간이 없어서 먹이를 살 수 없었다거나 가는 길에 차가 고장이 났다는) 때문에 먹이를 줄 수 없다는 사실을 이해시키려고 시도해보라. 기운내기를 바란다!

일상생활에서 무언가가 '확정적으로' 불가능하다는 사실을 인정한다는 건 어려운 일이다. 잘 안 풀리는 문제가 있으면 보통 조금 더 노력하거나 시간을 들이면 결국 어려움을 극복할 거라고 생각하게 마련이지, 그 문제가 우리가 감당할 수 있는 범위를 완전히 넘어선다고 생각하는 경우는 드물다.

그렇지만 수학자들은 이런 생각에 익숙해져야 했다. 그들은 어떤 각도로 문제에 접근하든 어떤 명제는 거짓이고 언제나 거짓일 거라는 사실을 받아들여야 했다. 당연히 상당한 겸손함을 요구하는 일이고, 아마도 그래서 수학에 불가능이 존재한다는 생각이 자리 잡는 데 오랜 시간이 걸렸을 것이다. 이런 생각의 진화는 고대 그리스까지 거슬러 올라가 길이와 면적을 측정하는 미묘한 문제를 둘러싸고 시작된다.

염소가 들판에 있다

피타고라스는 모든 최초의 수학자들과 마찬가지로, 우리가 앞에서 보았듯 모든 것이 수라고 생각했다. 이런 생각 때문에 피타고라스는 그 값이 무엇이든(길이, 너비 등) '단순' 곱셈 인수를 이용해서 하나의 값에서 다른 값으로 옮아갈 수 있다고 생각했다. 여기에서 작은따옴표는 내가 넣은 것이다. 다음은 오로지 교육적인 목적으로 내가 드는 예다. 피타고라스는 추상적인 방식으로만 추론하는 경향이 있었기 때문이다. 피타고라스가 길이가 AB인 들판 일부의 가격을 알고 있는 상태에서 길이가 AC인 들판의 가격을 정해야 한다고 상상해보자(들판의 폭은 일정하기 때문에 여기에는 땅의 한 변만 나타냈다).

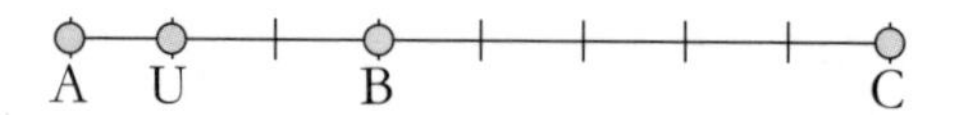

이를 위해 땅 주인은 이 들판 일부가 얼마만큼의 몫을 차지하는지 알아야 한다. 피타고라스는 해답을 알아내기 위해서 일단 AB를 작은 단위인 AU로 나눈 다음, AB =3AU이고 AC =8AU라고 생각했을 것이다. 아마 AB와 AC가 AU의 배수이도록 하는 U점이 존재하지 않으면 손에 장이라도 지졌을 것이다. 근대적인 용어로 말하면, 피타고라스는 모든 길이를 '통분할 수 있다'는 원칙에서 시작했다(글상자 참조). 그런데 오늘날 우리는 그가 잘못 알고 있었음을 알고 있다. 어떤 수는 이렇게 나눌 수 없다.

피타고라스가 생각한 길이 통분법

두 값은 어떤 정수의 비로 곱해서 한 값에서 다른 값으로 옮아갈 수 있을 때 통분 가능하다. 위 들판의 예에서 $AC = \left(\frac{8}{3}\right)AB$다. $\frac{8}{3}$은 오늘날 유리수라고 부르지만 고대에는 수의 지위를 지니지 못했다. 탈레스의 정리에 따르면, 두 길이가 통분 가능할 때 우리는 (눈금 없는) 자나 컴퍼스를 이용해서 한 길이로부터 다른 길이를 작도할 수 있다.

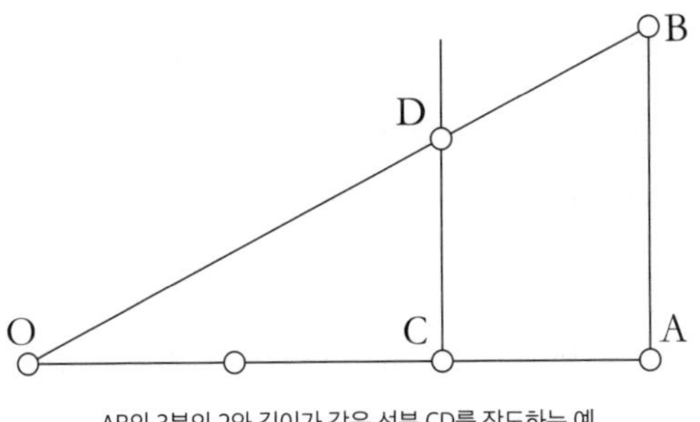

AB의 3분의 2와 길이가 같은 선분 CD를 작도하는 예.

펼쳐진 봉투

고대 그리스에서 제기된 다른 작은 문제를 이용해 피타고라스의 오류를 쉽게 증명할 수 있다. 플라톤의 『메논』에 등장하는 이 문제는 정사각형의 배적倍積 문제로, 다시 말하면 어떤 주어진 정사각형의 두 배 면적을 지닌 정사각형을 찾는 문제다. 기하학적으로는 해답이 무척 단순해서 도형 하나만 만들면 된다. 즉 첫 번째 정사각형의 대각선 위에 새로운 정사각형을 작도하기만 하면 된다. 정사각형 2개를 결합한 그림은 덮개를 펼친 봉투를 닮았다.

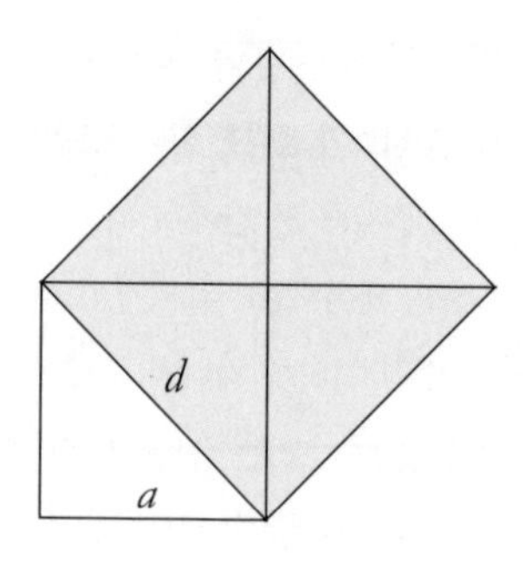

피타고라스의 정리에 따르면 $d^2=2a^2$인데, 여기에서 a는 정사각형의 변이고 d는 그 대각선이다. 만일 피타고라스가 옳았다면, a와 d는 그 어떤 수와 마찬가지로 통분 가능해야 했다. 바로 여기에서 가장 오래된 미묘한 수학적 추론 가운데 하나가 시작된다. 우리는 이 두 수 중 어느 것도 알지 못하지만, 그래도 $d^2=2a^2$의 인수분해를 상상해보자. 등호의 오른쪽과 왼쪽 항의 형태를 활용해 인수 2가 양쪽에 각각 몇 번 나오는지 세어보자. d^2에서 이 빈도수는 짝수다. d 안에서 나올 때마다 자기 자신으로 곱해지므로 두 배가 되기 때문이다. 같은 현상이 a^2에서도 생긴다. 그런데 여기에 2를 곱하면 빈도수에 1이 추가된다. 따라서 $2a^2$ 안에 나타나는 2의 빈도수는 홀수다. 그러므로 등식 $d^2=2a^2$는 2가 나타나는 빈도수가 (d^2에서) 짝수이면서 동시에 ($2a^2$에서) 홀수라는 모순을 낳는다.

막다른 길에 이르므로 a와 d가 반드시 통분 가능하다는 초기 가설은 무너진다. 달리 말하면, 피타고라스는 틀렸다. 통분이 불가능한 길이가 엄연히 존재한다. 아무리 찾아 헤매봐야 소용없다. a로부터 d로 넘어가는 '단순' 곱셈 인수를 찾는 것은 영원히 불가능하다.

"모든 것이 수"라는 피타고라스의 신조는 근대에 다른 '대상들'이 수의 영역에 받아들여져서야 다시 생명을 얻는다. 이런 대상으로는 특히 정사각형의 변에 대한 대각선의 비인 2의 거듭제곱근이 있는데, 우리는 이 수를 무리수(프랑스어 'nombre irrationnel', 영어 'irrational number')라고 부른다. 합리적이지 않아서가 아니라('irrationnel/irrational'은 '불합리한, 비이성적인'이라는 뜻 — 옮긴이) 정수의 비가 아니기 때문이다. 유리수(프랑스어 'nombre rationnel', 영어 'rational number')의 '유리'라는 말에는 '할당량ration'에서 볼 수 있듯 분배라는 개념이 담겨 있다. 근대적 표기법 √은 '뿌리root'를 뜻하는 단어의 *r*에서 유래했고 16세기에 만들어졌다. 이 기호가 처음 사용된 곳은 크리스토프 루돌프Christoff Rudolff, 1499~1545가 쓴 논문이었다.

그리스인의 맹목성

그리스인이 자신들의 생각에 갇혀서 보지 못했거나 보려 하지 않았던 다른 수학적 불가능이 더 존재한다. 이것을 알아보기에 앞서, 피타고라스가 저지른 오류를 그리스인이 깨달았을 때 그들이 보인 반응을 잠시 살펴보자. 정사각형의 대각선은 무리수이긴 하지만, 그래도 자와 컴퍼스를 가지고 작도할 수 있다. 아마도 이것이 그리스 수학자들이 모든 수는 통분 가능하다는 이상을 자와 컴퍼스로 작도할 수 있다는 이상으로 대체한(합리적이라고 볼 수는 없지만) 이유일 것이다. 고대 그리스인에게 '어떤 문제를 해결한다'는 것은 곧 자와 컴퍼스를 가지고 해답을 작도해낸다는 뜻이었다.

정확한 과정은 다음과 같다. 일정한 개수의 점(적어도 2개)으로 이루어진 도형을 설정한다. 그런 다음 이 도형과 연관된 어떤 문제의 해답을 (눈금 없는) 자와 컴퍼스로 작도하라고 주문한다. 가령, 어떤 정사각형의 한 변 AB만 아는 상태에서 컴퍼스를 세 번, 자를 두 번 이용해서 그 정사각형의 대각선을 작도할 수 있다. 이렇게 작도함으로써 정사각형을 배적(이것이 예쁜 단어는 아니지만 간략히 표현한다는 장점이 있다)할 수 있다.

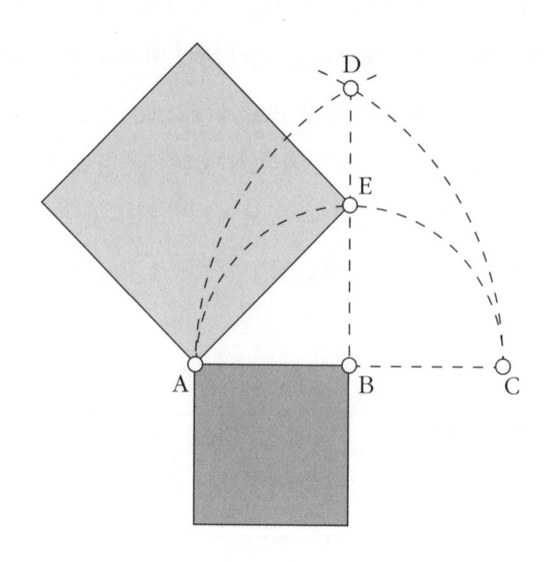

이렇게 작도해서 얻은 값은 그리 정확치 않은 근사치다. 완벽히 정확한 값을 얻는 것은 이상일 뿐 불가능하다. 그리스 수학자뿐 아니라 그 후계자들은 이 물건들(자와 컴퍼스) 뒤에 개념을 감추어놓았다. 이런 개념은 거리, 즉 두 점 사이의 가장 짧은 경로라는 개념으로부터 추상적인 방식으로 정의할 수 있었다. 플라톤이 말하는 이데아의 세계에서라면 자와 컴퍼스로 정확하게 작도해내는 것도 가능하다.

이런 정당화는 자와 컴퍼스만 사용하는 이유를 설명하기 위해 사용된다. 단점이라면 직각자 같은 다른 도구에까지 적용했다는 것인데, 그리스인은 해답을 구하는 일에 직각자를 사용하기를 거부했다. 사실, 이들이 자와 컴퍼스만 사용한 진짜 이유는 수학적이라기보다 신비주의적인 데 있었다. 그들은 원과 직선만 유일하게 완벽한 형태로 간주했던 것이다.

피타고라스학파 학자들은 원을 '1', 즉 신성과 연결했고, 직선은 윤리적인 엄정함, 올곧은 인간과 연관 지었다. 그리스 수학자들은 모든 값이 자와 컴퍼스로 그려져야 한다는 생각에 사로잡혀 있었다. 그래도 오늘날에는 버려진 이 생각 덕분에 3천여 년 동안 해결하지 못한 몇 가지 문제를 해결할 수 있었다……. 그것도 간접적인 방식으로 말이다. 바로 앞에서 언급한 수학적 불가능이 그것이다.

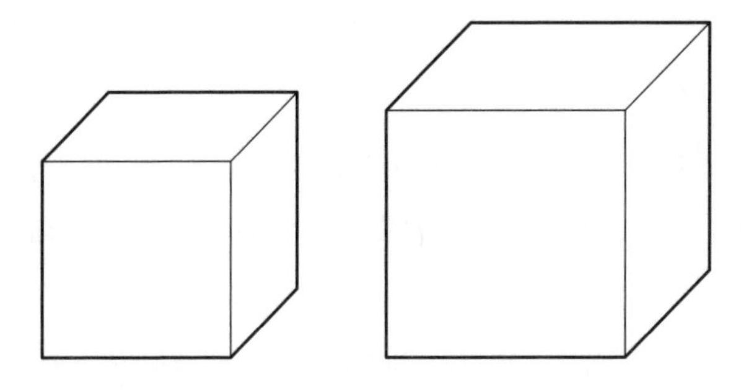

입방체의 배적은 부피가 주어진 어떤 정육면체의 두 배 부피를 가지는 정육면체를 작도하는 것이다.

불가능에 대한 커다란 도전

그런 문제가 3개 있었는데 다음과 같다. 입방체의 배적, 각의 3등분(어떤 각을 동일한 세 부분으로 나누기), 그리고 원적圓積, 즉 주어진 원과 면적이 같은 정사각형을 그리는 문제였다. 그리스인은 자신의 전통에 충실하며 이 문제를 자와 컴퍼스로 해결하려 했다. 이런 제약이 없다면 이 세 가지 문제는 대수학으로 쉽게 풀 수 있다(중학교 3학년 학생도 할 수 있다). 주어진 조건에 따라서 기하학적으로 그려내는 것이 바로 이 문제를 푸는 어려움의 핵심이다.

그럴 수밖에 없다. 결국 19세기에(그러니까 2천 년이 지난 후에!) 입방체 배적과 각의 3등분, 원적 문제는 자와 컴퍼스로 작도할 수 없다는 것이 증명되니까(아래 참조). 하지만 그 이전에도 학자들 사이에서 '원적 문제'라는 말은 곧 풀 수 없는 문제를 뜻했다(그랬기에 1775년에 파리 왕립 과학 아카데미는 이른바 원적 증명을 더 이상 연구하지 않기로 결정했다).

이미 말했듯 그리스인이 이런 문제에 고집을 부린 것은 도구를 사용해야 한다고 스스로 제약했기 때문이다. 그들은 정사각형과 똑같은 면적을 지닌 원을 결코 작도해내지 못했다. 그렇다고 해서 근사치를 구하려는 시도를 멈춘 것은 아니다. 근사치를 구하는 것은 그 어떤 값도 분할하면 근접할 수 있기에 가능했다.

예를 들어, 반지름을 가지고 원의 면적을 계산할 수 없던 아르키메데스(글상자 참조)는 원을 에워쌀 것을 제안했다. 근대적인 용어로 말하면, π가 $3+\frac{10}{71}$과 $3+\frac{1}{7}$ 사이에 있음을 엄격하게 증명했다. 아르키메데스는 이 2개의 부등식을 증명하기 위해서 다음 그림에 나오는 것처럼 원을 정다각형으로 에워싸는 데 성공하지만, 아주 대략적인 틀만 찾아낼 수 있었다(π가 2와 4 사이).

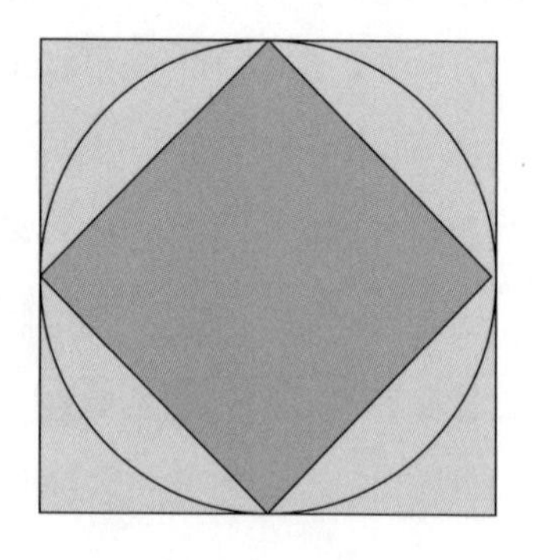

원을 두 정사각형으로 에워싸기.

아르키메데스의 전설

아르키메데스Archimedes, BC 287~BC 212는 그리스의 수학자이자 물리학자였다. 대중적인 상상 속에서 그는 유레카(그리스어로 "내가 찾아냈다")라고 외치며 시라쿠사 거리를 벌거벗은 채 내달린다. 그때 그는 오늘날 아르키메데스의 원리로 불리는 발견을 하고 자신의 욕조에서 뛰쳐나와 거리를 내달렸다. 그는 이 발견 덕분에 은을 금에 섞어 보석을 만든 사기꾼을 잡을 수 있었다.

이 인물에 대한 전설 같은 이야기를 조금 더 살펴보자. 제2차 카르타고 전쟁 때에 시라쿠사가 로마군에 점령되자, 그는 온갖 전쟁용 기계를 발명했고 그중에는 멀리서 로마군의 선박을 불태울 수 있는 거울도 있었다고 한다. 하지만 이 이야기는 사실이 아닌 것 같다. 오늘날 이런 거울을 만들려고 여러 차례 시도했지만 모두 실패했기 때문이다.

아르키메데스에 관해 확신할 수 있는 사실은 시라쿠사 약탈 당시 그가 사망한 정황이다. 로마의 장군 마르켈루스가 아르키메데스를 살려두라고 명령했지만, 어떤 로마 병사에게 죽임을 당하고 말았다. 플루타르코스가 전하는 이야기에 따르면, 아르키메데스는 그 로마 병사에게 기하학 문제 하나를 다 풀 때까지 기다려주기를 요구했다고 한다……. 그것이 위에서 언급한 3개의 문제(입방체의 배적, 각의 3등분, 원적) 중 하나였을까?

아르키메데스의 나선

지금 돌이켜보면, 수학자들이 세 가지 위대한 기하학적 문제를 해결하기 위해서 몇 세기 동안 집요하게 노력해온 것이 우리에게는 비생산적으로 보일 수 있다. 그 시도는 실패할 수밖에 없었으니까. 하지만 이런 노력은 수학 발전에 중대한 영향을 미쳤다. 우리가 방금 본 것처럼 수치 계산에서뿐만 아니라 기하학과 대수학에서도 말이다.

잠시 고대 그리스로 돌아가서 관련 사례를 살펴보자. 그리스 수학자들은 자와 컴퍼스로 이 문제를 풀지 못하자 새로운 범주를 만들어냈는데, 그중에는 특별한 곡선이 있었다. 예를 들어 아르키메데스는 각을 3등분하기 위해 특별한 나선을 생각해냈다. 이 나선은 순전히 기계적인 방식으로 정의된다. 이 나선을 그리는 방법은, 한쪽 끝이 O점인 반직선을 O를 중심으로 일정한 각속도角速度로 돌리면서 동시에 한 점이 O에서 출발하여 반직선을 따라 일정한 속도로 그 점에서 멀어지게 하는 것이다.

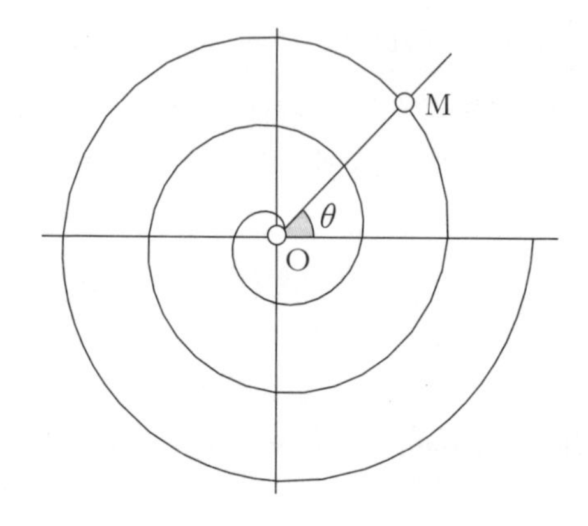

아르키메데스의 나선: OM은 θ각에 비례한다.

오늘날 아르키메데스의 나선이라는 이름으로 알려진 이 곡선 덕분에 그리스인은 하나의 각도를 셋으로 나누는 계산을 직선을 셋으로 나누는 일로 바꾸어 골치를 덜 썩일 수 있었다. 이렇게 함으로써 그들은 드디어 자와 컴퍼스로 각을 3등분할 수 있었다……. 나선이 주어진다는 조건 아래서 말이다. 마찬가지로, 당시 학자들은 다른 두 문제인 원적 문제와 입방체의 배적 문제를 해결하기 위해서 기계적인 방식으로 기술한 곡선을 상상했다. 이 곡선 가운데는 원적곡선, 삼등분곡선, 배적곡선이 있다.

대수학, 성공의 열쇠

하지만 이 세 가지 기하학 문제에 대한 연구 성과는, 19세기에 들어 드디어 수학자들이 2천 년 전부터 헛된 꿈을 좇고 있었다는 사실을 근거를 들어 인정하면서 그 진가가 드러나기 시작했다. 이 근거를 어떻게 찾았을까? 바로 대수학을 통해서다.

이때의 수학자들은 그리스 기하학을 대수학 언어로 치환했다. 즉, 측량이라는 관점에서 생각하는 대신 '작도 가능한constructible' 수의 관점에서 생각하기 시작했다. 작도 가능한 수는, 0과 1이 주어졌을 때 오로지 컴퍼스와 자만 가지고 축 위에 옮겨놓을 수 있는 수다. 2는 작도 가능한 수지만, π는 아니다.

이런 치환이 진행되던 때 중요한 정리를 만든 인물은 피에르로랑 방첼 Pierre-Laurent Wantzel, 1814~1848이다. 방첼에 따르면 작도 가능한 수는 거듭제곱의 차수가 2인 2차 방정식의 해다. 여기에서 방정식의 차수는 그 방정식에서 x의 최대 거듭제곱이다(예: $2x^5+3x^2-1=0$은 5차 방정식이다). 방첼의 정리는 입방체의 배적이 불가능함을 직접적으로 내포한다. 입방체를 배적하는 것은 곧 방정식 $x^3-2=0$의 해를 구하려 한다는 것인데, 그 차수(3)는 2가 아니다.

각의 3등분이 불가능하다는 사실도 비슷한 방식으로 증명할 수 있다. 하지만 원적 문제는 페르디난트 폰 린데만Ferdinand von Lindemann, 1852~1939에 이르러서야 그 결말을 본다. 폰 린데만은 π가 그 어떤 대수 방정식의 해도 아님을 증명했다. 순수하게 기하학적이며 고대의 관점으로 길이 든 문제가 놀라운 방식으로 대수학과 해석학 연구를 자극한 것이다.

역사상 가장 유명한 정리

수학적 불가능을 발견한 과정을 개괄하는 이 장을 마무리하면서, 여러 정리 가운데 최고 스타를 낳은 한 예를 살펴보자. 이 문제 역시 고대 그리스에 기원을 두고 있기는 하지만, 이 문제에 얽힌 이야기는 1637년에 피에르 드 페르마가 2세기 또는 3세기에 쓰여진 디오판토스Diophantus, 200년경~284년경의 『산수론Arithmetica』 라틴어 번역본을 읽으면서 제대로 시작된다. 디오판토스의 책은 수수께끼 선집인데, 문제의 해답이 특정한 경우에 한해 주어져 있지만 이는 일반화할 수 있다(당대의 표기법으로는 그 이상 표현하는 것이 불가능했다).

그중 한 수수께끼는 주어진 정사각형을 2개의 정사각형으로 나누는 문제다. 이 문제는 피타고라스의 정리를 은연중에 암시한다. 디오판토스가 제시한 해답은 우리가 이미 만난 피타고라스 삼조($c^2=a^2+b^2$를 만족하는 3개의 수(a, b, c) 그룹)에 해당한다. (3, 4, 5)와 (5, 12, 13)처럼 가장 간단한 피타고라스 삼조를 어떻게 찾는지 설명하는 디오판토스의 글 여백에 페르마는 이런 주석을 달았다.

> 반면에, 임의의 세제곱수는 다른 두 세제곱수로 나뉠($c^3=a^3+b^3$) 수 없고, 임의의 네제곱수 역시 다른 두 네제곱수로 나뉠($c^4=a^4+b^4$) 수 없으며, 일반적으로 제곱수보다 큰 지수를 가진 수는 같은 지수를 가진 다른 두 수로 나뉠($c^n=a^n+b^n$) 수 없다. 나는 이에 대한 진정으로 경이로운 증명법을 발견하였지만 이것을 적기에는 책의 여백이 너무 좁다.

이것이 바로 그 유명한 페르마의 정리다. 아마도 수학 애호가들에게 가장 많이 알려진 수학 문제일 것이다. 이것은 애초에 추측이었기에 '정리'라는 명칭은 적절하지 않다. 이 추측은 1995년에 와서야 앤드루 와일스에 의해 증명되었다. 와일스의 증명이 수백 쪽에 이르는 것을 보면, 페르마가 실제로 증명해냈는지 의심스럽다. 하지만 지수가 3과 4인 경우를 증명해냈을 수는 있다. 페르마가 다른 곳에서 사용한 방법(무한강하법, 글상자 참조)으로 이를 간단히 증명할 수 있기 때문이다.

와일스가 이 증명을 발표하자 전 수학계에서 찬사가 쏟아졌고, 그야말로 선구적인 이 연구는 그전까지 서로 분명히 구분되던 두 수학 영역 사이에 확실한 다리를 놓았다. 하지만 와일스는 페르마의 정리로부터 자극을 받아 분발하여 수학을 새로운 지평선 너머로 이끌어간 여러 수학자의 후손일 뿐이었다.

그보다 약 2세기 전인 19세기 초에 이미 에른스트 쿠머Ernst Kummer, 1810~1893는 산술을 복소수 집합으로 일반화하려는 원대한 생각을 품었다. 아쉽게도 쿠머의 일반화는 페르마의 정리가 아우르는 모든 경우에 적용되지는 않았지만, 이로써 연결된 분야에서 유용하게 쓰일 새로운 방법이 제시되었다. 쿠머와 와일스, 그리고 그들의 자취를 따른 모든 사람의 연구를 보면, 첫눈에 무의미하고 아무 소용없어 보일 수 있는 노력의 가치가 충분히 정당화된다. 수학에서는 무언가가 불가능하다는 것을 증명하는 일이 이렇게 풍성한 결과를 낳을 수 있다.

페르마의 무한강하법

페르마의 '무한강하법'은 주어진 하나의 해로부터 다른 작은 해를 결정하는 방법이다. $\sqrt{2}$가 무리수임을 증명하는 새로운 방식을 살펴보면서 단순하고 우아한 그 원칙을 살펴보자. 일단 $\sqrt{2}$가 방정식 $p^2 = 2q^2$를 만족하는 두 정수 p와 q의 비라고 가정하자. 그런데 이는 곧 변(빗변 p와 다른 변 q)이 정수인 직각이등변삼각형을 찾는 것과 같다.

이 경우 다음 그림에 따르면, 더 작은 (변이 $2q-p$와 $p-q$인) 삼각형을 찾아낼 수 있어야 하고, 이런 식으로 무한히 계속해서 더 작은 삼각형을 찾아낼 수 있어야 할 텐데, 이것은 말이 안 된다. 주어진 정수보다 작은 정수의 개수는 유한하기 때문이다. 결론은, 초기의 가설이 잘못되었다. 따라서 $\sqrt{2}$는 유리수가 아니다.

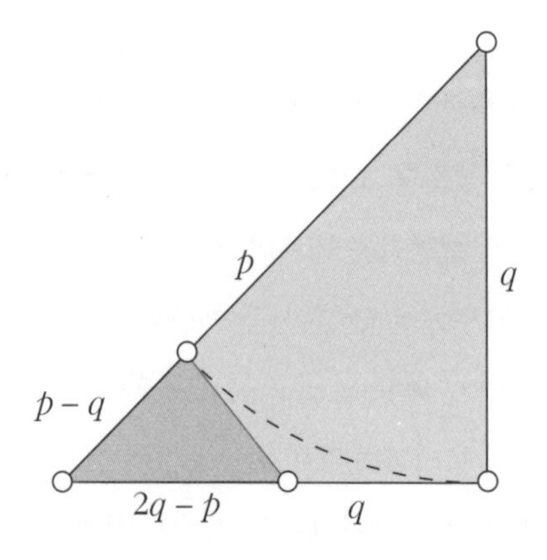

영: '무'를 일컫는 단어

IO

다음은 프랑스의 라디오 퀴즈쇼 '1,000유로 게임'에 나올 법한 역사 문제다. 2000년으로 넘어가는 순간 예수는 몇 살 생일을 맞이했을까? 2,000살 생일이었을까? 틀렸다. 그때는 그리스도가 태어난 지 1,999년째 되는 순간이었다. 다시 말하면, 20세기는 1999년 12월 31일에 끝난 것이 아니라 2000년 12월 31일에 끝났다. 이런 혼동이 생기는 이유는 우리 달력에 0년이 없기 때문이다. 예수 그리스도의 탄생을 서력의 기원으로 삼기로 결정한 건 디오니시우스 엑시구스Dionysius Exiguus, 470~544인데, 그때는 영(0)이 도입되기 전이었다. 그러니까 0년은 존재하지 않는 것이다!

영은 오늘날 우리에게 명백해 보이는 개념이지만, 인류 역사 수천 년 동안은 그렇지 않았다. 영이라는 개념을 언급하는 것만으로도 그리스 수학자들의 등골은 서늘해졌다. 그 말에 담긴 무無나 비존재 같은 개념이 두려웠기 때문이다. 영이 불교문화권인 인도에서 탄생한 것은 어찌 보면 놀랍지 않다. 불교에서 비어 있음은 각성으로 향하는 길이자 육체적 욕망이라는 불을 잠재우는 유일한 방법으로 여겨지기 때문이다. 영이 서구에 도입된 것은 기원후 1000년쯤 아랍 수학자들을 통해서다. 하지만 실제로 영은 여러 번에 걸쳐 탄생했으며, 그때마다 새로운 의미를 하나씩 얻었다.

메소포타미아인들의 혼동

영은 애초에 숫자의 위치에 얽힌 애매함을 없애려고 만들어졌다. 바빌로니아 기수법(60진법이었음을 떠올리자)에서 다음 수를 살펴보자.

𒐜 𒁹

이 수는 60의 8배에 1을 더한 값인 481을 뜻할 수도 있지만, 60의 제곱의 8배에 1을 더한 값인 28,801을 뜻할 수도 있었다. 그 차이는 바로 두 숫자 사이에 있는 공간을 빈자리로 보느냐 아니냐에 달려 있다. 이 공간을 빈자리로 본다면 첫 번째 숫자는 60의 제곱 자릿수를 가리키고, 아니라면 60자릿수를 가리킨다.

서기들이 혼동하는 일을 막기 위해서는 빈자리 표시(미래의 영)를 정해야 했다. 그래서 2를 45° 돌려놓은 기호를 쓰기로 했다. 그래서 다음과 같이 쓰면,

𒐜 𒑱 𒁹

의심의 여지없이 28,801이 되었다.

하지만 이렇게 해도 바빌로니아 기수법은 불완전했다. 10단위와 60단위를 동시에 사용했기 때문이다. 예를 들어 살펴보자.

위의 수에서 처음 두 기호는 60자리의 21을 뜻할 수도 있지만, 각각 60자리의 20과 그다음 60자리의 1을 뜻할 수도 있었다. 따라서 애매함을 피하기 위해 2개의 서로 다른 영을 만들어야 했다. 10자리 표기에 쓰는 영과 60자리 표기에 쓰는 영 말이다. 하지만 바빌로니아인은 하나의 영만 사용했다. 중앙아메리카의 마야인도 20진법 기수법에서 위치를 표시하는 영을 만들었다. 하지만 우리가 쓰는 위치를 나타내는 영을 처음으로 만든 민족은 바로 인도인이었다.

수냐, 비어 있음

인도인은 처음에 명수법(수를 말로 하는 것 — 옮긴이)을 보충하기 위해 영을 만들었다. 5세기부터 사용된 명수법은 산스크리트어로 1부터 9까지의 숫자(에카, 드비, 트리, 카투르, 판카, 사트, 삽타, 아스타, 나바)에 없음 또는 공백을 뜻하는 기호 '수냐'를 덧붙였고, 일 자릿수부터 시작해서 말했다. 가령 7509는 '나바 수냐 판카 삽타'라고 말했다. 그 이후, 인도인이 기수법에 이 방법을 이용해 숫자를 적기 시작하면서 오늘날처럼 순서가 거꾸로 바뀌었다.

아랍인은 9세기부터 인도의 기수법을 도입해 사용했는데, 이때 수 표기법을 바꾸었고 '수냐'를 '시프르sifr'로 번역했다. 11세기에 유럽에 도입된 이 기수법은 서서히 로마 숫자를 대체했다. 이탈리아에서 '시프르'는 '제피로zefiro'가 되었고, 이것이 오늘날 영zero이 되었다(그러므로 영은 애초에 '비어 있음'을 뜻하는 말이었다). '시프르'는 기수법 자체를 일컫기도 했는데 여기에서 숫자를 뜻하는 프랑스어 단어 '시프르chiffre'가 유래했다.

수이기도 한 영

II

영은 탄생했을 때만 해도 부재의 표시로서 수의 자릿수를 쉽게 표시할 목적만 있었지 진정한 수는 아니었다. 영이 수가 된 것은 인도의 천문학자이자 수학자인 브라마굽타Brahmagupta, 598~670 덕분이다. 브라마굽타는 영이 어떤 수를 자기 자신으로 뺀 수라고 정의했다. 그에게 영은 단지 1자리나 10자리, 100자리에 숫자가 없다는 표시일 뿐 아니라 계산에서 역할을 수행하는 진정한 수였다. 『브라마스푸타시단타Brahma-sphuta-sidd'hanta』, 직역하면 '우주의 열림'이라는 뜻인 운문으로 쓰인 책에서 그는 재산과 빚이라는 용어를 사용해 영을 관장하는 법칙을 기술했다(브라마굽타는 양수를 재산, 음수를 빚이라고 불렀다).

"어떤 빚에서 영을 빼면 빚이다.
재산에서 영을 빼면 재산이다.
영에서 영을 빼면 영이다.

영에서 빚을 빼면 재산이다.

영에서 재산을 빼면 빚이다.

영에 빚이나 재산을 곱하면 영이다.

영에 영을 곱하면 영이다."

당신은 이 글이 연산 부호 규칙을 설명하는 옛 버전임을 알아챘을 것이다. 브라마굽타는 덧셈, 뺄셈, 곱셈에 영을 끌어들임으로써 제대로 된 해답을 얻지만, 0을 0으로 나누면 자기 자신이 된다고 생각하는 오류를 범한다. 그의 실수는 이런 규칙이 철학적 입장에 근거를 둔다고 생각한 데서 생겼다. 하지만 연산 결과를 영으로 확장한 규칙은 오로지 계산의 일관성을 확보하기 위해서였다. 예를 들어, 영이 어떤 수에서 자기 자신을 뺀 결과라고 정의한다면, 영을 더해도 그 수는 변하지 않아야 한다. 이를 증명하려면, 0을 뺄셈의 결과물로 대체하면 된다. 가령 2−2를 살펴보면 이렇다.

2−2=0이면, (2−2)+2=0+2다. 그러므로 0+2=2다.

멍청한 질문 하나

계산의 일관성에 신경을 쓰는 것은 영으로 빼고 곱하는 규칙을 정하는 데도 유용하다. 하지만 이로써 더욱 놀라운 결과를 얻게 된다. 가령, 지수가 영인 수의 값은 무엇인가? 이 질문에 답하기 위해서 지수가 영인 수가 무엇을 의미하는지 자문하는 것은 도움이 안 되고 심지어 해롭다. 2의 세제곱은 2를 자기 자신으로 세 번 곱한 것과 같지만, 어떤 수를 자기 자신으로 0번 곱한다는 것이 대체 무엇을 뜻한단 말인가? 이런 모순된 질문을 던지다 보면 여기에 영영 답하지 못하게 된다.

수학자들은 구태의연한 습관에서 벗어나려고 다음과 같은 확장 원칙을 상상해내야 했다. 지수에 대한 계산 규칙은 심지어 영에 대해서도 참이어야 한다. n이 영인 경우에도 2^n이 n번 $2\times2\times...\times2$이기 위해서, 수학자들은 $2^0=1$이라고 정해야 했다. 이런 필요를 성립시키려면 $2^{0+1}=2^0\times 2^1$이라는 것에서부터 시작해야 한다. 이로부터 $2=2^0\times2$, 즉 $2^0=1$이다. 이리하여 지수가 0인 0이 아닌 수는 1과 같다. 이 규칙은 어떤 섬세한 생각, 계산의 보편성에 관한 생각에 들어맞는다. 어떤 특성을 정의하라고 요구하지 내부적 논리에 대한 염려에서 이런 특성을 추론해내라고 요구하지는 않으며, 이런 점에서 덧셈, 뺄셈, 곱셈의 경우와 다르다. 반면에 0으로 나누는 것은 불가능하다. 예를 들어 $\frac{4}{2}$는 $\left(\frac{4}{2}\right)\times2=4$로 정의되는데, 이것은 $\frac{4}{2}=2$라는 사실을 내포한다. 그렇다면 $\frac{4}{0}$을 생각해보자. $(\frac{4}{0})\times0=4$는 말이 안 된다. 영으로 곱한 수는 항상 영이기 때문이다.

젠장, 영이 대체 뭘 세는 거야

양의 정수는 어떤 집합의 원소들을 세는 데 사용된다. 여기에서 다음과 같은 질문을 떠올릴 수 있다. 그렇다면 영은 무엇을 세는가? 대답은 간단하다. 아무 원소도 포함하지 않은 집합, 우리가 $\varnothing$으로 표시하고 공집합이라고 부르는 집합이다. 좋다. 하지만 당신은 이렇게 반박할 수 있을 것이다. 아무것도 포함하지 않으며 결코 아무것도 포함하지 않을 집합이 굳이 존재하게 하는 게 쓸모 있을까?

지수 영과 마찬가지로, 공집합은 일반화를 위해 그 존재가 정당화된다. 이 경우에는 집합론에서 그렇다. 집합론은 그 성질이 무엇이든 간에 어떤 대상을 모아놓은 것을 연구하는 학문이다. A로 시작하는 단어의 집합, 인터넷에 올라온 아기 고양이 동영상의 집합……. 보다 구체적으로,

수학자는 가끔 $x^2+1=0$과 같은 어떤 방정식의 해의 집합을 연구한다. 그런데 그는 해답을 모르는 상태에서, 방정식에 해가 있는지 없는지(집합은 공집합일 수 있는데, 실수에만 국한하면 바로 이 경우가 그렇다) 알아보기 전에 그 집합을 연구한다. 마찬가지로, 수학자는 어떤 두 집합에 공통되는 원소가 있는지 알아보기 전에 이 두 집합의 교집합을 검토할 것이다. 이 모든 경우에, 공집합은 연구자가 해결하려는 문제에 해가 없다는 생각을 표현하는 데 사용된다.

집합을 다르게 정의 내리는 방법으로 모든 원소를 열거하는 방법이 있다. 일반적으로 원소를 중괄호 사이에 표기한다. 가령 {1, 2, 3, 4}는 수 1, 2, 3, 4로 이루어진 집합이다. 이때 공집합은 단순히 { }로 표기하는데, 이 표기는 알고리즘학algorithmics에서 아주 많이 사용된다. 이 정의에 따르면, 두 집합은 같은 원소를 가지면 동등하고, 따라서 2개의 공집합은 당연히 동등하다. 달리 말하면, 공집합은 유일하다. 그런데 이 사실이 선험적으로 명확히 와닿지는 않는다. 이상한 얘기다. 당근의 공집합이 스포츠카의 공집합과 동일하다니!

조금 추상적이지만, 공집합을 연구하다 보면 구체적인 응용까지 이어진다. 공집합이 존재함에 따라 집합에 대한 어떤 연산을 정의 내리려면 공집합을 고려하지 않을 수 없게 된다. 그런데 이렇게 하면 이 연산을 기술하는 일이 놀랍도록 단순해지고, 특히 연산 정보처리에 유용하다. 이것은 조금 추상적인 개념이지만, 아주 단순한 예, 그러니까 어떤 유한집합의 부분집합을 정하는 예(글상자 참조)를 들어보면 이해할 수 있다.

유한집합의 부분집합 정하기

일단, 공집합의 유일한 부분집합은 공집합 자신이라는 사실을 기억하자. 그런 다음, 어떤 원소 x를 어떤 집합 E에 더할 때 무슨 일이 벌어지는지 기술해본다. 이때 집합 E의 부분집합 $P(E)$는 알고 있다고 간주한다. $P(E \cup \{x\})$를 기술하려면, $E \cup \{x\}$의 부분집합들이 x를 포함하느냐 아니냐에 따라 둘로 나뉜다는 사실에 주목한다. F를 E의 부분집합이라고 할 때, 첫 번째 경우는 $F \cup \{x\}$인 형태이고 두 번째 경우는 x를 포함하지 않으므로 F 자체이다. 우리는 이런 식으로 $E \cup \{x\}$의 모든 부분집합을 기술할 수 있다. 그리고 이 방법으로 어떤 유한집합이든 그 부분집합 전체를 찾아낼 수 있다.

이런 식의 매우 추상적인 정의는 어떤 집합의 부분집합의 실제 목록을 작성하는 데 사용된다. 물론 손으로는 이 알고리즘이 필요 없는 경우만 목록으로 작성할 수 있다. 하지만 집합이 크면 이 알고리즘은 필수 불가결해진다. $E=\{1, 2, 3\}$인 예를 살펴보자.

E	P(E)
∅	{∅}
{1}	{∅, {1}}
{1, 2}	{∅, {1}, {2}, {1, 2}}
{1, 2, 3}	{∅, {1}, {2}, {1, 2}, {3}, {1, 3}, {2, 3}, {1, 2, 3}}

이 표는 이전 행에 따라서 행이 하나씩 차근차근 채워진다. 알고리즘이 제시하는 순서대로 부분집합을 적는다. 부분집합을 크기에 따라 정렬할 수도 있는데, 그러면 다음과 같다. .

$P(\{1, 2, 3\})=\{\varnothing, \{1\}, \{2\}, \{3\}, \{1, 2\}, \{2, 3\}, \{3, 1\}, \{1, 2, 3\}\}$.

0, 자연수의 기초

역사를 거치며 영의 뜻은 차례로 변해왔다. 바빌로니아 시대 이후로 부재의 표시였다가, 인도 수학 덕분에 수가 되었다. 19세기 말, 영은 또 다른 지위를 얻는다. 나중에 알게 되겠지만, 수학의 기초가 흔들리는 위기가 찾아와 수학을 견고한 공리적 기초 위에 구축하려는 시도가 있었다. 여기에서 문제가 된 것은 특히 자연수를 본질적으로 정의하는 일이었다. 그런데 이탈리아 수학자 주세페 페아노Giuseppe Peano, 1858~1932는 이 길로 가는 대신 놀랍고도 근사한 생각을 해냈다. 그는 전개 방식을 거의 전부 0에 기초하여 공리적인 방식으로(즉, 몇 개의 공리로부터) 자연수를 기술했다. 한마디로, 페아노에 따르면, '영(0)이 없으면 수數도 없다.' 이로써 0은 방금 슈퍼스타의 지위를 얻었다.

페아노는 자연수의 집합 N을 정의하려고 시도하는 대신, 다음과 같이 몇 개의 공리로 설명했다.

> 자연수의 집합 N은 다음 3개의 공리를 충족하는 다음수(어떤 수 뒤에 잇따라오는 수) 함수successor function가 존재하는 원소를 적어도 하나(이것을 0이라고 하자) 포함한 집합이다.
>
> 1. 다음수 함수는 일대일 함수(단사 함수injection)다. 즉 두 원소가 서로 다르면 다음수도 다르다.
> 2. 한 원소의 다음수는 결코 0이 아니다.
> 3. 집합 N의 부분집합 E가 0을 포함하고, E의 모든 원소에 대한 다음수가 E 안에 있으면, E는 자연수 집합 N 전체이다.

이 마지막 공리는 귀납 공리axiom of induction라고 부른다. 같은 이름을 지닌 핵심적인 수학 추론 방식(수학적 귀납법)을 기술하기 때문이다. 이 공리들(페아노 공리계Peano axioms)로부터 페아노는 산술의 사칙연산과 그 속성을 정의한다. 이 공리적 접근 방법에서 0은 따로 정의되지 않았다. (이렇게 따로 정의하지 않고 대상의 성질을 공리로 규정하여 받아들이는 용어를 무정의 용어Undefined Term 또는 Primitive Term라고 한다 — 만든이)

페아노의 정의는 우리가 의심해볼 만한 존재를 정의 내리지 않고 설명을 전개한다는 점에서 문제가 되었다. 몇몇 수학자들은 사칙연산의 근거를 게오르크 칸토어Georg Cantor, 1845~1918가 공리화한 집합론에 두는 편을 선호했다. 그러면서 자연수의 집합 구성에 대해 거론하게 된다. 그중 가장 놀라운 것은 존 폰 노이만John von Neumann, 1903~1957의 연구다. 그는 제2차 세계대전 때에 미군에 협력한 것으로 무척 유명한데, 이 시기에 무작위를 활용하여 계산 방식을 개선했다. 그의 정수 개념은 전적으로 공집합에 기반한다.

1. 공집합 $\varnothing$는 자연수 0으로 표기한다.
2. n이 자연수면, 집합 $n \cup \{n\}$은 'n의 다음수'라 불리는 자연수다.
3. 모든 자연수는 규칙 1과 2로부터 형성된다.

이렇게 기술된 집합은 페아노의 공리를 충족하는데, 여기에서도 0은 모든 것의 기초가 된다. 폰 노이만의 방법은 자연수 모델이 존재함을 보여줌으로써 페아노의 접근법을 보충한다. 수학에서 '비어 있음'은 결코 무無가 아니다. 그로부터 자연수 집합을 추론해낼 수 있으니까.

방정식에 미쳐 허구를 만들어낸 사람들

12

"어떤 큐브와 어떤 것들이 더불어/ 한 은밀한 수와 같을 때/ 그 안에서 서로 다른 두 수를 찾으라." 댄 브라운의 소설 『다빈치 코드』에서 곧장 튀어나온 것 같은 이 시는 역사에서 실제로 존재했다. 이 시를 쓴 니콜로 폰타나Niccolo Fontana, 일명 타르탈리아Tartaglia, 1499~1557는 르네상스 시대에 베니스에서 살았다. 소박한 평민 출신으로 순전히 독학으로 수학자가 된 타르탈리아는 학생들에게 수학을 가르치고 대수학 경진대회에 참가하는 것으로 생계를 유지했다! 경쟁을 즐긴 타르탈리아는 당대의 학자들이 호시탐탐 노리던 수학적 비밀로 초심자들을 인도하기 위해서 이 시를 지었다.

그러니까 타르탈리아는, 때로는 지식의 발전보다 흥밋거리를 찾아나서는 데 더 혈안이 되어 있었던, 하나같이 수학 수수께끼를 좋아하는 르네상스 시대의 원색적인 인물 중 한 사람이었다. 그들이 델 피오레Del Fiore라고 불리든 지롤라모 카르다노Girolamo Cardano, 1501~1576라고 불리든 역사는 이 학자들의 이름을 잊어버렸을지 모른다. 그들이 수학 문제를 놓고 경쟁하면서 부린 변덕으로 완전히 새로운 세계, 모든 대륙의 수학을 가리고 있던 장막을 걷어내지 않았다면 말이다.

오늘날 복소수라는 말만 꺼내도 여전히 몇 세대에 걸친 고등학생들은 몸서리를 친다. 음수의 제곱근은 또 어떤가! 미치지 않고서야 그런 것이 가능하다고 믿을 수는 없을 것이다. 그런데 다행히도 르네상스의 이 수학 애호가들은 이런 것이 있다고 믿을 만큼 미쳐 있었다.

전통의 계승자들

복소수는 대수 방정식에서 탄생했다. 우리가 찾는 미지수를 x로 둔 방정식, 가령 $3x^2+5x+2=7$과 같은 근대적인 버전으로 표현되는 방정식(글상자 참조) 말이다. 그런데 어째서 '대수' 방정식인가? '대수'라는 단어는 미지수 사용이 아니라, 아라비아 수학자 알콰리즈미가 방정식을 풀기 위해 사용한 조작법에서 나왔다(단어의 어원도 아랍어다). 그러니까 대수학자(프랑스어 'algébriste')는 방정식의 변(좌변과 우변, 프랑스어 'membre')을 조작하는 사람이다. 여담이지만, 'membre'에는 '사람의 팔다리'라는 뜻도 있으니 대수학자는 사람의 팔다리를 다루는 사람이기도 하다. 스페인에서는 요즘에도 접골사를 가끔 같은 말algebrista로 부르니까.

가장 단순한 대수 방정식은 $2x+1=x+5$ 같은 1차 방정식이다. 이 경우, 대수학자는 우변의 x를 좌변으로 넘겨 $x+1=5$를 만든 다음에, 좌변의 1을 우변으로 옮겨 $x=4$라는 해를 얻는다. $x^2+6x=7$이라는 2차 방정식을 풀기 위해서 대수학자는 x^2+6x는 $(x+3)^2$의 첫 부분임을 눈치채고, 양변에 9를 더해 $(x+3)^2=16=4^2$을 얻는다. 그리고 이런 식으로 계속된다.

그리스와 아라비아 수학자들은 이미 $x^2+px=q$의 형태로 쓰는 2차 방정식을 풀 줄 알았다. 그들은 3차 방정식도 만났지만 그에 대한 일반적인 풀이법은 그들의 후손인 이탈리아 르네상스 시대의 대수학자들이 만들어냈다. 3차 방정식의 변형 중에서 2차 항이 없는 3차 방정식, 즉 p와 q가 자연수일 때 $x^3+px=q$ 형태를 띤 3차 방정식의 일반적인 풀이법을 알아낸 최초의 인물은 시피오네 델 페로Scipione Del Ferro, 1465~1526인 것 같다.

델 페로에 대해 알아보기 전에, 당시에는 이탈리아 대수학자든 다른 나라의 대수학자든 방정식에서 음의 해는 전혀 인정하지 않았음을 주목하자. 음의 해에 대한 이런 경계심은 19세기까지 지속되었다. 이 시기에 라자르 카르노Lazare Carnot, 1753~1823는 여전히 이렇게 썼다. "단독인 음의 분량을 실제로 얻으려면, 영에서 실질적인 분량을 빼야 한다. 무無에서 무엇인가를 덜어내야 하는 것이다. 이것은 불가능한 연산이다. 단독인 음의 분량을 어떻게 상상할 수 있단 말인가?" 하지만 이런 망설임은 결국 사라지고 음의 기호 '−'는 일반화된다. 이때부터 이 기호는 형용사가 한 단어의 뜻을 바꾸듯, 어떤 수의 뜻을 바꾸게 된다.

x와 +, =의 발명

우리 근대 방정식의 표기법은 어디에서 유래했을까? 미지수를 'x'라고 이름붙일 생각을 누가 했을까? 누가 +, −, = 같은 기호를 처음 만들었을까? 미지수에 처음 이름을 붙인 건 그리스 사람 디오판토스다. 우리는 페르마의 정리를 다루면서 이미 그를 만났다. 미지수, 즉 우리가 모르는 것에 이름을 붙이는 일이 최초의 수학자들에게 자연스럽지 않았다는 사실을 쉽게 짐작할 수 있다. 디오판토스는 미지수를 'arithmos', 즉 그리스어로 '수'〔여기에서 산술(프랑스어로 arithmétique)이라는 단어가 만들어졌다〕라고 불렀고, 미지수와 수를 연결하는 문제를 모두 문자로 적었다. 문제의 여건과 증명이 상당히 장황한 문장으로 이루어져 있었던 셈이다…….

디오판토스의 전통은 중세 아라비아 수학자들에게 이어졌는데, 다만 이들은 사용하는 단어를 바꾸었다. 9세기에 알콰리즈미는 미지수를 'shay' 라고 이름 붙였는데, 이것은 '어떤 것'을 뜻했다. 르네상스 시대의 이탈리아 대수학자들은 이탈리아어로 같은 뜻을 지닌 단어 'cosa'를 사용했다. 당시 아라비아 영향권에 들어 있던 스페인 남부의 안달루시아 지방에서는 이 단어를 라틴어 'xay'라고 적었다. 르네 데카르트René Descartes, 1596~1650는 'xay'의 머리글자만 남기는 것으로 단순화에 마침표를 찍었다. x라는 문자는 드디어 수학적 쓰임새를 갖게 되었고, 얼마 지나지 않아 '구하는 어떤 것(수나 사람)'이라는 의미를 지님으로써 법적인 쓰임새도 갖게 되었다.

이와 동시에 표기법은 프랑수아 비에트François Viète, 1540~1603 이후로 문자를 사용하는 계산, 즉 미지 또는 이미 알고 있는 문자에 대한 계산에 알맞도록 차츰 변화되었다. 미지수를 차츰 x, y, z 등으로 표기하고, 이미 알고 있는 수는 a, b, c 등으로 표기하는 습관이 자리 잡았다. 연산 부호(+, −, × 등)와 등호(=), 부등호(>, <), 지수 표기(x^2, x^3 등)가 생겨났다. 이리하여 18세기에 근대적인 표기법이 자리 잡았다. 우리는 이 책에서, 이 기호가 만들어지기 전에 아라비아와 이탈리아 대수학자들이 이룬 발전을 설명하며 간결하게 표기하기 위해서 이들 기호를 사용했다.

공책에 적힌 해법

어째서 델 페로가 3차 방정식을 일반적으로 풀어냈다는 완벽한 증거가 없는가? 그가 이 주제에 관해 기록해놓지 않았기 때문이다. 자기가 발견한 것을 작은 수첩에 적어놓고 친척들에게만 보여주었다. 이런 일은 당시에 흔했다. 대수학 경진대회가 자주 열렸고, 종종 대학 교수직을 놓고 경쟁했기 때문에 부와 직업이 걸린 풀이법은 무척 중요하게 취급되었다.

하지만 경연대회의 우승자에게는 연회가 베풀어지기도 했으니, 당대의 삶은 '돌체 비타dolce vita'라는 말처럼 달콤했다…….

델 페로는 자신의 풀이법을 사위에게 전수했는데, 이 사위가 조금 수다쟁이여서 전수받은 내용을 자신의 친구인 델 피오레에게 알려주었다. 이 사람은 델 페로가 사망할 때까지 입을 꾹 다물고 있다가, 그 이후에 수학 경진대회에 참가하여 이 비밀을 이용했다. 당시에 수학 경진대회에서는 3차 방정식 문제가 자주 등장했다. 그런데 어느 수학 시합에서 그는 위에 인용한 시의 저자인 니콜로 폰타나와 대적하게 되었다. 폰타나의 별명은 '타르탈리아', 이탈리아어로 '말더듬이'였다. 1512년에 프랑스 군대가 프레시아를 침략했을 때 입은 얼굴의 부상 때문에 그가 말을 더듬어서 얻은 별명이다. 타르탈리아는 우리가 이미 살펴보았듯이 수학 시합의 강자였고, 그와 델 피오레의 시합은 금세 최강자의 일대일 대결 양상을 띠었다.

대결

두 수학자는 공증인에게 각각 30개의 문제를 제출한 다음, 상대방이 낸 문제를 40일 안에 풀어야 했다. 제출한 문제는 모두 3차 방정식을 변형한 문제였다. 폰타나가 풀어야 했던 문제 하나를 예로 들면 다음과 같다. "어떤 고리대금업자가 돈을 빌려주는데, 그 조건은 연말에 원금의 세제곱근을 이자로 되갚는 것이다. 연말에 고리대금업자는 원금과 이자로 800두카를 받는다. 원금은 얼마인가?"

두카로 받은 이자를 x라고 표기하면, 원금은 x^3이고 문제의 조건은 $x^3+x=800$이라고 쓴다. 이 문제의 목표가 그저 실용적인 것이라면, $10^3+10=1010>800$이고 $9^3+9=738<800$이므로 x가 9두카와 10두

카 사이의 액수라고 단언하면 충분하다. 그리고 차이를 좁혀가며 몇 번 시도해본 끝에 $x=9.24727$, 즉 원금이 790.75두카임을 알아냈을 것이다. 물론 이 답이 고리대금업자와 고객의 문제를 해결하는 데 충분하긴 하지만, 문제를 낸 사람이 기대하는 풀이법은 아니다. 폰타나는 정수와 산술 사칙연산 및 거듭제곱근을 이용해 표현할 수 있는 정확한 풀이법을 찾아야 했다. 실제로 이런 해답은 상거래에서 거의 사용할 수 없는 순수수학이다. 조금 뒤에 소개할 타르탈리아의 방법을 적용해 힘겹게 계산한 끝에 얻을 수 있는 해답은 바로 다음과 같다.

$$800-\sqrt[3]{\frac{\sqrt{12960003}}{9}+400}+\sqrt[3]{\frac{\sqrt{12960003}}{9}-400}$$

대단하지 않은가? 델 피오레는 타르탈리아와 달리 앞에서 언급된 단 한 가지 유형의 방정식만 풀 줄 알았다. 타르탈리아는 이 일대일 대결에서 승리했지만 상금을 포기했다(대신 서른 번의 연회에 참석하도록 초대받았다!).

해답은 시에 담겨 있다

타르탈리아는 또 다른 인물이 등장하고 나서야 자신의 풀이법을 밝혔다. 프랑스에서는 제롬 카르당Jérôme Cardan이라고도 부르는 지롤라모 카르다노가 바로 그 인물이다. 그는 의사이자 수학자, 점성가인 복합적인 인물이다. 자동차의 구동 시스템을 발명했고, 훗날 이 시스템에 그의 이름이 붙었다. 카르다노는 1539년에 타르탈리아를 밀라노의 자기 집으로 초대해서 비밀을 지키겠다고 약속하며 풀이법을 알려달라고 졸랐다. 타르탈리아는 그 풀이법을 다음과 같은 시로 표현했다.

어떤 큐브와 어떤 것들이 더불어
한 은밀한 수와 같다면
그 안에서 서로 다른 두 수를 찾으라.
그러면 당신은 익숙해지리라
서로 다른 두 수의 곱이 항상
어떤 것들을 셋으로 나눈 것의 세제곱과 같다는 것을.

첫 행은 수수께끼처럼 보일 수 있다. 하지만 아라비아 수학자들의 계보에서 '어떤 것'은 미지수(근대적 표기법으로 x)고, '어떤 것들'은 그것을 정수로 곱한 것(즉 px)이며, '어떤 큐브'는 미지수의 세제곱(x^3)이다. 두 번째 행('한 은밀한 수와 같을 때')은 은밀한 수, 즉 q를 도입하며, 따라서 방정식은 $x^3+px=q$가 된다.

시의 그다음 부분에서는 풀이법이 제시된다……. 카르다노는 얼마 뒤 1545년에 이 풀이법을 자신의 『아르스 마그나Arsmagna seu de regulis algebrae(위대한 기술)』에 발표한다(그렇다고 카르다노를 도둑 취급할 수는 없다. 그는 타르탈리아의 공식을 증명했을 뿐 아니라, 3차 방정식의 모든 유형을 다루면서 자신의 제자 루도비코 페라리Ludovico Ferrari, 1522~1565가 찾아낸 4차 방정식의 해법을 덧붙였기 때문이다). 카르다노가 발표한 공식 가운데 하나는 수학의 역사에서 중요한 역할을 담당한다. 다른 수학자보다 조금 더 고집스러운 한 수학자 덕분에 이 공식은 척 보기에 허무맹랑한 개념으로 이어진다. 바로 허수 개념이다.

실수인 해는 없었지만……

이탈리아 볼로냐의 기술자 라파엘 봄벨리Raphaël Bombelli, 1526~1572는 카르다노의 글을 읽고 그가 제시한 해법 중 하나를 가지고 2차항의 계수가 0인 방정식 $x^3=15x+4$를 풀려고 했다. 타르탈리아가 자신의 시에서 권하듯('그 안에서 서로 다른 두 수를 찾으라'), 그는 먼저 $x=u+v$라고 정한 다음, 타르탈리아의 충고에 따라 $uv=5$(서로 다른 두 수의 곱이 어떤 것들의 3분의 1을 세제곱한 값과 같다 — 즉, 계수의 3분의 1)라는 추가 제약을 덧붙이고, 방정식을 $u^3+v^3=4$로 단순하게 만들었다. 편의를 위해 $U=u^3$이고 $V=v^3$라고 정함으로써, 그는 두 수(여기에서는 U와 V)의 합과 곱이 주어진(여기에서는 각각 4와 125) 디오판토스 방정식에 이르렀다. 이로부터 봄벨리는 U와 V가 2차 방정식 $X^2-4X+125=0$의 해라고 추론했다. 이 방정식은 $(X-2)^2=-121$로 변환된다.

봄벨리는 그냥 여기에서 문제 풀기를 멈출 수도 있었다. 이 방정식에는 실수 해가 있을 수 없을 것이니까 말이다! 하지만 그는 미친 것 같지만 멋들어진 생각을 해냈다. -121이 마치 제곱근을 가진 것처럼 계속 풀어나가겠다는 생각 말이다. 그는 이 제곱근을 단순히 $11\sqrt{-1}$이라고 표기하고 U와 V를 구한 다음에 이 수에 따라 u와 v를 구했다. 그러자 봄벨리는 $x=u+v$가 $x=4$로 간단해지며 이 값은 $x^3=15x+4$를 만족한다는 사실을 발견했다. 이렇게 하여 우리가 처음에 이름 붙였듯 척 보기에 '허무맹랑한 수'를 가지고 한 터무니없는 계산으로 정확한 결과를 얻은 것이다! (이 방정식에는 다른 2개의 음의 해 $x=-2\pm\sqrt{3}$가 있지만, 봄벨리는 이 사실을 몰랐다. 오직 양의 해에만 관심이 있었기 때문이다.)

이리하여 당시로서는 무엇을 뜻하는지 정확히 알 수 없는 새로운 수가 탄생했다. 이 수로 확인할 수 있는 정확한 해답을 구했고, 그래서 이 수는 수라는 대가족의 구성원으로 받아들여졌다. 데카르트는 이 수를 다른 수와 구별하기 위해서 '허수(프랑스어로 nombre imaginaire, 영어로

imaginary number. 상상의 수—옮긴이)'라고 이름 붙였고, 자연스럽게 기존의 다른 수는 실수가 되었다. 순수한 대수학적 조작으로 하나의 개념이 탄생한 것이다.

i에 대한 사실들

봄벨리가 사용한 표기인 $\sqrt{-1}$은 프랑스 중등교육에서 그다지 인정되지 않는다. 그보다는 18세기에 오일러가 제안한 i 표기를 선호한다. 여기에서 i는 'imaginaire(영어로는 imaginary, 허구의 — 옮긴이)'라는 단어의 머리글자다. '복소수(프랑스어 nombre complexe, 영어 complex number)'의 '복複'에 해당하는 단어 'complexe(프랑스어. 영어로는 complex)'는 가우스로부터 유래했는데, 그가 보기에 수학은 물질적인 현실에 뿌리박고 있었기에 그때까지 사용되던 허수라는 용어를 그다지 탐탁해하지 않았다. 존 월리스John Wallis, 1616~1703는 허수를 기하학적인 평면의 점으로 처음으로 나타냈고 이리하여 허수에 일종의 물질적 존재감을 부여했다. 오일러의 표기법으로 표현하면 복소수는 $a+bi$의 형태로 표현되는 수고, 여기에서 a와 b는 실수다.

이 모두를 일컬어 복소수체complex number field라고 한다. 그 안에서 사칙연산을 규정할 수 있고 이 연산에 결합성, 교환성, 배분성 같은 일반적인 속성이 있기 때문이다. 어떻게 그럴 수 있을까? 일상적인 연산 법칙에 $i^2=-1$이라는 항목만 덧붙이면 된다. 이것을 생각해낸 사람은 윌리엄 해밀턴William Hamilton, 1805~1865이다. 해밀턴은 이 생각을 일반화해서 사원수四元數, quaternion를 만들었다. 사원수는 우주의 순환을 기술하도록 해주는 더욱 보편적인 수다. 더블린Dublin에 있는 브룸브리지Broom Bridge에는 아직도 그 흔적이 남아 있다. 해밀턴이 산책을 하다가 이 생각을 해내고 너무나 기쁜 나머지 거기에다 공식을 새겨 넣었기 때문이다(어쨌거나 그가 나중에 한 말에 따르면 그렇다. 오늘날에는 다리에 그 공식을 기념하는 석판만 있다). 이 사실을 아는 사람은 누구나 그 다리만 건너면…… 상상의 세계로 들어설 수 있다.

대수학의 기본정리

엄밀하게 복소수체만 포괄하는 어떤 일체를 만들어내는 일이 과연 유용할까? 수학자들은 어떤 사람들이 소용없다고 여길 만한 질문을 즐겨 제기한다. 만일 목표가 방정식을 푸는 것이라면 위 질문에 대한 답은 '아니다'이다. 왜일까? 이유는 단순하다. 복소수체에 복소수 계수 방정식의 모든 제곱근이 포함되어 있음을 증명할 수 있기 때문이다.

우리는 이 특질을 복소수체가 대수학적으로 닫혀 있다는 말로 요약한다. 좀 더 정확히 말하면, 모든 실수 또는 복소수 계수인 n차 대수 방정식은 복소수체 안에 서로 다른 해 또는 중근을 포함하여 정확히 n개의 해가 있다. 이 결론을 '대수학의 기본정리the Fundamental Theorem of Algebra, FTA' 라고 부른다. 이것은 알버트 지라르Albert Girard, 1595~1632가 추측했고 가우스가 증명했다. 놀랍게 보일 수 있겠지만, 순수한 대수학적 결과인 이를 증명하는 모든 방법에는 적어도 약간의 해석학이 사용된다.

무한대가 계산에 끼어들면

13

“무한대는 우리 영혼을 기쁘게 하는 만큼 우리 마음을 두렵게 한다”라고 마담 드 스탈Madame de Staël은 썼다. 마담 드 스탈은 18세기 작가이자 철학자였다. 이 금언은 수학자들에게도 적용할 수 있다. 그들은 무한대라는 이 특별하고 무시무시한 창조물을 길들이느라 많은 시간을 들였으니 말이다. ∞라는 기호는 17세기에 와서 존 월리스가 만들었다. 그는 고대부터 수학자들을 매료했던 8자 모양의 곡선에서 영감을 받았다. 무한대라는 개념은 하루아침에 생겨나지 않았다. 이 개념이 역사를 거치며 어떻게 해서 계산으로 뒤덮인 연습장 한구석에 서서히 자리를 차지하게 되었는지 살펴보자. 물론 그 연습장은 매우 구체적인 질문에 답하려던 수학자들의 것이었다.

아르키메데스, 제자리에서 빙빙 돌다

원의 원주와 면적은 어떻게 연결되어 있는가? 이것이 첫 번째 질문이었다. 아르키메데스는 이 관계에 대해 질문을 던지다가 무한대 개념이 행간에 은근슬쩍 드러나는 증명을 발견했다. 이 증명의 기본 발상은 원의 내부를 작은 부채꼴로 자르는 것이다.

원의 16분의 1에 해당하는 부채꼴 OAB로부터 시작해서 아르키메데스의 방법을 따라가보자. 이 부채꼴에 변 AC의 길이가 호 AB의 길이와 같도록 직각삼각형 OAC를 그린다. 이 부채꼴과 삼각형의 면적은 매우 비슷하다. 이 두 면적은 근접할 뿐 완전히 똑같을 수는 없지만, 일단 같다고 가정하자.

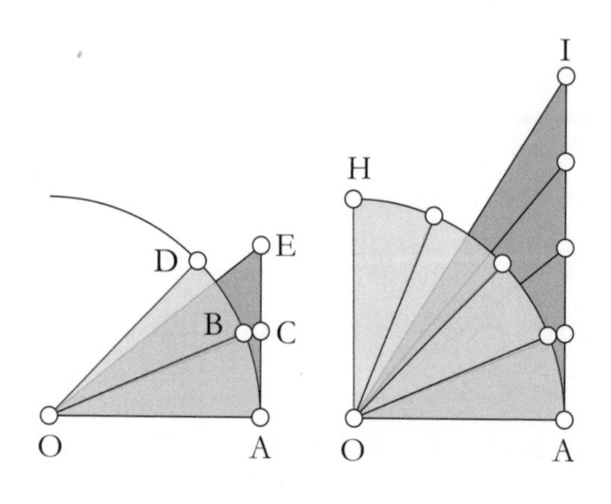

이제 부채꼴 OAB에 인접하며 그 면적이 같은 부채꼴 OBD를 그리고, CE=AC가 되도록 E를 작도해 삼각형 OCE를 얻는다. 이 삼각형은 OAC와 면적이 같은데, 밑변과 높이가 같기 때문이다. 이렇게 가정하면, 부채꼴 OAD의 면적은 직각삼각형 OAE의 면적과 같다. 이런 식으로 계속해서 한편으로는 사분원 OAH에, 다른 한편으로는 직각삼각형 OAI에 이른다.

원을 완성할 때까지 이 방법을 반복하면 $2A = PR$이라는 등식이 나온다. 여기에서 문자는 각각 원의 면적(A), 둘레의 길이(P), 반지름(R)을 가리킨다. 아르키메데스는 비록 수 π에 이름을 붙이지는 않았지만(π라는 기호는 1706년에 윌리엄 존스William Jones, 1675~1749의 책에서 최초로 등장하고 '둘레'를 뜻하는 그리스어의 머리글자에서 유래한다) 이를 이용해 독립적으로 원의 면적과 둘레를 표현할 줄 알았다.

무한대를 부정하다

우리의 증명은, 우리가 거짓임을 알고 있지만 호 AB가 무한대로 작아질 때 무한대로 실행된다고 생각하는 어떤 가설에 의존한다. 부채꼴 OAB를 일렬로 이어 붙여 변이 각각 R과 $\frac{P}{2}$인 곡선 '직사각형'을 만들어보면 이 발상과 그 한계를 시각적으로 나타낼 수 있다. 이 도형에서 각각의 조각이 무한대로 작아지면 면적이 원과 같아질 거라고 쉽게 상상할 수 있다.

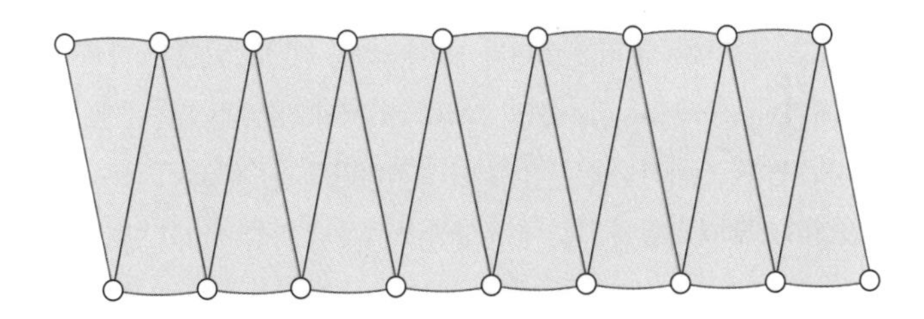

이 증명의 기본 발상은 원을 무한대로 자르는 것이었지만, 아르키메데스는 자신의 추론을 끝까지 밀어붙이지 않고 면적을 원주에 연결하기 위해 결국 다른 방법을 이용한다(글상자 참조).

아르키메데스는 무한대에 신중한 태도를 취했다. 마치 유클리드가 소수의 집합은 주어진 그 어떤 소수의 부분집합보다 더 크다고 말하는 편을 택해 무한대에 대해 말하길 피했을 때 보인 신중함과 같다. 고대 그리스인에게 무한은 잠재적인 것일 뿐이었다. 즉 모든 수에는 그보다 큰 수가 존재할 수 있었다. 그들은 실질적 무한, 즉 실제로 무한인 집합을 고려하는 일을 피했다. 이 개념으로 인해 여러 역설이 생겨났기 때문이다…….

왜 아르키메데스의 무덤에는 구球가 있었을까?

아르키메데스는 원의 면적과 둘레의 관계를 증명하려고 하다가 무한이라는 개념에 부딪혀 크게 당황하고, 쿠니도스의 에우독소스Eudoxe, BC 408~BC 356가 고안해낸 기법을 사용하기로 했다. 이것은 모든 가능한 경우를 끝까지 검토하는 방법이기에 '철저 검토법'이라고 불렸다. 이 방법을 써서 원의 면적 S와 변이 R과 P인 직각삼각형의 면적 S′를 검토하였고, 뒤이어 유한개의 기본 삼각형으로 자르는 방법을 사용해(본문 참조) $S>S'$와 $S<S'$라는 두 가설 역시 터무니없고 따라서 $S=S'$임을 증명했다.

아르키메데스는 같은 방법으로 여러 결과를 증명했다. 그중에는 구의 부피가 그 구를 에워싼 원통 부피의 3분의 2라는 결과도 있었다. 키케로가 『투스쿨라나움 논총Tusculanes』(V, XXIII, 64)에서 한 말을 믿는다면, 아르키메데스는 이 결과가 자신의 가장 큰 업적이라고 생각했고, 그래서 심지어 자신의 무덤에 원통에 담긴 구 모양을 새겨 넣게 했을 거라고 한다.

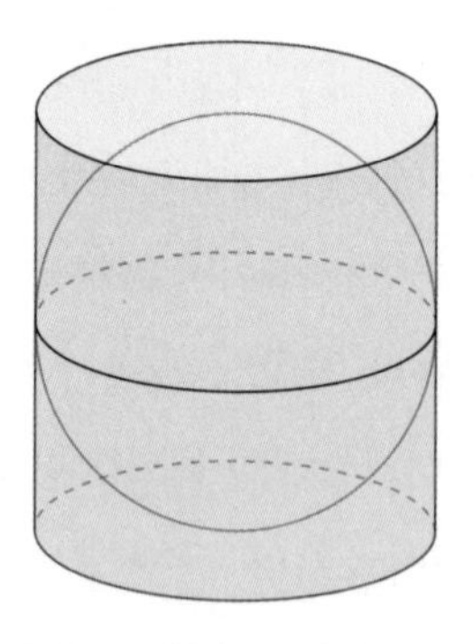

역설적인 무한대

그렇다면 어떤 역설 때문에 무한대 개념을 받아들이는 일이 훗날로 미루어졌을까? 논리에 도전하는 이론적, 추상적인 역설 때문이었다. 첫 번째 역설은 소크라테스 이전의 그리스 철학자인 엘레아의 제논Zenon, BC 490년경~BC 430년경이 지적했다. 달리기를 잘한 그리스의 영웅 아킬레스와 거북이가 벌인 경주에 대한 유명한 이야기에 나온 역설이다. "거북이가 먼저 출발했다. 아킬레스가 달리기 시작했을 때 거북이는 이미 멀리 가 있었다. 아킬레스가 거북이가 있던 지점에 도착했을 때, 아무리 느리다지만 그래도 거북이는 더 나아가서 이미 그 자리에 없었다. 매번 아킬레스가 거북이가 있던 지점을 지날 때면, 거북이는 이미 그 자리에 없었다. 더 나아간 것이다. 불쌍하게도 아킬레스에게는 이런 똑같은 악몽이 무한히 반복되었다. 아킬레스는 절대로 거북이를 따라잡을 수 없을 것이다!"(아리스토텔레스가 『자연학Physique』에서 전한 이야기를 개인적으로 각색한 버전)

제논은 정말로 아킬레스가 이 경기에서 질 거라고 생각했을까? 그는 아마도 자신의 추론이 잘못되었음을 알고 있었으리라. 또한 아마 철학만큼이나 유머에도 능한 사람이었을 것이다. 제논은 이 역설의 다른 버전도 내놓았는데, 그 이야기에서 아킬레스는 활로 어느 나무를 겨냥해 화살을 쏘지만 화살은 목표인 나무에 결코 가닿지 못한다.

물론, 이 두 이야기에 나오는 상황은 모두 터무니없다. 제논의 근본적인 오류는 찰나의 순간들이 무한대로 이어진다고 상상한 것이다. 이 개념은 허구다. 우리가 일반적으로 '순간'이라고 부르는 것은 아주 짧은 간격의 시간인데, 그 길이는 우리 감각으로는 인지할 수 없다. 시간은 결코 멈추지 않고 계속 흐른다. 따라서 아킬레스의 경주는 이런 식으로 무한대로 나누어질 수 없고, 제논이 말한 단계들은 허구다.

오늘날 이 역설은 가끔 계산의 오류로 간주되기도 한다. 개수가 무한대인 항(아킬레스가 거북이와 차츰 가까워짐에 따라 점점 더 작아지는 시간의 간격)의 합은 유한(아킬레스가 마침내 거북이를 따라잡는 순간의 시간)일 수 있기 때문이다. 사실, 제논이 옹호한 생각은 다른 것이었다. 그는 단지 시간을 무한대로 쪼갤 수 있다는 사실을 거부한 것이다.

비밀에 둘러싸인 방법

제논의 역설 이후로 고대 그리스인들은 무한 개념을 사용하기를 거부했다(잠재적 무한이라는 제한된 정의를 제외하고). 무한이 다시 명백히 사용된 것은 르네상스 말기에 프랑스의 수학자이자 물리학자 질 페르손 드 로베르발Gilles Personne de Roberval, 1602~1675과 이탈리아인 보나벤투라 카발리에리Bonaventura Cavalieri, 1598~1647에 이르러서다. 두 사람은 무한 개념을 토대로 하는 '불가분량'을 이용한 방법을 막상막하로 만들어냈다. 하지만 카발리에리만 그 내용을 출간했다. 로베르발은 르네상스 시대의 여느 이탈리아 대수학자처럼 당시 수학자들이 치르던 여러 수학 경진대회에서 자신이 만들어낸 방법을 혼자만 사용하려고 그것을 비밀로 간직했을 것이다.

그렇다면 로베르발이 사이클로이드cycloid의 예에서 이 기법을 어떻게 사용했는지 살펴보자. 사이클로이드는 직선 위로 (미끄러지지 않고) 굴러가는 어떤 바퀴의 한 점이 그리는 곡선인데, 파스칼은 이것을 룰렛roulette 곡선이라고 불렀고 수학 경진대회에서 이 문제는 무척 인기 있었다. 다음 그림에서 OM(직선 위에서 측정)과 MN(접점이 M인 원 위에서 측정)의 길이는 같다.

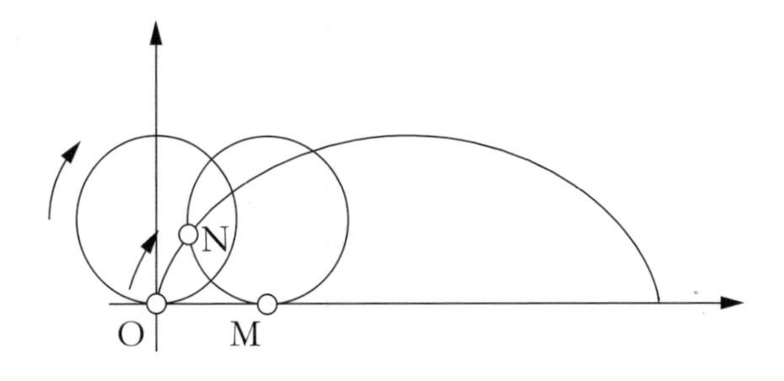

사이클로이드에서 어려운 점은 아치형 곡선의 아랫부분 면적을 계산하는 일이었다. 갈릴레이Galileo Galilei, 1564~1642도 이것을 시도했다. 이 면적을 계산하지 못하자, 그는 아연으로 사이클로드 아치 곡선과 원반 실물을 만들었다. 그리고 이것들의 무게를 재어 아치의 면적이 이 아치를 만들어내는 원반의 면적의 세 배라고 추론했다. 그런데 로베르발은 갈릴레이가 실패한 부분에서 불가분량법을 사용해 성공했다. 이를 위해서 그는 최초의 원의 선분 AB를 사이클로이드를 따라 CD로 평행하게 옮겼을 때 생기는 새로운 궤적을 정의하고 이를 사이클로이드의 동반자 곡선이라고 이름 붙였다. 로베르발은 이 곡선이 직사각형의 중심점에 대해 좌우대칭임을 발견했다. 따라서 사이클로이드의 동반자 곡선 아래에 있는 짙은 회색 부분의 면적은 직사각형 면적의 절반, 즉 $2\pi R^2$의 절반으로 사이클로이드를 만들어낸 원의 면적과 같다.

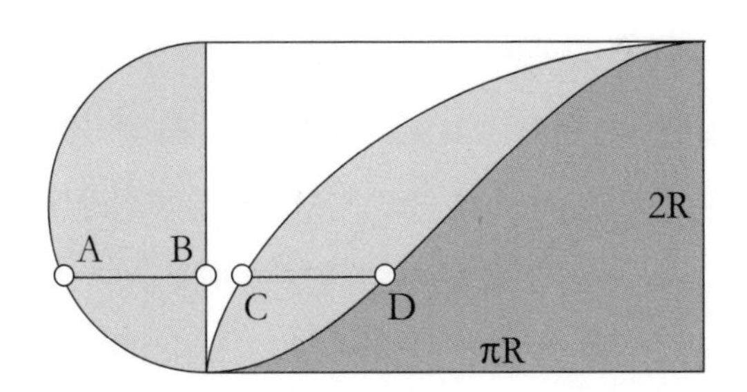

로베르발은 또 다른 기하학적 고찰을 통해 이번에는 사이클로드 동반자 곡선의 위쪽에 있는 사이클로이드 아래 부분의 면적이 반원의 면적과 같다고 단언할 수 있었다. 그는 이 두 면적이 같은 길이의 평행한 선분들로 이루어짐을 관찰했다. 다음 그림에서 왼쪽과 오른쪽의 선분은 실제로 각 행에서 길이가 같다.

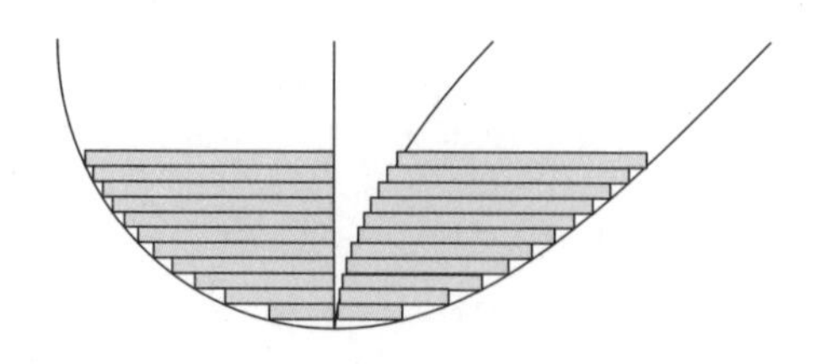

로베르발은 작은 직사각형들의 똑같은 합을 두 번 찾아볼 수 있음을 깨달았다. 어떤 면적을 '불가분'인 기본 직사각형으로 분해해 계산하는 것, 이것이 바로 불가분량법의 원칙이었다. 로베르발은 반원의 면적$\left(\frac{1}{2}\pi R^2\right)$과 짙은 회색 영역의 면적($\pi R^2$)을 더하고 그 전부를 2로 곱해서(직사각형의 중심점에 대한 좌우대칭 때문에) 갈릴레이가 추측한 결과를 얻었다.

불가분에서 무한소로

불가분량은 모든 상황에 적용할 수 없다는 큰 단점이 있었다. 이 장벽을 뛰어넘기 위해서 라이프니츠는 보다 일반적이고도 놀라운 개념을 도입했다. 바로 변수의 미소infinitesimal 증가 개념인데, 불가분량 개념을 일반화한 것이다. 다음은 라이프니츠가 사용한 형식적인 방식이다. x가 가변량variable quantity(연속적으로 변하는 값을 가질 수 있는 양 — 옮긴이)일 때, 라이프니츠는 그 양의 미소 증가분을 dx라고 표기했다. y라는 양이 x에 따라 변하면, 예를 들어 $y=x^2$이면, $dy=(x+dx)^2-x^2$이다. 두 항 dx와 dy는 미분소라고 불렀는데, dx는 x의 미분소고 dy는 y의 미분소다.

라이프니츠는 dy를 간단히 만들 수 있다는 사실을 깨달았다. 그는 $x+dx$의 제곱을 풀어서 $dy=2xdx+(dx)^2$을 얻었다. 그리고 여기에서 $(dx)^2$ 항이 $2xdx$에 비해 무시해도 좋을 만큼 작다고 확신해서 이 항을 0으로 간주해 $dy=2xdx$를 얻었다. 물론 이런 조작법에는 엄정함이 떨어진다. 어떤 값은 0이거나 0이 아니지, 우리가 원한다고 0이 되고 원치 않는다고 0이 아닐 수는 없는 것이다!

어쨌거나 라이프니츠의 미분소 덕분에 다시 좀 더 일반적인 방식으로 면적을 계산할 수 있게 되었다. 다음 그림에서 어떤 영역은 a와 b 사이에서만 변하는 수 x에 대한 방정식 $y=y(x)>0$이라는 방정식 곡선으로 범위가 정해진다. a와 x를 경계로 하는 부분의 면적을 $A=A(x)$라고 표기하면, $dA=ydx$이고 전체 면적은 이 기본 직사각형들의 합임이 증명된다. 이 합을 18세기까지 알파벳 's'를 표기하던 방식을 사용해서 $\int_a^b ydx$라고 표기한다(적분 기호 $\int$를 도입한 것이 바로 라이프니츠였다).

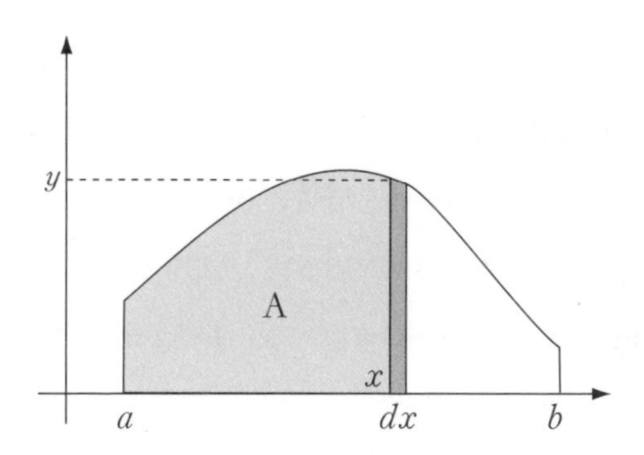

무한대인 다른 합들

카발리에리와 라이프니츠가 무한히 작은 수 개념을 사용했을 때, 오일러도 유한급수의 합이라는 특성을 적용해 무한급수의 합을 검토했다. 예를 들어 오일러는 급수의 합 $S=\left(\frac{1}{2}\right)+\left(\frac{1}{4}\right)+\left(\frac{1}{8}\right)+\ldots$(여기에서 말줄임표는 항이 무한대로 계속됨을 뜻한다)를 보통의 수에 대해 하듯 계산을 수행할 수 있는 양으로 간주했다. S에 2를 곱함으로써 오일러는 $2S=1+\left(\frac{1}{2}\right)+\left(\frac{1}{4}\right)+\ldots=1+S$를 얻었다. $2S=1+S$는 $S=1$로 간단히 만들 수 있으므로, 오일러는 이 총합이 1이라고 추론했다.

이 방법은 간단하지만 S가 의미를 지닌다는 생각에 근거하고 있다. 달리 말하면, 이 방법은 오늘날 우리가 갖고 있는 무한 개념에 의거한다. 오일러의 해답은 정확했지만, 그가 증명에 무한 개념을 사용한 부분에서는 엄정함이 부족했다. 수학에서는 이름을 붙이는 것만으로는 충분하지 않다. 이름을 붙이는 대상의 존재도 증명해야 한다. 아무리 완벽한 정리를 만든다 해도 그것이 몽상 위에 세운 정리라면 무슨 소용이 있겠는가?

그렇다면 오늘날 우리가 가늠해보았을 때, 오일러에게 이런 계산을 무한대로 계속할 권리가 있었을까? 이 질문에 답하기 위해서 합 $S=1-1+1-1+1-1+\ldots$을 생각해보자. 이 합에 값을 부여할 수 있을까? 그렇게 한다면, 오일러의 방법에 따라 방정식 $S=1-S$, 따라서 $S=\frac{1}{2}$가 된다. 유한급수에 대한 일반적인 계산 법칙을 따를 때, S가 지닐 수 있는 유일한 값이다. 하지만 항을 2개씩 묶으면 $S=(1-1)+(1-1)+(1-1)+\ldots=0$이고, 마찬가지로 $S=1+(1-1)+(1-1)+(1-1)+(1-1)\ldots=1$이 되는데, 이것은 참으로 모순되는 결과다!

극한 개념에 구원을 요청하다

방금의 역설로 무한개의 항을 다루는 계산을 할 때 주의해야 한다는 사실이 입증된다. 제논이 잠재적인 무한이 아닌 다른 무한 개념을 생각하기 어려워했듯 말이다. 무한급수의 합뿐 아니라 무한히 작은 수(무한소 infinitesimal)를 사용할 때 겪는 이런 어려움은 19세기에 오귀스탱루이 코시 Augustin-Louis Cauchy, 1789~1857가 극한 개념을 사용해 걷어냈다. 코시가 이 문제를 어떻게 검토했는지 살펴보자. "어떤 같은 변수에 연속적으로 부여된 값들이 어떤 유한 값에 거의 차이가 나지 않을 정도로 미세하게 무한정 근접할 때, 이 값은 모든 다른 값의 극한이라고 불린다."

극한 개념으로 무한히 작은 수 또는 무한 합이라는 아이디어의 직관적인 풍성함은 잃었지만, 이 개념 덕분에 그 이후 미적분법에 대한 직관이 떨어지는 사람들이 여러 실수를 면할 수 있었다. 그렇다고 무한소를 완전히 버린 것은 아니다. 무한소는 계산 방향을 잡기 위해 계속 필요했지만 극한 계산의 통제 아래 놓이게 되었다. 이리하여 무한소는 논증에서 제외되고 직관의 영역에 한정되었다. 그러다 20세기 후반에 에이브러햄 로빈슨Abraham Robinson, 1918~1974이 비표준해석학을 창시하면서 무한소는 다시 사용될 권리를 얻게 된다. 예기치 못한 복귀였다. 이는 일반적인 실수뿐 아니라 무한히 작은 수도 포함하는 체體(프랑스어로 corps, 영어로 field 이며 사칙연산이 자유로이 시행될 수 있고 산술의 잘 알려진 규칙들을 만족하는 대수 구조)가 존재한다고 단언하게 해준 논리학의 발전 덕분이었다.

초월함수 도감

14

자연계에서 동물은 세균보다, 그리고 세균은 바이러스보다 더 복잡한 유기체다. 함수 공간도 이런 위계에서 벗어날 수 없다. 서열의 맨 아래에는 덧셈과 곱셈만 포함하는 가장 단순한 함수 또는 다항함수(유리수, 실수 또는 복소수, 미지수와 덧셈, 뺄셈, 곱셈의 세 연산으로 얻어지는 함수)가 있다. 한 단계 더 복잡한 함수로는 나눗셈까지 포함된 유리함수가 있다. 세 번째 단계에는 우리가 대수학적이라고 부르는 제곱근을 포함하는 함수가 온다. 하지만 그게 전부가 아니다.

이 범주 중 어느 하나에도 들어가지 않는 모든 함수는 초월함수로 정의된다. 초월함수는 먹이사슬의 맨 꼭대기에 자리하는 함수의 최상위 포식자다. 사인함수, 지수 또는 로그함수는 모두 이 범주의 수학에 속한다. 초월함수는 그 어떤 다른 함수도 하지 않는 역할을 맡으며 미분방정식의 풀이나 원시함수(즉 그의 미분계수를 우리가 아는 함수)를 찾을 때 개입한다. 이 장에서는 사파리 여행을 떠나듯 놀라운 초월함수를 하나씩 알아보자.

지수함수

초월함수 중 가장 중요한 함수는 승수(또는 지수, 당신이 원하는 대로) 체계를 일반화함으로써 구축된다. 2의 n제곱(2^n) 같은 표현은 수 2가 n번 곱해진 $2\times2\times2\times\ldots\times2$를 뜻한다. 원래 이 함수는 자연수 집합에 대해서만 정의되었다. 그래서 $2^1=2$, $2^2=2\times2=4$, $2^3=2\times2\times2=8$ 등이다. 그렇다면 이 식이 모든 n과 m에 대해 $2^{n+m}=2^n2^m$을 만족하므로 이 식을 지수가 0인 경우($2^0=1$)와 음의 지수인 경우$\left(2^{-1}=\frac{1}{2},\ 2^{-2}=\frac{1}{2^2}\text{ 등}\right)$까지 일반화할 수 있다. 하지만 더 멀리 나아갈 수 있을까?

있다. 이렇게 추론을 계속하면서 이를 분수 값까지 확장할 수 있다. 예를 들면 $2^{\frac{1}{2}}=\sqrt{2}$, $2^{\frac{2}{3}}=\sqrt[3]{2^2}$ 등과 같이 말이다. 이런 확장법은 17세기에 만들어지기 시작했지만 이 수준에서 멈추었다. 하지만 모든 실수 x에 대해 2^x의 계산을 상상하며 더 나아가는 것도 가능하다. 그저 그 해답을 조금 부정확하게 알게 될 거라는 생각을 받아들이기만 하면 된다.

가령 x가 특정되지 않았을 때 0.124와 0.125 사이에 있는 2^x가 어떤 모습일지 찾아보자. 2^x는 $2^{0.124}$와 $2^{0.125}$ 사이에 위치할 텐데, 이 값은 계산할 수 있다. 0.124와 0.125가 분수이기(분수의 형태로 쓸 수 있기) 때문이다. 값은 각각 1.0897과 1.0905인데, 이는 2^x가 0.001의 오차범위에서 1.090임을 뜻한다.

모든 수 x에 대해 식 2^x의 값이 유효하다고 인정함으로써 우리는 이 식을 함수로 간주하게 된 것이다. a^x 형식의 함수를 지수함수라고 부른다(왜냐하면 xy를 지수로 나타내니까).

평온한 가정의 아버지

오일러는 지수함수의 정확도를 개선하고 이를 분석하기 위해서 밑수가 a인 지수함수를 지수 다항식, 즉 $a^x = A + Bx + Cx^2 + Dx^3 + \ldots$로 적겠다는 멋진 직관을 발휘했다. 오일러의 방법은 당시에 많은 반론을 불러일으켰고, 그로부터 100여 년이 지난 뒤에야 정확하게 증명되었다. 하지만 여기에서는 오일러가 했던 방법 그대로 살펴보려고 한다……. 설령 그 때문에 세부 사항을 전부 검토하기 어렵더라도 말이다!

오일러는 미래를 내다보는 천재였지만, 우리가 뒤에서 만나게 될 에바리스트 갈루아나 라마누잔Srinivasa Ramanujan, 1887~1920 같은 낭만적인 아우라는 없었다. 일상에서 오일러는 그저 평온한 가정의 아버지였다. 그의 업적은 너무도 엄청나기에 간단히 언급하지 않을 수 없다. 예를 들어 함수와 거리가 먼 영역에서, 입방체나 각뿔 같은 볼록다면체의 꼭짓점과 모서리, 면 사이의 매우 아름다운 관계식($s-a+f=2$)을 찾아낸 것도 오일러인데, 수학자들은 그 이후로 오랫동안 여기 매달렸다. 그저 볼록다면체가 무엇인지를 명확히 규정하기 위해서 말이다!

하지만 다시 함수로 돌아와서 오일러의 놀라운 생각을 따라가보자. 앞에서 언급했던 지수함수의 함수 방정식(좀 더 정확히는 $a^{2x}=(a^x)^2$)을 대수학 계산법을 이용해 활용하던 오일러는 x의 계수 B만을 이용하여 다른 계수들, 더 정확히 말하면 $A=1$, $C=\frac{B^2}{2}$, $D=\frac{B^3}{6}$ 등을 얻어낸다. 이런 관점에서 볼 때 가장 자연스러운 지수함수는 $B=1$인 지수함수다. 지수함수가 a의 어떤 값에 해당하는지 알려면, a^x를 구하는 식에 $x=1$을 대입하면 된다. 그러면 e(오일러Euler의 머리글자)로 표기하는 오일러의 수를 얻는데 이것은 $1, \frac{1}{2}, \frac{1}{6}, \frac{1}{24}$ 등의 합과 같다. 그 근접 값을 얻으려면, 이 합의 항을 일정 개수 계산하기만 하면 된다. 그러면 0.001의 오차로 2.718이라는 수를 구할 수 있다.

$e^x = 1 + x + \left(\frac{x^2}{2}\right) + \left(\frac{x^3}{6}\right) + \left(\frac{x^4}{24}\right) + \ldots$로 정의된 함수를 엄밀한 의미

에서 지수함수라고 부른다. 이 합은 항을 무한대로 지니기 때문에 엄격한 의미에서 다항식은 아니지만, 이 식을 사용하면 모든 e^x 값을 우리가 원하는 정확도로 계산할 수 있다. 대단한 발전이 아닐 수 없다! 그래프로 나타내면 다음과 같다.

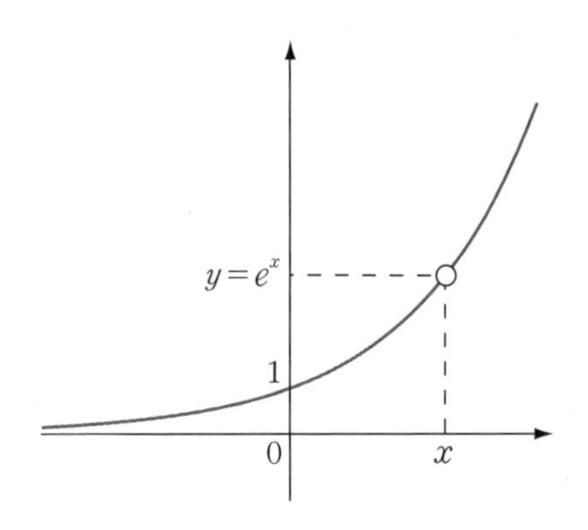

오일러의 놀라운 발견

그런데 여기서 더 멀리 나아갈 수 있을까? 지수함수를 복소수까지 확장할 수 있을까? 이것이 바로 오일러의 생각이었다. 그는 이 시도가 성공할 거라고 확신할 충분한 이유가 있었다. 결국 함수는 기본 사칙연산만 사용한다. 그런데 오일러는 $i^2=-1$이라는 특질만 사용함으로써, 예기치 못하게 $e^{ix}=\cos x+i\sin x$임을 발견했다. 이 식으로 지수함수와 삼각함수 사이에 놀라운 다리가 놓인다(이 식은 이후 오일러의 공식이라고 불린다).

다음 그림에서 e^{ix}는 무엇을 나타낼까? e^{ix}는 복소수로, 기하학적으로 표현하면 x가 0에서 2π까지 변할 때 단위원, 즉 반지름이 1인 원을 그린다. 이 공식에서 x는 각도가 아니라 1과 e^{ix} 사이를 잇는 원의 호의 길이를 나타낸다.

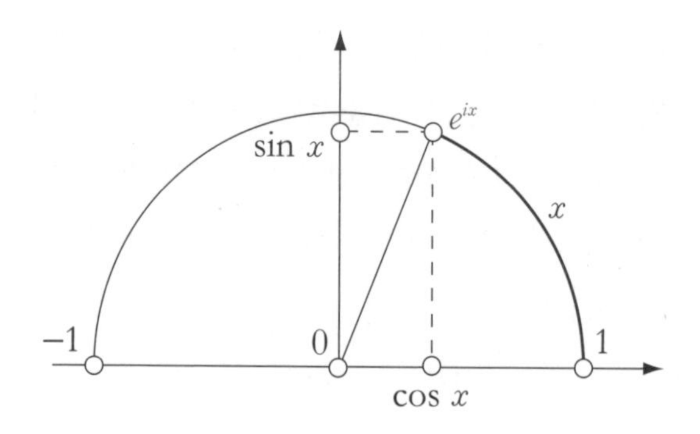

오일러의 공식 덕분에 수학의 전당에 등식이 하나 올라가게 된다. 오일러의 공식에서 x를 π로 대체하면 $\cos\pi = -1$이고 $\sin\pi = -0$이므로 $e^{i\pi} = -1$이 된다. 따라서 $e^{i\pi} + 1 = 0$이다. 수학자들은 대체로 이 공식이 가장 아름다운 수학 공식 중 하나라는 데 동의한다. 그 아름다움은 어디에서 나오는가? 아마도 수학에서 가장 중요한 상수 5개, 즉 덧셈과 곱셈의 항등원인 0과 1, −1의 제곱근인 허수 i, 그리고 2개의 주요 초월상수transcendental constant(글상자 참조) e와 π가 모두 결합된 공식이기 때문이리라.

'초월'은 어디에서 왔는가?

수학에서 '초월'은 '대수학'과 상반되는 말이다. 일단 생각하기에, 대수학적인 수는 정수와 사칙연산, 제곱근으로 표현될 수 있는 수다. 좀 더 일반적으로, 대수학적 수는 정수 계수 다항 방정식의 해다. 보통, 어떤 수가 초월수, 즉 비非대수학적 수임을 증명하기란 어렵다.

용어 설명 한 가지. 오일러가 호의 길이 x에 대해 말했다면, 오늘날 우리는 호도법으로 측정된 각 라디안radian을 말한다. '라디안'은 라틴어 'radius(반지름)'에서 유래한 단어인데, 19세기 말 제임스 톰슨James Thomson이 만들었으니 호도법이 한창 사용된 이후에 용어가 만들어진 셈이다. 하지만 1961년에야 국제단위계SI, Système International d'unités에 편입되었다. 각도degree와 호도의 관계는 복잡해서 2π 라디안은 $360°$에 해당하고, 따라서 1 라디안은 $\frac{360}{2\pi}=57.2058°$이다.

멱급수

지수함수를 정의하기 위해서 오일러는 다항식의 무한대 버전($A+Bx+Cx^2+Dx^3+\ldots$ 형식)을 사용했다. 항을 무한개 지닌 다항식을 요즘에는 멱급수 또는 정급수整級數(프랑스어로 série entière, 영어로 power series)라는 이름으로 부른다. 정수整數인 멱(거듭제곱)으로 이루어진 급수이기 때문에 이렇게 부른다. 멱급수는 x가 무슨 값이든 항상 답을 갖는가? 아니다. 반드시 그렇지는 않다. 항상 답을 갖는다면 어떤 x에 대해서도 멱급수가 항상 정확한 하나의 값으로 수렴한다는 뜻일 텐데, 실제로는 그렇지 않다. 멱급수에는 특별한 수렴 특성이 있다. 멱급수가 확실히 수렴하도록 하려면, 수렴구간은 원점을 중심으로 하는 원반 위가 되는데, 이때 그 반지름을 수렴반지름이라 한다.

그 반지름은 0일 수도 있고, 0이 아닌 유한이거나 무한일 수도 있다. 지수함수를 정의하는 급수의 반지름이 무한인데, 이는 지수함수가 변수의 모든 값에 대해 정의됨을 뜻한다. 반대로 급수 $1+x+x^2+x^3+\ldots$의 반지름은 1로 이를 달리 말하면 수렴값, 즉 그 합은 변수 x가 $|x|<1$을 만족하면 정해지고, $|x|>1$이면 정해지지 않는다.

총합을 S라고 표기하고 $xS=x+x^2+x^3+x^4+\ldots$를 계산하면, xS가 $S-1$임을 알 수 있다. 그리고 $S=\frac{1}{(1-x)}$라는 결론에 도달한다.

우리가 방금 지수함수의 경우에 대입해 검토해본 복소수로 연장되는 원칙은 완전히 다른 함수 식구인 해석함수라고 불리는 함수, 즉 임의의 지점으로 수렴하는 모든 멱급수의 합으로 나타낼 수 있는 함수에도 적용될 수 있다. 이리하여 애초에 $x>1$인 수에 대해 합 $\zeta(x)=1+\left(\frac{1}{2^x}\right)+\left(\frac{1}{3^x}\right)+\ldots$으로 정의되는 리만의 제타 함수를 점 1을 제외한 모든 복소평면으로 확대할 수 있다(이것으로 리만의 가설도 설명할 수 있다. 이미 앞에서 살펴본 리만의 가설에 따르면 이 함수의 자명하지 않은 근roots들은 $\frac{1}{2}$과 동일한 실수부의 허수들이다).

복소수를 넘어서

하지만 마지막으로 한 번만 더 함수의 영역을 밀어붙여보자. 이제는 벽을 뚫고 나가게 될지도 모르겠다! 함수의 영역은 역함수 개념으로 더 넓어진다. 역함수의 가장 단순한 예는 지수함수의 역함수인 로그함수다. 더 정확히 말하면, $y>0$인 모든 값에는 $y=e^x$를 만족하는 유일한 x 값이 대응한다. 이 값 x는 y의 자연로그natural logarithm, 즉 $x=\ln y$다. 지수함수는 덧셈을 곱셈으로 변환하므로 로그는 곱셈을 덧셈으로 바꾼다는 사실을 알 수 있다.

오늘날 우리는 네이피어 로그, 즉 자연로그를 위와 같이 정의한다. 따라서 자연로그는 그 정의 자체로 오일러의 수($\ln e=1$)와 연결된다. 지수함수와 로그함수의 그래프는 (방정식 $y=x$로 표현되는 평면의) 이등분선 D에 대해 좌우대칭이다.

그렇다고 해서 로그를 복소수체로 확장할 수는 없다. 오일러의 공식에 따르면 $e^{2i\pi}=(e^{i\pi})^2=1$이고, 따라서 등식 $y=e^x$는 x를 결코 유일한 방식으로 정하지 않기 때문이다. 보다 엄밀히 말해서, 만일 x가 이 등식을 충족하면 모든 수 $x+2ik\pi$(여기에서 k는 정수) 역시 이 등식을 충족한다. 그렇다면, 예를 들어 축을 기준으로 평면의 절반인 음(−)의 가로좌표가 없는 양(+)의 평면 위에 놓인다는 조건에서는 복소로그함수를 정의할 수 있다.

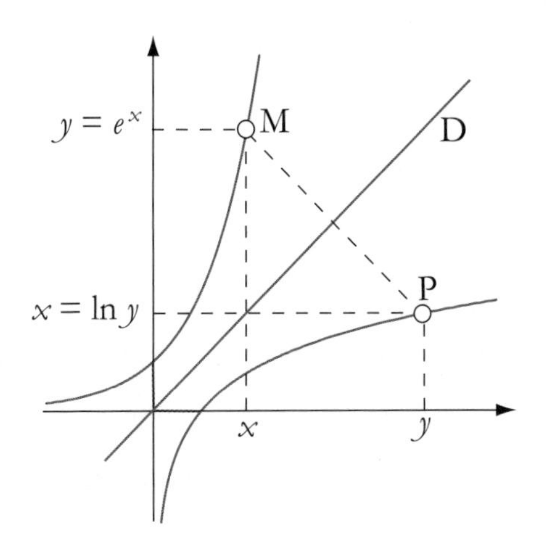

마찬가지로, 역삼각함수도 정의할 수 있다. 모든 실수에서 정의되는 유일한 역삼각함수는 탄젠트함수의 역함수다. 이는 π의 계산을 다루면서 다시 살펴볼 것이다. 해답이 변수의 다항식으로 표현된다고 간주한 오일러의 추론 방식은 이 몇 가지 함수에 국한되지 않는다. 이런 추론 방식은 물리학 응용에 특히 유용한 미분방정식의 해를 찾는 데에도 쓰이는데, 이에 대해서는 앞으로 푸리에Joseph Fourier, 1768~1830가 제시한 열 방정식Heat equation의 풀이에서 살펴볼 것이다.

함수 개념을 정의하는 일의 까다로움

15

그런데 대체 함수란 무엇인가? 함수를 쭉 살펴본 다음에 '함수'라는 단어의 뜻에 대해 논하는 것이 비논리적으로 보일 수 있다. 하지만 실제로 수학자들은 18세기부터 20세기까지 여러 가지 함수를 다루어본 다음에야 이 단어가 실제로 포괄하는 개념을 차츰 밝혀내기 시작했다. 함수라는 단어는 보기보다 쉽게 착각을 불러일으킨다. 사전에서 '함수' 항목을 찾아보면, 대부분 리만의 오래된 개념에서 유래한 정의가 나와 있다. 이에 따르면 함수는 일종의 자동판매기로, 입력된 모든 값에 대해 특정 값을 출력해준다.

이런 정의 가운데 하나를 살펴보자. "함수: 어떤 고유한 대상을 주어진 어떤 집합의 각 원소에 연결하는 방식. A에서 B로 가는 함수는 f인데, 이 f는 $a \in A$인 모든 a에 대하여 유일한 원소 $f(a) \in B$를 연결한다." 일반적으로 사전에 나온 설명 뒤에는 $\sin x$, x 또는 x^2 같은 대수학적 성질의 예가 나오는데, 그럼으로써 혼란이 더해진다. 이런 식 가운데 어떤 것도 주어진 정의를 그대로 반영하지 않기 때문이다! 정의는 집합의 관점에서 표현되었는데, 주어진 예들이 특수한 식에 의존하고 있기 때문이다.

함수에서 우리에게 가장 흥미로운 성질인 미분이나 연속 개념을 완전히 이해하기 위해서 기하학적 관점을 취할 필요가 있다는 사실을 깨닫고 나면 불편한 느낌은 더욱 강해진다. 대수학의 관점에서 생각하면 심지어 오류가 야기될 수도 있다. 그렇다면 함수란 정확히 무엇일까? 그 용어에 감추어져 있는 개념을 진정으로 정의할 수 있을까?

널리 퍼져 있는 혼동

함수에 대한 대수학적 관점은 오일러로부터 나왔다. 오일러에게 함수는 계산 과정에 해당했다. 그래서 함수는 $\sin x$, e^x, $1+x+x^2$ 등과 같은 공식으로 주어졌다. 함수와 식 사이의 이런 혼동으로 보아 이 문제는 처음 생각한 것보다 간단치 않음을 알 수 있다. 식 $1+x\sin(2x+1)$을 살펴보자. 이 식은 x에 부여된 모든 값에 어떤 값을 연결하는데, 이 연결은 다음과 같은 점진적인 방식으로 이루어진다. 일단 $2x+1$을 계산한 다음에 $\sin(2x+1)$을 계산하고, 얻어낸 결과를 x로 곱한 다음 1을 더하면 실제로 계산할 수 있다. 이 함수를 많은 경우에 $x \to 1+x\sin(2x+1)$ 형태로

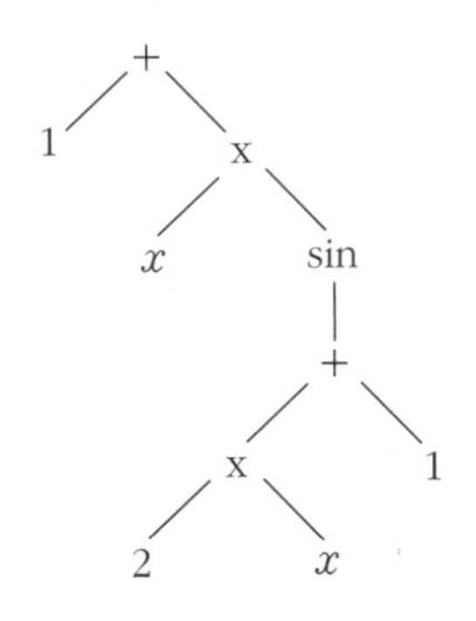

표기한다. 정보처리학에서는 이 식을 나뭇가지 모양의 수형도로 나타내기도 한다.

이것은 정보처리학에서 식을 정의하는 방식이기도 하다. 그런데 식과 함수 개념을 동일시하는 데에는 몇 가지 위험이 있다……. 첫 번째 위험은 변수의 이름에 중요성이 부여된다는 점이다. 비록 $1+x\sin(2x+1)$과 $1+t\sin(2t+1)$라는 식이 동일하지는 않지만, 함수 $x\to1+x\sin(2x+1)$과 $t\to1+t\sin(2t+1)$는 동일하다. 두 번째 경우(함수의 경우)에 변수의 이름(x 또는 t)은 중요치 않다. 수학에서는 이것을 가변수(프랑스어로 variable muette, 영어로 dummy variable)라고 한다. 변수의 이름 문제는 첫눈에 보기보다 더 모호하다. 실제로 식에는 가령 x^2+mx+5와 같이 문자가 몇 개 들어 있을 수 있다. 이 경우에 암묵적으로 변수는 x고 m은 매개변수다. 따라서 모호함을 피하기 위해서 $x\to x^2+mx+5$라고 쓰는 것이 좋다.

미분에 대한 제한적 시각

함수 개념을 대수학적으로 개념화하는 일에 담긴 두 번째 위험은, 미분과 적분 개념 같은 무한소 계산 개념에 대해 잘못된 인식을 심어줄 수 있다는 것이다. 대수학적 관점에서 미분은 일정 수의 계산 규칙으로 규제되는 단순한 대수학 연산이다. 뒤에서 군에 대해 살펴보며 다시 만날 조제프루이 라그랑주Joseph-Louis Lagrange, 1736~1813 이후로 흔히 그러하듯 어떤 함수 f의 미분계수를 f'로 표기한다면, $(f+g)'=f'+g'$, $(f\cdot g)'=f'g+fg'$, $(f\circ g)'=(f'\circ g)\cdot g'$, $\sin'=\cos$ 등이다. 이런 규칙은 사실 식에 대한 것이다.

예로 든 함수 $f: x\to1+x\sin(2x+1)$의 경우에, 이 대수학 규칙을 적용하면 $f' : x \to 2x\cos(2x+1)+\sin(2x+1)$가 된다. 실제로 점 x에서 어떤 함수 f의 미분계수의 정의는 대수학적 성질을 띠는 것이 아니라 오히려 기하학이나 운동학적 성질을 띤다(움직이는 어떤 물체의 궤적을 그리는 함수를 상상한다면). 이를 이해하려면 함수와 그 함수가 나타내는 곡선을 같다고 간주해 미분과 적분을 기하학적 관점인 접선과 면적을 통해 이해하는 편이 낫다.

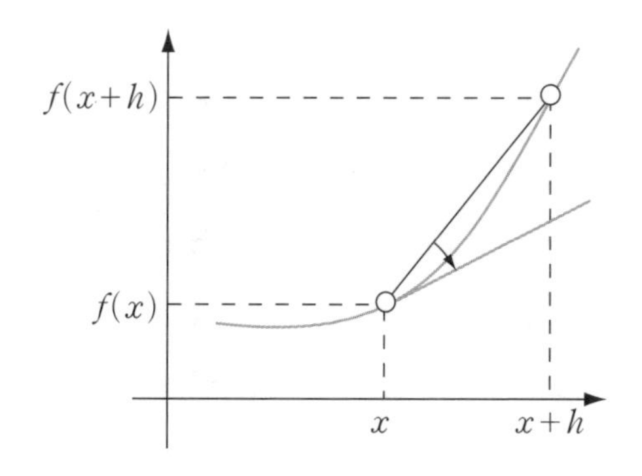

그러면 점 x에서 함수 f의 미분계수는 증분 h가 0에 가까워질 때 증가율 $\frac{[f(x+h)-f(x)]}{h}$의 극한이다. 극한이 존재한다면 말이다. 이는 가로좌표 위의 점 x에서 접선을 나타낸다. 운동학적 관점에서 추론하면, 미분계수를 정하는 것은 곧 물체가 주어진 점을 지날 때 내는 속도를 알아내는 것이다.

의미 손실

연속성에 대해서도 같은 문제가 드러난다. 두 함수가 어떤 점에서 연속하면, 그 점에서 두 함수의 합과 곱이 연속하며, 분모가 상쇄되지 않는 조건에서 두 함수의 나눈 비도 그 점에서 연속한다고 단언하는 대수학적 규칙이 있다. 이 규칙 뒤에 연속함수의 정의가 감추어져 있는 경우가 많다. 그렇다면 함수 $f : x \to \frac{(\sin x)}{x}$는 연속함수고, 아마도 0인 경우를 제외하면 어디에서나 미분 가능하다고 곧바로 말할 수 있다.

하지만 0에서는 무슨 일이 벌어지는가? 앞에 나온 여러 규칙은 우리에게 아무런 도움이 되지 않는다. 문제를 제대로 검토하려면, x가 0에 가까워질 때 함수의 극한을 연구해야 한다. 사인함수는 0에서 미분 가능하고, f의 극한값은 0에서의 미분계수다. 따라서 극한은 1이다. $f(0)=1$이라고 정하면 함수 f는 0에서 연속한다.

우리는 정의 구간을 연장함으로써 어려움을 피해갔다. 대수학적 정의에 위배되지 않고 오히려 대수학적 정의를 자연스레 연장한 셈이다. f는 이제 0에서 연속한다. 하지만 이 함수가 미분 가능할까? f식만으로 여기에 답할 수는 없다. 이 문제를 끝까지 검토하려면 다시 이 개념의 정의로 되돌아가야 한다. 즉 x가 0에 가까워질 때 $\frac{[f(x)-1=1]}{x}$의 극한을 연구해야 한다. 앞에서 살펴본 오일러의 방법으로 얻은 $\sin x$의 전개를 사용해서 이 극한이 0임을 증명하고, 이것으로 함수 f는 모든 점에서 미분 가능하고 0에서 그 미분계수는 0임이 증명된다.

기하학 만세

앞에서 본 것처럼 함수 개념을 대수학적으로 검토하는 일은 위험하다. 그중 하나는, 연속성과 미분계수 개념을 그 진정한 의미로부터 단절시킨다는 것이다. 진정한 의미의 기원은 대수학적이라기보다는 기하학적이다. 미분 가능한 함수의 개념을 올바르게 이해하고 싶다면, 좀 더 직관적인 방식으로 그래프를 살펴보는 편이 낫다. 어떤 함수 f는 그래프가

$(x, f(x))$점의 근방에서 어떤 직선과 겹쳐진다면 x에서 미분 가능하다. 이는 곧 h가 0에 가까워질 때 $\frac{[f(x+h)-f(x)]}{h}$에 유한 극한이 있다는 말이다. 예를 들어보자. 아래는 먼저 0과 1 사이, 그리고 0.4와 0.5 사이에서 같은 함수 $x \to x^2$의 모습이다.

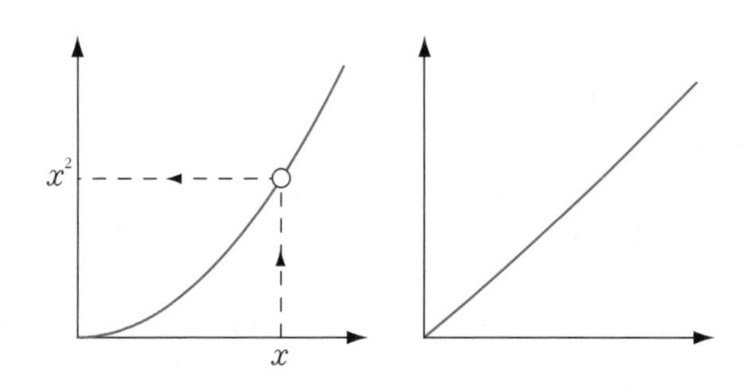

축소 비율을 바꾸면 그래프가 직선 그래프와 비슷해 보이는데, 이는 미분 가능하다는 기하학적 의미다. 반대로 어떤 점에서 미분 불가능한 어떤 함수의 그래프는 그 점 근처에서 절대로 직선과 비슷하지 않은데, 이 사실은 0 근처(0과 0.25 사이)에서 함수 $x \to x\sin(\frac{1}{x})$의 그래프가 명백히 보여준다.

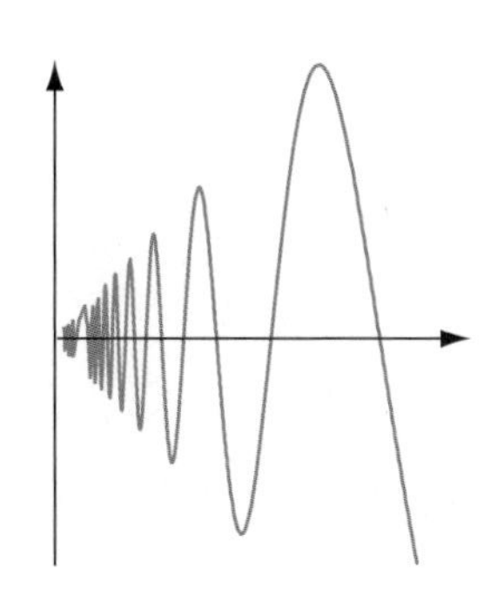

미분 가능성에 대한 이런 직관적 검토로 몇 가지 결과가 거의 분명해진다. 가령, 증가함수의 특성인 "I 구간에서 미분 가능한 함수는 주어진 구간 I에서 증가한다는 명제는, 그 구간 I에서 그 미분계수가 양수라는 명제와 동치다"를 규정하는 일이 그렇다. 기하학적으로, 어떤 직선에 대하여 이 특성은 명백하다.

기하학적 접근법은 18세기에 미적분법에서 필수적인 발견이 이루어지던 시기에 지배적이던 접근법이다. 하지만 이를 위해서는 그래프에서 함수 곡선을 조작할 때, 곡선의 움직임에 대한 일종의 직관이 있어야 하고, 이런 직관이 없다면 이것을 반드시 키워야만 한다! 이런 직관을 지니지 못한 사람이 기하학적으로 접근하면 터무니없는 결과에 이르기도 한다.

그래서 19세기에, 특히 코시에 이르러 접근법은 다시 보다 엄정해진다. 이로써 미적분법에서 더욱 견고한 기초를 구축할 수 있었다. 하지만 솔직히 인정하자면 기하학적 접근법의 직관적 풍요로움을 부분적으로 잃었다. 다행히도 기하학적 접근법 역시 20세기에 에이브러햄 로빈슨이 만든 비표준해석학 덕분에 마침내 엄정해진다.

기하학의 여러 얼굴

16

르네상스의 고전이 된 그림이 있다. 이 그림에는 그리스 사원이 그려져 있다. 한쪽에는 피타고라스가 생각에 잠겨 있고, 아치형 회랑 아래로 플라톤과 아리스토텔레스가 걸어온다. 플라톤은 손가락 하나를 펴서 하늘을 가리키고 있는데, 마치 오직 비물질과 생각의 세계만이 중요하다고 말하는 듯하다. 그들 주위로는 유명한 학자인 유클리드와 제논 또는 아르키메데스를 비롯한 여러 인물이 서 있다. 이탈리아 화가 라파엘은 「아테네 학당」을 그리면서 고대 사상가들에 대한 열렬한 경의만 나타낸 게 아니다. 라파엘은 당시에 그 기초가 세워진 원근법을 사용해 보석 같은 작품을 만들어냈다.

원근법의 발명은 미술사의 혁명이었다. 입체감 넘치는 라파엘의 작품과 중세의 성화상이나 폼페이의 로마 모자이크의 밋밋한 세계 사이에는 두 세계를 가르는 깊은 수렁이 있다. 원근법은 투영 개념에 근거를 두는데, 투영 개념은 오늘날 우리에게 당연하게 생각되지만 16세기까지는 전혀 그렇지 않았다. 투영법은 기하학의 역사에서 여러 지표 가운데 하나였다. 수와 함수가 추상화해갈 때 기하학도 같은 길을 갔다. 기하학은 보다 복잡하고 입체적으로 발전해가면서 아핀기하학, 사영射影기하학, 리만기하학 같은 딸들을 낳았다. 마치 자신을 창조해낸 평평한 종이(또는 파피루스)로부터 벗어나려는 듯 말이다.

평면 기하학: 정리들의 장場

고대 그리스 수학자들 이전의 기하학은 이집트에서 들판의 면적을 계산하는 방법 모음집의 형태와 닮아 있었다. 최초의 진정한 과학으로서 기하학은 유클리드의 『원론』과 더불어 탄생했다. 당시에는 무엇보다 평면 기하학을 다루었다. 『원론』은 당대의 지식을 한데 모아놓은 책이자 이 지식을 공리화한 에세이다. 유클리드의 이론적 체계는 "선분은 서로 다른 어떤 두 점을 선으로 이어 그릴 수 있다" 또는 "어떤 선분은 직선으로 무한히 연장될 수 있다"와 같은 5개의 공준postulate(공리와 비슷한 의미로 사용되지만 공준은 특정 분야에 한정된 공리이다. 보통 기하학의 유클리드 공준을 지칭하는 용어로 간주한다 — 만든이)들에 근거했다.

유클리드가 선택한 정의와 공준들의 성질을 이해하는 가장 간단한 방법은 플라톤이 정의한 이데아Idea의 세계를 떠올리는 것이다. 점, 직선, 각의 개념, 그리고 이들 사이의 관계는 감각 세계에서 직관적으로 알려져 있었고, 특히 측량사들이 잘 알고 있었다. 이로부터 유클리드는 이데아의 세계에 부합한다고 보이는 정의와 공리, 공준을 써 내려갔다. 그리고 이들로부터 논리학 법칙에 따라 명제와 정의를 추론했다. 이 모든 과정은 상당히 엄정하며, 진정한 근대 수학의 추론 방식을 닮았다.

유클리드에게 굳이 비판을 하나 하자면, 기하학에서 등거리변환Isometry 개념의 중요성을 지적하지 않은 것을 꼬집을 수 있다. 유클리드는 한 도형을 이동해서 다른 도형과 똑같이same thing 만들 수 있으면 같은equal 도형이라고 말했다. 오늘날 이런 이동을 합동合同변환 또는 등거리변환이라고 하는데, '길이를 보존하는 변환'을 뜻한다. 이 평면에서 등거리변환은 평행이동translation, 회전rotation, 반사reflection(즉, 선대칭), 그리고 이들 변환을 합성한 것들을 일컫는다. 말하자면 유클리드기하학에서는 평면에서 어떤 두 도형이 등거리변환하면 두 도형은 같다고 본다.

등거리변환은 무엇을 감추고 있나

도형들의 '같음', 즉 합동에는, 첫눈에 당연한 듯 보이지만 그래도 강조할 가치가 있는 주요한 세 가지 특성이 있다. 반사성reflexivity(서로 같은 도형은 자기 자신과 동일하다), 대칭성symmetry(도형 A가 도형 B와 같으면, B는 A와 같다), 추이성transitivity(A가 B와 같고 B가 C와 같으면 A는 C와 같다)이다.

등거리변환의 특성은 일반적으로 에바리스트 갈루아가 방정식 풀이와 관련해 도입한 개념인 '군群, group'의 특성이다. 반사성은 항등식이 등거리사상인 경우에 해당하고, 대칭성은 등거리사상의 역도 등거리사상이 된다는 사실에, 그리고 추이성은 두 등거리사상의 합성도 등거리사상인 경우에 해당한다. 기하학을 이런 식으로 검토하는 강력한 방식은 1872년에 펠릭스 클라인Felix Klein, 1849~1925이 독일의 에를랑겐대학교에서 한 자신의 교수 취임 강연에서 처음 소개되었다. 군 개념을 기하학의 중심으로 삼은 이 내용은 이후 '에를랑겐 계획'이라는 이름으로 불린다. 앞으로 살펴보겠지만 매우 추상적이면서도 구체적으로 유용한 생각이다.

닮음

도형과 선을 포함한 어떤 그림을 떠올려보자. 도형의 어떤 기하학적 특성은 등거리변환에도 불변한다. 이런 특성으로는 길이와 면적, 직교, 각, 평행, 한 점으로 모이는 성질, 한 직선 위를 지나는 성질, 대수학 단위, 중심(중점, 무게중심 등)이 있다. 이들 등거리변환군은 중요하지만, 유클리드기하학에서 진정 핵심을 차지하는 것은 닮음변환군이다. 즉 축소·확대 비율을 변화시킨 등거리변환, 수학 용어로는 중심닮음변환이다. 여기에서 기하학자는 각각의 각이 같은 점이 두 삼각형이 닮을 필요충분조건이라고 간주할 것이다. 닮음변환에서 불변인 특성은 이전과 똑같지만 단 하나 예외가 있다. 이제는 길이 자체가 아니라 길이의 비가 보존된다.

불변 개념은 유클리드기하학의 정리를 증명하는 데 매우 유용하다. 피타고라스의 정리 증명을 통해 어떻게 그런지 살펴보자. 이를 위해 삼각형 ABC를 검토해보겠다. A는 직각이고, H는 A에서 BC로 그은 수선의 발이다. (각 삼각형 내부의 상보성 — 두 내각의 합이 90°가 되면 서로 '보완' 한다고 한다 — 으로 인해) 그들의 각은 같으므로, 3개의 삼각형 ABC, HBA, HAC는 닮은꼴이다.

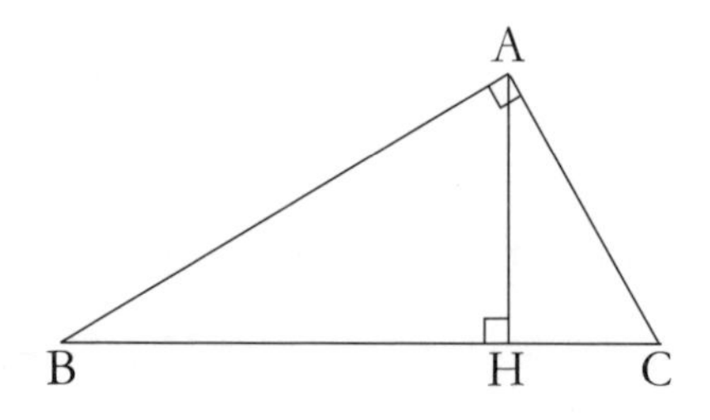

닮음에서는 길이들의 비가 불변하므로 $\frac{AB}{HB}$와 $\frac{BC}{AB}$의 비가 같다. 따라서 AB의 제곱은 BC와 HB의 곱이다. 같은 방식으로 추론하면, AC

의 제곱은 BC 곱하기 HC라는 결론에 이른다. 이 두 등식을 합하면 $AB^2+AC^2=BC\cdot(HB+BC)=BC^2$다. 당신은 여기서 피타고라스의 정리가 유클리드기하학에서 길이들의 비가 불변한 결과로도 얻어질 수 있다는 것을 알아차릴 수 있을 것이다.

아핀기하학: 면적을 중심에 두다

닮음변환을 아핀변환으로 대체하면 다른 기하학인 아핀기하학이 생긴다. 아핀변환은 수평이나 수직으로 축소 · 확대 비율을 서로 달리 변화시킨 합성 닮음변환에 해당한다. 여기에서 다시금 어떤 군, 즉 아핀 군(아핀이라는 단어는 오일러가 선택했다)과 이 군에서 불변하는 새로운 성질들인 아핀 특성이 생겨나는 것을 알 수 있다. 물론 길이의 보존이나 각 비율의 보존 같은 다른 성질은 없어진다. 아핀 특성은 면적들의 비, 평행 관계, 한 점으로 모이는 성질, 한 직선 위를 지나는 성질, 대수학 단위, 중심이다.

아핀기하학에서 삼각형은 단 하나뿐이다. 삼각형이 2개 주어지면, 그중 하나는 언제나 다른 삼각형을 아핀변환해서 만드는 게 가능하다! 이 말은 곧 어떤 삼각형에서 어떤 아핀 특성을 증명하려면 특정한 삼각형 1개에 대해 이 성질을 증명하기만 하면 된다는 말이다. 쉬운 일 아닌가! 가령 "어떤 삼각형의 중선들은 한 점에서 만난다"라는 성질은 아핀 특성이다. 중앙과 한 점으로 모인다는 개념만 담고 있기 때문이다. 따라서 이 정리를 증명하려면 어떤 특정한 삼각형, 예를 들어 정삼각형에 대해서 이를 증명하기만 하면 된다. 정삼각형에서 중선과 수직이등분선은 일치한다. 수직이등분선들이 한 점으로 모이면 곧 중선들도 한 점으로 모이게 되는 것이다!

보다 덜 명백하긴 하지만, 계량기하학의 중심에 길이 개념이 있다면 아핀기하학의 중심에는 면적 개념이 있다. 따라서 어떤 아핀 특성을 증명하려면 많은 경우에 다음 정리를 거친다. 우리는 이것을 증명의 한 단계로 보아서 정리(프랑스어로 théorème, 영어로 theorem)보다는 보조정리(프랑스어로 lemme, 영어로 lemma)라고 부른다.

보조정리: 두 삼각형 OAB와 OBC가 같은 직선 위에 작도되고 높이가 같으면,

$\frac{\text{면적(OAB)}}{\text{면적(OBC)}}=\frac{AB}{BC}$가 성립한다.

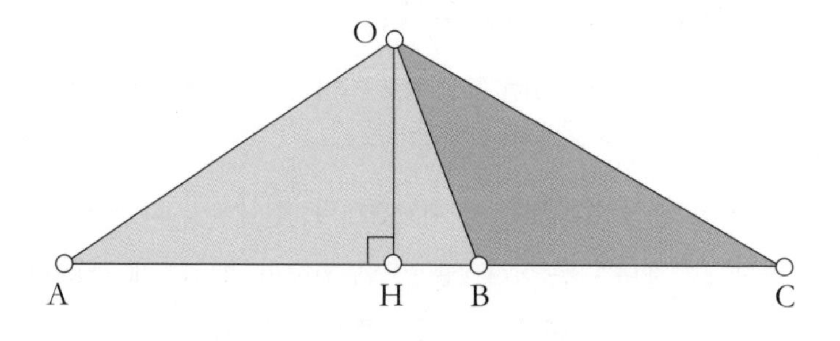

어떤 삼각형의 면적이 그 밑변과 높이의 곱을 2로 나눈 값이라는 공식을 알면 증명은 금방 해낼 수 있다. 이로부터 탈레스의 정리 증명을 다음과 같이 추론해낸다.

"삼각형 OAB와 변 AB에 평행한 직선 D, 변 OA와 OB가 D와 교차하는 점 P와 Q가 주어지면, $\frac{OP}{PA}=\frac{OQ}{QB}$다."

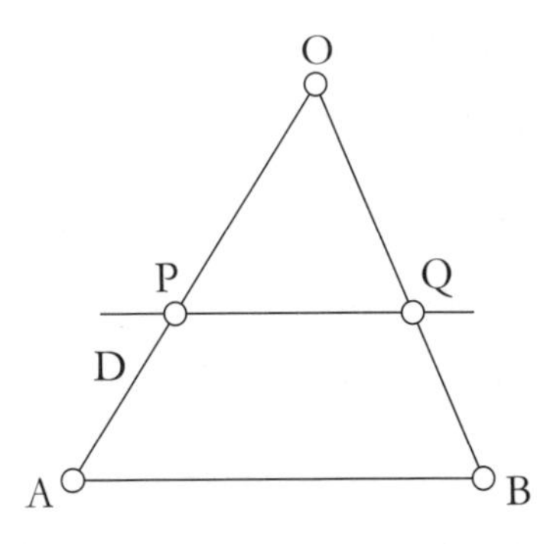

이를 위해서 삼각형 QPA와 QPB의 면적이 같음을 고려하면서 삼각형 QOP와 QPA, 그리고 QOP와 PQB에 대한 앞의 보조정리를 이용해서 등식 $\frac{OP}{PA}=\frac{OQ}{QB}$를 끌어낸다.

아핀기하학의 유명한 두 가지 정리

탈레스의 정리를 제외하고 아핀기하학의 정리 중 가장 유명한 것은 지도 제작법을 살펴보며 이미 만난 메넬라오스의 정리(5장 참고)다. 이 정리는 아핀 성질을 띠기에, 탈레스의 정리로부터 증명할 수도 있고, 앞에 나온 보조정리를 이용해서 직접 증명할 수도 있다.

메넬라오스의 정리: ABC가 삼각형이고 한 직선 D가 이 삼각형의 세 변과 만나는 점을 각각 P와 Q, R이라고 하면,

$$\frac{\overline{PB}}{\overline{PC}}\cdot\frac{\overline{QC}}{\overline{QA}}\cdot\frac{\overline{RA}}{\overline{RB}}=1$$ 이다.

역으로, 이 관계식은 세 점 P, Q, R이 일직선상에 놓여 있음을 뜻한다(선분 이름 위에 붙은 막대 표시는 선분의 방향을 고려해야 함을 뜻한다. 분자와 분모가 같은 방향이면 분수에 + 기호가 붙고, 다르면 − 기호가 붙는다).

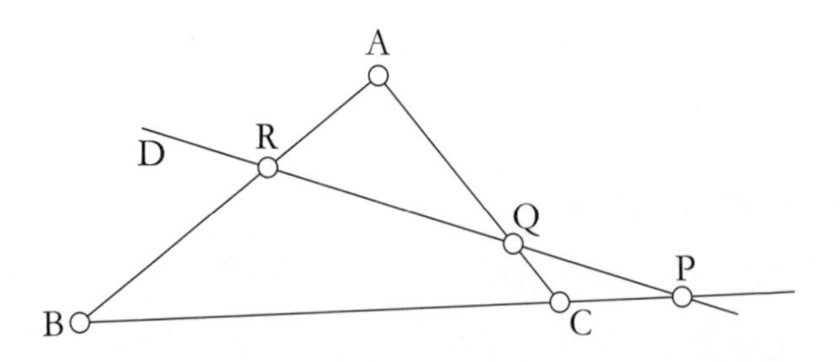

이와 형태가 비슷한 또 다른 정리에는 지오바니 체바Giovanni Ceva, 1647~1734의 이름이 붙었다(11세기 사람인 사라고사의 왕 유수프 알 무타만 Yusuf al Mutaman이 이 정리를 증명한 육필 원고가 1985년에서야 발견되어 알려진 것처럼, 이 정리가 이미 11세기에 알려져 있었는데도 말이다).

체바의 정리: ABC가 삼각형이고 P, Q, R이 변 BC와 CA, AB 위의 세 점일 때, 직선 AP, BQ, CR이 한 점에서 만나거나 평행할 필요충분조건은

$$\frac{\overline{PB}}{\overline{PC}} \cdot \frac{\overline{QC}}{\overline{QA}} \cdot \frac{\overline{RA}}{\overline{RB}} = -1$$이다.

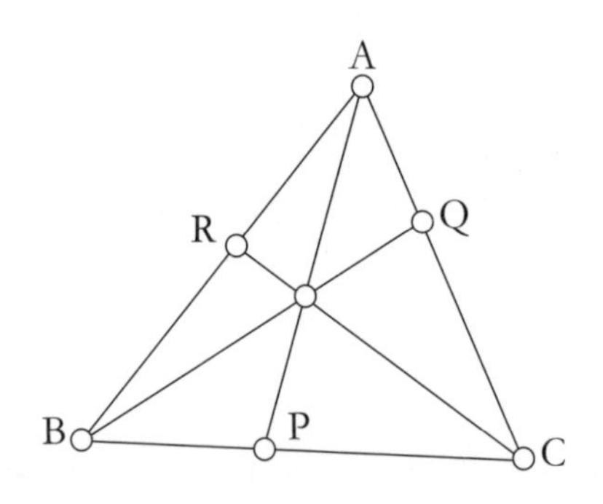

체바를 기리는 뜻에서 (AP, BQ, CR처럼) 꼭짓점을 지나고 그 대변을 자르는 삼각형의 직선을 체바 선이라고 부르고, 대변 위의 점(P, Q, R)은

체바 선의 발이라고 부른다.

라파엘 그림의 기하학

평행선이나 한 점을 지나는 직선에 대한 생각이 아핀기하학에서 자주 보이긴 하지만, 이것은 아핀 개념이 아니라 사영 개념이다. 사영기하학은 17세기에 제라르 데자르그Gérard Desargues, 1591~1661가 처음 도입했으니 역사가 오래되었지만, 당대에는 파스칼만이 데자르그가 한 연구의 중요성을 이해한 것 같다. 이 연구는 잊혔다가 19세기에 장빅토르 퐁슬레Jean-Victor Poncelet, 1788~1867가 다듬어 세상에 내놓았다.

사영기하학은 아핀 변환에 중심 사영을 더해서 새로운 군group인 사영 변환군을 얻어 만들어진다. 중심 사영은 우리 인간의 시점과 회화작품의 원근법, 사진 촬영술과 일치하기에 상대적으로 단순한 개념이다. 우리가 어떤 물체를 사진기로 찍을 때 얻어지는 이미지는 어떤 형태일까. 바로 꼭짓점이 사진기의 조리개이고 밑면이 사진 찍힌 물체에 해당하는 원뿔을 필름(또는 디지털 센서)으로 자른 절단면이다.

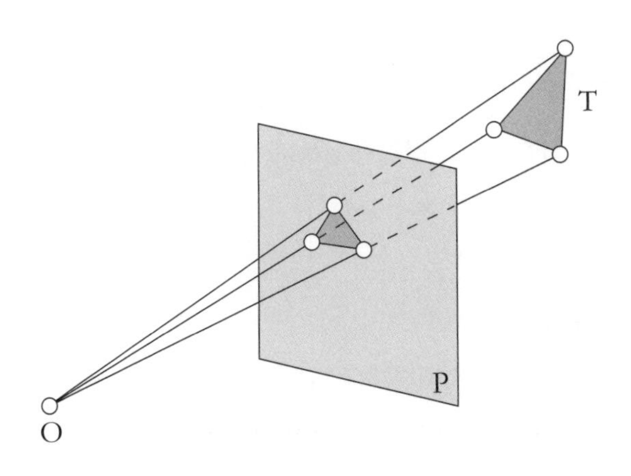

삼각형 T를 점 O를 중심으로 평면 P에 사영한 것.

사진에서 철로의 평행한 두 레일은 항상 지평선에서 잘린다.

사진에서 평행한 두 철로는 항상 한없이 먼 지점에서, 아니 좀 더 정확히 말하자면 우리가 일상 언어로 지평선이라고 부르는 무한대로 뻗은 직선 위에서 잘린다. 일반적인 평면에 무한히 뻗은 이 직선을 더하면, 그 안에서 직선 2개가 항상 서로 만나게 되는 사영 평면이 얻어진다.

사영기하학에서는 앞에서 살펴본 아핀 특성 가운데 한 직선 위를 지나는 성질과 한 점에 모이는 성질만 남는다(사실 한 가지 특성이 더 있다. 비조화비 개념인데 여기서는 다루지 않겠다).

파푸스의 정리

그보다는 사영기하학에서 허용되는 방법 하나를 살펴보자. 알렉산드리아의 파푸스Pappus, 290~350가 4세기에 발견한 파푸스의 정리에서 보듯 직선을 무한대로 '내보내는' 방법이다.

파푸스의 정리: A, B, C 그리고 A′, B′, C′가 각각 일직선상의 점들이고, BC′와 B′C의 교점 I, AC′와 A′C의 교점 J, 그리고 AB′와 A′B의 교점 K는 일직선상에 놓인다.

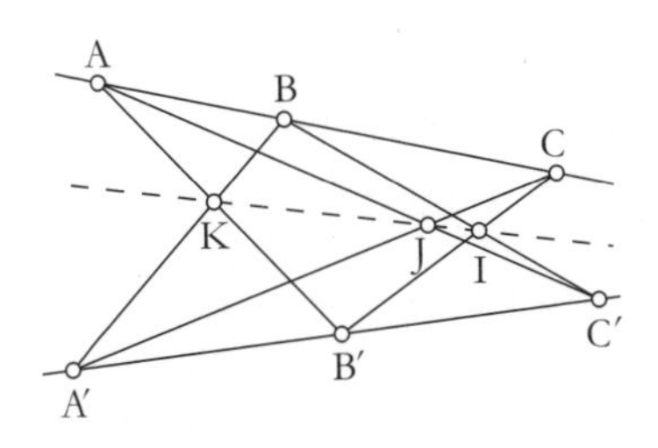

이 결과를 증명하기 위해서는 직선 IJ를 설정하고 이 직선을 무한대로 내보내야 한다. 이는 곧 어떤 특정한 중심 사영법central projection을 사용하는 것과 마찬가지다. 계속 사진 촬영에 비유해보자면, 사진을 찍기 위해 좋은 장소에 자리를 잡는 것과 같다. I와 J가 무한대로 뻗어가면, 이것은 곧 한편으로는 직선 BC′와 B′C가, 다른 한편으로는 AC′와 A′C가 평행하다는 뜻이다. 그러면 그림의 양상이 아래 그림에 나온 것처럼 완전히 바뀐다! 두 도형이 서로 대응하므로, 이 결과가 둘 중 한 도형에 대해 참이면 다른 도형에 대해서도 참이다. 따라서 I와 J, K가 일직선상에 놓여 있음을 증명하려면, K 역시 무한대임을, 즉 AB′와 A′B가 평행임을 보여주어야 한다. 탈레스의 정리(9장 참조)를 이용하면 쉽다.

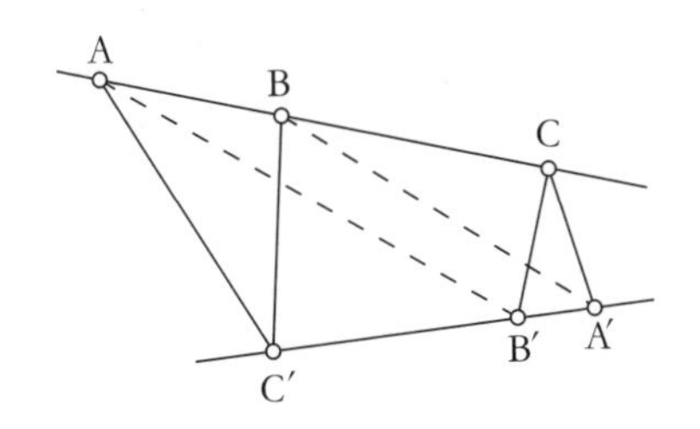

I와 J를 무한대로 보낸 후, 파푸스의 정리.

원뿔의 사영

아핀기하학에서 삼각형이 하나만 존재하듯, 사영기하학에서는 원뿔곡선이 하나밖에 없다. 원뿔곡선은 평면과 원뿔이 교차할 때 생긴 단면의 경계곡선이다. 포물선과 타원이 그 두 예다. 원뿔곡선은 기원전 2세기 무렵 페르사의 아폴로니오스Apollonios, BC 262~BC 190가 연구했다. 그는 원뿔곡선의 주요 성질을 증명했는데, 그중에는 특히 아르키메데스를 살펴보면서 잠시 언급한 바 있으며 뒤에서 다시 만날 포물면 거울의 성질도 있었다.

다음 그림에 나온 원뿔과 수직면의 교차선은 쌍곡선이다. 수평면과 교차하는 선에는 원이 생기는데, 아래 그림에서는 원근법의 효과 때문에 타원처럼 보인다. 앞의 두 경우 사이에 해당하는, 모선에 평행한 평면이 원뿔을 자른 단면에 포물선이 생긴다. 이 평면이 원뿔의 꼭짓점을 지나면 서로 만나는 한 쌍의 직선을 얻는데 이것을 퇴화된 원뿔곡선degenerate conic이라고 한다.

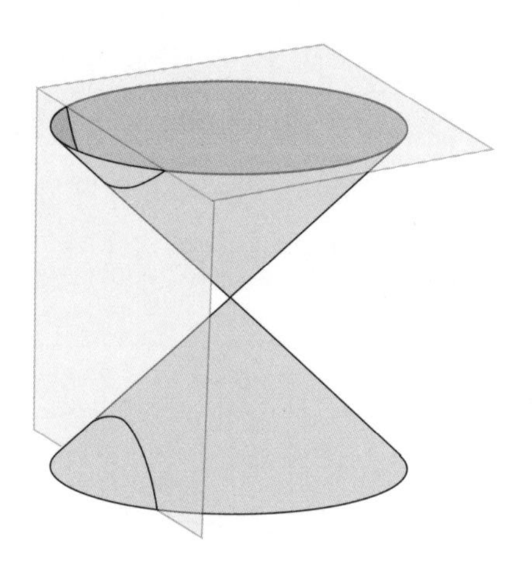

원뿔과 평면의 교차.

신기한 육각형

원뿔곡선은 모두 똑같은 사영 특성을 지닌다. 파스칼은 이 사실을 놀라운 방식으로 활용했다. 그는 원형류의 고유한 성질을 이용해서, 원에 내접하는 (오목) 육각형 ABCDEF가 있을 때, 변 AB와 DE, BC와 EF, CD와 FA가 각각 일직선상에 놓인 세 점 I, J, K에서 교차함을 증명한 것이다. 파스칼은 뒤이어 이 특성을 원뿔곡선 전체로 일반화한 뒤, 여기에 '신기한 육각형mystic hexagon'이라는 이름을 붙였다. 아마도 자신이 한 증명의 마술적 측면 때문인 것 같다. 정작 신기한 것은 바로 그 자체였지만 말이다.

파스칼의 정리는 단순히, 점들이 일직선상에 놓이는 성질이 중심사영으로 보존된다는 사실에 주목하여 이루어졌다. 이 사실을 관찰하려면 사진을 자세히 살펴보고, 현실에서 직선인 것들이 사진에서도 직선으로 표현되고 있는지 확인하면 된다.

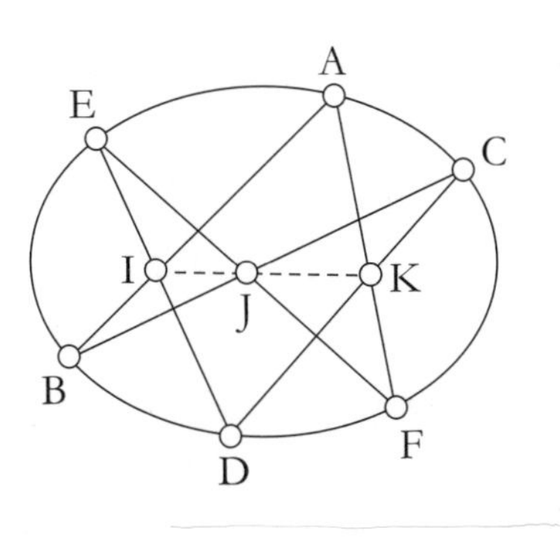

현실과의 유일한 차이는, 두 평행선이 철로의 레일처럼 무한대에서 서로 만난다는 점이다. 보다 일반적으로, 중앙사영으로 보존된 원에 유효한 모든 성질은 모든 원뿔곡선에 대해서도 유효하다.

신기한 육각형의 정리는 묘하게도 파푸스의 정리와 닮았다. 사실 이것은 전혀 놀랄 일이 아니다. 직선 한 쌍은 결국 특수한 원뿔곡선의 예니까!

비유클리드기하학

기하학을 여기까지만 살펴보고 그만둘 수도 있다. 하지만 그렇게 한다면 19세기의 위대한 발견 중 하나를 놓치고 마는 꼴이다. 그 발견은 바로 비유클리드기하학이다. 이것은 유클리드의 공준을 잠시 제쳐두고 평면이나 공간의 놀라운 모델에 이르는 기하학인데, 솔직히 그 내용을 보다 보면 머리가 빙글빙글 도는 게 사실이다. 처음에는 비유클리드기하학이 수학의 진기한 흥밋거리쯤으로 간주되었으나, 물리학의 영역으로 옮아가자 그 실체가 보다 분명해졌다(글상자 참조).

비유클리드기하학이 아인슈타인의 손에 들어가다

아이러니하게도, 기하학은 점점 더 추상적이 되어가면서 보다 강력하게 현실 세계로 되돌아왔다. 19세기에 처음 만들어졌을 때만 해도 극히 비물질적으로 보이던 비유클리드기하학은, 훗날 아인슈타인Albert Einstein의 일반상대성이론의 이론적 틀로 이용되었다. 행성이나 블랙홀 같은 무거운 물체의 중력은 실제로 시공간의 짜임을 뒤트는데, 이때 시공간은 비유클리드기하학이 유클리드기하학을 휘어 구부린 버전인 것과 같은 방식으로 휜다.

시공간의 휨은 어떤 물리적 결과를 낳을까? 천체 간의 빈 공간에서 두 점 사이의 가장 짧은 거리는 직선이지만, 중성자별 근처에서는 곡선이다. 정확히 비유클리드기하학에서처럼 말이다. 같은 이유로 별은 근처를 지나가는 빛을 휘게 만든다. 이것이 바로 사막의 신기루처럼 빛의 원천을 이동시키는 우주의 신기루인 중력렌즈 현상이 생기는 이유다.

셰익스피어는 비유클리드기하학에 대한 직관을 지니고 있었다. 햄릿이 2장 2막에서 이렇게 외쳤으니 말이다. "나는 호두 껍데기 속에 갇혀 있으면서 나 자신을 무한대 공간의 왕으로 여길 수 있을 것이다." 자기 안으로 휘어 구부러져 무한대로 보이는 공간, 바로 비유클리드기하학의 전형적인 예다. 햄릿과의 연관성을 지적한 것은 수학자 도널드 콕세터Donald Coxeter다. 콕세터는 20세기의 위대한 기하학자로, 에셔Maurits Cornelis Escher가 비유클리드기하학의 개념이 그대로 담긴 듯한 그림 「신기루mirage」를 제작하는 데 영감을 주었다.

그런데 기하학이 어떤 점에서 '비유클리드적'일 수 있을까? 유클리드 공준의 증명은 수학자들이 2천 년 동안 매달린 문제 가운데 하나였다. 유클리드는 이것을 확실히 정리로 보았으나 증명하지는 못했다. 그가 쓴 것을 근대적인 언어로 옮기면 다음과 같다. "어떤 주어진 한 점에는, 어떤 주어진 직선과 평행한 오로지 하나의 직선만 지난다." 『원론』에서 이 공준은 점과 직선, 평행(두 직선이 서로 교차하지 않으면 평행하다), 각도 등의 정의 다음에 나온다. 이런 의미에서 사영기하학은 비유클리드적이다. 하지만 사영기하학에서 거리와 각도 개념은 존재하지 않는다. 어떤 평면이 유클리드적이라는 사실은, 어떤 삼각형의 내각의 합이 180°라는 사실과 긴밀하게 연관되어 있다. 이런 성질을 증명하면 비유클리드기하학으로 가는 길이 열린다.

삼각형 ABC를 그린 뒤, 변 AB를 BE로 연장하자. 그런 다음에 점 B로부터 각 CBD가 각 ACB와 같도록 직선 BD를 그린다. 마찬가지로 각 EBD′가 각 BAC와 같도록 직선 BD′를 그린다. 직선 BD와 BD′는 직선 AC와 평행하다.

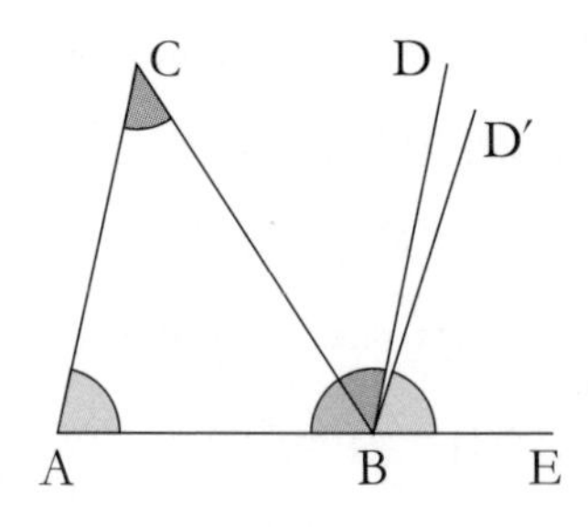

공준이 참이라면, 두 직선 BD와 BD′는 동일하다. 한 점에서 어떤 주어진 직선에 평행한 직선은 하나밖에 그릴 수 없기 때문이다. 그래서 삼각형 ABC의 세 각은 B로 옮기면 평평한 각, 즉 180°를 이룬다.

우리는 이렇게 어떤 삼각형의 내각의 합이 180°와 같음을 증명했다……. 만일 유클리드의 공준이 참이라면 말이다. 앞의 그림을 종이에 그리면, 직선 BD와 BD′는 겹쳐진다. 반직선 BD를 따라 종이를 잘라 BD′를 BD 위로 옮겨보자. 종이는 휜다. 종이는 산봉우리처럼 되고 삼각형의 세 각의 합은 180°를 넘는다. 반대로 BD′를 BD로부터 멀리 떨어뜨리면 종이는 반대쪽으로 휜다. 종이는 산의 협로처럼 되고 삼각형의 각들의 합은 이제 180°보다 작아진다.

이 생각을 계속 이어나가기 위해서, 우리가 구면 위에 있다고 가정하고 유클리드의 공준 없이 유클리드의 공리들을 다시 끌어와보자. 두 점 사이의 가장 짧은 경로는, 두 점을 지나는 커다란 원 위에서 두 점 사이 호의 길이다. 구면 위에서 2개의 커다란 원은 항상 서로 교차한다. 달리 말하면, 2개의 직선은 결코 평행하지 않다! 구면 위에서 유클리드의 공준은 거짓이고 우리가 한 근사한 증명도 거짓이 된다. 이 경우에, 2개의 직선 BD와 BD′는 서로 교차하지 않고, 각 DBD′는 0°가 아니다. 삼각형의 내각의 합은 180°보다 크다. 우리가 산의 협로나 말의 안장과 같은 다른 면 위에 위치한다면, 삼각형의 내각의 합은 180°보다 작아진다. 우리가 한 증명의 그림에서 직선 BD와 BD′는 서로 포개진다.

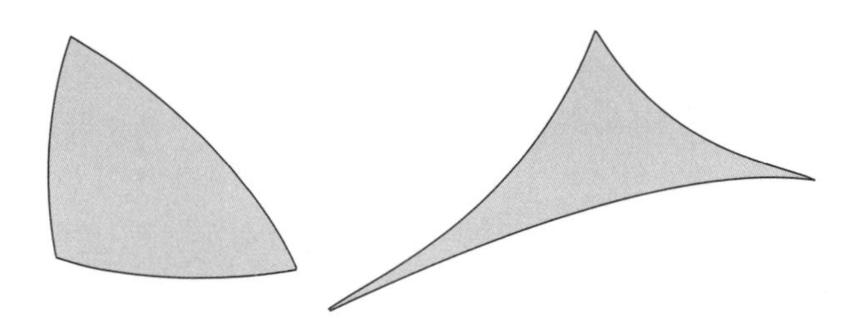

왼쪽은 구면 위의 삼각형 ; 오른쪽은 말안장 위의 삼각형.

전자는 구면 또는 리만기하학이고, 후자는 쌍곡기하학 또는 로바체프스키 Lobatchevski, 1792~1856기하학이다. 이외에도 다른 기하학이 있다. 기하학은 회화 작품과 같아서 온갖 취향의 기하학이 존재한다.

푸앵카레는 어떻게 쌍곡기하학을 대중화했나

정치인 레몽 푸앵카레Raymond Poincaré의 친사촌 앙리 푸앵카레는 수학자이면서 동시에 물리학자였다. 그는 물리학과 인접한 방정식 연구를 하는 도중에 쌍곡기하학에 맞닥뜨렸다. 쌍곡기하학의 토대가 되는 사고를 체험한 그는 평평한 세상에 사는 존재들을 상상하게 되었다. 그가 이런 체험을 『과학과 가설La Science et l'Hypothèse』에서 어떻게 전하는지 살펴보자.

"원 안에 갇힌 세계를 가정해보자. 이 세계는 다음의 법칙을 따른다. 이곳에서 온도는 일정하지 않아서, 중심부에서는 온도가 최대고 중심부에서 멀어질수록 온도가 줄어들어 이 세계의 경계인 원에 이르면 절대 0도가 된다. 온도가 변하는 법칙을 좀 더 정확히 말하겠다. R은 경계 원의 반지름이다. r은 연구되는 지점으로부터 이 원의 중심까지의 거리다. 절대 온도는 R^2-r^2에 비례할 것이다.

덧붙여 가정하자면, 이 세계에서 모든 물체는 같은 팽창 계수를 지녀서 어떤 척도의 길이도 절대 온도에 비례한다. 끝으로, 한 지점에서 온도가 다른 지점으로 옮겨진 어떤 물체는 즉각적으로 새로운 환경과 열 균형을 이룬다고 가정한다. 이 가설 가운데 어떤 것도 모순되거나 상상하기 불가능하지 않다. 이런 가정 아래 움직이는 어떤 물체는 경계 원에 다가갈수록 점점 더 작아질 것이다.

일단 이 세계가 일반적인 우리 기하학의 관점에서는 한정되어 있지만 그곳 거주자들에게는 무한대로 보일 것이라는 사실에 주목하자. 실제로 이 거주자들이 경계 원에 다가서려고 하면, 이들은 차가워져서 점점 더 작아진다. 따라서 그들이 내딛는 발걸음 역시 점점 더 작아져서 경계 원에 결코 가닿을 수 없다. 우리에게는 기하학이 불변의 고체가 움직이는 법칙들을 연구하는 학문에 불과하지만, 이 상상의 존재들에게 기하학은 내가 방금 말한 온도 차에 의해 변형된 고체들이 움직이는 법칙에 대한 연구다.

이런 움직임을 간단히 비유클리드 이동이라고 부르도록 하겠다. 그런 세계에서 교육받을 존재들은 우리와 같은 기하학을 지니지 않을 것이다. 이 상상의 존재들이 기하학을 만든다면, 그것은 비유클리드기하학일 것이다."

보다 엄밀히 말하면, 푸앵카레는 이 이상한 세계를 가지고 우리에게 쌍곡기하학을 소개하고 있다. 그가 이 글에서 제시한 세부 사항을 이용해서 길이의 변이를 고려하여 이 세계 안의 두 점 사이에 놓인 가장 짧은 경로를 찾아내 이 두 점 사이의 거리를 구할 수 있다. 이때 두 점 사이의 가장 짧은 경로는 경계 원의 지름 위에 있거나, 경계 원에 수직으로 교차하는 원 위에 있음을 알 수 있다.

마찬가지로, 유클리드의 공준이 쌍곡기하학에서 충족되지 않음을 증명할 수 있다 — 즉, 어느 점이든 그 점을 지나며 어떤 주어진 직선에 평행한 직선이 무한개 존재한다. 이미 살펴본 구면기하학에서 이런 평행한 직

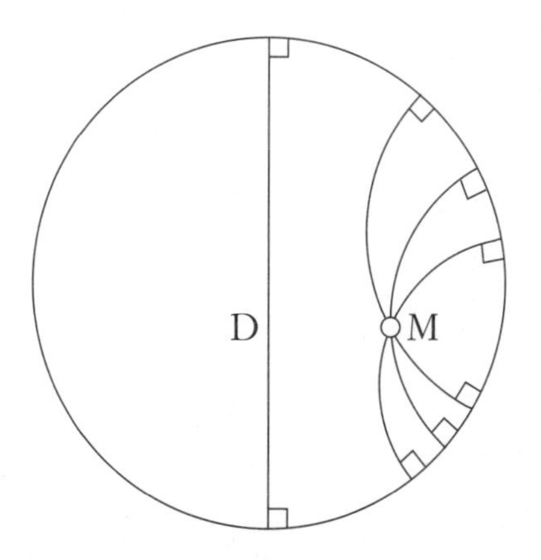

주어진 직선 D에 평행하고 점 M을 지나는 직선이 여러 개 있다.

선이 하나도 없는 것과 정반대다. 놀랍게도, 쌍곡기하학과 연관된 군群은 몇몇 형식의 미분방정식에서 찾아볼 수 있고 이런 방정식을 푸는 데 사용된다. 이로써 푸앵카레는 1881년 8월 8일에 왕립 과학아카데미에게 쓴 메모에서 "나는 대수학 계수 미분방정식을 전부 풀 수 있다!"라고 단언할 수 있었다.

군의 무미건조한 아름다움……

17

앞 장에서 군群에 대한 이야기를 많이 다루었다. 군은 원소들을 조합하는 법칙을 지닌 원소의 집합이라는 사실을 다시 떠올리자. 너무나 많은 경우에 학생들은 군 개념을 배우고 나면 군이 덧셈과 곱셈 연산을 갖춘 수(가령 정수)의 모음에 불과하다고 생각해버린다. 하지만 역사적으로 애초에 군은 수가 아니라 변환으로 이루어진 보다 추상적인 모습으로 탄생했다. 그렇기 때문에 앞 장에서 살펴본 군들은 평행이동과 회전변환, 선대칭과 같은 기하학적 변환으로 이루어진다.

군 개념은 적용 범위가 무척 넓어서 1882년에 앙리 푸앵카레가 "수학은 군을 다룬 이야기에 불과하다"라고 선언할 정도였다. 물리학에서 군 개념은 결정학(분자와 결정에는 대칭의 축이나 중심이 있다)처럼 대상 간에 대칭 관계가 존재하는 모든 영역에서 유용하다는 사실이 밝혀졌다. 그런데 군이란 정확히 무엇일까? 그리고 어째서 이것은 그토록 풍부한 개념일까?

그 기원은 기하학

군이론의 선구자는 에바리스트 갈루아다. 갈루아 1830년대에 대수 방정식을 풀려고 애쓰는 중이었다. 상황이 좋지만은 않았다. 갈루아가 과학 아카데미에서 자신의 연구를 요약한 논문을 소개하자, 시메옹드니 푸아송Siméon-Denis Poisson, 1781~1840(또 다른 위대한 수학자)이 이것을 검토하더니 이해 불가능이라는 판단을 내렸다! 갈루아는 오늘날 천재로 여겨지며 그가 쓴 글은 수학 역사의 지표로 간주된다(글상자 참조). 갈루아는 대수학 문제를 연구했지만 이를 기하학적 용어로 고찰해야 할 때도 있었다(그의 추론은 방정식에 대한 한 해답에서 다른 해답으로 옮아갈 수 있는 치환에 근거하고 있었는데, 그 치환이란 바로 기하학적으로 재배열하는 일이었다).

로맨틱한 수학자 에바리스트 갈루아

20세라는 젊은 나이에 생을 마감한 에바리스트 갈루아는 수학의 역사에 지울 수 없는 흔적을 남겼다. 에콜 폴리테크니크(파리공과대학) 입시 시험에 두 번 실패한 것을 비롯해 과학 당국과의 관계에서 겪은 좌절, 논문이 유실되고 거부된 일, 에콜 노르말 쉬페리디르(파리 고등사범학교)에서 제명된 일, 끝으로 일대일 결투를 하다 사망한 그에게는 로맨틱한 영웅 이미지가 덧씌워져 있다. 그의 죽음은 어떤 이들이 단언하듯 가장된 자살이었을까, 아니면 비극적으로 끝난 연애의 결과였을까? 혹시 그것도 아니라면 정치적 보복이었을까? 확실히 알 수는 없는 노릇이다.

어쨌거나 이런 이미지가 아무리 강렬하다 해도 갈루아가 수학에 미친 지대한 영향에는 전혀 변함이 없다. 갈루아의 살아생전에 그의 어떤 논문도 출간되지 않았다는 글을 자주 접하는데, 이것은 잘못된 말이다. 첫 번째 논문(이미 여기에서 방정식을 다루었다)이 1829년에 《제르곤 연지年誌, Annales de Gergonne》(《순수 및 응용수학 연지Annales de mathématiques pures et appliquées》의 별칭)에 실렸다.

이후에 일부 수학자들은 군을 기하학의 틀 너머로 확장할 수 있다는 사실을 이해했다. 이를 깨달은 최초의 인물은 아서 케일리Arthur Cayley, 1821~1895였는데, 그의 이름은 윌리엄 해밀턴의 이름과 결합되어 한 대수학 정리의 이름으로 쓰인다. 여기에서는 케일리군Cayley群의 정의보다는 오늘날 쓰이는 정의를 논하겠다. 이 정의는 군을 이루는 요소들의 성질이 아니라 구성 법칙의 특성을 강조하기 때문에 엄청나게 무미건조해 보인다.

추상적인 정의

먼저, 군이란 어떤 집합 E의 두 원소에 E의 다른 어떤 원소를 대응하도록 해주는 내적 구성 법칙을 지닌 집합 E다. 앞에서 말했듯, 수의 덧셈과 곱셈 및 평면이나 공간 변환의 조합은 내적 결합 법칙의 예다. 이 법칙에 계산 법칙이 결합된다. 실제에서 가장 유용한 첫 번째 법칙은 결합성이다. $*$라고 표기된 내적 구성 법칙은 모든 경우에 $(a*b)*c=a*(b*c)$을 만족하면 결합성을 띤다고 말한다.(간단히 말하면, 여러 원소를 조합할 때 이 규칙은 괄호를 쓸모없게 만든다). 위에 인용된 모든 규칙은 결합성을 띤다.

다른 계산 법칙은 교환 가능성이다. 이는 구성 순서는 중요치 않음을, 즉 $a*b=b*a$임을 뜻한다. 덧셈과 곱셈은 교환 가능하나, 평면이나 공간 변환들의 조합은 특별한 경우를 제외하면 교환할 수 없다.

군의 다른 특질들은, a와 b가 주어졌고 x는 미지수일 때 $a*x=b$와 $x*a=b$ 형식의 방정식을 유일한 방식으로 풀도록 해주는 특질들이다. 이 문제는 항등원과 대칭 개념에 연관되어 있다. 항등원은 모든 a에 대해서 $a*e=e*a=a$이도록 하는 원소 e다. 덧셈의 항등원은 0이고, 곱셈의 항등원은 1이며, 변환 조합의 항등원은 항등식이다. $a*b=b*a=e$이도록 하는 원소 b는 a의 역원이라고 말한다. 덧셈의 경우는 반수反數이고, 곱셈의 경우는 역수이며, 조합의 경우는 상호 변환이다.

이런 추상적인 정의가 한데 모여 어떤 군을 다음과 같이 특징짓게 해준다. 어떤 집합 G는, 항등원을 지녔고 G의 모든 원소가 G 안에서 역원을 갖고 있으며, 결합 법칙을 갖추고 있으면 군이다. 만일 그 법칙이 교환 가능 법칙이면 이 군을 가환군 또는 아벨군이라고 부른다('아벨'이라는 용어는 수학자 닐스 아벨Niels Abel, 1802~1829을 기리기 위해서 정한 것이다). 이 정의가 제기된 문제(괄호 생략, 단순화, 방정식 풀이)에 상응함을 증명하는 일은 상대적으로 쉽다.

군의 유용함

푸앵카레는 『과학과 방법Science et méthode』에서 "수학은 서로 다른 것들에 같은 이름을 부여하는 기술"이라고 단언했다. 이것이 군의 장점이다. 군 구조는 자주 만나게 되는데, 추상적인 군에 대한 일반적인 결과를 증명하면 이 결과를 군 구조를 만날 때마다 적용할 수 있다. 이런 방식이 유용하다는 예를 들기 위해서 첫눈에 추상적으로 보이는 군이론의 결과 하나를 검토해보자. 라그랑주가 연구한 정리인데, 그는 군 개념이 제대로 정립되기 전에 죽었다. 이 정리는 유한개의 원소를 지닌 군에 대한 것이다.

집합 $\{0, 1, 2, 3\}$을 검토해보자. 이 집합에는 (정수 집합에서 모든 수를) 4로 나눈 나머지로 그 답을 대체하는 일반적인 덧셈 법칙이 주어져 있는데(그래서 $2+3=1$), 이것을 관례적으로 Z/4라고 표기한다. 우리가 덧셈이라고 부르고 +라고 표기할 이 내적 구성 법칙은 통상적인 덧셈처럼 다음 표의 형태로 나타낼 수 있다.

0	1	2	3
1	2	3	0
2	3	0	1
3	0	1	2

이 표는 라틴방진이라는 점을 주목하자. 즉, 각 행과 열은 스도쿠 표처럼 모든 수를 포함한다. 라그랑주의 정리는 군의 위수(즉 요소의 개수, 여기에서는 4)와 각 원소의 위수(즉 영을 얻기 위해서 그 원소를 자기 자신에게 더해야 하는 최소한의 횟수. 여기에서 0은 위수가 1이고, 1은 위수가 4, 2는 위수가 2, 3은 위수가 4다)에 관한 것이다. 라그랑주의 정리는, 유한군에서 모든 원소의 위수는 군의 위수를 나눈다는 내용이다.

이 정리가 보편적인지 확인하기 위해서 이 정리를 집합 {1, 2, 3, 4}의 예에 적용해보자. 이 집합에는 내적 구성 법칙을 일반적인 곱셈 법칙에서 약간 수정한 버전이 적용된다. 이 연산의 결과는 모듈로modulo 5에 대한 곱의 모듈값(즉 곱한 값을 5로 나눈 나머지로 대체한다)이다. 예를 들면, 2×3=6(6=모듈로 5에 대한 모듈값 1이므로). 이 연산을 전통적으로 (Z/5)*로 표기하는데, 이것은 0을 없앤 Z/5라는 뜻이다. 이 법칙의 표는 다음과 같다.

1	2	3	4
2	4	1	3
3	1	4	2
4	3	2	1

여기에서 각 원소의 위수는 4를 나눔을 확인할 수 있다. 즉, (Z/5)*의 모든 x에 대하여 $x^4=1$이다 (주의할 점은, 앞의 예와는 달리 각 원소의 위수는 더한 값이 아니라 곱한 값으로부터 계산된다. 이는 또한 항등원이 0이 아니라 1임을 뜻하고, 따라서 $x^4=1$). 여기에서 Z/5의 모든 x에 대하여 $x^5=x$임을 추론할 수 있다. (Z/5)*가 군이라는 사실은 5가 소수라는 사실과 연관되어 있다. 예를 들어, (Z/4)*에 경우에는 $2\times2=0$이 되므로 군이 될 수 없다. 모든 소수에 대해서는 이것이 성립함을 증명할 수 있고, 이로부터 이미 앞에서 소수를 다루며 만난 페르마의 작은 정리가 나온다.

벡터 공간

군 구조가 수학의 여러 문제를 해결하는 데 사용되기 때문에 가장 대표적인 구조이긴 하지만, 군 구조와 사촌지간인 수학의 다른 구조들도 존재한다. 우리는 체 구조를 이미 만난 바 있다. 체 구조에서 역수의 존재를 포기함으로써 환 구조가 파생되어 나온다. 여기에서는 이들 구조를 자세히 알아보기 보다는 벡터 공간, 즉 벡터들이 이루는 공간들의 구조를 살펴보겠다.

벡터는 그 좌표로 평면에 놓인 점들의 위치를 측정하면서 탄생했다. 이 개념을 만든 사람은 데카르트라고 자주 일컬어진다. 데카르트가 해석기하학을 구축하기 위해서 벡터를 사용했기 때문이다. 하지만 이미 중세에 니콜 오렘Nicole Oresme, 1320~1382의 연구에서 벡터가 나온다. 벡터는 그 위에 화살표를 그려 표시하는 경우가 많다. 왜일까? 아마도 벡터에 내포된 이동 개념을 나타내기 위해서리라. 평면이나 공간에서 두 점 A와 B를 정하면, 벡터 $\overrightarrow{AB}$는 A에서 B로 옮아가게 해준다. 그래서 A로부터 B로 가는 평행이동을 나타낸다.

이렇게 운동학적(달리 말하면 움직임에 관련된)으로 표현함으로써 벡터들을 더하거나 벡터를 스칼라, 즉 어떤 수로 곱할 수 있게 된다. 여기에서 (움직이지 않고 고정된 것을 의미하는) 스칼라는 벡터와 반대되는 말이다. 좌표에서도 좌표들을 더하고 이들을 같은 스칼라로 곱하는 것을 다시 찾아볼 수 있다. 공간의 벡터는 3조(x, y, z축 좌표)로 나타내어지는데, 이들은 서로 더하고 스칼라로 곱할 수 있다. 수로 이루어진 이 3조는 완전히 다른 환경인 2차 삼항식에서 다시 찾아볼 수 있다.

벡터와 다항식을 잇는 다리

분명히 이해하기 위해서 삼항식 $\mathrm{P}(x)=ax^2+bx+c$를 살펴보자. 이 삼항식은 계수 a, b 그리고 c에 의해 전적으로 정의되며, 이 계수들이 통상적인 공간의 한 벡터를 형성한다. 앞의 스칼라곱에서와 마찬가지로, 두 삼항식의 합은 벡터의 덧셈에 해당한다. 달리 말하면, 2차 삼항식 공간과 통상적인 벡터 공간은 동형, 즉 같은 방식으로 작용한다. 이 말은 별로 중요치 않은 흥밋거리 정도로 보일 수 있다. 하지만 실제로는 이 덕분에 통상적인 공간의 특질을 삼항식 공간으로 옮길 수 있다. 추상화하는 것의 이점이 바로 여기에 있다! 다항식을 벡터에 대해 사고하듯 사고할 수 있는 것이다. 변환군에서 추상적인 군으로 옮아간 것과 마찬가지로, 통상적인 공간에서 추상적인 벡터 공간으로 옮아간다.

대수학이 추상적인 구조로 진화해간 것은 무엇보다 독일 수학자 에미 뇌터Emmy Noether, 1882~1935의 업적이다. 뇌터의 강연은 1970년대까지 고등교육 과정에서 사용된 수학 교과서인 『현대 대수학Modern Albegra』 집필에 영감을 주었다. 에미 뇌터가 지금 이 책에서 처음 등장하는 여성 수학자이긴 하지만, 그녀 이전에 적어도 두 여성 선배가 있었다.

첫 번째 인물인 히파티아Hypatie, 370~415는 알렉산드리아의 신플라톤 학파 학교의 디렉터였다(비극적인 종말을 맞은 것으로 유명한데, 종교 및 정치적 이유에 의해 폭력적인 방식으로 살해됐다). 두 번째 인물은 소피 제르맹Sophie Germain, 1776~1831으로 그녀의 이름을 딴 정리로 유명하다. 이 정리는 페르마 정리를 증명하는 한 단계로 사용된다. 제르맹은 여성의 낮은 사회적 지위 때문에 고생했으며, 에콜 폴리테크니크에서 수강하고 자신의 연구를 공유하기 위해서 앙투안 르 블랑Antoine Le Blanc이라는 남자 이름을 사용해야 했다. 하지만 그 시대에 사람들의 사고방식이 변화하고 있었기에 과학아카데미Académie des sciences에서 수업을 청강할 수 있도록 허락받은 최초의 여성이 되었고, 르장드르는 정리에 제르맹의 이름을 붙임으로써 그녀에게 경의를 표했다. 2014년에 이르러서야 여성이 처음으로 필즈상을 받았는데, 수상자는 이란 수학자 마리암 미르자하니Maryam Mirzakhani, 1977~2017다.

천재 은둔자 알렉산더 그로텐디크

어떤 이들이 20세기의 가장 위대한 수학자로 간주하는 알렉산더 그로텐디크는 구조의 문제를 자기 연구의 중심으로 삼았다. 특이한 인물 그로텐디크는 프랑스 아리에주 지방의 도시 라세르에 있는 자신의 집에서 23년 동안 은둔하며 살다가 84세에 사망했다. 산더미 같은 (10만 쪽에 이르는!) 육필원고를 남겼는데, 그 일부는 인터넷에 올라와 있다. 그가 1966년에 수학계 최고의 상인 필즈상을 받기는 했지만, 그는 영예를 피해 다녔다. 1988년에 영예로운 크라포르드상을 거절한 다음에 "다산 능력은 그 후손으로 알아보는 것이지 누린 영예로 알아보는 것이 아니다"라고 단언했다.

그가 받은 필즈상은 대수기하학에서 그가 남긴 업적에 대해 준 상이었다. 그로텐디크는 다양체 개념을 일반화했는데, 이 개념 자체는 곡선과 면 개념을 확장한 것이다. 전통적인 기하학은 실수체나 복소수체와 같은 체에 대해 이루어졌는데, 그로텐디크의 기하학은 정수환과 같은 환에 대해 이루어졌다. 수학적으로 그의 연구는 범주론의 영역에 포함되는데, 범주론은 사무엘 에일렌베르크Samuel Eilenberg, 1913~1998와 손더스 매클레인Saunders MacLane, 1909~2005이 1942년에 창시했다. 범주론은 수학적 구조와 그들 사이의 관계를 연구한다. 범주는 집합이나 군, 체, 환 구조 등과 같은 메타구조로, 사상(프랑스어로 morphisme, 영어로 morphism) 또는 화살표라고 불리는 매핑(프랑스어로 application, 영어로 mapping)으로 연결되어 있으며, 이것들은 각 구조에 내재된 특질을 연구하도록 해준다.

그로텐디크는 새로운 개념을 스킴scheme이라고 이름 지었는데, 이것은 이상하게 보일 수 있지만 사실은 꽤 알맞다. 연구되는 기하학적 대상은 언제나 사상寫像 하나 차이로 아주 유사하게 정의되고, 이는 수학에서 유비 개념에 해당하기 때문이다. 곡면 개념의 이런 일반화는 페르마의 문제처럼 당대에 풀리지 않은 문제를 연구하는 데 필요하다. 상세한 내용을 모두 다루지는 않겠지만, 방정식 $x^n+y^n=z^n$은 실수체에 구축된 통상적인 공간의 곡면에 해당한다. 페르마의 정리에서는 이 방정식을 정수로 푼다. 그로텐디크의 연구는 다른 여러 연구에 영향을 미쳤지만, 그중에서도 특히 그의 연구로 앤드루 와일스가 페르마의 정리를 증명할 수 있었다.

그로텐디크의 연구는 전체적으로 방대하고 다양했을 뿐 아니라 많은 후손을 낳았다. 페르마의 정리 증명 말고도 이런 후손으로는 '랭랜즈 프로그램Langlands program'이 있다. 이것은 1967년에 로버트 랭랜즈Robert Langlands, 1936년 출생가 시작한 연구 분야로 수이론과 기하학 사이의 다리를 놓으려는 시도다. 앤드루 와일스도, 로버트 랭랜즈도 필즈상은 못 받았다. 이 상은 40세 미만의 수학자에게만 수여되기 때문이다. 하지만 와일스는 2016년에 아벨상을 받았다. 2001년에 만들어지고 2003년에 최초로 수여된 이 상은 나이 제한 조건이 없기 때문에 수학계의 노벨상이라고 할 수 있다. 그로텐디크의 연구를 이어간 다른 몇몇 수학자가 이 상을 받았는데,

이것을 보아도 그로텐디크의 업적이 얼마나 많은 씨앗을 품고 있었는지 알 수 있다. 그런 수학자로는 베유의 추측을 증명한 피에르 들리뉴Pierre Deligne, 모델Mordell의 추측을 증명한 게르트 팔팅스Gerd Faltings, 랭랜즈의 추측을 일부 증명해낸 로랑 라포르그Laurent Lafforgue, 같은 분야에서 기초 보조정리를 증명한 응오바오쩌우Ngô Báo Châu가 있다.

구조의 다른 영웅: 부르바키

다시 우리의 주제로 돌아가보자. 이 장을 마치기 전에 다른 이름 하나를 언급하지 않을 수 없다. 바로 니콜라 부르바키Nicolas Bourbaki다. 이 필명 뒤에는 앙드레 베유에 대해 이야기하며 이미 언급한 수학자 단체가 숨어 있고, 베유는 이 단체의 창립자 중 한 사람이었다. 부르바키의 활동 목적은 수학의 기본 토대로부터 시작해 엄정한 분석을 제시하는 것이었다. 따라서 부르바키에게 무엇보다 중요한 것은 수학적 엄정함이었다. 반면, 부르바키의 단점은 제시된 정의와 정리가 만들어진 동기를 자주 잊어버린다는 점이었다. 이 단체는 사물들의 고유한 성질을 최대한 제거하고 그들 사이의 관계에만 관심을 두고자 했다. "이 새로운 견해에 따르면, 수학적 구조는 엄밀히 말해서 수학la mathématique의 유일한 '대상'이 된다"라고 부르바키는 적었다.

오늘도 여전히 부르바키의 이름은 신비로운 매력을 띤다. 어째서 이런 필명을 붙였을까? 이 이름을 둘러싼 설이 많다. 그중 하나는, 부르바키 단체의 멤버 몇 명이 일하던 낭시수학연구소 앞에 프랑스 제2제국의 장군 부르바키의 동상이 세워져 있었다는 설이다. 아쉽게도 그곳에 동상이 하나 있기는 하지만, 그것은 물리학자 에른스트 비샤Ernest Bichat의 동상이다. 부르바키를 둘러싼 여러 전설과 풍문을 넘어서, 사실 이 단체는 제1차 세계대전 중에 희생된 수많은 프랑스 수학자들의 잿더미에서 탄생했다.

1918년 이후에 교육받은 프랑스의 젊은 수학자들에게는, 전쟁 중에 얼굴에 끔찍한 부상을 입은 가스통 쥘리아Gaston Julia, 1893~1978를 제외하면 19세기 수학자 선배들밖에 없었다. 영국이나 독일과 달리, 프랑스는 자국의 엘리트 지식인을 지켜내지 못했다. 두 가지 수치를 보면 이를 알 수 있다. 전쟁으로 총 프랑스 군의 16.8퍼센트가 사망했는데, 파리 고등사범학교 학생의 41퍼센트가 사망했다. 사망률에 이렇게 차이가 난 것은, 이 학교 학생 대부분이 보병대 소위였기 때문이다. 보병대 소위는 위험에 가장 많이 노출된 직위였다.

그 결과, 고등수학교육은 에두아르 구르사Édouard Goursat, 1858~1936 같은 나이 든 교수들이 맡았다. 구르사의 해석학 저서만이 항상 옳다고 간주되자, 앙드레 베유가 이끄는 소규모 단체가 이에 반발하여 1935년쯤에 근대 해석학 논문을 쓰기로 결심했다. 이 프로젝트는 차츰 규모가 커져서 N. 부르바키의 『수학 원론Éléments de mathématique』(수학이 하나라는 의미로 '수학'이란 단어에 복수 어미인 's'를 붙이지 않았다)이라는 유클리드적인 제목을 붙인 공동 논문을 내기에 이르렀다. 부르바키가 활발히 활동한 것은 1950~1970년대지만, 이 단체는 여전히 세미나를 열며 활동을 계속하고 있으며 가장 최근 논문은 2016년에 출간되었다.

전산학의 도전

18

대중적인 상상 속에서 수학과 전산학은 분명히 구분되는 두 분야다. 실제로 이 두 영역은 전산학의 한 분야인 이론 전산학에서 겹쳐지지만, 컴퓨터 과학 그 자체는 정보란 것이 근본적인 수준에서 무엇을 나타내는지, 그리고 정보에 작용할 수 있는 방법(달리 말하면 정보를 가지고 계산하는 방법)은 무엇인지 물으면서 탄생했다. 컴퓨터가 어떻게 정보를 다루는가? 그리고 어떤 수학적 도전을 제기하는가?

컴퓨터는 이원성에 토대를 둔다. 전류는 흐르거나 흐르지 않고, 자기 구역magnetic domain은 한 방향 또는 그 반대 방향으로 자기화磁氣化되는 것 따위가 바로 이런 이원성이다. 수학적으로 이원성은 두 논리값 {참, 거짓} 또는 2개의 수 0과 1에 해당할 수 있다. 전산학에서는 이런 정보를 비트bit라는 용어로 가리킨다. 이 용어는 영어로 '조각'을 뜻하는 동시에, '2진수'를 뜻하는 'binary digit'라는 표현을 연상시킨다. 1948년에 클로드 섀넌Claude Shannon, 1916~2001이 이 단어를 처음 공식적으로 '정보의 기본 단위'

라는 뜻으로 사용했다.

비트 덕분에 우리는 글과 이미지, 소리를 암호화할 수 있다. 글의 경우는 상대적으로 간단해서 (악센트가 없는) 각 문자에 하나의 옥텟octet, 즉 8비트 수열을 부여하는 변환표를 사용해 암호화한다. 이런 변환표 가운데 ASCII(아스키 코드)표가 유명하다. 이 암호 또는 다른 암호를 활용하면 글은 일련의 옥텟이 된다.

수의 경우도 물론 마찬가지다. 이때에도 수를 암호화하는 방법은 여러 가지가 있다. 메모리에 저장하기 위한 가장 간단한 방법은 2진수인데, 10진수가 10개의 수를 사용하듯 2진법은 2개의 수를 사용한다. 이 말은, 10진수로 2는 2진수로 10이라고 쓴다는 뜻이다. 즉 2자리 묶음이 하나고 1자리는 0이다. 이런 식으로 3은 11이라고 쓴다. 즉, 2자리 묶음이 하나고 1자리가 1이다. 13은 1101이라고 쓴다, 등등. 이런 암호화 방법을 사용하면 수가 10진법과 똑같이 2진법으로 움직이기 때문에 연산을 간단히 수행할 수 있다.

소리와 이미지

이미지의 경우에는 문제가 조금 더 복잡해진다. 이미지는 좌표와 색깔을 부여할 수 있는 픽셀pixel이라고 불리는 점으로 분해된다. 픽셀이라는 용어는 'picture'(영어로 '그림')와 'element'라는 단어를 축약해서 만들어졌다. 이 용어는 프레데릭 빌링슬리Frederic Billingsley가 1965년에 어느 출간물에서 처음으로 사용했다. 컴퓨터 그래픽에서는 이미지를 CMYK(사이안cyan, 마젠타magenta, 노랑yellow, 검정key=black) 체계에 따라 암호화하고, 사진에서는 RGB(빨강red, 초록green, 파랑blue) 체계로 암호화한다. 색에는 0과 255 사이의 수가 하나씩 부여되고, 이 수는 옥텟으로 표기된다.

여기에서 두 체계 사이의 대응은 거의 중요치 않다. 중요한 것은 하나의 이미지가 비트 수열이라는 사실이다.

소리도 같은 방식으로 암호화되지만, 기본 아이디어는 더 복잡하다. 평면을 픽셀로 분해해서 각 픽셀의 색을 복원하는 대신, 주기적인 방식으로 소리를 추출한다. 여기에서도 소리는 비트 수열이다.

튜링의 모델

어떤 정보든 0과 1의 형태로 암호화할 줄 안다는 게 참 멋지긴 하지만, 그것을 가지고 대체 무엇을 한단 말인가? 그것으로 무엇을 계산할 수 있는가? 이것이 바로 1930년대에, 그러니까 컴퓨터가 만들어지기 전에 앨런 튜링Alan Turing, 1912~1954이 제기한 질문이다. 이를 위해서 튜링은 어떤 계산기 모델을 고안했는데, 너무도 원시적인 모델이라 그것으로 상상 가능한 모든 계산을 수행할 수 있을 거라고 보기는 어렵다.

이 계산기는 타자기를 변형한 형태다. 종이 위에 작업하는 대신 양쪽으로 무한정 긴 종이 띠(테이프)에 입출력 헤드를 이용해 작업한다. 입출력 헤드가 고정되어 있고 테이프가 풀려나온다는 점에서 이 기계를 녹음기에 비교할 수 있다. 테이프는 칸으로 이루어져 있고 각 칸에는 기호가 쓰여 있다. 이 기호는 없을 수도 있는데, 그러면 공백이라고 본다. 입출력 헤드는 헤드가 위치한 칸에 쓰인 기호를 읽을 수 있고, 기호(또는 공백)를 입력해 넣을 수 있고(여기서 삭제는 아무것도 입력하지 않은 것, 즉 공백을 입력한 것이다), 왼쪽으로 또는 오른쪽으로 이동할 수 있다. 이것은 입출력 헤드가 바로 그 칸에 위치했을 때의 상태에 따라 실행된다.

어떻게 이토록 단순한 기계가 계산을 수행할 수 있을까? 1을 기본단위로 하는, 그러니까 막대로 표기한 2개의 수를 더하는 예를 살펴보자. 여기에서 3은 111로, 2는 11이라고 쓴다. 이 두 수를 더하려면, 두 수를 테이프 위에 차례로 쓰되 두 수 사이를 0으로 구분하고, 입출력 헤드를 왼쪽 첫 번째 1 위에 둔다.

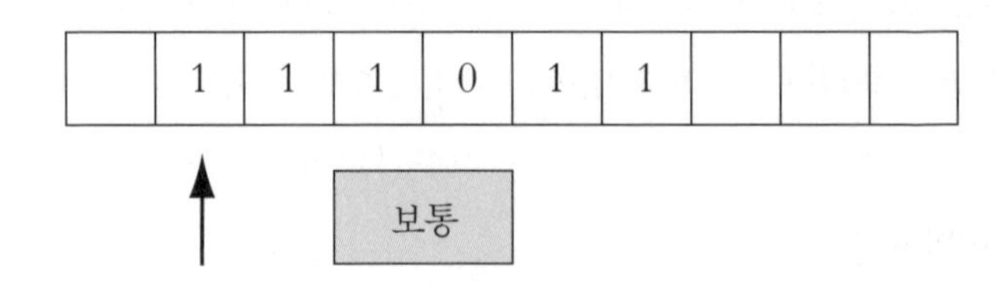

입출력 헤드는 화살표로 표시했다. 상태는 회색 칸에 표시되어 있다.

입출력 헤드 이동이 어떤 식으로 이루어질지 상상하는 것은 쉽다. 헤드는 오른쪽으로 움직여 0을 1로 바꾼 다음, 계속 움직여서 마지막 1을 지운다.

보편 기계

이런 간단한 예를 여러 개 드는 것은 쉽다. 튜링은 자동화할 수 있는 모든 계산을 자신의 기계로 수행할 수 있음을 증명했다. 물론 이 기계가 계산에 가장 효율적인 기계는 결코 아니었다(글상자 참조). 이 기계의 목적은 순전히 이론적인 것이었다. 튜링은 다음과 같이 자문하며 고찰을 이어갔다. '만일 입력과 비트 상태 변화 규칙이 그대로 테이프 위에 나타난다면? 그리고 계산이 수행됨과 동시에 이 규칙들이 읽힌다면 어떻게 될까?'

튜링의 보편 기계Universal Turing Machine(하나의 연산에 특화된 기계가 아니라는 뜻에서 붙여진 이름)에 대한 이런 생각은, 프로그램이 (거의) 물리적 장치 정보처럼 기능하는, 즉 '컴퓨터'가 탄생하는 초석이 되었다. 컴퓨터와 달리, 천공카드를 사용하는 구식 기계(차분기관 등)는 새로운 계산이 필요할 때마다 장치의 전기 접속을 물리적으로 바꾸어 프로그래밍했다.

최초의 영국 컴퓨터인 (우리가 뒤에서 살펴볼 에니그마Enigma가 아닌) 콜로서스Colossus는 1943년에 로렌츠Lorenz 기계의 메시지를 해독하기 위해 만들었다. 로렌츠 기계는 독일 고위 지도층과 독일군 사이를 오가는 메시지를 암호화하는 기계였다. 튜링의 원리는 이 프로젝트에 큰 영향을 미쳤으나, 콜로서스의 창조자는 튜링이 아니었다. 이 기계를 만든 사람은 다른 논리학자인 맥스 뉴먼Max Newman, 1897~1984이었다. 사실, 콜로서스를 컴퓨터라고 부르기에는 무리가 있다. 우리가 지금 생각하는 의미의 프로그래밍이 가능하지는 않았기 때문이다. 콜로서스를 프로그래밍하려면 장치 연결을 물리적으로 수정해야 했다.

정말 모든 것을 계산할 수 있을까

튜링은 보편 기계 모델을 도입한 다음에, 그것으로 모든 계산을 할 수 있을지 자문했다. 이것은 곧 이렇게 묻는 것과 마찬가지였다. '그 어떤 문제든 정말 계산 가능한가?' 계산 가능하다는 말은 아주 넓은 의미로 이해해야 한다. 가령, 체스에서 "백이 둘 차례인데 두 번 옮기면 킹을 잡는다" 같은 문제는 계산 가능하다. 체스 규칙과 체스판 위의 위치를 튜링 기계에 입력하고 두 번 옮기는 모든 가능성을 알아내게 하는 일이 원칙적으로 가능하다. 모든 경우에 하나의 길이 승리로 이어진다면 우리는 문제에 대한 해답을 구한 것이다. 따라서 '계산 가능한 문제'란 튜링의 기계로 해결할 수 있는 문제, 즉 좀 더 일반적으로 말하면 '컴퓨터로 해결할 수 있는 문제'다.

위 질문에 답해보자면, 그 대답은 불행히도 '아니요'이다. 계산이 불가능한 매우 특수한 문제가 존재한다. 가령, 우리가 나중에 살펴볼 튜링 기계의 정지 문제가 그렇다. 계산 가능한 문제 가운데 어떤 문제는 순전히 이론적인 방식으로만 계산할 수 있다. 계산에 걸리는 시간이 너무 길어서 실제로 수행할 수 없기 때문이다. 문제를 풀기 위한 알고리즘의 계산 시간을 컴퓨터가 감당할 수 있는, 즉 다항 시간多項時間(계산 시간을 다항 함수로 나타낼 수 있는) 안에 답을 찾아낼 수 있는 문제(이는 '추적할 수 있는', '실현 가능한', '효율적인'의 또 다른 표현이다)만 해결할 수 있다는 것을 인정하는 편이 적절하다. 이런 알고리즘이 존재하는 문제를 '복잡도가 P인 문제'라고 한다(여기서 P는 다항식polynomial을 일컫는다).

(데이터베이스 관리를 위해 반드시 필요한) 정렬 문제나 순회하는 외판원 문제Traveling Salesman Problem, TSP 같은 전통적인 문제를 더 빨리 풀기 위해서 이 분야에서 해야 할 연구가 많이 남아 있다.

오늘날 우리는 폰 노이만(공집합을 살펴보며 이미 만난 수학자)의 구조를 중심으로 만들어진 계산기를 컴퓨터라 부른다. 폰 노이만은 최초로 컴퓨터(콜로서스가 아니라 에니악ENIAC)를 사용한 엔지니어 팀을 이끌었다. 그는 모든 것을 자동화한다는 튜링의 생각을 정확하게 존중한 새로운 컴퓨터 구조를 제안했는데 이 아키텍처architecture(집속 구조)는 훗날 그의 이름을 따서 폰 노이만 구조Von Neumann architecture라고 불리게 되었다. 이 구조에서는 컴퓨터가 네 부분으로 나뉜다. 첫 번째 부분은 산술 논리 장치로 기본 연산을 수행한다. 두 번째 부분은 제어 장치로 연산 배열을 결정한다. 세 번째는 메모리로 자료와 프로그램을 담고 있다. 끝으로 네 번째 부분에는 입출력 장치가 모여 있어서 외부 세계와 소통하도록 해준다.

이 구조를 사용한 최초의 컴퓨터는 에니악(Electronic Numerical Integrator Analyser and Computer의 약자)이다. 에니악은 제2차 세계대전 중에 고안되었으나 1946년이 되어서야 개발이 끝났다. 콜로서스와 에니악 두 기계 모두 괴물처럼 거대해서 콜로서스는 5톤, 에니악은 30톤에 이르렀다. 하지만 계산 능력은 오늘날 가장 기본적인 포켓 컴퓨터보다도 떨어졌다…….

우연과 혼돈을 길들이기

19

확률은 우리 생활 곳곳에 스며들어 있다. 보험료 계산, 설문조사, 치료법 효과 시험, 주식 시세 변화 등 확률이 활용되지 않는 분야가 없다. 확률 계산이 의도하는 바는 척 보기에 말 그대로 미친 일 같다. 우연을 예측한다니 말이다. 하지만 명백해 보이는 혼돈을 길들이고 감추어진 질서가 작용하고 있음을 증명한 것이야말로 수학자들의 공로였다……. 그러다 카지노 출입이 금지된 수학자도 있었지만 말이다. 1950년대에 캘리포니아대학교 수학과 학생이던 에드워드 소프Edward Thorp, 1932년 출생는 블랙잭 게임에서 이기는 것이 단지 운에 달린 일이 아님을 증명했다. 그는 신분을 들키지 않으려고 가짜 수염을 달고 카드를 세는 자신의 기술을 카지노에서 시험했고 한 주말에 1만 달러까지 땄다. 자신이 발견한 내용을 책으로 출간해 크게 유명해진 소프는 카지노 출입 금지를 당하는 신세가 됐다. 소프는 룰렛 게임이 게임하는 사람이 돈을 많이 쓸 수밖에 없게끔 만들어졌음을 증명해보였고, 수의 마법을 이용해서 돈을 딸 확률을 높일 줄 알았다.

에드워드 소프가 운으로 하는 게임에 관심을 둔 최초의 수학자는 아니었다. 이런 게임을 다룬 최초의 글을 쓴 사람은 지롤라모 카르다노(복소수가 만들어진 내력을 다룬 12장에서 이미 살펴본 수학자이자 점성가)였다. 게임을 무척 좋아한 카르다노는 주사위나 카드 게임처럼 운으로 하는 게임에서 이길 확률에 관심을 두었다. 그로부터 60년 뒤, 갈릴레이 역시 확률 계산에 관한 자기 생각을 어렴풋이 드러낸 책을 출간했다. 갈릴레이는 토스카나의 대공이자 자신의 개인교습 학생이기도 한 게임광 코시모 2세 데 메디치Cosimo II de' Medici가 제기한 문제에서 영감을 받아 이 책을 썼다.

주사위를 조작해놓았나

코시모는 주사위를 3개 던질 때 그 합이 9인 경우보다 10인 경우가 더 많다는 사실을 깨달았다. 하지만 1과 6 사이의 수 3개를 합해 9와 10을 만드는 조합의 수는 비슷했다. 코시모는 이것이 말이 안 된다고 생각했다. 갈릴레이는 이 이상한 현상의 원인을 찾아냈고, 그 이후로 이 현상은 토스카나의 역설이라고 불린다. 동전을 던져 앞이나 뒤가 나오게 하는 게임을 예로 들면 그 원리를 보다 쉽게 이해할 수 있다.

동전을 던져보자. 동전이 조작되지 않았으면, 뒷면pile이 나올 확률은 $\frac{1}{2}$이고 앞면face이 나올 확률도 같다. 동전을 두 번 연속해서 던지면, 각각의 확률 PP, PF, FP, FF는 모두 똑같고 따라서 확률은 모두 $\frac{1}{4}$이다. 2개의 동전을 동시에 던지면, 2개의 뒷면 또는 2개의 앞면이 나올 확률은 $\frac{1}{4}$이지만, 뒷면 1개, 앞면 1개가 나올 확률은 $\frac{1}{2}$이다. PF와 FP인 경우가 모두 포함되기 때문이다.

토스카나의 역설에서도 이와 똑같은 일이 벌어진다. 이런 관점에서

9와 10을 인수분해하는 일은 똑같지 않다. 그 차이는 9는 똑같은 3개의 수로 나눌 수 있는 데 반해, 10은 그렇게 할 수 없다는 데에서 생긴다. 계산해보면 9를 얻을 확률은 $\frac{25}{216}$이고 10을 얻을 확률은 $\frac{27}{216}$, 즉 $\frac{1}{8}$이다. 이 두 수는 코시모의 관찰력이 무척 좋았음을 말해준다. 그 차이가 겨우 1퍼센트에 불과하니 말이다.

피스톨 나누기

이런 전례에도 불구하고, 확률 계산은 1654년에 파스칼과 페르마가 다른 도박꾼 앙투안 공보Antoine Gombaud, 일명 '슈발리에 드 메레'에 얽힌 문제에 관한 서신을 교환하면서 탄생했다고 보는 것이 일반적인 견해다. 두 게임자가 각자 총 32피스톨pistole(프랑스 구체제에서 사용된 돈의 단위 — 옮긴이)을 똑같이 걸고 여러 판에 걸쳐 주사위를 던져 대결하는 게임에 관한 문제였다. 이 게임에서는 세 판을 먼저 이긴 사람이 판돈을 가져간다. 각 판은 동전의 뒷면 또는 앞면이 나오는 게임으로 모델화할 수 있었다. 모든 판마다 각 게임자가 이길 확률이 똑같았기 때문이다. 슈발리에 드 메레는 한 사람이 두 판을 이기고 다른 사람이 단 한 판 이긴 상황에서 게임을 멈추어야 할 경우가 생길까 봐 걱정했다. 이 경우에 64피스톨을 어떻게 공평하게 분배해야 할까?

이 문제에 답하기 위해서 파스칼은 가상으로 게임을 진행해보며 게임자 각각이 이길 기대치를 추정했다. 한 상태(왼쪽)에서 시작해 각 단계마다 두 가지 가능성을 검토해가며 한 사람이 이길 때까지 다음 도표로 게임 진행 가능성을 요약할 수 있다.

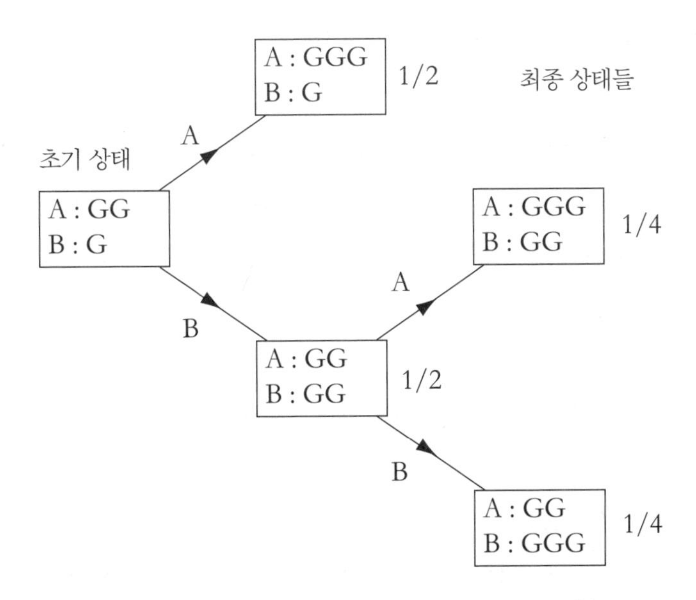

게임 가능성 진화 그래프. 첫 번째 게임자는 A로, 다른 게임자는 B로 표기함.
화살표는 각 게임자가 이긴 경우이며, 이길 때마다 게임자 옆에 G를 덧붙인다.

도표에서 우리는 게임이 세 가지 방식으로 끝날 수 있음을 알 수 있는데, 각 방식에는 확률이 주어진다. 파스칼은 모두 합해서 첫 번째 게임자(그림에서 A)가 이길 확률은 $\frac{3}{4}$이고 다른 게임자가 이길 확률은 $\frac{1}{4}$이므로, 전자에게 48피스톨을 주고 후자에게 16피스톨을 주는 것이 공평하다고 계산했다. 이 금액은 사실 각자가 이길 기대치에 해당한다(같은 계산으로 브리지 게임에서 끗수가 높은 패를 남겨두고 낮은 패로 따서 이길 가능성을 추정할 수 있다). 파스칼은 어느 정도 유머를 담아서, 종교가 없는 이들에게 종교와 관계 맺을 근거를 도박 게임과 확률에 대한 믿음에 둬 보라고 제안했다. 파스칼은 이렇게 말했다. "신을 믿는 게 더 낫다. 신이 존재한다면 이득은 엄청나게 클 것이고, 신이 존재하지 않는다면 아무런 손실도 보지 않을 것이기 때문이다."

우연에 다른 의미 부여하기

확률 이론에서 수학의 다른 위대한 인물들도 이름을 빛냈다(특히 보험 체계를 과학적으로 구축하기 위해서였는데, 이에 대해서는 나중에 다시 살펴볼 것이다). 그럼에도 불구하고 확률은 오랫동안 무척 직관적인 문제로 남아 있었다. 이렇게 오랫동안 형식화되지 않은 것은 아마도 대부분의 확률 계산에 어떤 특정한 이론도 필요 없기 때문일 것이다. 어떤 사건, 예를 들어 32개의 카드 한 세트 중에서 킹을 뽑을 확률을 계산하려면, 해당 경우(킹이 나올 경우)의 수(4)와 가능한 모든 경우의 수(32)를 세면 끝이다. 구하는 확률은 이 두 수의 비, 즉 $\frac{1}{8}$이다. 문제가 풀렸는데 왜 굳이 다른 방법을 찾으려 하겠는가?

하지만 우리가 앞에서 소수를 다루며 이미 만난 조제프 베르트랑이 말했듯, 상황이 항상 이렇게 명백하지만은 않다. 베르트랑은 원의 기하학에 대해 고찰하며 이렇게 자문했다. "어떤 원 안에서 현을 무작위로 하나 고를 때, 그 현의 길이가 내접하는 정삼각형의 변의 길이보다 길 확률은 얼마나 될까? 이때 문제는 바로, '현을 무작위로 하나'라는 표현을 어떻게 해석하느냐에 따라 결과가 달라진다는 사실이다……."

예를 들어, 원 위에서 두 끝점 A와 M을 무작위로 고르고, A를 한 꼭짓점으로 해서 내접하는 정삼각형을 ABC라고 한다. 원은 B와 C로 경계가 지어져 두 부분으로 나뉜다. 다음 그림에서처럼 M이 삼각형의 변 AB보다 윗부분에 위치한다면, 현의 길이는 정삼각형의 변보다 작고, 아니면 그 반대다. 이로부터 현이 정삼각형의 변보다 길 확률은 $\frac{1}{3}$과 같다고 추론할 수 있다.

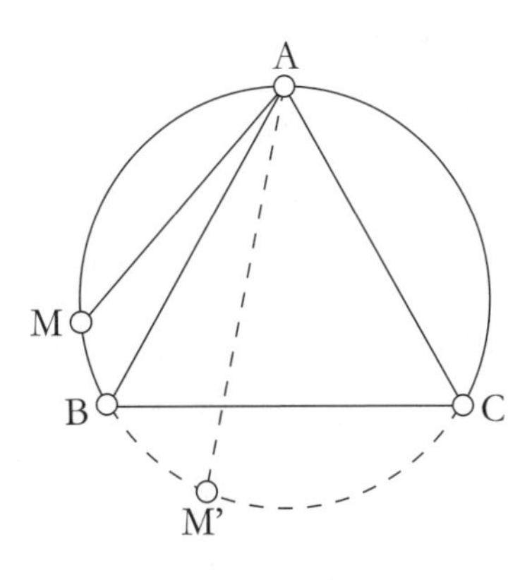

하지만 상황을 다르게 분석할 수도 있다. 현의 길이는 그 현의 중점 I의 위치로 결정되므로, 이 중점을 무작위로 선택하기만 하면 된다고 생각할 수 있다. 만약 I가 정삼각형 안에 내접하는 원의 내부에 있다면, 현은 정삼각형의 변보다 길다(다음 그림 참조). 만일 I가 그 바깥에 있다면, 현의 길이는 정삼각형의 변보다 더 작다. 그런데 내접하는 원의 반지름은 원래 원의 반지름 길이의 절반이다. 작은 원의 면적은 큰 원의 면적의 $\frac{1}{4}$이므로, 현의 길이가 정삼각형의 변보다 클 확률은 $\frac{1}{4}$이다.

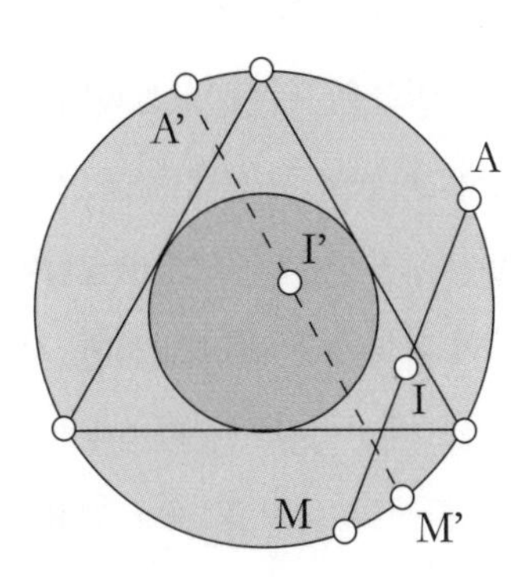

콜모고로프가 최종 정리하다

'현을 무작위로 하나'라는 표현을 어떤 뜻으로 보느냐에 따라 결과가 바뀌는 역설이라니, 상당히 당혹스러운 일이다. 안드레이 콜모고로프 Andreï Kolmogorov, 1903~1987는 이 문제를 정면 돌파하기 위해서 확률을 수학의 다른 분야와 똑같이 다루기로 했다. 즉, 실험의 원인에는 관심을 두지 않고 공리적인 방법으로 확률 문제를 해결하려 했다. 사용자가 매번 자기에게 적합한 틀을 선택하는 것이다!

콜모고로프는 무작위적 실험에 개입되는 모든 것을 형식화했다. 그의 연구 이후로, 우리는 모든 가능한 경우의 수의 집합을 '모집단population'이라고 부르고 Ω로 표기하며, 모집단의 부분집합을 '사건event'이라고 부른다. Ω가 유한하면 사건들의 집합은 Ω의 부분집합들의 집합이다. 이때 Ω는 확실히 일어날 수 있는 사건(전사건total event)이라고 부르고, ∅는 불가능한 사건(공사건empty event)이라고 부른다. 어떤 사건의 여집합은 여사건 complementary event이라고 부른다. 양립 불가능한, 즉 별개의 두 사건이 동시에 발생할 수 없으면 상호배타적 사건Mutually exclusive events이라 부른다. Ω가 무한이면 '시그마 대수'라고 부르는 부분집합으로 제한해야 한다.

이 모든 것이 추상적이라고 느껴질 수 있으니, 32개 카드 한 세트를 예로 들어보자. 여기에서 모집단은 모든 카드로 이루어져 있다. 모집단의 서로 다른 가능성들 중에서 자연스러운 선택은 {하트, 다이아몬드, 스페이드, 클로버}와 {7, 8, 9, 10, 잭, 퀸, 킹, 에이스}의 곱집합, 즉 (하트, 7), ..., (클로버, 에이스)까지 쌍들의 집합이다. 달리 말하면, 각 기본 사건은 게임 카드 한 장이다. 사건은, 카드 게임에서 사용하는 용어를 빌려 쓰면 '패牌'다.

콜모고로프는 이런 형식화 과정을 거쳐 확률 개념(또는 확률 측정)을 매우 일반적인 방식인 모든 사건의 집합 $P(\Omega)$에서 $[0, 1]$로 가는 대응이면서 다음 세 가지 성질을 만족하는 함수 p로 정의한다. 그 세 가지 성질은 $p(\varnothing)=0$, $p(\Omega)=1$, 그리고 A와 B가 상호배타적 사건이면 $p(A \cup B)=p(A)+p(B)$라는 것이다. 위의 정의는 모집단이 유한일 때에만 성립되며, 무한의 경우에 마지막 성질은 일반화되어야 한다. 유한한 틀 안에서 어떤 확률 p는 기본 사건들에 대한 값으로부터 결정된다. 카드 세트의 경우에서 확률의 직관적 정의를 다시 확인할 수 있다. 즉 각 기본 사건은 확률이 같다. 따라서 각 사건에 대한 확률은 $\frac{1}{32}$다. '킹을 뽑을' 사건은 별개의 네 사건 (하트, 킹), (다이아몬드, 킹), (스페이드, 킹), (클로버, 킹)의 합집합이고 그 확률은 $\frac{4}{32}$, 즉 $\frac{1}{8}$이다. 이렇게 설명한 이유는, 단순한 경우에는 콜모고로프의 접근법으로 아무것도 바뀌지 않음을 보여주기 위해서다.

직관적으로 두 사건이 서로 어떤 영향도 미치지 않으면 이들을 독립 사건Independent events이라고 하는데, '독립적'이라는 성질은 계산에 적용하기에는 무척 모호한 면이 있다. 콜모고로프의 접근법에서는 독립 사건을 순수하게 수학적인 방식으로 정의할 수 있다. 두 사건의 교집합의 확률이 두 사건의 확률의 곱과 같으면 두 사건은 독립 사건이다. 달리 말하면, $p(A \cap B)=p(A) \cdot p(B)$이면 A와 B는 서로 독립적이다. 따라서 독립 개념은 확률 측정법의 선택에 달려 있다. 카드 세트와 같은 전형적인 예에서 직관적 접근법과 공리적 접근법은 일치한다.

수학자들 발에 바늘

하지만 확률을 정제해서 그 핵심을 끌어내는 것만이 수학자들의 유일한 근심거리는 아니었다. 수학자들은 이와 정반대되는 매우 실용적인 접근법을 사용해서 우연을 전혀 예상치 못한 곳으로 끌고 가 과학 분야 전체를 풍성하게 해준 강력한 계산법으로 전환시켰다. 바로 몬테카를로법이다. 코트다쥐르Côte d'Azur(프랑스 남부의 해안 지역 — 옮긴이)의 라스베이거스라 불리는 도시 몬테카를로Monte-Carlo에서 따온 이 이름은 말할 것도 없이 이 기법의 바탕이 된 우연성을 암시한다. 이 기법의 창시자 폰 노이만은 제2차 세계대전 기간에 특정한 계산, 특히 최초의 핵폭탄을 개발하는 맨해튼 계획에서 계산에 걸리는 시간을 줄이고자 했다. 하지만 확률이 어떻게 계산에 도움이 된단 말인가?

폰 노이만 훨씬 이전인 1777년에 생물학자로 더 잘 알려진 조르주루이 르클레르 드 뷔퐁Georges-Louis Leclerc de Buffon, 1707~1788은 일찌감치 그 가능성을 감지했다. 뷔퐁은 당신 집에 나무로 된 마루가 깔려 있다면 당신도 실험해볼 수 있는 문제에 대해 깊이 생각해보았다. 길이가 l인 바늘 1개를 너비가 a인 마루판들로 이루어진 바닥에 던질 때, 떨어진 바늘이 2개의 마루판 사이에 걸쳐질 확률 p는 얼마일까? 답은 $p = \frac{2l}{(\pi a)}$다. 이 해답에서 p를 추정해 π를 계산할 수 있다. 바늘을 아무렇게나 던져서 수학의 기본이 되는 상수 중 하나를 알아낼 수 있다니, 여기엔 무언가 마법 같은 면이 있다.

어떤 이들은 이 실험을 하는 데 재미를 붙였다. 바늘 던지기 최고 기록은 1850년에 스위스의 수학자 요한 볼프Johann Wolf, 1816~1893가 세웠다. 볼프는 길이가 10단위인 바늘을 너비가 8인 마루판들 위로 5,000 번이나 던졌다! 그래서 교집합인 경우가 2,532가 나왔고, 이로부터 구한 π값은 약 3.1596이었다. 엄청난 노력을 들인 데 비하면 무척 미미한 결과지만, 그건 결국 크게 중요치 않다. 당신은 여기서 원칙을 이해했을 것이다. 바늘 던지기는 일종의 여론조사에 해당한다는 사실 말이다. 여론조사와 마찬가지로, 표본의 크기를 늘릴수록 결과는 더 정확해진다. 몬테카를로법이 한 일이 바로 그랬다. 이 방법에서는 무작위로 한 번 뽑는 것이 실험 한 번에 해당하는데, 이로써 일종의 가상 실험을 수행할 수 있었다. 이 방법에서는 실제 수치에 최대한 근접하도록 함으로써 결정론적 방식이 아니라 확률론적 방식으로 결과를 계산한다.

가짜 난수

뷔퐁의 실험에서 바늘을 아무리 더 많이 던져도 π값을 더 정확히 계산해내기는 힘들었을 것이다. 그렇다면 가상 실험 횟수를 쉽게 늘리기 위해서 가짜 난수 생성기를 사용하는 방법을 고려해볼 수 있었을 것이다. 가짜 난수를 만드는 방법을 하나 살펴보자. 첫 항을 실제로 무작위로 정한다. 예를 들어 시간을 10억분의 1초(나노 초)로 나타낸 수를 고르고 이를 3,248,455,607이라고 하자. 이를 씨앗, 즉 시드값이라고 부른다. 이 수를 16,807로 곱하고 그 결과를 2,147,483,647로 나눈 나머지만 남긴다. 그러면 1,316,629,168을 얻는다. 새로 얻은 이 수로 같은 계산을 다시 하고, 이런 식으로 계속한다. 그러면 914,927,888 ; 1,210,101,096 ; 1,498,983,382 ; 1,283,038,317 등이 나온다. 이 일련의 수는 무작위 수열처럼 보이지만 결정론적 값이다. 이런 식의 수열로 짧은 시간에 가상 던지기를 수백만 번 할 수 있고, 이로써 π에 가장 근접한 근사치를 얻을 수 있다. 이와 비슷한 가짜 난수 생성기들이 몬테카를로의 프로그램에 난수를 공급해준다.

몬테카를로법의 원칙을 당신이 보다 잘 이해할 수 있도록, 내가 생각해낸 좀 별난 예를 들어보겠다. 어떤 과자 회사가 어느 축구팀 선수들의 이미지를 자기 회사의 초콜릿 제품에 넣기로 했다고 상상해보자. 회사는 11개의 이미지를 초콜릿에 1개씩 무작위로 집어넣었을 때, 어떤 수집가가 축구팀 선수 이미지를 모두 모으려면 초콜릿을 평균 몇 개나 구입해야 하는지 알고 싶어 한다. 이 문제에 답하기 위해서 수백 명의 사람들에게 축구팀 선수를 다 모을 때까지, 또는 배탈이 날 때까지 초콜릿을 사달라고 부탁할 수 있을 것이다. 이 실험으로 얻은 수치의 평균을 내면, 구하려던 평균값의 추정치를 구할 수 있다. 하지만 이보다 더 간단한 방법이 있다. 바로 1과 11 사이의 가짜 난수를 사용해 모의실험을 하는 것이다. 이렇게 하면 평균 33이라는 수를 얻을 수 있다. 이것은 상당히 긴 이론적 연구로 얻은 33.2라는 결과와 거의 다르지 않다.

무작위 과정에서 마르코프 연쇄

축구 선수 이미지가 들어간 초콜릿의 예에서, 수집가의 관점에서 볼 때 얻어낸 이미지의 수열을 '마르코프 연쇄Markov chain'라고 부른다. 안드레이 마르코프Andreï Markov, 1856~1922가 도입한 이런 식의 과정은 메모리가 없다는 점이 특징이다. 미래 상태의 확률 배분이 현재 상태에만 의존하기 때문이다.

주사위 던지기 수열도 마르코프 연쇄다. 일기예보는 마르코프 연쇄가 아니다. 가령 망망대해 해상의 기후 변화는 그 이전 몇 달 동안의 날씨 및 물이 덥혀졌는지 아닌지 여부에 달려 있기 때문이다. 오늘날에는 마르코프 연쇄가 많이 쓰이는데, 그 예로 인터넷을 검색할 때 검색 결과 페이지의 상단에 노출할 가장 적합한 페이지를 결정하는 알고리즘을 들 수 있다.

결정론적 과정의 도움을 받아 무작위를 만들어낸다는 것이 놀라워 보일 수 있다. 이런 가능성은 수학에서 찾아볼 수 있는 어떤 과정 내부의 혼돈(카오스)뿐 아니라, 자연 현상에 내재한 혼돈을 반영하기도 한다. 이에 대해 말한 최초의 인물은 푸앵카레였다. 그는 다음과 같이 말했다.

"최초의 조건에서 작은 변화가 생기면 이것이 최종 현상에서 매우 큰 차이를 만들어내기도 한다. 최초의 조건에 작은 실수가 있으면 이로써 최종적인 현상에 엄청난 실수가 생길 것이다. 예측은 불가능해지고 우연한 현상이 생긴다……. 우리 손을 벗어난 아주 작은 원인이 우리가 알 수 없는 중대한 결과를 만들어내고, 이때 우리는 이 결과가 우연 때문이라고 말한다."

뒤에서 우리는 무엇이 이 위대한 인물에게 이런 발견을 하도록 이끌었는지 살펴볼 것이다.

프랙탈, 덧없는 양상인가?

20

우연과 혼돈에 가까운 영토에 머물러 보자. 바로 프랙탈 곡선이란 영토다. 글자 그대로 '영토', 아니 '해안 지역'에 머무르자. 프랙탈은 암석으로 이루어진 복잡한 해안 같은 요철이 많은 산을 모델화하는 데 주로 사용되기 때문이다. 자연은 복잡하다. 자연에서 우리가 만나는 사물은 전통 기하학의 일반적인 도형으로 모델화하기 힘들다. 산은 원뿔이 아니고, 구름은 구형이 아니다. 우리 인간의 혈관계나 나뭇가지, 여러 자재나 지구의 표면은 또 어떤가?

콜리플라워를 살펴보자. 꽃자루 하나를 떼어서 보면 거기에는 처음의 콜리플라워와 아주 비슷한 작은 콜리플라워가 달려 있다. 이렇게 부분이 전체를 닮은 현상은 눈송이, 폐포 등 많은 자연물에서 찾아볼 수 있다. 아주 작은 것이 큰 것을 닮았다는 생각은 브누아 망델브로Benoît Mandelbrot, 1924~2010가 1960년대 말에 프랙탈fractal이라 이름 붙인 기이한 대상을 만들어낸 시초가 되었다. 프랙탈은 수학의 여러 분야에서 만날 수 있다. 프랙탈은 참으로 희한하고 풍요로운 수학적 대상이지만, 1990년대 말에는 조금 빗나가서 어떤 이들은 아무 데서나 프랙탈을 발견하려 했다. 수학자들 역시 이런 유행에서 벗어나지 못했다.

코흐의 눈송이

흥미롭게도 가장 간단한 프랙탈의 예는 망델브로 이전에 나타났다. 헬게 폰 코흐Helge von Koch, 1870~1924가 만든 이 프랙탈은 단순한 정삼각형을 무한대로 반복하되 매번 반복할 때마다 크기를 줄여 만든다. 120°와 240° 회전을 더하면 눈송이를 닮은 모양을 얻을 수 있다.

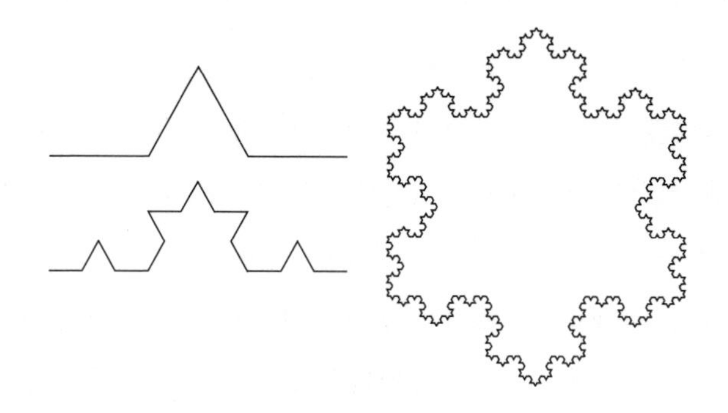

폰 코흐의 곡선과 눈송이.

프랙탈의 차원

망델브로는 프랙탈(프랑스어로 fractale)이라는 단어를, '깨어진' 또는 '불규칙한'이라는 뜻을 지닌 라틴어 'fractus'로부터 만들었다. 하지만 겉모습보다 더 정확한 기준을 들어 프랙탈을 수학적으로 정의할 수 있다. 이는 차원 개념에 바탕을 둔 기준이다. 대략적으로 프랙탈 곡선은 선과 평면 사이의 중간 곡선이라고 생각할 수 있다. 프랙탈은 차원에 따라서 '펼쳐

지면서' 평면에 가까운 모양으로 자신이 그려지는 종이를 뒤덮거나, 반대로 가느다란 선 주위로 모이는 경향이 있을 것이다.

하지만 기준을 좀 더 엄밀하게 살펴보자. 어떤 곡선을 프랙탈이라고 단언할 수 있으려면 그 위상 차원부터 추정해보아야 한다. 어떤 집합이 점으로 구성되어 있으면 0차원이고, 선으로 구성되어 있으면 1차원, 면으로 구성되어 있으면 2차원 등으로 말하는 것이 기본 개념이다. 하지만 수학자는 이런 '정의'만으로는 만족할 수 없다. 도대체 '구성되어 있다'라는 말이 무엇을 뜻한단 말인가?

그래서 연결성 개념에 근거한, 좀 더 쉽게 받아들일 만한 정의를 여기에서 소개하겠다. 위상 차원은 회귀적으로 정의된다. 공집합을 -1 차원이라고 정하고 다음 규칙을 적용한다. 어떤 물체는, 그로부터 n 차원 일부를 제거함으로써 분리될 수 있으면(즉, 여러 조각으로 나뉠 수 있으면) $n+1$ 차원이다. 이 정의를 적용하면 유한개의 점은 0차원이고 직선은 1차원이다. 직선은 거기에서 점 하나를 제거함으로써 분리되기 때문이다. 평면은 직선 하나를 제거하면 분리되기 때문에 2차원이다. 이리하여 폰 코흐의 눈송이의 위상 차원은 1임을 증명할 수 있다.

그런 다음, 이 값을 펠릭스 하우스도르프Felix Hausdorff, 1868~1942가 도입한 다른 차원과 비교해야 한다. 이 하우스도르프 차원Hausdorff dimension은 꽉 채우는 개념, 즉 차원의 모든 층위에서 공간을 채우는 방식에 가깝다. 이 말은 무척 기술적인 정의에 가깝기 때문에 이해를 돕기 위해 기본 개념만 유지한 채 단순화시켜보면, 무한히 작은 원반으로 뒤덮는 모습을 상상하면 된다. 유한한 평면의 영역 A를 정하고 그 경계에서 시작하여 이 영역을 덮기 위해 필요한 반지름 $r>0$인 원반의 최소 개수 $N(r)$를 세어보자. 얼마나 많이 채워지는지에 따라 하우스도르프 차원이 정해지는데,

일반적으로, r이 0에 가까워질 때 $N(r)$의 거동(근사 행동)은 문턱값 d에 따라 다르다.

임의의 수 δ에 대해서, $\delta > d$이면 r이 0에 수렴할 때 $N(r)r^{\delta}$은 0에 가까워지고, $\delta < d$이면 무한대에 가까워진다고 하자. 이를 만족하는 문턱값 d가 영역 A의 차원이다. 유한개의 점에 대해서는 0, 선분에 대해서는 1, 정사각형에 대해서는 2가 나온다. 하지만 위상 차원의 경우와는 다르게, 가령 다른 결과로 $\frac{1}{2}$과 같은 분수값도 나올 수 있다.

논의 초기에 망델브로는 하우스도르프 차원이 위상 차원보다 엄격하게 상위인 모든 부분을 프랙탈이라고 불렀다. 눈송이의 경우, 그 차원은 $\frac{\ln 4}{\ln 3}$이다(1보다 큰 수). 따라서 눈송이는 초기의 의미에서 보면 프랙탈이다. 하지만 망델브로는 뒤이어 이 정의를 포기했다. 이 정의로는 그가 프랙탈로 간주하고 싶은 대상이 제외되었기 때문이다. 그 예로 다음 그림과 같이 촘촘하게 정사각형을 꽉 채우면 1차원이면서 2차원이 되어버리는 페아노의 곡선이 있다. 일반적으로, 어떤 대상이 새로운 수학 영역의 원천인 경우에 그것을 너무 빨리 규정해버리는 일은 신중하지 못하다.

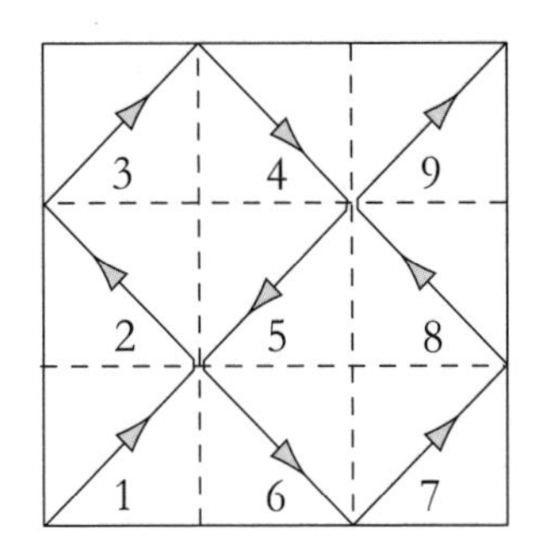

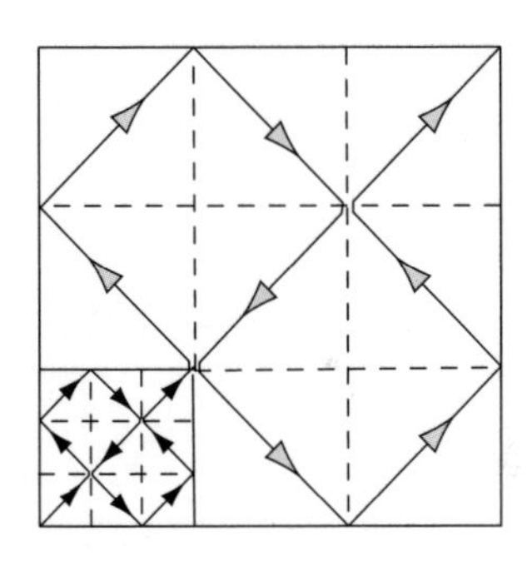

페아노 곡선의 첫 번째 반복과 그다음 도식.
순서는 정사각형 안에 수로 나타냈다.

동역학계에서 끌어온 한 가지 예

태양 주위를 도는 행성의 궤적, 엔진 내부의 기체 연소, 플라즈마 내부의 전자의 밀도……. 이들은 모두 동적 시스템, 즉 시간의 흐름에 따라 매개변수가 변화하는 상황이며, 어떤 경우에는 카오스 체제로 퇴보할 수 있다. 동적 시스템은 프랙탈을 흔히 만나게 되는 수학 영역이다. 이 장을 설명하기 위해서 더없이 평범해 보이지만 믿어지지 않을 만큼 풍성한 수열 하나를 살펴볼 것이다. 이 수열은 초기 조건이 $x_0=a$이고 점화식이 $x_{n+1}=0.5x_n+x_n^2$이다. 카오스와 프랙탈의 매력적인 측면은 바로 이들이 가장 간단한 방정식으로부터 갑자기 생겨날 수 있다는 점이다.

이 수열의 초기 항들은 무엇일까? $a=1$이면, $x_1=1.5$, $x_2=3$, $x_3=10.5$ 등이다. 몇 번 시험해보면 수열 $\{x_n\}$은 초기 조건 a 값에 따라 세 가지 방식으로 변화할 수 있음을 알 수 있다.

a가 개구간 $]-1, 0.5[$에 속하면, 수열은 0으로 수렴한다. a가 개구간의 합집합 $]-\infty, -1[\cup]0.5, +\infty[$에 속하면, 수열은 $+\infty$에 다가간다. 그리고 a가 만일 집합 $\{-1, 0.5\}$에 속한다면, 수열은 0.5에 수렴한다.

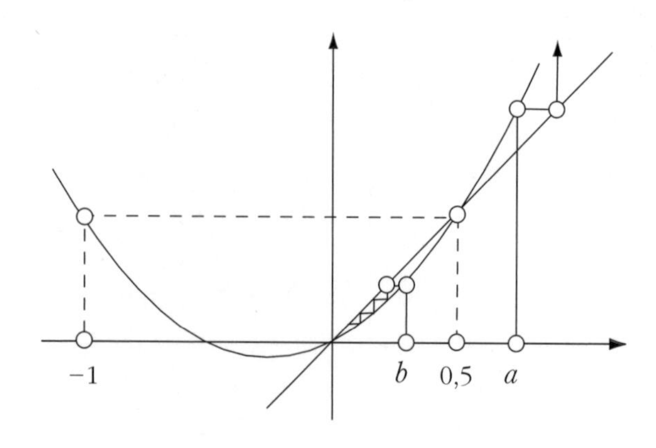

$]-\infty, -1[\cup]0.5, +\infty[$ 안에 있는 초기 조건 a, 또는 $]-1, 0.5[$ 안에 있는 초기 조건 b에 따른 동적 시스템 x_n 연구.

이 세 집합은 0과 $+\infty$, 0.5의 끌림 영역basin of attraction이라고 불린다. 끌림 영역이 무엇인지 이해하는 가장 좋은 방법은 강의 유역流域을 떠올리는 것이다. 이는 물방울이 강으로, 더 정확히 말하면 하구 쪽으로 모여들기 시작하는 지점 전체다. 여기에서 0의 영역과 $+\infty$의 영역 사이에, 그리고 0의 영역과 0.5의 영역 사이에 큰 차이가 있음을 알 수 있다. 수열은 정지해 있어야만, 즉 궁극적으로 0.5와 같아야 이 점으로 수렴할 수 있다. 따라서 그 끌림 영역은 0.5에 앞선 수만으로 이루어진다.

더욱이, 초기 조건이 0이나 $+\infty$의 끌림 영역에 속할 때, 초기 조건의 아주 작은 차이가 보통 결과에 거의 영향을 미치지 않음을 알 수 있다. 반대로, 초기 조건이 0.5의 끌림 영역에 속하면, 초기 조건에 아주 작은 오류만 있어도 초기 조건은 다른 두 끌림 영역으로 넘어가고, 따라서 체계의 움직임이 엄청나게 변한다. 일기예보를 다루며 나비 효과를 알아볼 텐데, 그때 이 현상을 다시 살펴볼 것이다. 지금은 우리의 예만 살펴보도록 하자.

이상한 경계

이 별것 아닌 현상은 초기 조건 a가 복소수면 엄청나진다. 이때 0.5의 끌림 영역은 아주 많은 점으로 빽빽이 들어찬다. 방정식 $0.5x+x^2=-1$에는 2개의 복소수 해 $-0.25\pm0.9682i$가 있기 때문이다. 두 방정식 $0.5x+x^2=-0.25\pm0.9682i$에 대해서도 마찬가지고, 이렇게 계속 해나가다 보면 수열이 0.5로 수렴하는 무한한 초기 조건이 생긴다. 이 끌림 영역은 컴퓨터를 사용하면 쉽게 그릴 수 있다(다음 그림).

그 모습은 곡선을 닮았다……. 하지만 이 곡선은 실제로는 연속되지 않으므로 곡선이 아니다. 사실 컴퓨터 화면에 나타나는 곡선 J는 0.5의 끌림 영역이 아니라 0.5의 '폐포'인데, 이것은 끌림 영역에 무한대로 가까운 여러 점의 집합이다. 초기 조건이 J 내부에 위치하면 수열은 0으로 수렴하고, 초기 조건이 그 바깥에 위치하면 수열은 무한대로 뻗어감을 증명할 수 있다. 초기 조건이 J 위에 위치하면, 움직임은 훨씬 덜 규칙적이다.

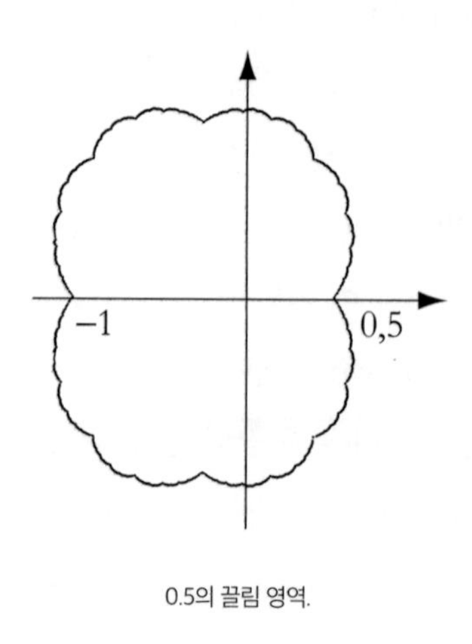

0.5의 끌림 영역.

망델브로 집합

우리가 방금 발견한 곡선은 특히 가스통 쥘리아(앞에서 이미 언급한 제1차 세계대전에서 심하게 다친 장교 수학자 중 한 사람)가 많이 연구했다. 곡선 J(쥘리아Julia의 머리글자)는 0을 둘러싼 일그러진 원을 닮은, 우리가 살펴본 예보다 훨씬 더 이상한 프랙탈 대상인 경우가 많다. 다른 형태를 보고 싶으면 c가 복소수일 때 $f(x)=x^2+c$로 정의되는 함수 f와 연관된 동적 시스템을 알아보면 된다. 앞의 예와 같은 방식으로 이들을 구축할 수 있으며, $c=0.32+0.043i$일 때의 예처럼 곡선이 이상한 방식으로 일그러질 수 있음을 알게 된다.

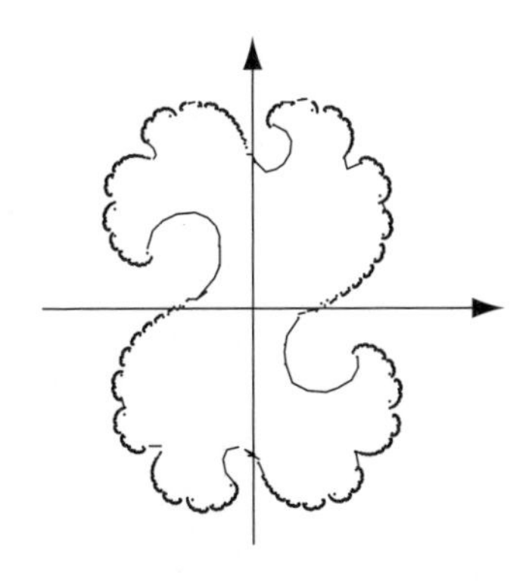

$c = 0.32 + 0.043i$일 때, $f(x) = x^2 + c$의 쥘리아 집합.

다른 경우 곡선이 여러 조각으로 잘리기도 한다. 이런 곡선은 일반 개인용 컴퓨터로 그려내기 무척 어렵다. 망델브로는 이 쥘리아 집합에서 가능한 다양한 형태들이 어떤 집합으로 요약된다는 사실을 발견했고, 이 집합은 그 이후로 그의 이름을 따서 불리게 된다.

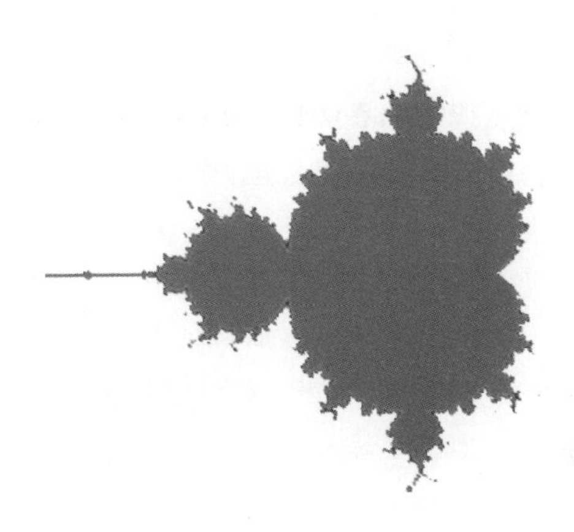

쥘리아 집합들을 다스리는 망델브로 집합.

예를 들어 c가 변형된 하트 모양을 이루는 주요 부분 안에 있으면, 쥘리아 집합은 분명히 구분되는 두 영역을 분리하는 연속된 곡선이다.

소련의 음모

우리가 방금 살펴본 동적 시스템들은 여러 추측의 원천이 되는데, 그중 가장 유명한 것이 시러큐스 추측이다. 이건 아르키메데스가 살았던 도시와는 아무 관련이 없고, 미국에서 같은 이름을 지닌 도시에 세워진 대학교와 관련이 있다. 사실 이 추측은 로타르 콜라츠Lothar Collatz, 1910~1990로부터 유래했는데, 그는 1937년에 이에 대해서 말했다. 콜라츠는 정수들 중 어떤 한 수 x로부터 시작해서 x가 짝수면 $\frac{x}{2}$로, 홀수면 $3x+1$로 그 뒤를 계속 이어가게 했다. 예를 들어 7에서 시작하면 22, 11, 34, 17, 52, 26, 13, 40, 20, 10, 5, 16, 8, 4, 2, 1, 4, 2, 1 ... 이 차례로 나오다가 이 (4, 2, 1) 삼조가 무한으로 반복된다.

프랙탈이 존 내시의 꿈을 구체화하다

존 내시는 1994년에 노벨경제학상을 받긴 했지만 훌륭한 기하학자이기도 했다. 그는 1950년대에 길이를 수정하지 않고 정사각형을 원환면圓環面으로 변환하는 것이 가능함을 증명했다……. 단, 구체적인 작도법은 제시하지 않았다. 최근에 뱅상 보렐리Vincent Borrelli, 1968년 출생가 원환면처럼 매끈한 면과 내시의 변환을 실현하는 프랙탈의 중간 단계를 이루는 형태를 만들어냈다.

정사각형을 원환면으로 변환한 것.

콜라츠는 자신의 추측(즉 시작하는 수가 무엇이든 수열이 항상 이 삼조로 끝난다)을 증명하려고 부단히 시도하던 와중에 1952년에 헬무트 하세 Helmut Hasse, 1898~1979에게 이 추측에 대해 말했는데, 하세는 시러큐스 대학교에서 이 문제를 논의했고 여기에서 이 추측의 이름이 유래했다. 한창 냉전이 이어지던 시기에 많은 미국 수학자들이 이 추측을 증명하려고 애쓰느라 시간을 너무도 많이 허비했다. 그래서 이것이 미국 학자들의 연구를 지연시키려는 소련의 음모라는 소문이 돌기도 했다……. 하지만 이건 수학자들의 특이한 유머 감각의 증거라고 보는 편이 옳지 않을까?

파이값을 찾으려는 혼신의 노력

21

수학자들이 맨날 난해한 방정식의 신비만을 알아내려 하거나 당신 머리를 빙글빙글 돌게 하는 기하학 형태만 고안해내는 건 아니다. 가끔은 참으로 쓸데없어 보이는 문제에 굉장히 많은 에너지를 들인다. 그걸 보면 그들의 강박증이 병적인 수준은 아닌가 하는 생각까지 든다. π값을 소수점 천억 자리까지 계산해낸다? 솔직히 말해서 상식적인 사람이라면 누가 그런 일에 시간을 들이겠는가? 혹시 그게 유용하기라도 하면 모르겠다. 하지만 대부분의 경우 $\pi=3.14$라는 근사치만으로 충분하고, 아주 엄밀한 계산이 필요한 경우라도 소수점 이하 최대 몇십 자리만 알면 충분하다!

그렇다면 어째서 일본의 시게루 콘도Shigeru Kondō와 미국의 알렉산더 이Alexander Yee는 2016년에 π의 소수점 이하 22조 4590억 자릿수까지 계산해냈다고 발표했을까? 아니, 그보다 더 궁금한 게 있다. 어째서 그 사람들한테 오로지 그들의 열정을 만족시킬 목적으로 대학의 슈퍼컴퓨터를 사용하게 허락했을까? 세계의 과학 대중화 미디어는 π값 탐색에 조금이라도 진전이 있으면 그 소식을 바로 전한다. 이 수가 이토록 매력적인 이유는 대체 무엇일까? 시인한테 이 질문의 답은 간단하다. 그라면 π가 세이렌이기 때문이라고 말할 것이다. 숫자로 이루어진 무한대의 선율로 사람들을 홀리는 세이렌. 이 수열 안에는 우주가 담겨 있다. 그 안에는 「발키리 행진곡」의 악보뿐 아니라 0과 1로 암호화된 모나리자의 미소가 담겨 있다. 돌덩이만이 그 노랫가락의 매력에 저항할 수 있을 것이다.

오래된 광적인 경주

응용을 위해 필요한 π의 소수점 이하 수십 자릿수 3.14159265358979323846... 은 17세기 초에 루돌프 판 쾰런Ludolph van Ceulen, 1540~1610이 찾아냈다. 그는 정다각형으로 원에 근접해가는 아르키메데스의 방법(9장 참조)을 이용해 정확히 소수점 아래 35자리까지 계산해냈다. 1706년에 존 마친John Machin, 1680~1751은 소수점 아래 100자리까지 구해서 이 기록을 깼다. 마친은 이를 위해 기하학적 접근법 대신, 오늘날 그의 이름으로 부르는 공식에 근거한 해석학적 방법을 사용했다.

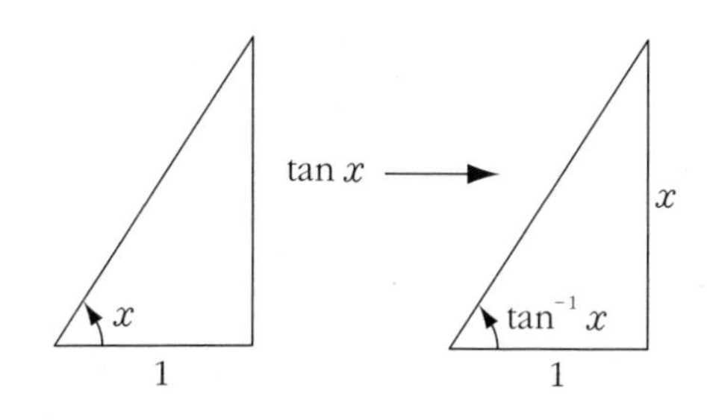

탄젠트함수의 역함수의 정의.

마친의 공식에는 탄젠트함수의 역함수가 개입되는데, 이는 아크탄젠트arctangent라고 부르고 $\tan^{-1}$로 표기한다.

$$4\tan^{-1}\left(\frac{1}{5}\right)-\tan^{-1}\left(\frac{1}{239}\right)=\left(\frac{\pi}{4}\right).$$

아크탄젠트 값들을 계산하기 위해서는 제임스 그레고리James Gregory, 1638~1675의 전개식을 사용해야 한다. 이에 따르면 $\tan^{-1}x=x-\left(\frac{x^3}{3}\right)+(\frac{x^5}{5})+\ldots$

근대의 성과

1973년 장 기유Jean Guilloud는 π의 소수점 이하 백만 자릿수까지 찾아냈다. 그는 마친의 공식과 비슷한 공식을 이용했다(삼각함수를 이용해 유사한 공식을 얻을 수 있고, 심지어 컴퓨터로 이를 자동으로 찾아내게 할 수 있다). 이 계산에는 단 하루가 걸렸다. 하지만 이 방법을 쓰려면 소수점 이하 n자리까지 구하기 위해서 n자리 수들을 n번 곱해야 하므로, 모든 것을 다시 검토하지 않고서는 이 기록을 현저히 능가하기 어려워 보인다. 같은 기계와 같은 방법으로 소수점 천만 자리에 이르려면 10^3일, 즉 3년이 걸릴 것이다.

그래서 그다음 기록은 제곱근을 포함한 훨씬 더 복잡한 공식을 활용해서 세울 수 있었다. 계산 횟수는 현저히 줄었다. 가네다 야스마사金田康正는 이 방식으로 1999년 11월에 소수점 2천억 자리까지 구했다. 이 신기록을 깨려면 수학 알고리즘을 확실히 보다 정교하게 다듬어야 할 것처럼 보였다. 그렇기 때문에 2002년에 가네다가 마친이 사용했던 것과 비슷한 공식을 이용해서 π의 소수점 이하 1조를 넘는 자리까지 구하는 신기록을 또다시 세웠다고 발표하자 모두 굉장히 놀랐다.

사실, 더욱 복잡한 알고리즘을 사용했다가 상대적으로 간단한 공식으로 되돌아왔다는 사실은 전혀 놀랍지 않다. 알고리즘을 개선했는데도 제곱근을 이용해 계산하는 것은 컴퓨터의 능력을 넘어섰다. 제곱근을 조작하려면 엄청난 메모리가 필요했다. 그래서 가네다는 알고리즘 계산이 확실히 힘겹긴 하지만 그래도 제곱근이 없는 계산법으로 되돌아온 것이다.

알고리즘 효율성을 찾아서

일반 대중이 보기에 컴퓨터의 성능을 높이려면 무엇보다 프로세서 부분이 중요하다. 실제로 대량의 복잡한 계산을 하려면 메모리는 무시하기 어려운 변수다. 지구에서 가장 큰 컴퓨터에서도 메모리 관리에 어려움이 생기고, 네트워크 메모리 교신은 이 정보처리 수단을 사용하는 과학자들이 예상한 것보다 더 빨리 포화상태에 이르는 경우가 다반사다.

바로 이런 이유에서 π값을 구하려는 광적인 경주가 쓸모가 있다. π값을 구하며 얻는 첫 번째 이득은 실제 조건에서 컴퓨터-알고리즘 연쇄를 시험해볼 수 있다는 것이다. 특히 가네다의 마지막 계산의 예를 보면, 지난 20년간 해온 바와는 반대로, 알고리즘을 실행하는 데 필요한 메모리 크기를 완전히 무시할 수 없음을 알 수 있다. 이 지점에서 시간은 장소보다 (어느 수준까지는) 더 중요한 것 같다. 이런 경험에서 교훈을 얻은 우리는 다시 더 복잡한 알고리즘으로 되돌아왔다.

파이는 정규수인가

두 번째 이득은 순전히 수학적인 것으로, π의 소수점 이하 수에 대한 가설을 시험해볼 수 있다는 점이다. 가령, 이 수는 일정한 분포를 따르는 듯 보인다. 10개의 숫자(0부터 9)가 소수점 아래 1천 자리에서 모두 똑같은 분량으로 나타날 뿐 아니라, 이는 1만, 10만 자리 등까지 살펴봐도 모두 마찬가지다. 규칙성은 이게 전부가 아니다. 숫자 2개로 이루어진 수(11이 12나 98만큼 많이 나온다), 3개로 이루어진 수 등이 모두 그렇다.

완벽한 제조법에 따라 만든 것처럼 보이는 이런 수를 에밀 보렐Émile Borel, 1871~1956은 역설적으로 '정규(정상적인)'수라고 이름 지었다. 어째서 이런 이름을 붙였을까? 무척 단순하게도, 상식적으로 드는 생각과는 정반대로 거의 모든 실수가 이런 성질을 띤다는 사실을 보렐이 증명했기 때문이다. 여기에서 '거의 모든'이라는 용어는 확률적인 뜻으로 해석해야 한다. 이상하게도 우리는 정규수를 거의 알지 못한다. 어떤 유리수든 소수점 이하의 수가 주기적이기에 정규수가 아니기 때문이다. 심지어 우리는 π가 정규수인지도 알지 못한다.

정규수를 얻으려면 0. 1 2 3 4 5 6 7 8 9 10 11 12 13 ... 과 같이 자연수를 차례로 이어 붙여 인위적으로 만드는 수밖에 없다. 이 수는 데이비드 챔퍼나운David Champernowne, 1912~2000이 만든 것이다. 이 수에는 모든 수가 조합된 모양새로 담겨 있는데, π의 경우도 마찬가지인 듯 보인다. π에는 10 12 1948, 즉 세계인권선언일을 프랑스식(일, 월, 연)으로 표기한 수가 소수점 이하 52,539,337자리부터 나온다. 이 날짜를 미국식(월, 일, 연)으로 12 10 1948과 같이 적는다면, 이 수는 다른 곳인 소수점 이하 6,187,652자리에서 찾아볼 수 있다.

즐겨보고 싶은가? 당신은 역사에 등장하는 모든 날짜, 심지어는 당신의 생일을 가지고 이 간단한 게임을 계속해볼 수 있다. π 안에서 그 수를 찾아낼 수 있을 것이다. π의 소수점 이하 2억 개의 수 가운데 8개의 숫자로 이루어진 어떤 수를 찾아낼 확률이 63퍼센트니까. 이처럼 정규수는 그 어떤 수열도 포함한다.

이 특질은 정규수보다 더 큰 수의 그룹에도 적용된다. 다른 모든 수를 포함하는 이런 수를 '우주 수'라고 부른다. 어떤 글을 일련의 수로 코드화하면 그 흔적을 우주 수 안에서 찾아볼 수 있을 것이다. π가 우주 수일까? 그렇다는 절대적인 증거는 없지만 모든 정황상 그런 것 같다. 그런데 만일 π가 우주 수라면, 그 안에서 성경도 코란도 몰리에르나 셰익스피어의 작품……, 심지어 당신이 친구에게 쓸 편지까지도 읽어낼 수 있을 것이다. 세상의 모든 미래가 π에 적혀 있을 것이다.

밀레니엄 도전

22

1900년 파리에서 개최된 세계수학자대회에서 위대한 수학자 중 한 명인 다비트 힐베르트David Hilbert, 1862~1943의 강연회가 열렸다. '미래의 수학 문제에 관하여'라는 이름의 강연회에서 그는 수학의 미래를 위해 중요하다고 여긴 문제 23개를 제시했다. 힐베르트는 강연을 시작하면서 좋은 문제란 다음과 같은 문제라고 설명했다. "수학 문제가 매력이 있으려면 어려워야 하지만 그렇다고 아예 시도해볼 수조차 없으면 안 됩니다. 그러면 우리의 노력이 우스워질 테니까요. 매력적인 수학 문제는 오히려 미궁에서 감추어진 진실을 향해 가는 실타래가 되어 주고, 해답을 찾으며 느끼는 기쁨으로 우리의 노력을 보상해주어야 합니다."

이런 문제 가운데 일부는 이 책에서 이미 언급되었다. 여덟 번째 문제에는 그 이름이 이미 당신에게 익숙할 몇 가지 추측, 즉 골드바흐 추측, 쌍둥이 소수에 관한 추측, 리만의 가설이 모여 있다. '불가능의 아찔함'을 다룬 9장에서 이미 만난 페르마의 정리도 마찬가지인데, 이는 열 번째 문제의 특수한 경우다. 힐베르트가 던진 문제들은 20세기를 거치며 여러 세대의 수학자들을 자극하여 극도로 풍성한 결실을 맺었다. 그래서 랜던 클레이Landon Clay가 창설한 클레이수학연구소는 2000년을 맞이하며 '새천년을 위한 7대 수학 난제'를 제시해 지난 경험을 되풀이하고자 했다. 밀레니엄 문제라고 불리는 이들 문제에는 각각 백만 달러가 걸려 있다.

면과 구멍

새천년의 난제 중 하나는 오래 가지 못했다. 2003년에 풀려버렸으니까. 그건 바로 푸앵카레의 추측이다. 즉, "초구면hypersphere은 기본군fundamental group이 자명군自明群, trivial group이고, 가향성이 있는 유일한 3차원 폐곡면이다……." 여전히 의심하는 사람들을 위해 말하자면, 쉽게 서술된 말 안에 깊이를 헤아릴 수 없는 신비가 담겨 있는 법이다. 푸앵카레의 추측은 위상학topology 문제로, 이는 마치 고무(만화 영화에 나오는 것처럼 얼마든지 늘어나도 다시 줄어들 수 있는 고무)처럼 연속된 변형으로도 변치 않는 대상의 성질을 연구하는 수학 분야다.

예를 들면, 어떤 곡면의 기본적인 위상 특성 중 하나는 이 면을 꿰뚫는 구멍의 수다. 왜 이것이 중요한가? 바로 이것으로 면이 취할 수 있는 모양이 결정되기 때문이다. 구형, 달갈형, 입방체는 구멍이 뚫려 있지 않다는 특성을 공유해서 연속 변형으로 이 모양에서 저 모양으로 옮아갈 수 있다. 마찬가지로 튜브, 바퀴 모양의 관inner tube, 원환면(또는 토러스torus), 손잡이가 하나 달린 컵은 구멍이 하나밖에 없기 때문에 위상학적으로 동등하다(같다). 반면에 면을 찢지 않고는 구면에서 원환면으로 옮아갈 수 없다.

푸앵카레 추측의 진술을 이해하려면 위상에서 자주 사용되는 다른 개념 하나를 이해해야 한다. 바로 '단일 연결simply connected' 개념이다. 어떤 면은, 그 위에 그린(또는 놓은) 어떤 끈이 계속 줄어들어 하나의 점이 될 수 있으면 단일 연결된 것이다. 그러므로 구형은 단일 연결 공간이지만, 원환면은 그렇지 않다. 끈이 중앙의 구멍을 통과하면 이 끈을 하나의 점으로 줄이는 것이 불가능하기 때문이다.

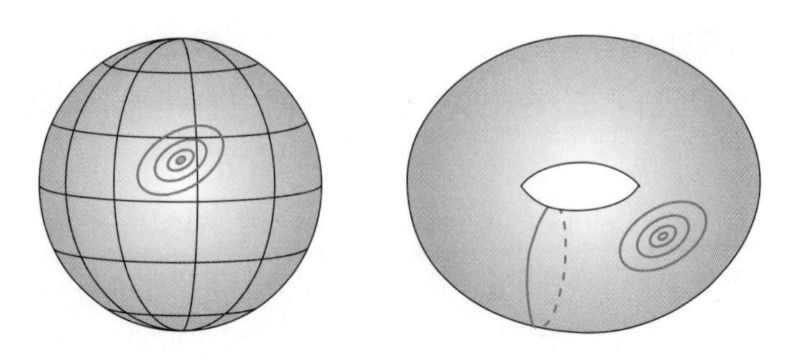

구면과 원환면, 그리고 하나의 점으로 수축할 수 있거나 없는 끈.

구면이나 원환면처럼 2차원 곡면의 경우, 모든 단일 연결 곡면은 구면과 동등하다. 그 이상 차원의 곡면인 경우에는 상황이 더 복잡해져서 이들을 한데 정리해 넣을 단 하나의 서랍이 존재하지 않는다. 가향성(즉 곡면의 안쪽과 바깥쪽 두 면을 구분할 수 있는 성질. 이것은 아래의 뫼비우스의 띠에서는 불가능하다)과 콤팩트성 가설을 감안하면, 이 곡면들은 구멍의 수에 따라 분류된다.

푸앵카레는 3차원 곡면에 대해 생각하다가 3차원 구면이 단일 연결된 유일한 3차원 공간이라고 추측했다. 하지만 그는 이것을 굳이 증명하려 하지 않고, 단순히 그 전설적인 직감으로 "이 문제는 우리를 너무 멀리 끌고 갈 것"이라는 말만을 남겼다. 실제로 이 문제는 그리고리 페렐만Grigori

Perelman, 1966년 출생이 증명해낼 때까지 푸앵카레의 후배 수학자들을 아주 멀리 끌고 갔다. 페렐만은 자신에게 명백하다고 보이는 점들을 제외해감으로써 이 추측을 증명했다. 그가 증명하면서 간략히 넘어간 부분은 다른 수학자들이 보충했다. 결국 국제수학연맹International Mathematical Union, IMU이 2006년 8월에 페렐만에게 필즈상을 주겠다고 결정했지만 페렐만은 이를 거부했다. 클레이수학연구소가 2010년에 백만 달러의 상금을 그에게 주겠다고 결정했지만, 아니나 다를까 페렐만은 이것도 거절했다.

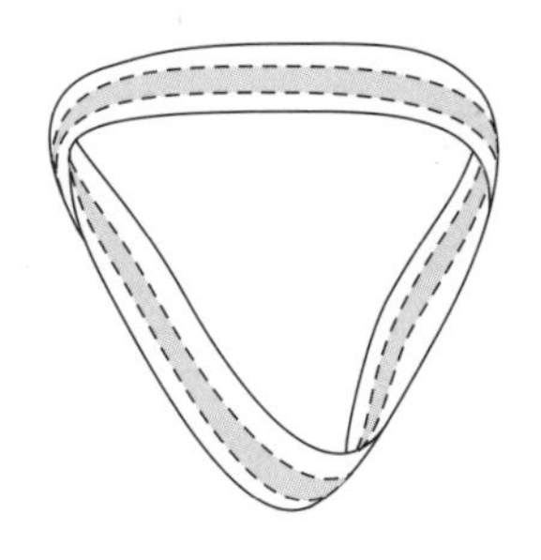

뫼비우스의 띠에는 면이 하나밖에 없다.

알고리즘 복잡성에 대한 도전

100년 동안 수학이 발전했다는 증거인 또 다른 밀레니엄 문제는 알고리즘, 따라서 곧 전산학에 연관되어 있다. 이 문제는 알고리즘 복잡성, 즉 알고리즘 수행 속도에 관한 것이다. 알고리즘에 계산 단계가 적어질수록, 컴퓨터는 결과를 빨리 얻어낼 것이다. 나는 컴퓨터의 성능이나 운영체계 등과 같은 외적인 변수는 일단 고려하지 않는다. 알고리즘의 효율성 그 자체만 두고 말하는 것이다. 어떤 수학 문제를 컴퓨터로 풀기 위해 프로그래밍할 때는 알고리즘이 합리적인 시간 내에 그 목적을 달성할 수 있을

지 미리 자문하고, 수행 시간이 엄청나게 길어지지 않을 것이라고 확신해야 한다(수행 시간이 너무 길면 두 배로 성능 좋은 컴퓨터를 쓴다 해도 별 소용이 없다).

게임용 카드 한 세트를 순서대로 정리하는 예를 들어보자. 어떤 n개의 카드 세트가 정리되어 있는지 알아보는 것은 쉽다. 카드를 하나씩 차례로 뽑아 새로운 카드가 앞의 카드보다 높은지 확인하면 된다. 이 알고리즘은 n에 비례하는 복잡성(수행 시간)을 띤다. 하지만 카드를 순서대로 정리하는 일에는 좀 더 많은 계산 단계가 필요하다. 일단 첫 두 장의 카드를 살펴본 다음, 이 두 카드의 순서가 올바르지 않으면 자리를 서로 바꾸어주고, 그다음에 나오는 두 장의 카드를 확인하고 필요하면 이들의 순서를 바꾼 다음, 다시 처음 두 장의 카드로 되돌아가 이런 작업을 계속 반복해야 한다…….

알고리즘의 복잡성은 카드의 자리를 바꾸어야 하는 가능한 총 횟수, 즉 n의 계승(1부터 n까지 정수의 곱으로 $n!$이라고 표기한다)에 비례한다. 이건 엄청난 수다! n값이 작을 때에는 쉽게 계산할 수 있지만, 카드가 32장만 되어도 이것을 정리하는 일은 비효율적이 된다. 32면 약 2.6×10^{35}이기 때문이다! 달리 말하면, 각각의 계산에 10억분의 1초만 걸린다 해도, 카드 한 세트를 모두 정리하려면 100경 년 이상이 걸릴 것이다!

따라서 이 알고리즘은 논리적으로 정확하긴 하지만 실제로는 비효율적이다. 카드를 정리하는 또 다른 방법은, 카드 세트 전체를 살펴보면서 첫 번째 카드를 찾는 것이다. 찾은 첫 번째 카드를 옆에 빼두고 나머지 카드를 가지고 다시 시작해 이런 식으로 계속한다. 이 새로운 알고리즘의 복잡성은 n의 제곱에 비례하는데, 이 정도면 합리적이라 할 수 있다.

쉬운가 아닌가

이제 계산의 복잡성이 왜 중요한지 이해했으니, 푸앵카레의 추측으로 되돌아가기에 앞서 몇 가지 정의를 살펴보자. 일반적으로 알고리즘은 어떤 정수 n으로 크기가 측정된 자료로부터 결과를 끌어낸다. 카드 정렬의 예에서 n은 정리할 요소의 개수다. 크기가 n인 자료에 대한 최대 복잡성을 $T(n)$이라고 부르자. $T(n)$이 k가 자연수이고 A가 양수일 때 $A \leq n^k$ 형식으로 경계가 있으면, 그 알고리즘은 다항 시간 알고리즘이라고 부른다. 이런 알고리즘만이 실제로 사용할 만하다고 인정된다. 다항 시간 알고리즘을 찾아낼 수 있는 문제를 P 복잡도 문제라고 부른다. 따라서 카드 정리는 P 복잡도 문제다(그 복잡도가 n의 제곱에 비례한다).

다항 시간 알고리즘을 찾지 못한 문제의 전형적인 예로 순회하는 외판원 문제가 있다. 외판원은 일정한 개수의 도로로 연결된 n개의 서로 다른 도시를 방문해야 한다. 관건은 이동 거리 최소화다. 각 쌍의 도시가 하나의 도로로 연결되어 있다면, 가능한 이동 경로의 수는 n의 계승으로 셀 수 있다. 가능한 모든 경로 목록을 열거하는 순진한 알고리즘은 다항 시간도 알고리즘이 아니다. 그렇다면 이 문제에 대한 다항 시간 알고리즘이 존재하는가? 아직은 아무도 모른다.

추측: NP 문제

우리가 카드를 정렬하기 위해 사용한 형식의 기계를 결정론적 기계라고 부른다. 전산학에서 사용하는 기계 모델이다. 각 행위 뒤에 확실히 결정된 다른 행위가 따른다. 어떤 문제를 다항 시간 내에 푸는 비결정적 기계가 존재하면 그 문제를 NP 문제라고 부른다. 비결정적 기계란 무엇인가? 이 기계를 슈퍼마켓에서 찾으려 하지는 말라. 이론적인 도구니까. 이런 기계를 묘사하는 건 추상적인 일이다.

하지만 세부 사항까지는 다루지 않으면서 순회하는 외판원 문제가 어째서 NP 문제인지를 이해하는 것은 가능하다. 똑같은 컴퓨터를 무한개 가지고 있다고 상상해보자. 하나의 컴퓨터가 가능한 경로 하나의 거리만 계산하게 한다. 각각의 결과는 다항 시간 내에 얻어진다. 이때 어떤 슈퍼컴퓨터가 즉석에서 이 결과들 중 가장 작은 수를 찾아낼 수 있다면, 전체 시간은 여전히 다항 시간이다. 일단 어림잡아서 우리의 비결정적 기계가 바로 위에서 묘사한 불가능한 조합물이라고 상상해보는 것은 가능하다. 이 상상의 컴퓨터를 활용하면 이점이 있다. 여러 가지 어려운 문제가 P 문제인지는 알지 못해도 NP 문제임은 보여줄 수 있다는 점이다.

알고리즘 복잡도에 관한 밀레니엄 문제는 P=NP인지 알아맞히는 문제를 제기한다. 달리 말하면, 모든 NP 문제, 즉 어려운 문제가 복잡도가 더 낮은 알고리즘으로 해결될 수 있을까? 이렇게 확신할 만한 충분한 이유가 있다. 이 말은 곧 순회하는 외판원 문제를 다항 시간 내에 풀 수 있다는 뜻일 것이기 때문이다.

NP 완전 문제는 P=NP라면 다항 시간 내에 풀릴 수 있는 문제다. 따라서 외판원 문제는 NP 완전 문제지만, 이 밖에도 아주 많은 다른 NP 완전 문제가 존재한다. 얼핏 보기에 무의미한 오리가미 납작하게 만들기와 같은 문제처럼 말이다(글상자 참조). NP 완전 문제에 대한 다항 시간 알고리즘을 찾아내는 일은 곧, P=NP 수수께끼를 푸는 일이다. 이 비밀을 풀어보라. 그러면 당신도 백만 달러를 챙길 수 있다.

백만 달러를 받기 위해 오리가미를 납작하게 만들기!

정사각형 종이를 접는 예술은 일본에서 유래해 우리에게까지 전해졌다. 이렇게 종이를 접어 만든 결과물을 오리가미라고 부른다('오리'는 '접다', '가미'는 '종이'를 뜻한다). 우리와 관련된 측면을 살펴보면, 이 작은 조각품은 두 가지 형태로 나뉜다. 손상시키지 않고 책갈피에 납작하게 끼워 넣을 수 있는 것(그 유명한 동서남북 접기가 그렇다)과 납작하게 만들 수 없는 것(물폭탄 접기가 그 예다)이 있다. 과학자들은 다음의 중요한 문제에 관심을 가졌다. 오리가미의 접은 선을 보고서 그것을 납작하게 만들 수 있는지 여부를 어떻게 예측할까? 1996년에 정보과학자 배리 헤이스Barry Hayes는 이 문제가 NP 완전 문제임을 증명했다! 이 문제는 그러니까 백만 달러짜리 문제인 것이다…….

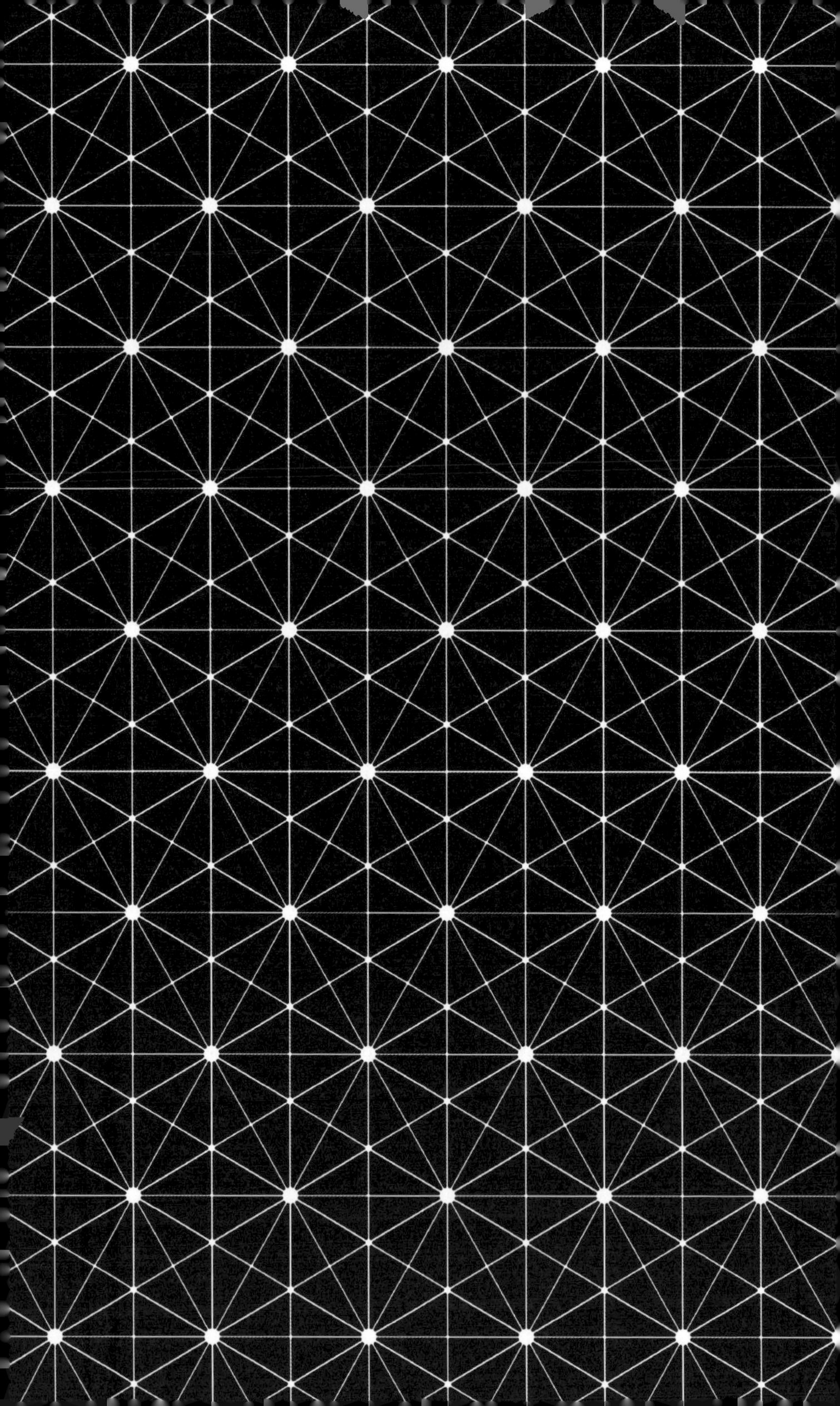

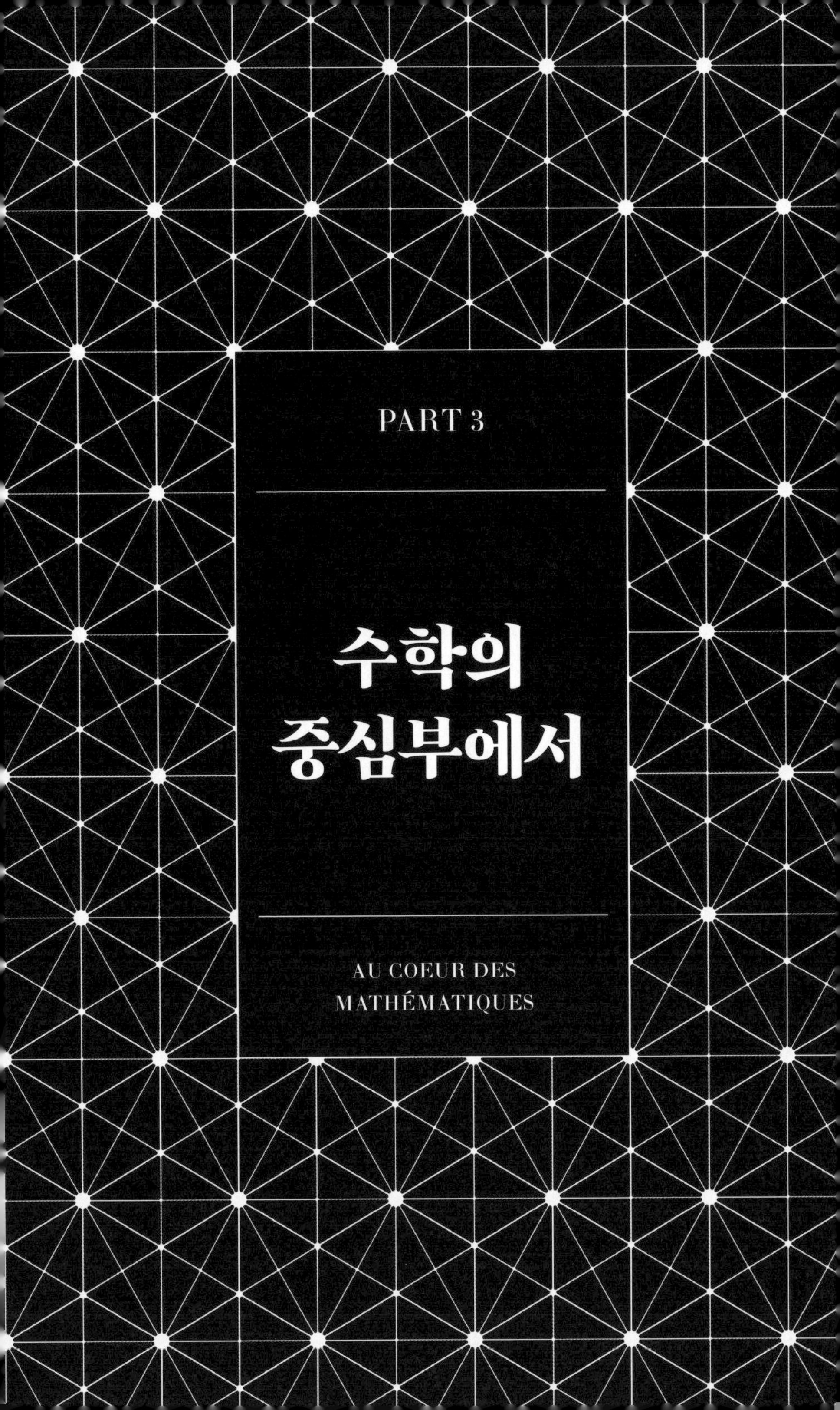

PART 3

수학의 중심부에서

AU COEUR DES MATHÉMATIQUES

이제 나는 당신이 수학자의 머리와 마음속으로 들어가볼 수 있도록 노력해보겠다. 당신이 수학자라는 직업을 발견할 수 있도록 말이다. 수학자들에게 영감을 주는 것은 무엇인가? 무엇이 그들 눈에 수학이 그토록 아름답게 보이게 만드는가? 이것을 이해하려면 먼저 잘못된 생각들을 버려야 한다! 그러니까 수학자들은 자신의 열정을 다른 이들과 나누기 좋아하는 사람들이다. 안심해라. 그들의 삶은 고립되어 사는 지옥이 아니니까! 오히려 수학자들은 그룹을 지어 일하고 잡지와 빈번한 세미나를 통해 자신들의 생각을 서로 교환한다.

하지만 위와 같은 질문은 결코 하찮지 않다. 이런 질문을 함으로써 수학자의 사고방식, 심지어는 그들이 세상을 보는 관점의 구조가 잡힌다. 가령, 어떤 수학자들은 인간이란 기존에 존재하는 세계를 탐색하는 존재일 뿐이라고 생각한다. 한편 또 다른 수학자들의 형이상학적인 강박 탓에 수학계는 20세기 초에 수학계를 뒤흔든 기초의 위기를 맞았다.

한마디로, 이 책의 앞부분에서 수학의 기원과 수학이 점점 더 추상화되어가는 과정을 검토했다면, 이제부터는 수학 문화의 근본에 대해 이야기하겠다. 따라서 제3부는 철학을 건드린다. 사실 철학과 수학은 고대 그리스 때부터 서로 연결되어 있었다. 그 시대에 수학은 철학자들에게 영감의 원천이었고, 18세기 라이프니츠에 이르기까지 철학자는

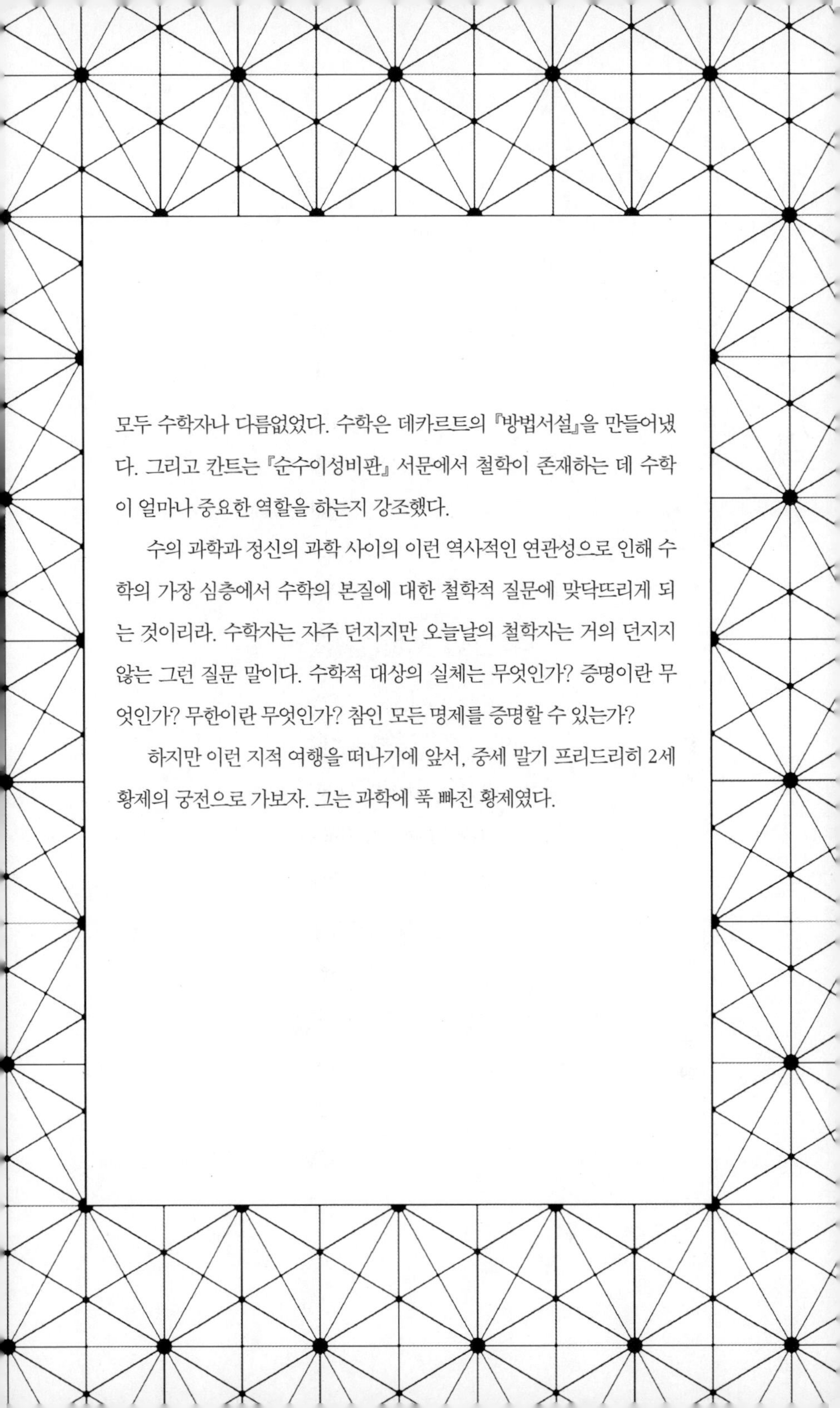

모두 수학자나 다름없었다. 수학은 데카르트의 『방법서설』을 만들어냈다. 그리고 칸트는 『순수이성비판』 서문에서 철학이 존재하는 데 수학이 얼마나 중요한 역할을 하는지 강조했다.

수의 과학과 정신의 과학 사이의 이런 역사적인 연관성으로 인해 수학의 가장 심층에서 수학의 본질에 대한 철학적 질문에 맞닥뜨리게 되는 것이리라. 수학자는 자주 던지지만 오늘날의 철학자는 거의 던지지 않는 그런 질문 말이다. 수학적 대상의 실체는 무엇인가? 증명이란 무엇인가? 무한이란 무엇인가? 참인 모든 명제를 증명할 수 있는가?

하지만 이런 지적 여행을 떠나기에 앞서, 중세 말기 프리드리히 2세 황제의 궁전으로 가보자. 그는 과학에 푹 빠진 황제였다.

수학, 수수께끼의 학문

23

수학 수수께끼 애호가들이여, 기뻐하라. 이 장은 이 책에서 가장 즐거운 장일 것이다. 제1부에서 우리가 했듯 아름다운 추상적 수학 구조를 설명하는 데는 한 가지 한계가 있다. 그것은 바로 그들을 탄생시킨 감정들을 지워버린 채 그것들을 차가운 세계인 양 소개한다는 점이다. 감정은 수학에 대해 이야기할 때 부적절해 보일 수 있는 단어다! 하지만 수학은 열정과 아름다움, 미학으로 이루어진 학문이다.

루빅스큐브Rubik's Cube를 가지고 놀거나 테트리스 게임을 해본 사람이라면 누구든 퍼즐 조각이 조화롭게 끼워 맞춰지는 모습을 보는 깊은 즐거움, 그 원초적인 감정을 느껴보았을 것이다. 이 감정은 수학자가 연구를 계속하게 이끄는 원동력이지만, 이런 기쁨을 더욱 즉각적으로 느낄 수 있는 분야도 있다. 바로 수학 게임과 수수께끼 영역이다. 지적인 쾌감의 고갈되지 않는 원천인 이들은 언제나 수학자들을 매료시켜왔다. 앞에서 이미 보았듯 르네상스 시대의 수학자들은 수학으로 시합하기를 좋아했지만, 그보다 훨씬 전인 1225년 중세에 이미 프리드리히 2세가 최초의 수학 경진대회를 열었다.

프리드리히 2세는 (서양에 아라비아 숫자가 도입된 양상을 살펴보며 이미 앞에서 만난) 피보나치를 시험해보고자 그에게 몇 가지 문제를 냈다. 피보나치는 모든 문제를 풀어내어 문제를 풀지 못한 다른 모든 수학자들을 우습게 만들며 시합에서 승리했다. 이 수수께끼 중 하나는 그 어떤 수학 수수께끼 애호가라도 골치 아프게 만들 만한데, 바로 이런 문제다. "어떤 수의 제곱에 5를 더하거나 빼면 다른 수의 제곱이 되는 수를 찾아내라." 이 수수께끼는 사실 디오판토스 방정식, 즉 방정식의 해 x가 정수(또는 유리수)인 방정식에 해당한다. 피보나치는 $\frac{41}{12}$라는 유리수 해를 찾아냈다. 이런 관점에서 보면, 피보나치는 디오판토스에서 페르마에 이르는 동안, 이 분야에서 유일하게 진전을 본 학자다.

여름휴가철 첫 게임 부록

피보나치는 사실 즐길 목적보다는 교육적 목적으로 쓴 책 『리베르 아바치(수판의 책)』(8장 참조)에서 다음과 같은 연습 문제도 제시했는데, 그 풀이를 보면 아마 당신 머릿속에 무언가가 떠오를 것이다……. "어떤 사람이 사방이 벽으로 가로막힌 장소에 토끼 한 쌍을 기르며 이 한 쌍의 토끼가 1년 만에 새끼를 몇 마리나 낳을지 알아보고자 했다. 이 동물의 성질에 따르면 암·수 토끼 한 쌍은 매달 다른 암·수를 낳는다. 그리고 새끼 암·수 토끼는 태어난 지 두 달이 되면 새끼를 낳을 수 있다."

이 문제로부터 수열 1, 1, 2, 3, 5, 8, 13 … 이 나오는데, 각 항은 바로 앞에 나온 두 항의 합과 같다. 19세기에 에두아르 뤼카는 이 수열에 '피보나치 수열'이라는 이름을 붙였다. 수학 애호가에게는 이 이름이 익숙할 것이다.

하지만 알려진 최초의 수학 수수께끼(또는 오락) 책은 피보나치가 아니라 영국의 시인이자 학자, 신학자인 앨퀸Alcuin이 썼다. 그는 샤를마뉴Charlemagne(카롤루스 대제)의 조언자 중 한 사람이었다. 이 책의 제목은 『젊은이들의 정신을 날카롭게 만들기 위한 문제들Propositiones ad acuendos juvenes』이다. 여기에는 아직도 잘 알려져 있는 문제인 늑대와 염소, 양배추 문제가 나온다. "어떤 사람이 늑대와 염소와 양배추를 하나씩 가지고 강을 건너야 한다. 그의 배는 이 셋 중에서 하나만 옮길 수 있고, 강가에 염소를 늑대와 함께 두거나 양배추를 염소와 함께 둘 수 없다. 그는 어떻게 할 수 있을까?"

이 경로 문제의 후손을 18세기 동유럽의 도시 쾨니히스베르크에서 찾아볼 수 있다. 아래 그림에서 보듯, 섬 2개와 다리 7개가 있는 강 하나가 이 도시를 가로지른다(오늘날 이 도시는 칼리닌그라드라고 불리며, 러시아의 발트해 연안에 있다).

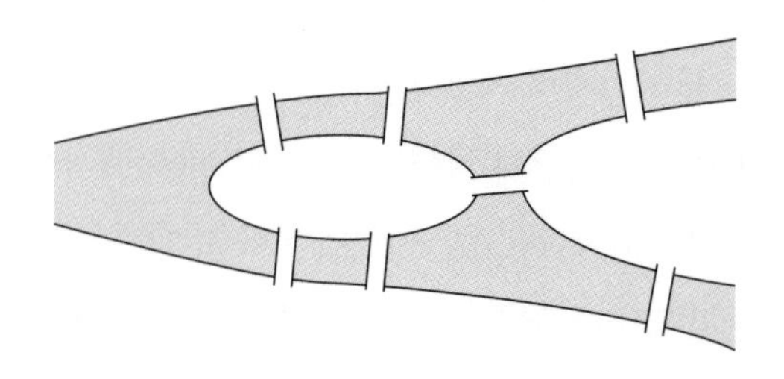

한 가지 질문이 이 도시 주민들을 당황스럽게 만들었던 듯하다. 그 질문은 다음과 같다. 도시의 한 지점에서 출발해서 각 다리를 단 한 번씩만 건너서 출발한 자리로 되돌아올 수 있을까? 오일러는 이런 경로가 불가능하다는 것을 보여주며 수학의 새로운 분야인 그래프이론을 탄생시켰다. 강으로 분리된 4개 구역에 점을 하나씩 찍고, 점 사이를 선으로 연결해 다리를 나타내면 도시 쾨니히스베르크를 그래프로 나타낼 수 있다. 이 그래프이론에서 오일러가 이루어내고자 한 경로를 오일러 사이클이라고 부른다.

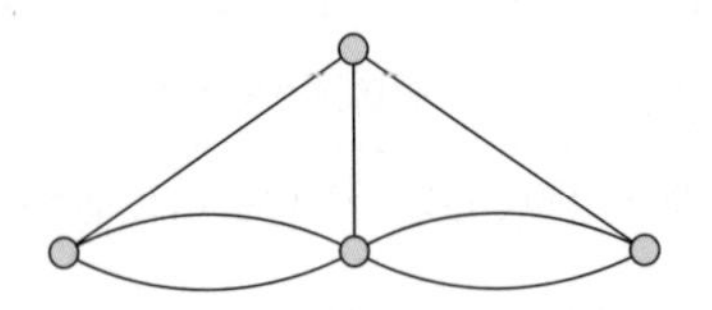

쾨니히스베르크의 다리 그래프(위 도시 그림을 90° 돌려놓은 것).

달걀 바구니

이 예를 비롯한 다른 여러 예를 살펴보면 우리는 이런 문제가 실제적인 응용을 위한 것이 아님을 알 수 있다. 그렇다면 이런 문제는 왜 존재하는가? 바로 게임의 즐거움 때문이다. 그리고 이런 문제가 새롭고 쓸모 있는 수학 이론까지 만들어낸다면 금상첨화였다. 달걀 바구니 수수께끼처럼 말이다. 클로드 가스파르 바셰 드 메리지아크는 자신의 책 『수로 하는 즐겁고 유쾌한 문제들』(17세기)에서 어떤 활기찬 마을 광장에서 벌어지는 다음과 같은 장면을 묘사한다. "한 여인이 달걀을 시장에 내다 팔려고 달걀 바구니를 들고 있다가 딱하게도 어떤 사람한테 떠밀렸다. 달걀이 전부 떨어져 깨졌다. 여인을 밀친 사람이 달걀 값을 보상해주려고 달걀이 몇 개였는지 물었다. 여인은 달걀 개수는 기억하지 못했지만, 바구니에서 달걀을 2개씩 덜어내면 1개가 남으며, 3개씩, 4개씩, 5개씩, 6개씩 덜어내도 매번 달걀 1개가 남는다는 사실을 기억했다. 반대로, 7개씩 덜어내면 1개도 남지 않았다. 그 말을 들은 행인은 달걀 개수를 알아냈다……."

이 문제 풀이는 방정식 $7x-60y=1$과 『수로 하는 즐겁고 유쾌한 문제들』에 나오는 다음과 같은 정리로 귀결된다. "만일 d가 두 수 a와 b의 최대공약수면, $au+bv=d$를 만족하는 두 수 u와 v가 존재한다." 책에서는 뒤이어 u와 v를 구하는 알고리즘이 소개된다. 이 문제에는 무한개의 해가 있고 그중 가장 작은 것은 301이다. 농부 여자가 갖고 있던 바구니는 정말 컸나 보다……. 이런 예를 무한정 들기보다는, 수학 게임의 거장들이 만들어낸 수수께끼를 인용하는 것으로 만족하도록 하자.

브라마의 탑

에두아르 뤼카가 19세기에 금으로 만든 원반 수수께끼를 낸 때에는, 앨퀸과 바셰 이후로 취향이 이미 많이 발전해 있었다. 평화로운 전원 분위기는 이미 끝났고 아시아의 신비로운 이국주의가 등장한다. 뤼카는 다음과 같은 고대 전설에서 영감을 받았다고 했다(하지만 이 전설을 만들어낸 것은 사실 뤼카 자신이었다).

"위대하고 유명한 베나레스 사원에서 세계의 중심을 나타내는 원형 돔 아래에 청동 받침대가 위풍당당하게 자리 잡고 있다. 그 위에는 다이아몬드로 된 바늘 3개가 고정되어 있는데, 각각의 길이는 50센티미터쯤이고 굵기가 개미허리처럼 가늘다. 천지가 창조될 때, 신은 이 바늘 중 하나에 순금 원반 64개를 가장 넓은 원반이 받침대 바로 위에 놓고 그 위로 크기가 큰 것부터 순서대로 쌓이도록 끼워 놓았다. 이것이 바로 브라마의 탑(퍼즐 게임인 '하노이의 탑'으로 많이 알려져 있다 — 옮긴이)이다. 승려들은 밤낮으로 쉼 없이 한 바늘에서 다른 바늘로 원반을 옮기는데, 이때 원반을 한 번에 하나씩만 옮기며, 어떤 원반을 그보다 더 작은 원반 위에는 절대로 올릴 수 없다는 브라마의 법칙을 철석같이 지킨다. 원반 64개가 신이 천지창조 때에 그것들을 끼워둔 바늘로부터 다른 바늘 하나로 모두 옮겨지면, 탑과 사원, 브라만은 모두 먼지로 돌아갈 것이며 세계는 천둥소리와 함께 사라질 것이다."

이는 수학적 귀납법을 연구하기 위해 전통적으로 사용되는 문제다. 2개의 원반에 대해서만 해결하면 일반적인 경우를 추론해낼 수 있다.

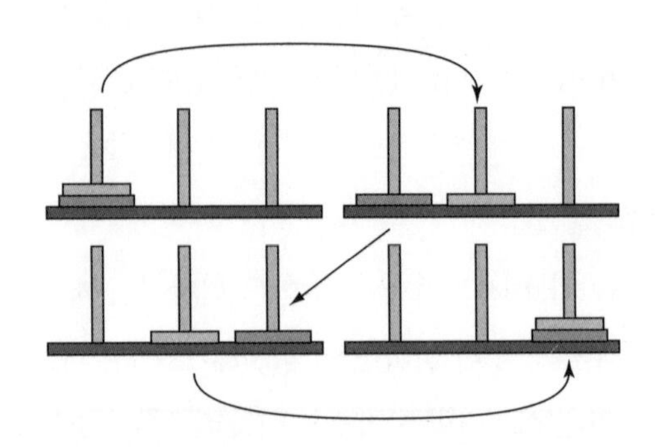

3개의 원반으로 넘어가는 것은 무척 복잡해 보이지만, 여기에서 수학자들이 무척 좋아하는 마법이 끼어든다. 즉, 위의 그림에서 놓인 2개의 원반을 하나로 간주하는 것이다. 이상한 생각이라고? 아니다. 위 그림에서 우리는 2개의 원반을 이동하는 것이 가능함을 알아냈기 때문이다. 사실, 그 어떤 개수의 원반으로 푸는 문제든 2개의 원반 문제와 같다. 그저 중간 단계만 더하면 된다.

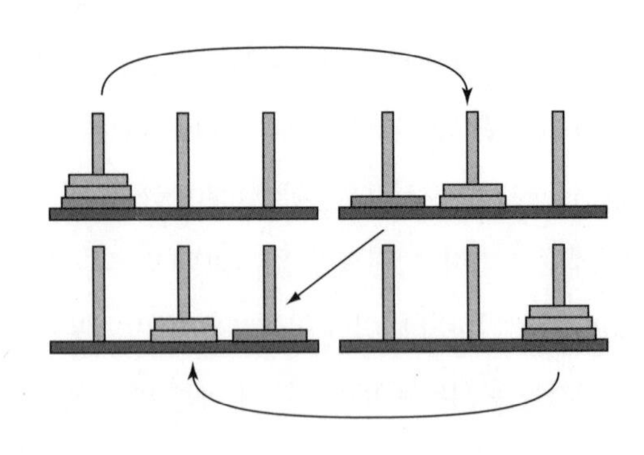

승려들이 64개의 원반을 다 옮기는 데 시간이 얼마나 필요할까? 원반 하나를 움직이는 데 1초밖에 안 걸린다 해도, 이것을 다 하는데 $2^{64}-1$, 즉 6천억 년이 걸릴 것이다. 그러니 세계의 종말이 오려면 아직 멀었다!

밀알

브라마의 탑 풀이법을 보면 이보다도 오래 전의 어떤 수수께끼가 떠오른다. 전설에 따르면, 체스 게임은 시사Sissa라는 이름의 인도 브라만이 자신이 섬기는 군주를 즐겁게 해주려고 만들어낸 게임이라고 한다. 군주는 이에 대해 감사를 표하려고 시사에게 무슨 상을 받고 싶은지 직접 고르게 했다. 시사는 군주에게 밀알 한 톨을 체스판의 첫 번째 칸에 두고, 두 번째 칸에는 밀알 두 톨을, 세 번째 칸에는 네 톨을 두고 이런 식으로 매번 밀알 개수를 두 배로 늘리며 체스판의 마지막 칸까지 채워달라고 부탁했다.

군주는 이 부탁이 대수롭지 않다고 생각하고 그렇게 하겠다고 했다. 하지만 이 부탁을 들어줄 수 없었다. 왜일까? 그가 미처 생각하지 못한 사실은, 이 일에 필요한 밀알의 개수가 천문학적인 수인 $2^{64}-1$이라는 사실이었다. 밀알 한 톨이 평균 30밀리그램이라고 하면, 이것은 약 5천억 톤, 다시 말해 지구 전체 연간 밀 생산량의 1천 배에 이르는 양이다!

짓궂은 로이드

수학 유희의 다른 위대한 인물로 샘 로이드Sam Loyd, 1841~1911와 헨리 듀드니Henry Dudeney, 1857~1930가 있다. 로이드는 5천 개가 넘는 수수께끼를 만들어냈지만, 특히 '15 퍼즐' 발명가로 유명하다. 15 퍼즐은 4×4칸으로 이루어진 바둑판에서 하는 놀이다. 1부터 15의 수로 표시된 칸 15개는 이동 가능하다. 이 게임의 목적은, 아무 칸에서나 시작해서 이 칸들을 올바른 순서대로 다시 배치하는 것이다.

1	2	3	4
5	6	7	8
9	10	11	12
13	14	15	

이 유희의 풀이법은 로이드가 살던 시기에 가장 앞서가던 수학 연구 분야인 군론과 관련되어 있다. 에르노 루빅Ernő Rubik이 1974년에 발명한 유명한 루빅스큐브는 그 직계 후손이다.

한편 헨리 듀드니는 암호화된 메시지 형태의 수학 퍼즐을 발명한 것으로 유명하다. 듀드니의 직업은 퍼즐 발명이었다. 1924년에는 그가 만들어낸 신비한 덧셈이 어느 신문에 발표되었다. SEND+MORE=MONEY라는 덧셈이었는데 여기에서 각 문자는 하나의 숫자를 나타낸다. 이 퍼즐의 목표는 각 단어가 나타내는 수를 알아내는 것이었다. 이처럼 구해야 할 숫자를 어떤 방정식으로 표현하는 수학 유희는 그 이후로 복면산(프랑스어로 cryptarithme, 영어로 cryptarithm)이라는 이름으로 불린다. 각각 그리스어로 '감추어진'과 '수'를 뜻하는 'kryptos'와 'arithmos'를 합쳐 만든 단어다.

듀드니의 복면산은 해답이 단 하나밖에 없을 뿐만 아니라, 영문 뜻("돈을 더 많이 보내시오")이 웃음까지 자아낸다. 당신도 이 문제에 도전해 보고 싶을지 모르니 힌트를 하나 알려주겠다. 이런 문제를 풀려면 올림수를 고려해야 하는데, 두 수를 더할 때 올림수는 0 또는 1일 수밖에 없다. 당신이 찾아내야 할 해답은 바로 9567+1085=10652다.

불가능을 대중화한 사람

우리와 더 가까운 시기를 산 수학 유희의 위대한 어떤 인물이, 이 책에서 우리가 이미 살펴본 프랙탈과 같은 여러 가지 새로운 개념을 대중화했다. 그는 바로 마틴 가드너Martin Gardner, 1914~2010다. 다음은 가드너가 만든 수수께끼 중 하나인데, 이 문제는 수학의 주요 개념인 불변성invariance 개념을 도입한다. "체크판 1개, 그리고 서로 붙어 있는 2개의 칸을 덮을 수 있는 도미노 말들이 주어졌다. 대각선의 양쪽 끝 두 칸을 빼버린 체크판을 말로 뒤덮는 게 가능할까?"

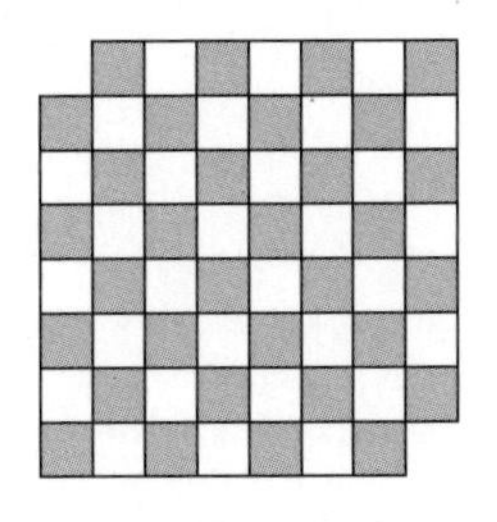

이 문제는 아주 단순하고도 멋들어진 추론으로 풀 수 있다. 즉, 도미노 말 하나는 항상 하얀 칸 하나와 검정 칸 하나를 덮는다. 따라서 도미노 말 여러 개는 똑같은 개수의 하얀 칸과 검정 칸을 덮는다. 그런데 양 끝 모퉁이 두 칸을 없앤 체크판에는 검정 칸이 32개, 흰 칸이 30개 있다. 따라서 도미노 말로 체크판을 전부 덮는 것은 불가능하다. 정말 근사한 추론 아닌가?

수학자는 모두 플라톤주의자인가?

24

플라톤의 아카데미 입구에 실제로 "기하학자가 아닌 자는 들어오지 말라"라고 새겨져 있었든 아니든, 이 문장은 플라톤의 생각과 일치한다. 그는 철학자가 기하학을 배우는 것이 좋다고 생각했다. 그래서 『국가Poliiteiā』 제7권에서 기하학 학습이 철학 공부의 전제조건이며 기하학이 시민을 양성하는 데 필수불가결한 과목이라고 말했다. 수학은 플라톤의 사상을 빚어냈다. 수학과 철학의 이런 연관관계는 오랫동안 지속되었다(그러다가 아주 드문 경우를 제외하면 현대 철학자들에 이르러 거의 사라졌다).

반면에 수학자는 자신이 연구하는 학문의 심오한 성질에 대해 많이 자문했다. 명백하게 드러나는 개념 사이에 감추어진 비밀스러운 관계를 꿰뚫어 밝히려고 노력하면서 수학과 거리가 먼 분야 사이에 다리를 놓다 보니, 자신이 세상을 만들어낼 수 있는 능력을 지녔는지 의심이 들기 시작했다. 대수학과 기하학을 연결하는 이 정리는 정말 내가 만들어낸 것일까, 아니면 이 정리가 나 이전에 이미 존재하고 있었을까? 수학 체계는 가끔

믿을 수 없을 정도로 풍요롭고 서로 연결된 듯 보였다. 그래서 많은 수학자는 자신이 거기에 관심을 갖기 이전부터 이미 우뚝 서 있던 거대한 산을 자신이 단지 측량하고 있는 것에 불과하지 않은지 자문했다. 이런 철학적 문제 제기는 다음과 같은 질문으로 요약된다. 수학자들은 '플라톤주의자' 일까?

플라톤과 동굴의 비유

플라톤주의자라고? 이 표현은 플라톤이 만들어낸 동굴의 신화에서 끌어왔다. 고대 그리스에서는 추상적인 개념을 도입하기 위해 은유법을 사용하는 일이 흔했다. 알다시피 플라톤은 동굴 안에 갇혀서 동굴 벽에 어른거리는 그림자로만 바깥세상을 바라보는 인간을 상상했다. 플라톤에 따르면, 그렇게 갇혀 있는 사람은 바깥세상에서 벌어지는 일에 대해 온갖 상상을 하게 되고, 항상 평면적이고 협소한 이미지만 가질 것이다. 여기에서 메시지는 분명하다. 플라톤에게 이 은유는 현실을 있는 그대로 인지하지 못하는 우리의 무능력을 나타낸다. 동굴에 갇힌 사람들처럼 우리는 우리의 감각과 상상력을 뛰어넘는 광대한 세계를 슬쩍 훔쳐보기만 할 뿐이다. 플라톤은 (이런 외부세계가 무척 구체적이라고 보았는데도) 이를 '이데아의 세계'라고 불렀다.

이 확장된 세계는 과연 존재하는가? 플라톤은 그렇다고 가정했고, 그래서 영혼이 불멸한다고 주장했다. 그가 보기에 영혼은 바로 이 세계로부터 오고, 따라서 영혼은 그 세계에 대한 희미한 기억을 간직하고 있다. 그리스 철학은 가끔 이렇게 끝까지 밀어붙이는 경향이 있는데, 이런 성향은 수학자들에게서도 쉽게 찾아볼 수 있다. 수학자들에게 2+2는 3.99일 수 없다. 답은 이론의 여지없이 4다. 이 방법론은 그 틀 안에서는 정확하지만, 간혹 영혼이 불멸한다는 생각 같은 불필요한 부조리에 이르게 한다. 플라톤은 동굴의 비유를 이용해서 그가 말한 이데아의 세계에 우리가 직관적으로 접근하는 양상을 설명하고자 했다. 플라톤이 보기에 우리는 배우는 게 아니라 기억하는 것이다.

이를 보면 『메논』에서 소크라테스가 어느 노예에게 피타고라스의 정리를 증명할 때 사용한 교수법이 이해가 된다. 소크라테스에 따르면 이 노예는 영혼이 육신에 갇히지 않은 시기의 오래전 지식을 되살려내야 한다. 소크라테스는 노예가 자기 안에 이미 존재하는 것을 '분만하도록' 도와준다. 이런 의미에서 보면 발명이란 불가능하고 오로지 발견만이 가능하다. 발견은 수학에서 일반적으로 통용되는 단어다. 그리고 사람들이 어떤 수학자가 "정리를 만들어낸다"라고 말할 때, 이 표현에는 경멸의 뜻이 담긴 경우가 많다. 정리가 거짓이라는 뜻이 내포되어 있기 때문이다.

수학의 세계는 인간보다 먼저 존재했을까

그렇다면 수학자는 플라톤주의자일까? 그들은 수의 세계가 이미 존재하고 있었고 인간은 그 세계를 단순히 탐색하는 사람에 불과하다고 믿을까? 확실한 것은, 수학자가 플라톤이 말한 이데아의 세계를 닮은 세계를 만들어낸다는 사실이다. 현실 세계의 그 어떤 점point도 결코 우리가 상상하는 이상적인 점은 아니다. 현실의 점은 분명히 어느 정도 도톰할 것이다. 직선과 원의 경우도 마찬가지다.

고대 이후로 기하학의 세계는 몇 가지 공리, 즉 증명 없이 참이라고 간주되는 결과로 규제된다. 이 공리적 방법은 20세기 초에 힐베르트가 일반화하고 발전시켰다. 오늘날 각 이론(산술학, 기하학 등)에는 그 이론의 구조를 세워주는 공리들이 있다. 이 이론들은 현실과 복잡한 관계를 유지한다. 공식적으로, 수학자에게 공리는 이 이론들을 만드는 사람의 자유의지에서 비롯한다. 이렇게 주장하는 것이 합리적일까? 아니면 이는 단지 현실로부터 해방되려는 한 방법인가?

시라쿠사 침공

기하학 분야에서 잠시 머물며 예를 하나 살펴보자. 초점과 관련된 포물선의 특질 하나를 알아볼 텐데, 시라쿠사가 공격받을 때 아르키메데스가 로마 선박의 돛을 불태우기 위해서 이 특질을 이용했을 것이라고 한다. 나중에 근대적인 수단을 동원해 이 방법을 시도해보았는데 이는 불가능한 것으로 판명됐다.

포물선의 축에 평행한 직선 D와 이 포물선이 점 M에서 만난다면, M에서의 접선에 대하여 D와 대칭하는 직선은 포물선의 초점을 지난다. 이 특성은 우리 일상세계에 눈에 띄는 결과로 나타난다. 건물 지붕 위에 파라볼라(위성) 안테나가 있으며, 태양열 조리기구, 자동차의 전조등 같은 물건이 존재한다. 달리 말하면, 기하학의 세계에서 의미 있는 포물선의 특성은 우리가 살아가는 세계에서도 의미를 지닌다.

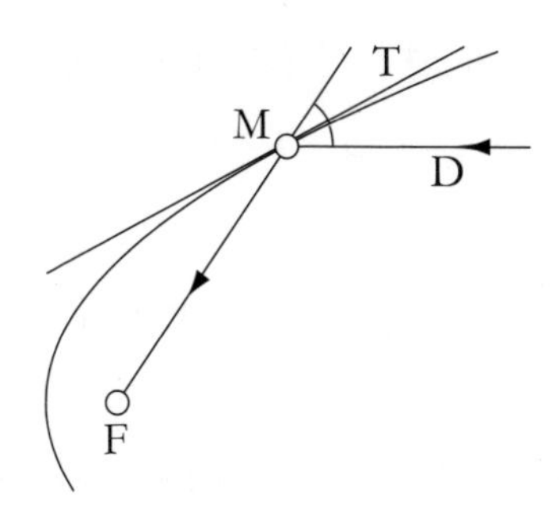

현실 세계에서 수학이 실제로 유용하다는 사실을 의심하는 수학자는 거의 없다. 뒤에 자세히 살펴보겠지만, 물리학자 유진 위그너Eugene Wigner, 1902~1995처럼 일부 과학자는 수학의 실효성이 '비이성적이다'라고 평가했지만 말이다. 당신이 수학자에게 공리가 무엇이냐고 질문한다면, 그는 아마도 위에서 설명한 것처럼 대답할 것이다. "공리는 우리가 추상적인 방식으로 스스로에게 부여하고 그것을 바탕으로 논리 법칙에 따라 일관된 이론을 구축하는 규칙들입니다"라고 말이다. 이런 관점에서 이 이론은, 그 이론의 바탕을 이루는 공리들만큼이나 더 '현실적'이거나 '참'이지 않다. 하지만 얻어낸 결론은 극도로 견고하다. 공리들이 '진리(참)'임을 인정한다면, 정리도 참이다.

이상적인 세계

이 진리가 조건부라면, 어째서 수학적 결과가 현실 세계에서 유용한가? 답은 간단하다. 공리는 무작위로 선택되지 않기 때문이다! 공리들은 이 공리로부터 끌어내는 수학 이론이 현실에 대한 좋은 모델이 되도록 선택된다. 이를 위해 공리는 현실에서 영감을 받는다. 수학자들은 플라톤이 그랬듯 이상적인 세계를 만들어내는데, 현실은 이 세계를 반영한다.

이런 의미에서 수학자들은 플라톤주의자이지만, 자신이 만든 모델에 쉽게 속아 넘어가지는 않는 플라톤주의자다. 플라톤과 달리 수학자들은 이데아의 세계가 자신들이 만들어낸 추상임을 잘 알고 있다. 그들이 만든 세계는 플라톤이 말한 이데아의 세계처럼 영구히 존재해온 세계가 아니다. 달리 말하면, 수학은 비역사적인 세계에 머물지 않는다. 수학은 진화하는 역사의 산물이다. 수학적 진리가 변치 않는다고 단언할 수조차 없다. 우리가 기하학을 살펴보며 눈치챘듯이 수학에서는 관점이 변하면 기존의 진실을 넘어서는 새로운 진실이 나타나게 마련이다.

알랭 바디우가 『수학 예찬』에서 쓴 용어를 빌리면, 수학적 사고는 두 방향으로 나아간다. 첫 번째 방향은 우리가 플라톤주의적 사고라고 부른 것으로, 현실적 사고라 할 수 있다. 이것은 갈릴레이가 세계는 수학 언어로 쓰였다고 단언했을 때 취한 방향이다. 두 번째 방향은 공리가 자유의지로 선택되었다고 보는데, 이른바 형식주의적 사고라고 볼 수 있다. 이런 사고에서 수학은 단순한 언어유희다. 이 견해는 아리스토텔레스로부터 유래했는데, 아리스토텔레스에게 수학은 무엇보다 미학적인 것으로 현실과 진정한 관계는 맺지 않는다.

대부분의 수학자는 아름다움을 기준으로 수학을 평가한다. 하지만 자신이 만들어내는 것이 현실과 아무런 관계가 없다고 보는 수학자는 거의 없다. 이는 루트비히 비트겐슈타인Ludwig Wittgenstein 같은 철학자들의 견해에 가깝다. 하지만 현실주의와 형식주의, 이 두 방향은 모든 수학자에게 항상 존재한다. 수학자는 기존에 존재하던 세상을 발명하는 사람이다. 수학자는 역설에 겁먹지 않는다.

유명한 플라톤주의자의 글 발췌

"수학과 물리학 사이에 어떤 지속성의 중단, 단절도 없다고 보며, 정수가 나트륨이나 칼륨 같은 것과 똑같은 필요와 필연성으로 우리 바깥에 엄연히 존재하는 듯 보인다고 내가 여러분에게 감히 고백한다면 여러분은 펄쩍 뛸 것이다."

–샤를 에르미트Charles Hermite, 1822~1901

"문제의 개념을 충분히 명확하게 한 후에는 수학적으로 엄격하게 이러한 논의를 수행할 수 있으며, 그 결론은…… 플라톤주의의 개념만이 유일하게 가능한 정도다. 이것으로 내가 말하고자 하는 바는, 수학이 비감각적인 현실을 묘사한다는 개념이다. 이 현실은 인간의 행동이나 마음의 성향과는 독립적으로 존재하며, 인간의 정신은 이를 불완전하게만 인지할 수 있다. 이런 관점은 수학자들 사이에서 그다지 인기 있지 않지만, 몇몇 위대한 수학자들은 이렇게 생각한다."

–쿠르트 괴델Kurt Gödel, 1906~1978

"수학적 생각은 우리가 그것을 생각하는 범위 내에서 우리 두뇌를 통해 생산된다. 하지만 이런 생각은 우리가 생각하지 않아도 존재한다. 어딘가에 존재하는데, 단지 우리 기억 속에서만은 아니다. 내 생각에, 이런 생각은 다른 어떤 곳에도 존재한다……."

–르네 톰René Thom, 1923~2002

"수학은 (지질학, 입자물리학 등 같은) 과학의 대상만큼이나 실재하는 연구 대상을 갖고 있다고 나는 계속 주장한다. 하지만 이 대상은 물질적이지 않으며 시간이나 공간에서 위치가 파악되지 않는다. 하지만 외부 현실만큼이나 견고하게 존재하며, 수학자들은 외부 현실 세계에서 물체에 부딪히듯 그것에 부딪힌다."

–알랭 콘Alain Connes, 1947년 출생

공리는 무엇인가? 정리는 무엇인가?

25

수학 비전공자들은 공리와 보조정리, 정리의 개념을 쉽게 혼동한다. 그러니 이를 살짝 다시 살펴보고 넘어가도 나쁘지 않을 것이다. 나는 이와 동시에 수학의 미래 분야 하나도 다루고자 한다. 바로 정형 기법이다. 쉽게 말하면, 우주왕복선을 궤도 제어 프로그램의 오류에 대한 걱정 없이 이륙시키는 방법이다.

수학 이론에는 2개의 기초가 있다. 사용되는 용어의 뜻을 알려주는 정의, 그리고 도입된 대상의 핵심적이지만 증명할 수 없는 특질을 정해주는 공리다. 공리는 수학자들이 구축하는 건축물에 맨 처음 놓이는 벽돌, 우리가 인정할 수밖에 없는 '원초적인' 진리다. 원칙적으로, 공리 중 그 어떤 것도 다른 공리로부터 추론해낼 수 없다.

20세기 초까지 수학자들은 어떤 수학 이론(산술, 집합 이론, 기하학, 등)의 모든 진리는 그 공리로부터 논리적 추론으로 이끌어낼 수 있다는 힐베르트의 견해에 동의했다. 그런데 앞으로 살펴보겠지만 쿠르트 괴델은 훗날 이것이 아쉽게도 사실이 아님을 증명했다. 하지만 일단 지금은 힐베르트의 낙관주의에 머물러 있도록 하자.

수학은 진리 여부가 감정적인, 또는 이념적, 미학적인 선택에 의존하지 않는 명제assertion에 관심이 있다. 명제는 "2+2=5"와 같이 거짓일 수도 있고, "서로 다른 2개의 점으로는 오직 1개의 직선만이 지난다"처럼 참일 수도 있다. 정리Theorem는 단순히 말하면 참인 명제이다. 물론 정리라는 이름은 "2+2=4" 같은 결과가 아닌, 피타고라스의 정리처럼 중요한 영향을 미치는 것에만 붙이긴 하지만 말이다.

마찬가지로, 보조정리Lemma는 덜 중요한 정리로, 보통 좀 더 중요한 정리를 증명할 때 중간 단계로 쓰인다. 따름정리Corollary는 어떤 정리로부터 그 진리 여부가 쉽게 밝혀지는 다른 정리로 추론이라고도 한다. 여기에서 우리는 어떤 이론에 대하여 참인 명제라는 의미의 정리만을 다룰 것이다.

증명 과정

수학자는 어떤 결과를 증명하기 위해서 구체적으로 어떻게 하는가? 수학자는 일정한 개수의 참인 명제(처음에는 공리)들로부터 시작해서 수학적 논리 규칙에 따라 다른 명제들을 만들어낸다. 최초의 논리 규칙은 논리 연산자들에 해당한다. 이것은 세 가지 기본 연산자인 부정('아니요' 또는 '…가 아니다'not), 논리곱('그리고'and), 논리합('또는'or)으로부터 정의할 수 있다. 첫 번째 경우('아니요'인 경우), 새로운 명제는 이전의 명제가 거짓이면 참이고, 두 번째 경우('그리고'의 경우), 새로운 명제는 모든 명제가 참이면 참이다. 달리 말하면, 단 하나의 명제라도 거짓이면 새로운 명제는 거짓이다. 거짓이 우세한 셈이다. 마지막 경우('또는'의 경우)에 새로운 명제는 최소한 하나의 명제가 참이면 참이다. 여기에서는 참이 우세하다.

중요한 세 가지 논리 규칙

논증에서 참으로 유용한 논리 규칙인 '함축implication'은 세 가지 기본 논리 연산자로부터 추론할 수 있다. 함축 "A이면 B다"는 정확히 "(A가 아니다) 또는 B"를 뜻한다. 이것이 당신에게 놀라워 보이며 우리가 일상에서 생각하는 방식과 다르다는 점을 나도 인정한다. 당신이 무기로 무장한 사람들과 마주쳤고 그 대장이 "한 발짝만 더 오면 쏘겠다!"라고 외쳤다면, 당신은 이것을 "한 발짝도 오지 마라. 안 그러면 쏘겠다!"라고 해석할 것이다. 하지만 수학에서는 A와 B 사이에 그 어떤 시간성(순서)도 문제되지 않는다. "A는 B를 함축한다"는 "A가 참이므로, B가 발생할 것이다"를 의미하지 않는다.

다른 논리 규칙으로 '연역deduction'이 있다. 이는 가장 단순한 논증 방법이다. 연역은 가장 엄격한 의미로 본 연산자 '함축'으로부터 나오며, 삼단논법에 해당한다. 즉, A가 참이고 A가 B를 함축하면, B는 참이다.

마지막 기초 논증 방법은 '귀납induction'이다. 아리스토텔레스 이후로 대부분의 철학자에게 귀납이란 몇 가지 특수한 경우를 연구해 일반적인 경우로 옮아가는 방법이다. 귀납법을 이런 형태로 사용하는 것은 일상생활에 근거하는데, 수학에서는 그렇지 않다. 수학에서는 귀납법으로 추측을 구축할 수 있을 뿐이다. 사실, 귀납법을 만들어낸 블레즈 파스칼 이후로 수학자들은 귀납법을 사용하되, 우리가 페아노를 다루며 살펴보았고 페아노가 공리로 삼은 것처럼 귀납적recursive(되풀이하는) 논증으로 귀납법의 정확성을 증명할 수 있는 경우에만 제한하여 사용한다.

귀납 증명

귀납법은 자주 무제한의 상상력이 지배하는 사고법으로 여겨진다. 반면에 귀납 증명은 상상력이 들어설 자리가 없는 논증 형태로 느껴진다. 어떤 결론의 의미는 이해하지 않고 그 의미를 상상할 수도 없으면서 '어리석게' 확인하는 방법 말이다. 나중에 우리는 이 생각이 부당하다는 걸 알게 될 테지만, 일단은 모든 고등학생이 잘 알고 있는 귀납적 추론의 기초를 이루는 귀납 논리를 다시 확인해보는 데 만족하자.

정수 n에 따라 정의되는 $P(n)$에 대한 성질을 가정해보자(예: "정수 0부터 n까지의 합은 $\frac{n(n+1)}{2}$와 같다"). 귀납 논리에 따라 $P(0)$일 때 참이고 모든 n에 대하여 "참인 $P(n)$은 참인 $P(n+1)$을 함축한다"면, $P(n)$은 모든 n에 대하여 참이다. 무엇을 근거로 이렇게 단언할 수 있는가? 바로 페아노의 공리다(10장 참조).

하지만 이 말을 다른 원칙으로도 증명할 수 있다. 잠시 이 결론이 거짓이라고 가정하고, $P(k)$가 거짓이 되는 가장 작은 정수 k를 검토해보자. 이 말은 특히 $P(k-1)$이 참임을 뜻한다(아니라면 k는 조건을 만족하는 가장 작은 정수가 아닐 것이다). "참인 $P(n)$은 참인 $P(n+1)$을 함축한다"는 명제가 $n=k-1$에 적용되면 $P(k)$가 참이라는 결론에 이르는데, 이는 모순된다. 따라서 $P(n)$ 성질은 모든 n에 대하여 참이고, 이는 귀납 논리를 증명한다…….

귀납 논리는 단지 증명의 도구만은 아니며, 매우 폭넓게 사용되는 일반적인 원칙이다. 귀납 논리는 가령 풀이법을 상상하도록 해준다. 예를 들어, 카드 세트를 정렬하는 문제로 돌아가서 얼핏 이상해 보이는 방식으로 질문을 제기해보자. n개인 카드 세트를 정렬할 줄 안다면, $n+1$개인 카드 세트는 어떻게 정렬할까? 단순히 드는 생각은, 첫 n개의 카드를 정렬하고 거기에 마지막 카드를 끼워 넣는 것이다. 이것은 곧 마지막 카드를 이미 정렬한 모든 카드 각각과 차례로 비교하는 일이 된다. 이 추론으로, 단 하나의 카드에서 시작해 카드 세트 전체를 분류할 수 있다.

정형 증명

귀납 논리를 이용해서 새로운 정리를 만들어내는 일도 상상할 수 있다. 이 과정은 몇 단계로 이루어진다. 1단계에서는 초기 공리 전체를 제1급 정리들 목록으로 정한다. 2단계에서는, 기초 논법을 이용해서 제1급 목록의 정리들로부터 얻을 수 있는 정리를 여기에 덧붙여 정리 목록이 불어난다. 이렇게 귀납법으로 계속 진행하여 이론의 증명 가능한 모든 정리를 얻어낸다. 확실히 조금 멍청한 방법이긴 하지만, 그런 건 결국 별로 중요치 않다. 이 방법으로 이론적 영역을 총망라하여 탐색해볼 수 있다면 말이다.

이렇게 얻어낸 증명을 정형 증명이라 부른다. 어째서 정형인가? 인간의 직관이 개입되지 않고 기계적인 방식으로 얻어지기 때문이다. 정형 증명을 찾아내는 일은 규모가 큰 경우에는 너무 복잡해서 인간뿐 아니라 컴퓨터도 해낼 수 없다(글상자 참조). 하지만 오늘날에는 일단 수학자가 이 방법을 사용하기로 마음먹으면 여러 정보처리 프로그램의 도움을 받을 수 있다. 프랑스에서 가장 많이 사용되는 프로그램은 컴퓨터 및 자동화 공학 국립연구소INRIA, Institut national de recherche en informatique et en automatique가 계발한 코크Coq다. 이 증명 보조도구의 가장 빛나는 성과는 아마도 4색 정리four color theorem의 증명일 것이다(28장 참조).

전통적인 의미의 증명을 정형 증명으로 변환하는 일은 흔치 않다. 이 방법은 컴퓨터 공학에서 프로그램이 제 기능을 잘 수행하는지 증명할 때 특히 유용하게 쓰인다. 이는 절대 안전이 요구되는 원자력이나 우주항공 분야에서 필수불가결하다(1996년 6월 4일에 로켓 아리안 5호는 이륙한 지

37초 만에 비행 소프트웨어의 오류 때문에 폭발했다). 이 방법은 크래커(또는 해커)들의 공격이 지속적으로 이루어지기 때문에 정보처리 시스템의 안전 문제가 더욱 첨예해질 미래에 필수불가결해질 것이다. 하지만 일상적인 수학적 증명에서는, 논리 규칙을 이용해서 정형 증명으로 쉽게 분해될 수 있다고 여겨지는 좀 더 간략화된 증명법을 사용한다.

정형 증명의 불가해성

정형 증명은 매우 높은 수준의 세부 사항과 추상화 단계로 들어가기 때문에, 적어도 우리같이 가엾은 인간에게는 그 모든 뜻이 사라지고 만다. 다음 예를 살펴보자. "어떤 짝수와 어떤 홀수의 합은 홀수다." 총체적인 증명은 아주 간단하다. 즉, 어떤 짝수는 $2n$의 형태고 어떤 홀수는 $m+2$의 형태일 때, 그 합은 $2n+2m+1=2(n+m)+1$로 쓰이고 따라서 홀수다. 하지만 여기에서는 정형 증명을 구성한다고 말한 그 어떤 논리 요소도 찾아볼 수 없다. 가령 어떤 공리도 보이지 않는다.

공리를 포함시키면 상황은 완전히 달라져서 증명이 굉장히 힘겨워진다. 그 증명은 다음과 같다. N이 어떤 짝수고 M은 어떤 홀수라고 하자. 짝수의 정의로, $N=2n$인 정수 n이 존재한다. 마찬가지로 홀수의 정의로, $M=2m+1$인 정수 m이 존재한다. 그 합은 $N+M=2n+(2m+1)$이라고 적는다. 덧셈의 결합법칙(이것은 공리다)에 따라서 $N+M=(2n+2m)+1$이다. 분배법칙(또 다른 공리)에 따라서 $2n+2m=2(n+m)$이고 여기에서 $N+M=2(n+m)+1$임이 추론된다. 따라서 합 $N+M$은 홀수다.

증명을 완전히 정형화하지 않았는데도 이미 훨씬 길어졌다. 게다가 주요 생각은 이제 세부 사항에 가려져 묻혀버렸다! 완벽한 정형 증명은 이보다 더 읽기 힘들게 쓰인다. 아래에서 그 예를 하나 살펴볼 텐데, 여기에서 ∃는 '존재한다'를 뜻하고, /∗는 '∗이도록 하는'을 뜻하고, ∀는 '그 어떤 경우에도'를 뜻한다.

a. 짝수 N: $\exists n / N=2n$

b. 홀수 M: $\exists m / M=2m+1$

c. a와 b로부터: $N+M=2n+(2m+1)$

d. 결합법칙: $\forall x \forall y \forall z / (x+y)+z=x+(y+z)$

e. c와 d로부터: $N+M=(2n+2m)+1$

f. 분배법칙: $\forall x \forall y \forall z / x(y+z)=xy+xz$

g. e와 f로부터: $N+M=2(n+m)+1$

h. g로부터: $N+M$은 홀수다.

실제로는 아무도 증명을 이렇게 자세히 적지 않는다. 금세 난해해지고, 심지어는 아예 이해할 수 없어지기 때문이다. 그저 누군가가 요구할 때 이렇게 적어줄 수 있기만 하면 된다. 그리고 정형 단계로 넘어가는 데는 증명 보조 프로그램이 사용된다.

칸토어의 천국과 직관론자들의 지옥

26

20세기를 마감하며 수학은 혼돈의 시기를 거쳤다. 수학자들은 그들만의 '1968년 5월 혁명'(프랑스에서 학생과 근로자들이 벌인 대규모 사회변혁운동 — 옮긴이)을 미리 겪었다. 물론 폭력은 없었지만, 기존 질서를 의심하고 두 진영이 거칠게 대립한 것은 5월 혁명과 마찬가지였다. 수학의 기초에 관한 이 심각한 위기가 시작된 계기는 단 한 사람, 바로 게오르크 칸토어였다.

19세기 말에 칸토어는, 우리가 뒤에서 자세히 살펴볼 매우 실제적인 문제를 풀려고 집합론의 기초를 세웠다. 이로써 찬란히 빛을 발하지만 당혹스럽기도 한 몇 가지 추론이 가능해졌다. 칸토어는 어떤 혁명적인 발상을 떠올렸다. 바로, 무한대가 1개 존재하는 것이 아니라 여러 개 존재한다는 생각이다. 여러 개의 무한대가 마트료시카처럼 인형 속에 인형이 겹겹이 든 형상으로 서로 끼워 맞추어진다는 것이다!

그보다 천 년 전에 아라비아의 수학자이자 철학자인 알 킨디가 우주의 유한성에 대해 자문하면서 이런 발상을 감지했다.

"세계는 유한하다. 무한대인 세계를 가정하고 거기에서 유한한 일부를 떼어내면, 그 나머지는 유한하거나 무한하기 때문이다. 첫 번째 경우, 세계로부터 떼어낸 유한한 부분을 되돌려놓으면 세계는 유한한 상태로 남지만 처음과 같아지고, 따라서 유한은 무한과 같다. 두 번째로, 만일 유한한 일부를 떼어낸 나머지가 무한하다면, 떼어낸 부분을 되돌려놓으면 무슨 일이 벌어질까? 세계는 애초의 크기보다 더 커질 수 없으므로, 무한보다 더 큰 무한이 있다는 말이 된다. 세계는 불변의 상태로 남아 있을 수도 없다. 거기에 떼어냈던 일부를 더했기 때문이다. 이처럼 무한대인 세계를 가정하면 모순이 생기므로 불가능하다."

무한대에 질서를 부여하기

무한보다 더 큰 무한? 참으로 이상한 생각이다. 우주의 유한함을 보이기 위해 그런 발상을 떠올린 알 킨디의 눈에도 이는 터무니없는 일이었다. 하지만 칸토어는 가령 실수의 무한 집합에 정수의 집합과 같은 다른 무한 집합이 포함되어 있음을 증명함으로써 이 생각을 되살렸다. 칸토어는 기수基數, cardinal number 개념을 일반화했다. 어떤 유한 집합의 기수는 그 집합에 속한 원소의 개수다.

무한 집합의 경우, 기수 개념은 놀라운 결과를 가져온다. 짝수의 집합은 모든 정수의 집합과 같은 기수를 갖는다(전자가 후자에 포함되어 있는데도 말이다). 모든 수에 그 두 배인 수를 대응시킴으로써, 즉 1 → 2, 2 → 4, 3 → 6 등으로 결합하여 두 집합을 대응시킬 수 있기 때문이다. 사실상, 어떤 두 집합은 양방향으로 대응시킬 수 있으면 똑같은 기수를 갖는다.

칸토어가 정립할 수 있던 또 다른 놀라운 사실이 있다. "하나의 무한은 항상 또 다른 무한을 포함한다. 어떤 집합이 무한이라면, 항상 그 원소들의 부분집합에 번호를 붙일 수 있다." 따라서 이 집합 속에는 가부번可付番 집합(모든 원소에 번호를 붙일 수 있는 집합)이 들어 있다. 그렇다면 가장 작은 무한 기수는 가부번 집합들의 기수다. 칸토어는 이 기수를 히브리어의 첫 알파벳 이름을 따서 $\aleph_0$('알레프 영aleph zero')이라고 이름 붙였다. 아랫첨자인 '0'은 $\aleph_0$이 가장 작은 무한 기수임을 알리기 위해 붙였다.

유클리드를 반박하다

칸토어는 다시 한 번 직관을 거슬러, 유리수의 집합이 기수로 $\aleph_0$을 가짐을, 다시 말해서 정수 전체와 같은 '크기'임을 증명했다. 이 결과는 유클리드의 아홉 번째 공리 "전체는 부분보다 크다"를 정면으로 반박하는 듯 보인다.

칸토어는 이를 증명하기 위해서 먼저 정수의 쌍들 (p, q)에 번호를 매겼는데, 이것은 이들을 어떤 경로, 가령 아래 그림에서 화살표로 표시한 대각선을 따른 경로를 따라서 정렬하는 것과 같다. 그러므로 자연수의 쌍으로 이루어진 집합 N^2에는 번호를 붙일 수 있는데, 이는 이 집합이 N 처럼 가부번, 즉 셀 수 있음을 뜻한다. 유리수 $\frac{p}{q}$가 N^2의 여러 원소에 대응하므로 양의 유리수 집합은 N^2에 포함되어 있고, 따라서 역시 가부번이다.

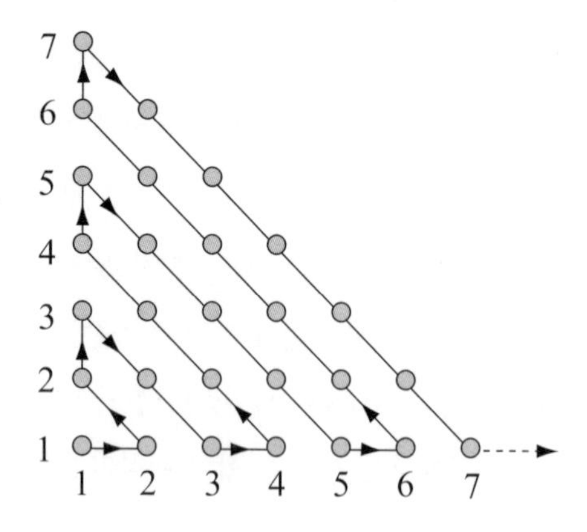

그러므로 유리수의 집합 ℚ는 정수의 집합과 마찬가지로 가부번이다. 하지만 실수는 어떨까? 칸토어는 이번에는 실수의 기수가 확실히 더 큼을 증명했다. 이를 위해 칸토어는 실수의 집합이 가부번이라고 가정하고, 이 결과를 이용해 구간 [0, 1[의 수에 번호를 매겼다. 그런 다음 이 수를 첫 번째 수부터 차례로 적는다고 상상했고, 이로써 모든 수의 목록을 얻었다. 우리가 방금 한 것처럼 실수의 집합이 가부번이라는 가정 아래 말이다. 수학자는 이런 식으로 불가능을 가정할 수 있다……. 이것이 모순에 이른다는 사실을 보여주기 위해서, 즉 이것이 불가능함을 역설적으로 보여주기 위해서 말이다. 이는 모순된 추론이 아니라, 모순에 의한 추론이다!

실수 1 : 0. 2 3 5 9 …

실수 2 : 0.3 5 9 8 …

실수 3 : 0.8 3 2 7 …

……………………………………

새로운 실수: 0.1 2 7 …

칸토어는 대각선, 그러니까 여기에서 252… 만 남겼고, 얻어진 수열을 변형해 새로운 실수를 얻어냈다. 가령 0.127… 말이다. 이 수는 [0, 1[구간에 포함된 수이므로 목록 안의 수와 대응해야 한다. 이 수는 소수점 첫 번째 자리가 실수 1의 소수점 첫 번째 자릿수와 다르므로 실수 1이 아니다. 이것은 실수 2도 아니다. 소수점 두 번째 자리가 실수 2와 다르니까…… 등등. 이리하여 모순에 이른 칸토어는 이로부터 실수의 집합을 셀 수 없다고 결론 내렸다. 그는 정의에 따라, 실수의 집합이 연속체 농도(프랑스어로 puissance du continu, 영어로 cardinality of the continuum)

를 지녔다고 정했다. 보다 간단히, ℚ와 ℝ의 두 농도를 가부번과 연속체로 가리킨다. '연속체'라는 단어는 실수 집합을 연속적인 방식으로 기술할 수 있는 것과 관련된다. 정수나 유리수의 경우에는 불가능하다.

스캔들

이 방법은 일부 수학자들에게 충격이었다. 칸토어가 꾀를 조금 부렸기 때문이다. 실수를 앞의 그림과 같이 정렬함으로써 그는 [0, 1[의 모든 수에 이렇게 번호를 매길 수 있다는 원칙에서 출발했다. 그런데 그의 목적은 바로 이것이 불가능함을 보여주는 것이었다! 하지만 수학계의 진짜 소동은 칸토어가 초월수transcendental number에까지 자신의 추론을 이어갔을 때 벌어졌다.

고대의 원적 문제와 입방체의 배적에 관한 문제에서 이미 보았듯, 실수는 두 가지로 분류된다. 정수 계수 방정식의 해인 대수적 수algebraic number와 그렇지 않은 초월수다. 칸토어는 정수 계수 방정식에 번호를 매김으로써 대수적 수에 번호를 매기는 것 또한 가능함을 증명할 수 있었다. 대수적 수의 집합은 가부번이므로, 논리에 따라 이 집합은 실수 집합과 같을 수 없다……. 이는 곧 초월수가 존재함을 뜻한다. 칸토어는 (π나 e 같은) 초월수를 단 하나도 쓰지 않고 초월수의 존재를 증명한 것이다! 어떤 의미에서 칸토어는 어떤 대상이 존재하지 않는 것이 불가능함을 보여줌으로써 그 대상의 존재를 증명했다. 이는 다른 연구 분야에서 인간과 영장류 사이에 잃어버린 고리missing link가 존재함을 증명해 사람들에게 충격을 준 경우를 떠올리게 한다. 어쨌거나 누락된 잃어버린 고리를 실제로 찾아내는 일이야말로 가장 만족스러울 것이다!

얼토당토않은 이야기

칸토어가 윤곽을 잡은 집합론은 강력하고 적용 범위가 넓어서 미래가 밝았다. 하지만 불행히도 집합론은 금세 여러 역설을 낳았다. 가령, 버트런드 러셀Bertrand Russell, 1872~1970은 모든 집합의 집합, 즉 그 원소가 모든 집합인 집합에 대해 말할 수 없음을 증명했다. 실제로 이런 집합이 존재한다고 상상해보자. 이 집합은 그 자신에 속한다. 이런 말은 이상해 보이지만, 결국 불가능할 이유는 없지 않은가? 그렇다면 자기 자신에게 속하지 않은 집합들을 설정하고, 이 집합들의 집합을 생각해보자. 이 집합은 어디에 있을까? 이 집합은 자기 자신에게 속하면 자기 자신에게 속하지 않고, 자기 자신에게 속하지 않는다면 자기 자신에게 속한다. 정말 얼토당토않은 이야기 아닌가?

러셀이 발견한 모순은 면도사의 역설을 떠오르게 한다. "어떤 마을에서 한 면도사가 제 수염을 깎지 않는 모든 남자의 수염을 깎는다고 선언한다. 누가 이 면도사의 수염을 깎을까?" 이 이야기는 모순이다. 이 면도사가 제 수염을 깎는다면, 앞에 나온 내용에 따라 그는 제 수염을 깎지 않고, 그가 제 수염을 깎지 않는다면 그는 제 수염을 깎는다.

수학의 위기

칸토어의 이론에서 생기는 역설의 수는 점점 늘어났다. 하지만 일부 수학자들은 이 이론에서 이상적인 세계를 엿보았고 그 세계를 떠나려 하지 않았다. 힐베르트는 "칸토어가 우리를 위해 창조해낸 천국으로부터 아무도 우리를 쫓아내지 못하리라"라고 썼다. 집합론에서 생긴 대립은 오늘날 우리가 수학 기초의 위기라고 부르는 상황으로 치달았다. 수학자들은 이를 극복하려고 대체로 두 가지 길을 택했다. 바로 형식주의와 직관주의다.

힐베르트는 형식주의의 선구자로 나섰다. 한편 직관주의를 옹호한 가장 유명한 사람들로는 칸토어의 생각을 "수학을 오염시키는 심각한 질병"이라고 간주한 푸앵카레와 라위트전 브라우어Luitzen Brouwer, 1881~1966가 있었다. 직관주의자는 구성주의자로 간주되었다. 브라우어를 주축으로 그들은 구성주의적 방법을 거치지 않은 존재 증명을 거부했기 때문이다. 그들은 특히 칸토어가 제시한 초월수의 존재 증명을 거부했다. 이 증명에서는 그 어떤 구성주의적 방법도 제시되지 않기 때문이다.

두 진영 사이의 토론은 수학의 토대에 대한 논의로 확장되었다. 직관주의자들은 초월수에 관한 증명을 논박하면서 아리스토텔레스 논리학의 주요 원칙인 배중률, 즉 중간(혹은 제3자)은 배제된다는 원칙을 포기할 수밖에 없는 상황에 이른다. 이 원칙에 따르면 어떤 성질은 항상 참이거나 거짓이다(칸토어는 이 원칙을 이용해서 실수를 자유롭게 다루며 열거해 번호를 매겼다. 결국 그렇게 하는 것이 불가능함을 역설적으로 증명하기 위해서였지만 말이다).

배중률을 포기하는 것이 모든 사람의 마음에 들었을 리 없다. 힐베르트는 "수학자에게 배중률을 빼앗는 것은 천문학자에게서 망원경을, 복싱 선수에게서 주먹을 빼앗는 것과 같다"라고 선언했다. 합리적인 사람이었던 푸앵카레는 이런 극단적 견해에 찬동하지는 않았다. 이는 곧 모순에 의한 추론을 금하는 일이었기 때문이다. 쉽게 말해, 구성주의—수학적 대상의 존재를 증명하기 위해서 그 대상을 직접 찾아내거나 만들어내는 것이 필요하다는 견해—적으로 증명하는 편이 더 만족스럽겠지만, 구성주의적 방법론은 금세 피학적이 되고 만다.

집합론의 근대적 공리 체계

더 깊이 이해하기 위해서 이때 자리 잡힌 집합론의 일반적인 공리 체계를 간략히 기술해보자. 최초의 버전은 에른스트 체르멜로Ernst Zermelo, 1871~1953가 만들었다. 여기에는 공리 6개가 포함되는데 확장, 짝, 곱집합, 멱집합, 무한 공리, 그리고 치환 공리꼴이다. 일반적으로 수학을 하기 위해 이런 것에 신경을 쓸 필요는 없으므로 여기에서 굳이 설명하지는 않겠다.

뒤이어 아브라함 프렝켈Abraham Fraenkel, 1891~1965은 러셀의 역설(어떤 집합은 자기 자신에 포함될 수 없다)을 배제하는 기초 공리로 이 공리를 보완했다. 여기에 자주 선택공리를 덧붙이곤 하는데, 이 선택공리로 집합에서 어떤 원소를 구분, 즉 선택할 수 있다. 바로 이 이유로 이를 ZFC(체르멜로Zermelo, 프렝켈Franekel, 선택choice) 공리계라 부른다. 이런 공리의 세부 사항을 알지 못해도 수학을 상당히 높은 수준까지 할 수 있다(글상자 참조).

이상한 선택공리

구조주의자들이 망설인 이유를 이해하기 위해서 선택공리와 그 영향을 조금만 더 자세히 살펴보자. 이 공리에 따르면 공집합이 아닌 모든 집합에서 어떤 원소를 선택할 수 있다. 실제로 이 선택은 무한하다. 좀 더 정확히 말해서 임의로 주어진 집합 E에 대하여 선택함수, 즉 공집합을 제외한 E의 부분집합들의 집합 $P*(E)$를 정의역으로 하고 E를 공역으로 하는 함수를 결정하는 일이기 때문이다.

선택함수의 특징은 $P*(E)$의 모든 원소에 자신의 원소 중 하나를 대응시킨다는 것이다. 예를 들어 $E=\{1, 2, 3, 4, 5\}$이면, E의 모든 부분집합에 가장 작은 원소를 대응하여 선택함수를 정의한다. E를 원소에 번호를 매길 수 있는 집합, 즉 유한 또는 가부번 집합으로 대체하면 이 생각은 일반화된다.

보다 넓게 보면 이 추론은 잘 정렬된 집합들, 즉 그 안에서 공집합이 아닌 모든 부분집합이 가장 작은 어떤 원소를 허용하는 집합들에 대해 선택함수를 만들 수 있음을 보여준다. 이때 정렬이 "잘되었다"라고 말한다. 하지만 정렬이 잘된 집합은 일상적인 질서 가운데 상대적으로 희귀하다! 잘 정렬된 집합에 관한 이 추론을 제외하면, 무엇을 근거로 어떤 집합에 대해 선택함수가 존재한다고 단언할 수 있는지 알 수 없다! 바로 이 이유로, 에른스트 체르멜로는 1904년에 체르멜로-프렝켈(또는 ZF) 공리계라는 이름으로 알려진 자신이 만든 집합론의 공리에 추가 공리인 다음과 같은 선택공리를 덧붙였다. "모든 집합은 선택함수를 갖는다." 선택공리는 여러 영향을 끼치는데, 특히 여러 증명을 단순하게 만든다.

1924년에 두 폴란드 수학자 스테판 바나흐Stefan Banach, 1892~1945와 알프레드 타르스키Alfred Tarski, 1901~1983가 선택공리의 이상한 결과를 역설의 형태로 밝혀냈다. 바로 구球 하나를 자르고 그 조각들을 모아 첫 번째 구와 동일한 2개의 구를 만들 수 있다는 역설이다!

바나흐와 타르스키의 추론 내용은 무척 기술적이기 때문에 여기에서 자세히 풀어 설명하지는 않겠다. 그저 이것이 만일 물리적으로 가능하다면 큰 부자가 되는 건 따놓은 당상이라는 사실만 지적하고 넘어가자. 금으로 된 구를 가지고 처음 것과 똑같은 2개의 구를 만들고, 백만장자가 될 때까지 이 과정을 반복하면 될 테니까. 하지만 물리적 세계에서 이것이 불가능하다는 건 상식만 있어도 충분히 알 수 있는 사실이다. 이 역설은 선택공리의 이상함을 보여준다……. 그렇다면 왜 이 공리를 사용하는가? 그 이유는 아주 간단하다. 자연스러워 보이는 많은 결과를 증명하기 위해서는 선택공리가 무척 유용하기 때문이다. 어쨌거나 이 역설을 통해서 구조주의자들이 이 공리를 사용하는 데 주저한 이유를 이해할 수 있다. 비록 대부분의 수학자들이 가끔은 지옥을 닮은 그들의 세계보다 칸토어의 천국을 선호하지만 말이다.

증명할 수는 없지만 진실!

27

정말이지 20세기 초는 수학계에게 힘겨운 혼돈의 시기였다. 마치 유럽에서 중세가 암흑의 시대였던 것처럼 말이다. 수학이 간신히 기초의 위기에서 벗어나던 1931년에 쿠르트 괴델이 폭탄을 터뜨렸다. 참이지만 증명할 수 없는 정리가 존재한다면서 말이다!

괴델의 생각은 지진과 같았고, 그것이 불러일으킨 동요는 시민사회에까지 전달되었다. 철학자들은 이 생각을 이용해서 자연계와 인간계가 인간으로서는 영영 탐구할 수 없는 진실에 종속되어 있다고 조금은 성급하게 단언했다. 오늘날까지도 괴델의 '불완전성 정리'는 사람들을 불안하게 하는 만큼 매료하고 있다…….

23개의 문제 중 하나

괴델의 연구와 그의 정리를 이해하려면, 1900년 파리에서 열린 세계수학자대회로 거슬러 올라가 그곳에서 힐베르트가 제시한 23개 문제 중 하나를 살펴봐야 한다. 두 번째 문제에서 힐베르트는 페아노 공리계의 정합성을 증명해보자고 제안한다(기억을 더듬어보자면, 페아노 공리계는 자연수 집합을 만들어내도록 해준 공리계다). 힐베르트는 산술 공리들과 형식 논리 규칙으로부터 어떤 명제와 그 부정 명제를 동시에 얻어낼 수 없다고, 그러니까 2+2는 항상 4지 결코 5가 아니라고 확신하고자 했다. 혹시 이것이 너무도 상식적인 문제라고 말할지도 모르겠다! 하지만 그때까지는 그 누구도 이를 증명해내지 못했다. 그런데 이로부터 30년 뒤에 놀라운 반전이 벌어진다.

괴델이 이 자명한 이치가 거짓임을 증명한 것이다! 실제로 그는 그 이상을 증명했다. 그는 페아노 공리계를 포함한 모든 공리 체계에는 '참이지만 증명이 불가능한' 명제가 존재함을 증명했다. 실제로 수학자들은 인식하지 못한 채 어떤 진실이 마치 공기를 손으로 잡으려 할 때처럼, 자신들의 손에서 벗어나려는 듯 보이는 분야에 이미 맞닥뜨린 바 있다. 바로 기하학이었다.

몇 세기 동안 수학자들은 그 유명한 유클리드의 공준(주어진 한 점에서는 어떤 주어진 직선에 대해 단 하나의 평행선만 그을 수 있다)을 유클리드가 정한 다른 공리로부터 증명하려 했지만, 결국 19세기에 와서 이 일이 본질적으로 불가능함을 깨달았다. 그래서 다음 공리들 중 각각 하나를 추가 공리로 정함으로써 세 가지 기하학을 구상해낸다.

유클리드기하학: 주어진 한 점으로는 어떤 주어진 직선에 대해 단 하나의 평행선만 지난다.
리만기하학: 주어진 한 점으로는 어떤 주어진 직선에 대해 그 어떤 평행선도 지나지 않는다.

로바체프스키기하학: 주어진 한 점으로는 어떤 주어진 직선에 대해 무한한 개수의 평행선이 지난다.

괴델이 기여한 바는 무엇이었을까? 괴델은 자신의 불완전성 정리를 이용해서 최소한 페아노의 산술 공리 이론을 포함한 모든 공리 이론은 이러함을 증명했다. 정확히 말하면, 이런 식의 모든 이론에는 증명이 불가능하지만 다른 공리들을 덧붙일 때 참인 명제가 포함되어 있다는 것이다. 이 생각은 우리가 단순히 어떤 공리들을 잊어버린 것이라고 생각하게 만들 수 있다. 하지만 괴델은 더 나아가 바로 이 경우에도 증명이 불가능한 명제가 남아 있다고 말한다!

이 모든 것 뒤에 있는 근본적인 질문

이 놀라운 결과로 우리는 자연스레 이런 질문을 떠올리게 된다. 그렇다면 골드바흐나 콜라츠의 추측처럼, 증명되지 않은 추측은 증명 가능한가? 아니면 단순히, 주어진 공리로는 증명이 불가능한가? 그렇다면 이 추측을 새로운 공리로 추가해야 하는가? 골드바흐(또는 콜라츠)의 추측이 페아노 산술에서 증명 불가능함을 증명한다 해도, 이 추측에 공리의 지위를 부여한다는 생각을 하기는 어렵다. 유클리드의 공준과는 반대로 이는 확실히 부자연스러운 일이다. 이런 식의 공리를 선택하는 데 무슨 이득이 있단 말인가?

괴델의 정리에 감추어진 근본적인 문제는 자기참조의 문제다. 즉, 어떤 형식 체계는 그 자신을 스스로 증명할 수 없다. 더욱이, 괴델이 자신의 정리를 증명한 것은 프랑스 논리학자 쥘 리샤르Jules Richard, 1862~1956가 한 다음과 같은 허위 추론을 개선한 것이다.

정수에 관한 명제들은 사전적 순서(사전에 나온 순서)에 따라 정렬될 수 있다. 우리가 이 명제들을 모두 이 순서대로 적는다고 상상해보자. 수 n에 관한 명제를 $A(n)$이라고 하자. 그리고 자신의 번호를 품은 명제, 즉 $A(n)$을 만족하지 못하는 수 n을 리샤르 수라고 부르자. $A(n)$은 어떤 정수가 만족시키거나 만족시킬 수 없는 명제이므로(이 정수가 n이 아닐 이유는 없지 않은가?) 이렇게 하는 데에는 의미가 있다. "리샤르 수다"라는 것조차 명제다. 그러면 이 명제에는 번호가 붙고 이를 R이라고 한다. 이 수는 리샤르 수인가? R이 리샤르 수라면, 정의에 따라서 이 수는 $A(R)$을 만족시키지 않고, 따라서 이 수는 리샤르 수가 아니다. 만일 R이 리샤르 수가 아니라면, 이 수는 $A(R)$을 만족시키므로 이 수는 리샤르 수다.

여기에서 "나는 거짓말을 하고 있소"라고 단언하는 거짓말쟁이의 역설을 다시 찾아볼 수 있다. 그가 진실을 말한다면 거짓말을 하는 것이고, 그가 거짓말을 한다면 진실을 말하는 셈이다. 리샤르가 한 추론의 허위적인 성격은 자기참조에서 나온다. 보다 정확히 말하면, "리샤르 수다"라는 것은 검토되는 성질 목록에 대한 명제가 아니다. 그 정의에 따르면 이미 이 목록이 구축되어 있다고 간주되기 때문이다. 이 생각은 그 원칙 면에서 괴델의 생각과 동일하다. 괴델이 한 일은 이에 대한 엄정한 증명을 제시한 것이고, 그럼으로써 어떤 이론의 모든 참인 결과를 그 이론의 공리들과 논리만으로 증명하려는 힐베르트의 꿈을 무너뜨렸다.

기수에 대한 고찰

주어진 한 점에서는 어떤 주어진 직선에 단 하나의 평행선만 지나감을 유클리드가 증명할 수 없었던 것과 마찬가지로, 칸토어는 그 기수가 가부번과 연속체 사이에 포함된 무한 집합은 존재하지 않음을 증명하는 데 실패했다. 칸토어의 문제를 다시 떠올려보라! 2천 년의 거리를 두고 있지만 두 사람의 방법론은 서로 닮았다. 그들은 그들의 결론이 참이라고 가정했다. 전자의 결론은 유클리드의 공준이라는 이름으로, 후자의 결론은 연속체 가설이라는 이름으로 알려져 있다. 유클리드의 공준은 다른 공준들과 독립적인 공준임이 밝혀졌다. 그렇다면 연속체 가설도 그럴까? 그 역시 인정해야 하는 공리인가?

이에 대한 대답은 두 차례에 걸쳐 이루어졌다. 먼저 괴델이, 앞 장에서 살펴본 ZFC 공리에 연속체 가설을 모순 없이 덧붙일 수 있음을 증명했다. 뒤이어 폴 코언Paul Cohen, 1934~2007은 연속체 가설의 부정을 여기에 덧붙여도 마찬가지임을 증명했다. 결론적으로, 연속체 가설은 ZFC 공리와 독립적이다. 이 가설은 ZFC 이론에 함축되어 있는 결정 불가능(프랑스어로 indécidable, 영어로 undecidable) 가설이라고 부르기도 한다.

이로부터 시작해서 연속체 가설이 참인 이론을 만들어내려면, 이것을 공리로 덧붙이기만 하면 된다. 이 방법은 무척 인위적이다. 유클리드의 공준과 달리 이런 공리는, 순전히 논리적 관점에서 인정할 수 있을지는 몰라도 전혀 자연스럽지 않다. 플라톤주의 수학자는 이를 거부할 것이다. 그가 보기에는 수학적 사고의 세계가 엄연히 존재하며 이는 우리의 상상에 달린 게 아니기 때문이다. 공리의 결론이 합리적이려면 공리도 '합리적'이어야 한다. 이는 곧 진리와 효율성을 동일시하는 셈이다. 진리 여부를 그 유용성에 연결한다는 생각은 빈축을 살 수 있다. 하지만 인간이 그 이상을 이뤄낼 수 있을까?

이런 의미에서 "연속체 가설은 참이다"라거나 그 반대인 "연속체 가설은 거짓이다"와 같은 자의적인 공리는 거부해야 마땅하다. 이와 반대로, 여기에서 자세히 설명하지는 않겠지만 미국 논리학자 휴 우딘Hugh Woodin, 1955년 출생이 제시한 것과 같은 보다 자연스러운 공리를 덧붙이면 연속체 가설이 '거짓'이라고 생각하게 된다.

튜링 기계

힐베르트의 기계주의적인 계획에서, 기계(이 경우에는 컴퓨터)가 어떤 이론의 증명 가능한 모든 명제를 증명할 수 있을 거라는 희망이 남아 있다. 물론 2차원으로 된 기초적인 기하학과 같은 특정한 분야를 감당할 수 있는 것처럼 보이는 자동 증명기는 알려져 있지만, 이런 보편 기계를 만들어내는 것은 불가능하다. 1937년에 튜링은 이미 위에서 설명한 그 유명한 기계를 만들어냄으로써 힐베르트의 꿈을 깨뜨렸다. 간단히 설명하기 위해 튜링이 사용한 용어보다는 정보처리 언어를 사용하겠다. 공리와 논리 규칙으로 이루어진 체계를 이용하여 증명 가능한 모든 명제를 차례로 만들어내는 소프트웨어를 상상해보자. 우리는 이 소프트웨어가 어떤 명제 A가 얻어졌을 때 멈추도록 쉽게 변형할 수 있을 것이다. 따라서 이제 이 소프트웨어가 멈추면 A는 증명 가능하다. 멈추지 않으면 A는 증명 불가능하다. 이것으로 이야기가 끝났다고 생각할 수 있지만, 실제 문제는 더 복잡하다.

우리는 정보 소프트웨어의 멈춤 문제를 형식화해야 한다. 그러니까 키보드로 텍스트 입력을 요청하고 일정 시간이 흐른 뒤에 화면에 글을 쓰면서 멈추거나 아니면 명령을 무한정 반복 실행하는 소프트웨어를 검토하는 것이다. 단순화되긴 했지만 아주 일반적인 소프트웨어 모델이다. 그런데 소프트웨어란 무엇인가? 이건 특정 프로그래밍 언어로 쓰인 텍스트다.

IT 용어로는 '코드'라고 부른다. 이 코드의 성질과 이 코드가 쓰인 정보처리 언어 자체는 뒤에 이어질 논거를 위해 별로 중요치 않다. 역시 IT 용어로, 키보드로 입력된 텍스트를 소프트웨어의 매개변수argument라고 부른다. 일단 이것을 명확히 해놓았으면 이제 다음 질문을 던질 수 있다. 소프트웨어 X, 즉 '코드'와 매개변수 x를 입력받고서 X가 매개변수 x를 입력했을 때 멈출지 안 멈출지 말해주는 소프트웨어 L이 존재할까?

시간의 흐름이 문제되지 않는다면 이 문제는 간단하다. 컴퓨터 앞에 앉아서 그저 기다리기만 하면 된다! 문제는 시간이 오래 걸릴 수 있다는 사실이다. 소프트웨어가 내일 멈추면 어떻게 한단 말인가? 시간이 문제다. 우리가 원하는 것은 합리적이고 유한한 시간 내에 대답해주는 소프트웨어다.

우리는 이런 소프트웨어가 존재할 수 없음을 증명할 수 있고, 이것으로 증명의 기계화에 대한 힐베르트의 계획은 완전히 끝장난다. 증명을 하나씩 차례로 자동으로 생산해내는 것은 불가능하다! 천만다행이지 않은가. 안 그러면 수학이 왜 필요하겠는가?

수학자들이 바라보는 선과 악

28

이 장의 제목이 놀라워 보일 수 있다. 수학에서 선과 악이라니. 수학은 형식적이고 추상적인 세계를 논하는 분야 아니던가? 그 정의에 따라 비정치적이고 도덕과 관계없는 지적 활동이 아니던가? 그런데 현실은 그렇게 간단치 않다. 원자폭탄이 20세기의 위대한 수학자 중 한 사람인 존 폰 노이만의 손에서 탄생했음을 잊지 말자. 원자폭탄의 또 다른 아버지 로버트 오펜하이머Robert Oppenheimer는 4년 뒤에 이를 뉘우치며 물리학자들이 전쟁 중에 "죄를 저질렀다"고 선언했다. 그러자 폰 노이만은 단순히 이렇게 대꾸했다. "가끔 사람들은 신망을 얻기 위해 죄를 고백한다"라고. 수학자들은 자기 성찰을 피해갈 수 없다. 수학자가 심리상담가에게 상담을 받는다면 무슨 이야기를 할까? 여기에서 잠시 그들의 정신과 윤리 속으로 파고들어가 보자.

절대적인 진리 추구

수학의 증명 수립 원칙에는 권위라는 논거가 끼어들 자리가 없다. 수학은 학생이 가끔 교사를 이길 수 있는 분야고 교사는 이런 상황을 피할 수 없다. 증명은 모두에게 요구되는 일이며, 이 원칙을 보장하기 위해 판관이 권위를 사용할 필요도 없다. 따라서 수학은 이미 그 안에 도덕성을 내재하고 있다. 수학을 함으로써 일종의 지적인 청렴함에 익숙해지지만, 그렇다고 오류를 전혀 범하지 않는다는 말은 아니다. 반대로 오류를 범한 예는 무수히 많다…….

예를 들어, 1879년에 앨프리드 켐프Alfred Kempe, 1849~1922는 지도를 칠하려면 네 가지 색깔로 충분하다는 정리의 증명을 발표했다(하나의 국경을 공통으로 갖는 두 나라가 같은 색깔을 띠는 것을 피하기 위해 모든 국가는 서로 이어져 있어야 한다). 켐프의 증명은 11년 뒤에 잘못으로 판명 났고, 이 정리는 그로부터 수십 년이 지난 1976년이 되어서야 증명된다. 그럼에도 불구하고 우리는 켐프에게 경의를 표해야 한다. 1976년의 증명에 필요한 모든 논거가 이미 그의 증명에 담겨 있었기 때문이다. 보다 최근의 일을 살펴보면, 페르마 정리에 대해 와일스가 한 최초의 증명에 오류가 하나 있었고, 이는 1년 동안 이어진 연구와 리처드 테일러Richard Taylor, 1962년 출생를 비롯한 다른 수학자들의 도움으로 수정되었다. 하지만 역사 속의 이런 실수 때문에 본질이 바뀌지는 않는다. 수학에서 어떤 증명이 정확하거나 정확하지 않다고 판별해주는 규칙이 지켜지지 않았다면, 그건 단지 실수일 뿐 속임수는 아니다.

정신적 분열

하지만 이런 윤리도 자기 자신에게 유효할 뿐, 수학자가 자기 동료나 나머지 인류에 대해 보이는 태도의 도덕성을 보장해주지는 않는다. 수학에서 속임수를 쓸 수 없으며 정당한 생각을 할 수밖에 없다는 건 확실하지만……, 수학이라는 테두리 안에 있을 때에만 그렇다. 가령 오스발트 타이히뮐러 Oswald Teichmüller, 1913~1943 같은 일부 수학자는 수학적 윤리 면에서는 완벽했지만 골수 나치로서 자신의 가치관을 위해 손에 무기를 들고 죽을 정도였다.

이보다는 좀 덜 음울하지만 문제가 있는 태도로는 수학자들이 다른 사람의 생각이나 연구를 자기 것으로 삼거나 다른 사람의 경력을 가로막는 일을 주저하지 않았다는 것이다. 여기에 관심 있는 독자는 그로텐디크의 회고록 『수확과 파종 Récoltes et semailles』을 읽어보면 좋을 것이다.

수학자는 군사적 응용 면에서 화학자나 물리학자, 생물학자 동료들보다 좀 더 민감한 위치에 있다. 수학자는 자기 연구를 응용하는 데 주도적 역할을 담당하는 경우가 거의 없고, 이런 응용은 여러 해가 지난 뒤에야 연구실을 벗어나 세상에 발표된다. 원뿔 곡선의 고대 아버지 아폴로니오스가 자신이 연구하던 포물선이 언젠가 대포알의 궤적을 조정하는 데 사용되리라는 걸 어떻게 예상할 수 있었겠는가? 알렉산더 그로텐디크는 예측하기 힘든 이런 위험에 대해 극단적인 입장을 취했다. 그는 수학이 군사적으로 응용되었다는 이유로 수학계를 떠났다.

고드프리 하디 Godfrey Hardy, 1877~1947는 제1차 세계대전 이후 수학계에서 윤리 문제를 드러내놓고 제기한 최초의 위대한 수학자다. 그는 당대의 여러 지식인처럼 과학과 수학이 인류에게 벌어진 비극에 일부 책임이 있다고 평가했다. 이런 문제 제기는 다이너마이트를 발명한 화학이나 훗날 핵폭탄과 수소폭탄을 발명한 물리학처럼 응용과학 분야에나 해당되는 듯 보인다. 이런 학문에 비하면 수학은 참으로 무해한 것 같다! 하지만 전쟁터에서 포탄 발사를 조절하는 표를 만들어내는 것은 분명히 수학자들이다.

페미니스트이자 평화주의자인 잔 알렉상드르Jeanne Alexandre는 이런 내용을 1916년에 이미 적은 바 있다. "오늘날 전쟁에서 진정한 적은 책상 앞에 앉아 있는 수학 교수들과 연구실의 물리학자, 화학자들이다." 수학자이자 1917년에 전쟁 장관을 역임한 폴 팽르베Paul Painlevé 역시 전쟁에서 승리한 다음에 한 담화에서 그런 말을 했다. "가장 추상적이거나 가장 엄밀한 수학이 위치 탐지 문제 해결과 최신 발포 조준표 계산에 기여했고 이로써 포병의 효율성이 25퍼센트 증가했다."

제1차 세계대전에 참전한 군인이 모두 화이트칼라 사형집행인의 정체를 알고 있었는지는 모르겠다. 아마 교육받은 이들은 알고 있었을 것이다. 어쨌거나 한 세기 만에 보나파르트 장군의 총알받이 병사는 수학자 폴 팽르베의 방정식을 온몸으로 막는 신세가 되었다.

어떤 입장을 취해야 하나

제2차 세계대전 초기에 쓰인 『어느 수학자의 변명A Mathematician's Apology』에서 하디는 두 부류의 수학을 구분했다. 첫 번째 부류는 그가 지루하고 저속하다고 평가하는 수학으로 좋거나 나쁘게 응용될 수 있다. 수학이 이렇게 응용되는 상황을 피하려면 도덕성이 요구된다. 하디가 생각하기에 진정한 수학은 무해했다. 그는 이렇게 순수수학과 응용수학을 대치하면서 후자가 불순하다고 암시했다. 위의 책에는 오늘날 놀랍게 보일 수 있는 문장이 나온다. "아직 아무도 수이론이나 상대성이론을 군사적으로 응용하는 방법을 찾아내지 못했고, 누군가 미래에 그렇게 할 가능성도 극히 적다."

그로부터 5년 뒤에 히로시마에서 터진 폭탄으로 상대성이론에 관한 하디의 말이 틀렸다는 사실이 입증되었다. 이 이론이 핵에너지 사용의 열쇠니까. 우리가 조만간 살펴볼 RSA법 같은 암호화의 산술 방법론으로 수 이론에 관한 그의 생각 역시 잘못되었음이 증명됐다. 수학에서뿐 아니라 다른 분야에서 그 누구도 자신의 연구가 미래에 어떻게 응용될지 결정할 수는 없다. 달리 말하면 순수수학은 존재하지 않는다!

하디의 제자 중 한 사람인 앨런 튜링은 우리가 앞에서 살펴보았듯 전쟁 전에 수학의 기초를 연구했지만, 자기 스승의 예를 따르지 않고 제2차 세계대전의 중요한 암호 해독자가 되었다……. 드와이트 아이젠하워 Dwight Eisenhower 장군이 튜링이 감독한 독일 해군 담당 부서가 속한 블레츨리 파크Bletchley Park팀에 관해 말하면서 지적했듯, 책상에 앉은 이 남녀들의 노력으로 독일의 패망이 앞당겨졌다. 아이젠하워 장군은 이렇게 말했다. "여러분이 수집한 정보는 영국인과 미국인 수천 명의 생명을 구했고, 적이 빨리 패배의 길로 들어서고 결국 항복하는 데 중요한 방식으로 기여했습니다."

튜링은 특히 독일의 암호화 기계 에니그마의 메시지를 해독해낸 것으로 유명하다. 하지만 이 기계를 최초로 해독해낸 때는 사실 1930년대였다. 우리가 실제로 잘 모르는 사실인데, 이 성공은 1931년부터 1938년까지의 암호화 키 표를 구해 제공해준 프랑스 첩보부, 그리고 암호 해독을 위한 군론 정리를 발견해낸 마리안 리예프스키Marian Rejewski, 1905~1980를 포함한 폴란드 수학자 세 사람의 공이었다.

핵폭탄

폰 노이만이 맨해튼 계획에 참여한 것처럼 핵폭탄 제조에 수학자들이 참여한 일 때문에 종전 후에 다시 논쟁이 시작되었다. "가끔 사람들은 신망을 얻기 위해 죄를 고백한다"라는 폰 노이만의 말은 그가 자신이 한 선택을 인정했다는 사실과 동시에 핵폭탄 구상에 수학자의 역할이 얼마나 중요했는지를 보여준다. 하디와 반대로 폰 노이만은 군대에 적극적으로 협력했고, 게임이론을 근거로 냉전 시대에 '상호확증파괴Mutually Assured Destruction'라는 이름으로 알려진 공포의 균형 체제를 만들어냈다. 이 명칭의 약자가 그의 독특한 유머 감각에서 나온 것인지 아닌지는 잘 모르겠다(mad는 영어로 '미친'이라는 뜻이다).

로제 고드망Roger Godement, 1921~2016 같은 다른 수학자들은 폰 노이만의 생각에 동의하지 않고 하디의 입장을 취하면서도, 순수수학과 응용수학을 구분하려는 하디의 생각은 환상이라고 지적했다. 그로텐디크는 더 나아가 1970년에 자신이 재직하던 프랑스 고등과학연구소가 국방부로부터 부분적으로 재정 지원을 받는다는 이유로 사직했다. 콜레주 드 프랑스 교수로 임명된 그는 '과학 연구를 계속해야 하는가'라는 주제로 강의를 진행하는 자살에 가까운 선택을 했다. 그는 그 이듬해에 교수직을 박탈당했다. 그로텐디크에게는 과학 전체가 불순해진 것처럼 보였다.

수학에서의 미美

영화 「블레이드 러너Blade Runner」의 원작 소설에서 공상과학소설 저자인 필립 K. 딕Philip K. Dick은 "로봇은 전자 양을 꿈꾸는가?"라고 자문했다. 정신분석학자는 수학자에게 같은 질문을 던질 수 있을 것이다. "당신은 10차원의 양을 꿈꾸십니까?" 수학자의 상상력과 미적 감각은 독특하다. 이에 대해 하디는 자신의 책 『어느 수학자의 변명』에서 다음과 같이 단언한다. "수학자는 화가나 시인처럼 형상을 만들어내는 사람이다. 수학자의 형상은 화가나 시인의 형상처럼 아름다워야 한다. 색채나 단어와 마찬가지로 생각은 조화로운 방식으로 결합되어야 한다. 아름다움은 첫 번째 시금석이다. 이 세상에 추한 수학을 위한 자리는 없다."

당연히 증명에서 가장 중요한 것은 정확성이다. 하지만 이것만으로 만족하는 수학자는 거의 없다. 고전주의나 낭만주의, 바로크 양식의 미의 기준이 수학자들에게 실제로 영향을 미친다. 그래서 많은 수학자들은 어떤 공식의 단순함과 우아함에 매료되거나, 반대로 의외성이나 난해함에 매료되고, 어떤 증명의 명확성 또는 어떤 이론의 심오한 비전에 매료된다.

하지만 수학의 근본적인 아름다움은 다른 데 있다. 수학에서 우리가 제시하는 것을 증명하려는 필요가 수학에 미학적인 측면을 불어넣었다. 이런 필요 때문에 어째서 어떤 결론이 참인지 이해하고 감추어진 조화를 찾아내도록 노력하게 된다. 요점을 좀 더 분명히 설명하기 위해 간단한 예를 하나 살펴보자. 어떤 정삼각형 내부의 한 점으로부터 세 변까지의 거리의 합은 정삼각형의 높이와 같다.

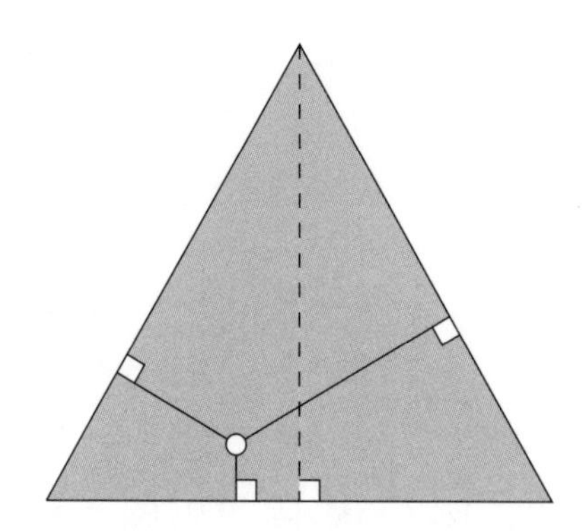

눈금자를 사용해서 잘 그려보면, 어느 점으로부터 정삼각형의 세 변까지의 거리의 총합이 어떤 점이 선택되었는지에 달린 게 아니라는(즉, 무관

하다는) 사실을, 따라서 이 총합이 정삼각형의 높이와 같다는 사실을 수긍할 수 있다……. 이는 점이 삼각형의 꼭짓점 중 하나이고 따라서 나머지 두 길이가 영인 경우에 해당하기 때문이다. 하지만 수긍한다는 것이 이해한다는 뜻은 아니다…….

반면, 이 그림 위에 3개의 삼각형을 작도하고 회색으로 표시하면(다음 그림), 이 문제의 신비로움을 이해하게 될 것이다. $\frac{H \cdot L}{2}$인 정삼각형의 면적은 세 삼각형의 면적, 즉 $\frac{L}{2}$에 각각 h와 k, l을 곱한 것의 총합과 같다. 이를 단순화하면 결론을 얻는다. 수학의 아름다움은 어떤 문제의 기원이나 구조를 이해할 때 생기는 깨달음에서 비롯되는 경우가 많다.

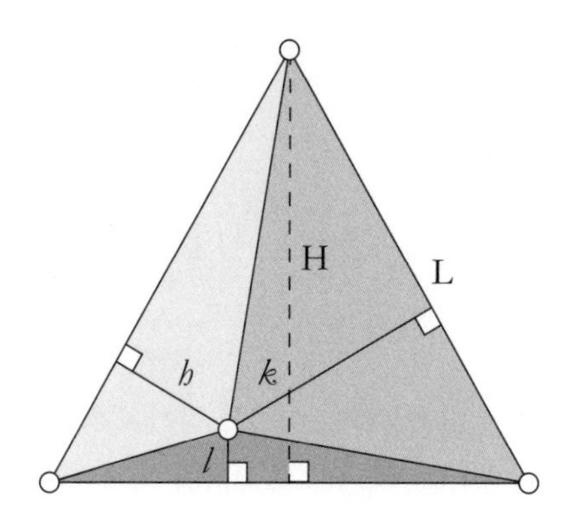

미학에 대한 이야기를 마치면서 라마누잔을 언급하고 싶다. 고전적인 미의 기준과는 아주 멀지만, 수학자라면 라마누잔의 공식들이 내뿜는 마법에 사로잡힐 것이다. 라마누잔은 하디가 알아본 인도의 수학 천재였다. 그는 공식을 증명 없이 그대로 내놓았지만, 아주 흔한 경우를 제외하면 모두 옳았다. 이 공식들 중 일부는 간단히 쓸 수 있다. 가령 π의 근사치를 구하는 이 공식은 라마누잔이 처음으로 생각해낸 것 같다.

$$\frac{9}{9}+\sqrt{\frac{9}{5}}\cong\pi+0.00005$$

더욱 놀랍게도 그는 $e^{\pi\sqrt{163}}$이 거의 정수에 가깝다는 사실을 알아냈다. 정확히 말하면, 이 수는 10^{-12}이 오차로 262,537,412,640,867,744에 해당한다.

이런 동치가 수치 계산으로 나왔을 가능성은 거의 없다. 당대에 주어진 도구를 생각하면 더더욱 말이다. 사실 이런 내용은 너무도 복잡한 전개식을 검토해서 알아낸 것이므로 여기에서 이를 인용하지는 않겠다. 끝으로, 예를 들기 위해서 라마누잔의 공책에 나오는 이런 전개식을 하나 소개한다. 이 식은 1985년에 와서야 증명되었다.

$$\pi=\frac{9801}{2\sqrt{2}\sum_{n=0}^{+\infty}\frac{(4n)!}{(n!)^4}\frac{1103+26390n}{396^{+n}}}$$

놀랍지 않은가? 그의 공책에는 이런 공식이 수천 개 나온다! 아름다움은 놀라움에서 나오고 이를 제대로 이해하기 위해서는 일정한 수학적 소양이 필요하다. 이들 공식을 예술에 비유한다면 현대미술에 비할 수 있을 것이다. 방정식의 예술가 라마누잔?

오류는 어리석음인가 진보의 열쇠인가

29

어떤 수학자가 당신에게 "나는 단 한 번도 오류를 범한 적이 없습니다"라고 말한다면, 그 사람은 거짓말을 하는 게 분명하다. 그는 연구를 하면서 몇 초 또는 몇 시간, 며칠 동안 어떤 문제에 대한 멋진 풀이법을 발견했다고 믿었다가 자신의 추론에 결함이 있음을 발견한 적이 반드시 있었을 것이다. 그 어떤 수학자도 이런 거짓 환희에서 벗어날 수 없지만 이 사실을 인정하는 사람은 거의 없다. 아마도 수학에서 오류를 범하는 것만큼 부끄럽게 느껴지는 일은 없기 때문이다.

가장 훌륭한 수학자도 실수를 저지른다. "수학에서 어떻게 오류가 가능한가? 건강한 지성은 논리에 있어서 실수를 저질러서는 안 되지만, 매우 명민한 정신이라도…… 오류 없이 수학 증명을 따라가거나 반복할 수 없는 경우도 있다……. 수학자들도 오류를 범하지 않는 것은 아니라는 사실을 굳이 덧붙일 필요가 있을까?"라고 푸앵카레는 『수학적 발명 L'invention mathématique』에서 고백했다.

수학자들은 오류를 범할지도 모른다는 두려움을 끊임없이 느낀다. 그래서 연구 논문이든 간단한 대중 기사든 발표하기 전에 모두 열 번씩 확인하곤 한다. 우리가 저지르는 오류는 대부분 주의를 충분히 기울이지 않아 저지르는 간단한 실수다. 일단 고치기만 하면 결과에 큰 영향을 미치지 않는다. 하지만 어떤 오류는 더욱 심각해서 그것을 건드리면 증명 자체가 흔들린다. 하지만 우리는 오히려 전화위복하는 경우도 있을 수 있다고 생각하며 위안을 삼는다. 수학의 역사에는 오류가 수학적 발전을 이끌어낸 사례가 허다하니까!

증명의 혼란스러움과…… 태양계에서

풍성한 결과를 낳은 오류 가운데 가장 유명한 것은, 페르마가 디오판토스의 논문 여백에 써넣을 수 없었던 증명이다. 어떤 제곱수도 같은 차수의 두제곱수로 분해할 수 없음을 증명하는 문제였다. 페르마는 디오판토스의 책에 자신이 증명법을 찾아냈으나 여백이 너무 좁아 적을 수 없다고 끼적여 놓았다. 페르마가 착각했을 확률은 99.999퍼센트다. 오늘날 그 증명이 밝혀졌는데, 그 복잡한 정도를 보면 페르마가 너무 성급하게 단언한 것 같기 때문이다. 하지만 페르마가 적어 넣은 그 몇 줄이 3세기에 걸친 수학 발전의 시초가 되었다는 사실에는 변함이 없다.

하지만 위대한 수학자로서 최악의 오류를 저지른 인물은 바로 그 유명한 푸앵카레다. 우리는 이미 푸앵카레가 태양계의 카오스를 발견했다고 언급한 바 있지만, 그가 이 연구를 어떻게 시작하게 되었는지는 말하지 않았다. 사실 그는 스웨덴 왕 오스카르 2세가 낸 시험에 답하려고 그 문제를 연구했다. 오스카르 2세는 교양 있고 너그러운 왕으로 태양계의 영속성을 증명하는 사람에게 상금을 주겠다고 약속했다. 이 시험은 당시 위대한 스웨덴 수학자인 예스타 미타그레플레르의 주선으로 이루어졌다. 푸앵카레는 하나는 작고 다른 하나는 큰 2개의 행성만 존재하는 가장 단순한 예를 가지고 연구해서 새로운 방법론을 만들어낸 다음, 자신의 연구 결과를 정해진 규정대로 익명으로 보냈다. 이 연구는 푸앵카레의 스타일을 알아본 심사원단의 감탄을 불러일으켰고, 결국 그가 상금을 탔다. 이 연구는 미타그레플레르가 창간한 잡지 『수학 동향Acta Mathematica』에 실렸는데, 잡지사 직원 한 사람이 논문 초반에 나온 조잡한 실수를 발견하고 푸앵카레에게 수정해줄 것을 요청했다.

푸앵카레는 이 오류를 만회할 수 없다는 사실을 금세 깨달았다. 이 오류로 증명 전체가 허물어진 것이다. 불행히도 잡지는 이미 전 세계로 보내진 상태였다. 미타그레플레르는 다른 구실을 들어 모든 판본을 회수한 뒤 폐기처분했다. 이 과정에서 푸앵카레는 자기가 이 논문으로 받은 상금보다 더 큰 비용을 지불해야 했다. 그는 자신의 논문을 수정했고…… 태양계는 장기적으로 예측 불가능하다고 결론을 내렸다. 자신이 처음에 예상한 것과 정반대의 결론을 내린 것이다. 이 논문은 현대 수학 연구에서 엄청난 장을 열어주었다. 바로 카오스와 난류turbulence 연구다(글상자 참조).

카오스이론: 푸앵카레의 실수에서 일기예보까지

행성과 천체의 운행에 관한 푸앵카레의 수정 논문으로 풍부한 연구 분야의 장이 열렸다. 바로 카오스이론이다. 각 행성과 그 위성들의 움직임, 소행성과 혜성 등의 움직임은 다른 것들의 위치에 영향을 받는다. 불행히도 우리는 이 위치를 전부 알지 못하고 알아도 근사치밖에 모르는데, 특히 소행성의 경우가 그렇다. 따라서 우리의 예측 또한 대략적이며 오차는 시간이 흐름에 따라 커질 수밖에 없다.

천문학자들은 성능이 뛰어난 컴퓨터를 사용하기 시작하면서 앞으로 올 수백만 년에 대한 행성의 궤적을 연구해왔다. 커다란 행성(목성, 토성, 천왕성, 해왕성)의 경우, 그 결과는 태곳적부터 모든 것을 정해놓은 위대한 시계공의 생각에 들어맞는다. 이 행성들의 궤적은 상대적으로 안정적이다. 반면, 작은 행성들(수성, 금성, 지구, 화성)은 혼란스러운 궤적을 보이고……, 심지어 서로 충돌하지 않는다는 보장조차 없다!

좀 더 정확히 말하면, 만일 우리가 지구와 같은 행성의 위치를 15미터 오차로 측정해내면, 천만 년이 지나서 오차는 150미터밖에 되지 않는다. 하지만 1억 년이 흐르면 그 오차는 1억 5천만 킬로미터에 이른다. 이렇게 시간이라는 척도는 무시할 수 없어서, 초기 조건에서 생긴 작은 오차(15미터)가 최종 결과에서는 엄청난 오차를 만들어낸다는 사실을 알 수 있다.

이 현상은 푸앵카레가 밝혔고, 그 이후로 잊혔다가 MIT의 기상학자 에드워드 로렌츠Edward Lorenz, 1917~2008에 의해 재발견되었다. 로렌츠는 1963년에 컴퓨터로 여러 번 계산한 끝에 기상현상을 결정하는 물리학 법칙에 대한 지식으로 중기 기후를 예측할 수 없음을 깨달았다. 그는 이 발견을 1972년에 열린 어느 기상학 회의에서 발표했는데, 그때 사용된 표현이 사람들에게 깊은 인상을 주었다. "브라질의 나비가 한 날갯짓이 텍사스에 토네이도를 일으킬 수 있을까요?" 하지만 이 시적인 은유는 로렌츠가 한 것이 아니라, 회의 주관자 필립 메릴리스Philip Merilees가 한 말이다.

로렌츠는 이 문제를 증명하기 위해 지구의 기후를 극도로 단순화한 모델을 사용했다. 이 모델에서 그는 공간 안에 한 점으로 표현할 수 있는 3개의 미지수만 남겼다. 각 초기 조건은 나비의 두 날개를 얼추 닮은 궤적을 그렸다. 더욱이, 모든 궤적은 역시 나비의 모습을 띤 같은 대상에 빽빽이 모였다. 이 대상이 바로 로렌츠의 끌개(프랑스어로 attracteur, 영어로 attractor)다. 그 모양 때문에 은유를 할 때 나비라는 곤충을 선택했는지 모르겠다.

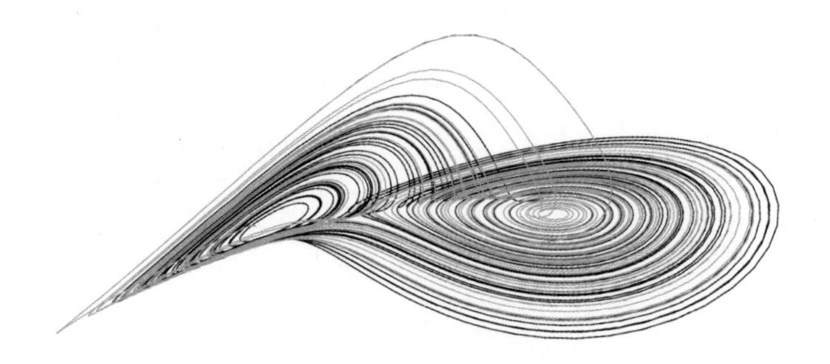

나비의 은유는 과학계를 넘어 많은 이들을 매료했지만, 로렌츠의 생각은 사실 제대로 이해되지 않았다. 그가 이렇게 덧붙이기 때문이다. "나는 시간이 흐르며 생기는 작은 동요가 토네이도 같은 사건이 발생하는 빈도를 바꾸지는 않는다고 주장한다. 이런 동요가 할 수 있는 유일한 일은 사건이 발생하는 순서를 바꾸는 것이다." 흔히 대중화된 '작은 원인, 큰 결과'라는 생각과는 거리가 멀다. 로렌츠의 생각에는 로렌츠 끌개로 예측하는 것이 가능하다……. 하지만 중기 예측은 불가능하고 오로지 단기나 장기 예측만 가능하다. 따라서 장기적인 추세는 예측할 수 있지만, 오히려 2주 뒤의 일기예보는 예측이 전혀 불가능하다! 일기예보부터 플라스마 내에서 생기는 물질의 혼란스러운 움직임, 코로나의 역동적인 형태, 그리고 비행기 날개 뒤쪽에 생기는 난류까지, 카오스이론은 근대의 여러 분야에서 응용된다.

회전하는 바늘

가케야 소이치掛谷宗一, 1886~1947도 역사적인 오류의 기념비에 자기 이름을 새겨 넣었다. 그는 다음과 같은 간단한 문제에 대해 생각해보았다. "길이가 L인 바늘 하나를 어떤 곡면에서 미끄러뜨려 360° 회전시키기 위해서 필요한 최소 면적은 무엇일까?"

이 문제를 풀 때 가장 먼저 드는 생각은 바늘의 중심점을 기준으로 바늘을 회전시키는 것이다. 이때 필요한 면적은 지름이 L인 원반의 면적, 즉 $\pi L^2/4$다. 가케야는 최소 면적을 지닌 면은 뾰족한 점을 셋 가진 곡선이고, 그 위의 한 위치에서 다른 위치로 바늘을 점차 미끄러뜨려 움직일 수 있다고 생각했다.

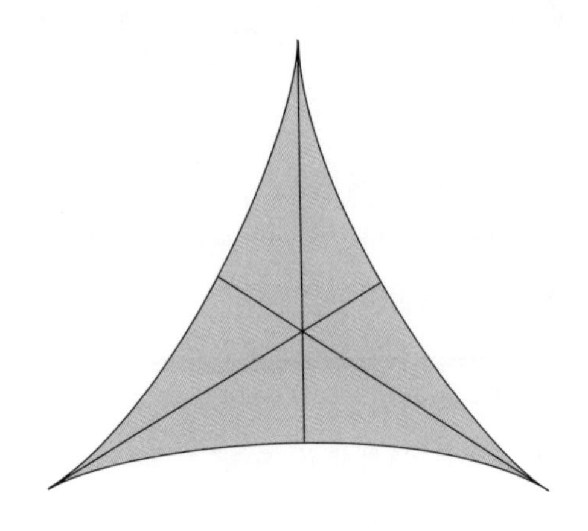

델토이드는 가케야의 바늘을 점차 회전하도록 해준다.

모양이 삼각형이라서 프랑스어로 델토이드(삼각근)라고 부르는 인체의 근육이 있다. 마찬가지로 델토이드(프랑스어로 deltoïde, 영어로 deltoid)라고 부르는 이 곡선은 면적이 위에서 말한 원반 면적의 절반이다. 이 곡선은 어떤 원이 그 반지름의 세 배인 다른 원의 안쪽을 따라 돌면서 만들어진다. 이 곡선은 첨점이 셋인 하이포사이클로이드라고 부르는데, 여기에서 이 이름은 그리 중요치 않다……. 왜냐하면 가케야가 오류를 범했으니까.

이 문제는 1928년에 아브람 베시코비치Abram Besicovitch, 1891~1970가 풀었는데 그는 최소 면적이 존재하지 않음을 증명했다. 달리 말하면, 어떤 임의로 작은 면적을 주더라도 그 안에서 바늘을 회전시킬 수 있는 곡면을 찾아내는 것이 가능하다. 우리가 짐작하는 바와 같이 이런 곡면은 일반적이지 않고, 결국 이것은 프랙탈 개념으로 이어졌다. 오류가 지독하게 유익했던 또 하나의 예다!

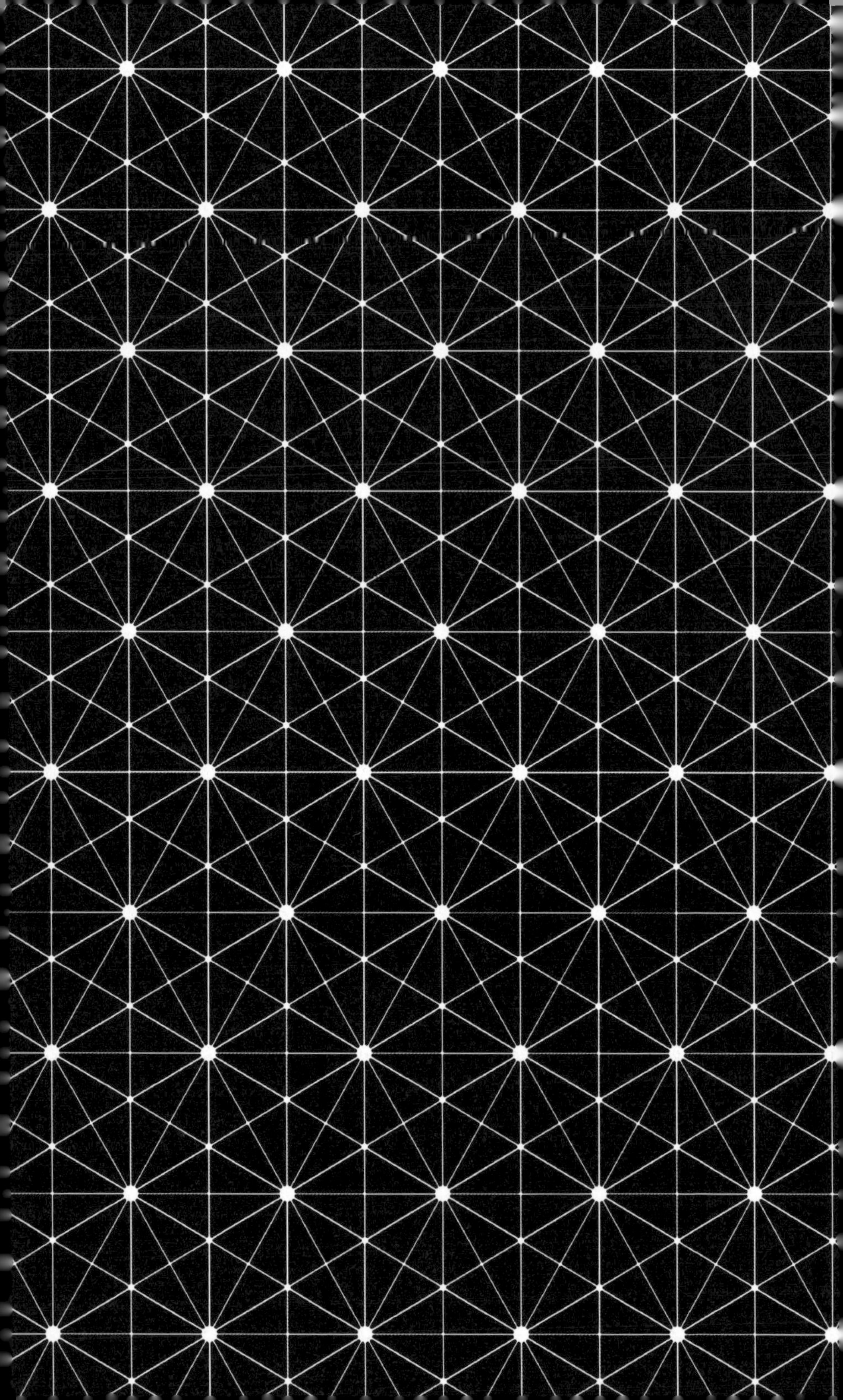

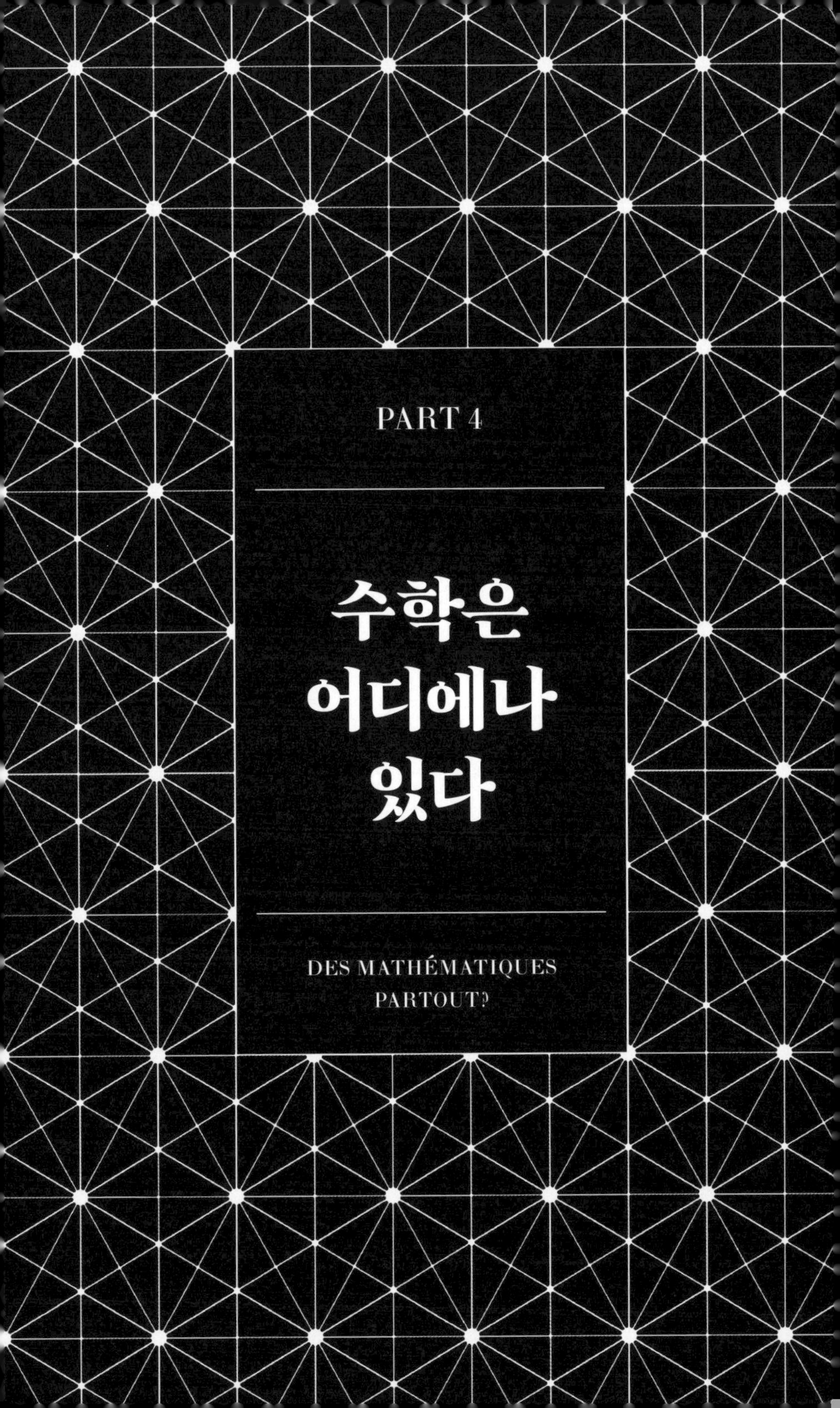
PART 4
수학은
어디에나
있다
DES MATHÉMATIQUES
PARTOUT?

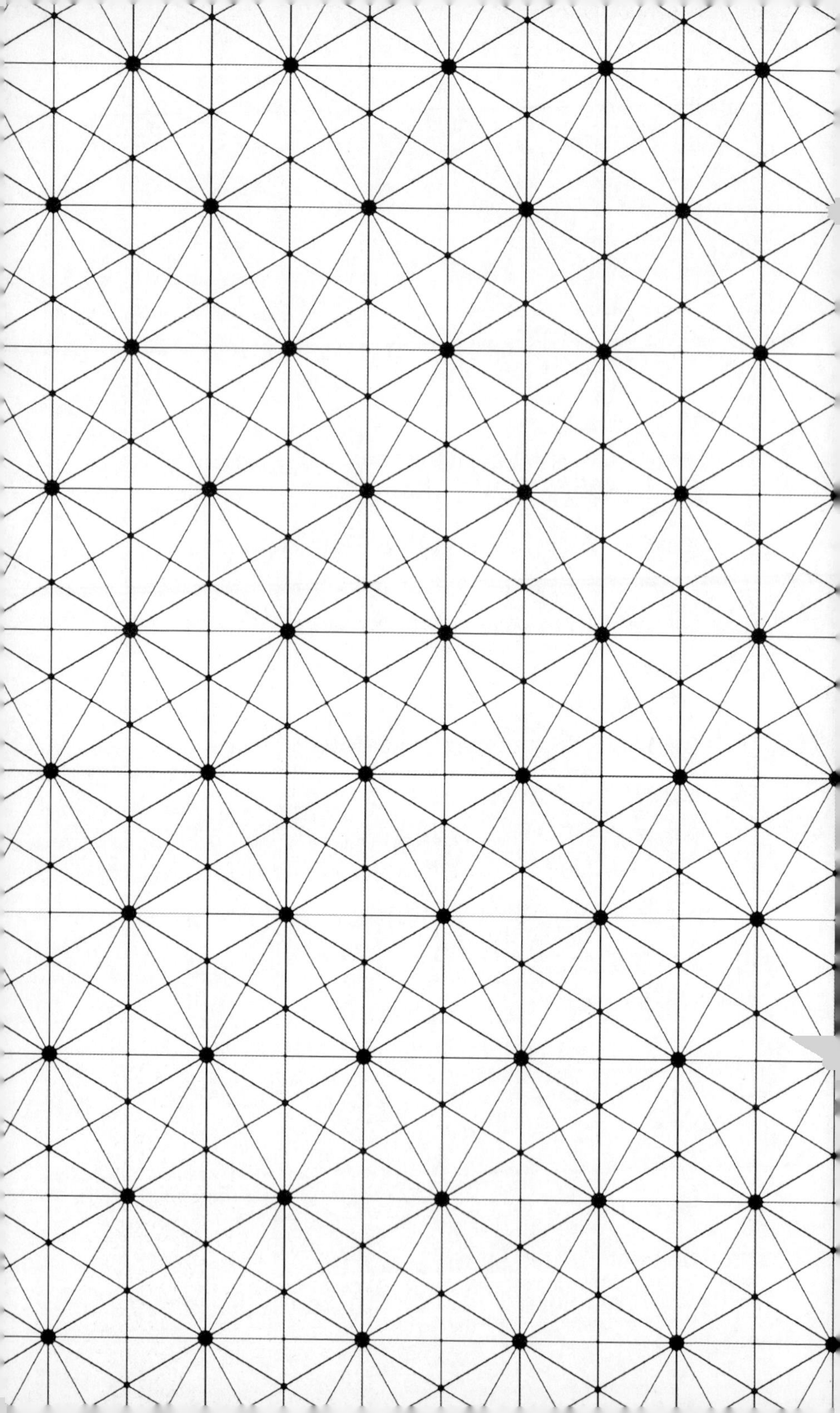

수학은 어디에나 있다. 해바라기 꽃, 거미줄, 벌집 구멍, 앵무조개의 나선, 풍뎅이의 영역, 찌르레기의 비행 등에 말이다. 나는 이 길로 쭉 나아가 수학적 응용에 대해 이야기할 수도 있다. 자연의 비밀을 수학의 관점에서 밝혀주는 수학적 응용을 다루고, 그래서 황금비(1.618...)의 연구에 대해 이야기할 수도 있다. 어떤 이들은 조개껍질의 형상이나 인체의 비율이 지닌 아름다움의 원칙을 이 수에서 찾기도 한다.

하지만 나는 오로지 지적인 만족감만 주는 문제보다는 사회에 유용한 현상을 다루어보고 싶다. 세계를 이해하는 데 도움을 주는 수학보다, 세계에 보다 좋게 작용하는 수학에 대해 이야기하고 싶다. 그래서 이 책의 제4부에서는 물리학의 수학화, 신호 처리, 건축가와 수학자, 수학과 예술의 부인할 수 없는 가까움, 생태학과 수학, 신생아의 기대 수명 추정, 미디어에 나오는 수치, 수학과 시민생활의 관계, 일부 사람들이 범죄적이라고 생각하는 금융 수학, 디지털의 위험과 기회, 끝으로 인공지능의 도래 가능성을 다룰 것이다.

물리학이 수학이 될 때

30

근대 물리학은 수학과 떼려야 뗄 수 없다. 수학은 물리학 연구에서 일상적인 도구일 뿐 아니라, 일반상대성이론이나 끈이론 같은 일부 물리학 분야를 연구하려면 첨단 수학 분야의 탄탄한 지식이 필요하다. 물리학 연구에 뛰어들려면 적어도 고등 수학을 3년간 배워야 한다.

하지만 현대 물리학에서 수학이 어디에나 요구된다는 사실 때문에, 이것이 과학의 역사에서 최근에 생긴 현상임을 간과해서는 안 된다. 오랫동안 기술자의 과학인 물리학은 순수한 경험론적 학문이었다. 물리학의 '수학화'는 점진적으로 이루어진 일이며 여기에는 천문학이 크게 기여했다.

아리스토텔레스와 지동설

고대에는 단순했다. 물리학에서 수학은 전적으로 부재했다. 그리고 단순히 상식으로 추론했다! 물리학자는 오로지 직관에 의존해서 현상의 원인을 탐구했고, 심지어 그 원인을 발견해냈다고 믿기까지 했다! 그렇기에 아리스토텔레스에게 중력이란 무거운 물체가 자신의 자연스러운 장소, 즉 세계의 중심으로 되돌아가려는 성향이었다. 말이 마구간으로 되돌아가는 것처럼 말이다! 이런 전제를 바탕으로 아리스토텔레스는 지구가 둥글며 우주의 중심에 위치한다고 추론했다. 경험에 따르면 돌멩이는 땅을 향해 수직으로 떨어지기 때문이다.

르네상스 시대에 이르러 현상의 원인 찾기를 포기하고 현상을 예측하기 위한 기술을 선호하기 시작하면서 모든 것이 바뀌게 된다. 진보는 더디게 이루어졌다. 지구가 우주의 중심이 아니라고 단언하면 1600년에 조르다노 브루노Giordano Bruno가 그랬듯 슬픈 운명에 이끌려 화형에 처해질 수 있었으니 말이다.

그 신앙심 없는 이들이 대체 무슨 죄를 저질렀단 말인가? 단순히 성경에 아주 짧게 언급된 어떤 구절을 반박했을 뿐이다. 모세의 후계자 여호수아는 이스라엘 백성을 이끌고 약속의 땅으로 가면서, 시리아의 민족 아모리인과의 기나긴 전투를 끝낼 수 있도록 태양을 멈추어달라고 신에게 부탁한다. 신은 이 요청을 들어주어 태양의 운행을 멈춘다. 신학자들은 태양이 "어떤 길로 운행한다"라는 말을, 태양이 지구를 중심으로 도는 것이지 그 반대는 아니라고 해석했다. 고작 4세기 전으로 거슬러 올라가도 이런 문구를 지동설의 결정적 증거로 간주하는 시대를 만난다는 사실이 믿기지 않는다! 이렇게 간주했던 유일한 이유는 "신이 우리와 함께 있다"라고 단언하기 위해서였다. 어쨌거나 역사는 르네상스 시대에 과학자들이 천문학을 하기 위해서 얼마나 큰 용기를 내야 했는지 알려준다.

수학적 접근의 요람기

확률과 사이클로이드를 살펴보며 이미 만나본 갈릴레이가 쓴 『분석자Il Saggiatore』에서는 당시에 물리학을 수학적으로 처리하는 것에 막 관심을 갖기 시작했음이 드러난다. "철학은 우리 눈앞에 끊임없이 펼쳐지는 거대한 책, 즉 우주에 적혀 있다. 하지만 철학은 일단 그 언어를 이해하지 못하면, 그리고 철학이 쓰인 글자를 모르면 파악할 수 없다. 그런데 이 철학은 수학적 언어로 적혀 있다." 『새로운 두 과학에 대한 논의와 수학적 논증Discorsi e dimostrazioni matematiche intorno a due nuove scienze』에서 그는 다음과 같이 충고하며 보다 정확하게 자신의 방법론을 소개한다. "측정할 수 있는 것은 측정하고, 측정할 수 없는 것은 측정할 수 있도록 만들어라." 그는 이런 방식으로 낙하를 좀 더 느리게 해서 수량화할 수 있도록 만드는 기울어진 평면을 이용해서 물체의 낙하를 연구했다. 그는 측정된 것들 사이에 연관을 지어 법칙을 끌어냈다.

이런 방법론에 따라서, 당대로서는 아주 정확한 튀코 브라헤Tycho Brahe, 1546~1601의 천문학적 측정치를 요하네스 케플러Johannes Kepler, 1571~1630가 해석해서 우리 별 주위로 행성들이 움직이는 것에 관한 유명한 법칙을 끌어냈다. 이를 위해 케플러는 고대로부터 알려져 내려온 원뿔과 평면의 교집합으로서, 우리도 이미 만난 적 있는 곡선인 타원을 이용했다. 이 법칙은 과학의 역사에서 너무도 큰 역할을 했으므로 여기서 잠시 살펴볼 가치가 충분하다.

케플러의 법칙

케플러의 첫 번째 법칙은 이렇다. "행성의 궤적은 태양이 그 초점 중 하나인 타원형이다." (다음 그림에서 타원의 정의를 참조할 것.) 다른 두 법칙은 행성의 속도와 그 주기를 구하도록 해준다. 즉 케플러는 행성들의 움직임을 상당히 정확하게 기술하는 방법을 찾아낸 것이다. 그는 중력에 관해 알지 못했기에 궤도를 순수하게 기술하는 수밖에 없었다. 이 궤적의 진정한 성질을 설명한 것은 뉴턴이다. 중력을 발견한 뉴턴은 『유율법과 무한급수The method of fluxions and infinite series』에서 자신이 소개한 방법을 이용했다. 이를 간단히 살펴보면 다음과 같다.

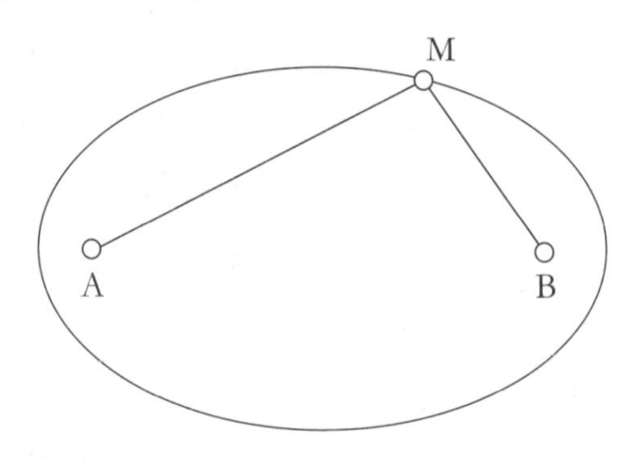

초점이 A와 B인 타원은 AM + MB가 일정한 점 M의 집합이다. 타원은 화단의 모양으로 삼기에 이상적인 곡선이다. 그만큼 보기 좋고 작도하기도 쉽다! 타원을 작도하려면 말뚝 3개와 노끈이 하나 필요하다. 말뚝 2개를 꽂고 거기에 노끈을 느슨하게 묶는다. 그런 다음 남은 말뚝을 쥐고 그것에 노끈을 걸어 팽팽히 잡아당긴다. 고정되지 않은 말뚝을 고정된 2개의 말뚝 주위로 돌릴 때 그려지는 곡선이 타원인데, 그 초점은 고정된 말뚝 2개다.

일단, 뉴턴은 시간에 따른 크기 변화를 변량(프랑스어로 fluente, 영어로 fluent)이라고 부른다. 이때 어떤 변량 x의 유율fluxion은 그 변량의 속도다. 근대적 언어로 말하면, 시간 t에 대한 변량의 미분계수다. 뉴턴의 유율 표기법은 여전히 물리학자들에 의해 사용되는데, x의 유율은 x 위에 점을 하나 찍어 표현한다. 뉴턴은 합의 유율, 곱의 유율 등에 관한 주요 규칙을 제시했다. 라이프니츠의 미분법과의 관계는 $dx = \dot{x}\, dt$이므로 간단하다.

뉴턴과 라이프니츠의 방법은 동등하므로, 둘 중에서 누가 처음으로 미분법을 만들어냈는지 가려내려고 둘을 대립시키는 논의가 지금까지도 이어지고 있다. 뉴턴의 말을 믿는다면 그가 먼저 발견한 것이다. 하지만 라이프니츠가 뉴턴보다 먼저 자신의 방법을 발표했기 때문에 그가 먼저 발견한 것으로 간주되는 경우가 많다. 뉴턴이 한 설명에 따르면, 그는 자신이 내린 유율의 정의가 엄정하지 않아서 출간하려 하지 않았다. 이에 대해 뉴턴은 다음과 같이 적었다. "질량이 그 안에서 사라지는 최종적인 비는 실제로 최종적인 질량의 비가 아니고, 무한히 감소하는 질량의 비가 항상 근접하고 원하는 만큼 가까이 근접할 수 있는 극한이다." 이상을 증명함!

이 문제의 어려움을 이해하려면, 뉴턴이 사망하고 1세기가 지나 코시에 이르러서야 극한 개념이 명확해졌다는 사실을 떠올려 보라. 실제로 뉴턴이나 라이프니츠는 모두 일정 부분 기여했다. 뉴턴은 자신의 유율 개념으로 미분계수 개념을 만들어낸 한편, 라이프니츠는 미분소를 만들었다. 미분 표기법이 좀 더 편리하긴 하지만 두 방법은 서로 상보적이다.

우주공간에서의 중력

뉴턴은 자신의 유율법을 이용해서 역학의 기본 법칙, 그중에서도 특히 어떤 물체에 가해지는 힘과 그 가속을 연결하는 법칙, 그리고 『프린키피아Philosophiae naturalis principia mathematica(자연철학의 수학적 원리)』에서 소개한 만유인력의 법칙으로부터 행성의 타원형 궤적을 찾아냈다. 이 두 법칙으로, 물체 2개(태양과 단 하나의 행성)에만 국한하면 뉴턴이 풀 줄 아는 2차 미분방정식 문제가 된다. 이리하여 뉴턴은 만유인력의 법칙으로부터 케플러의 결론을 끌어냈고……, 여기에 덧붙여 다른 결과도 발견했다. 천체의 어떤 물체는 쌍곡 또는 포물선 궤적을 그릴 수 있지만, 모든 궤적은 원뿔곡선이라는 발견이다.

뉴턴의 이론 덕분에 과학자들은 처음으로 물체의 움직임에 관한 신뢰할 만한 예측을 할 수 있게 되었다. 하지만 만유인력의 성질에는 아리스토텔레스를 연상케 하는 불가사의하고 거의 신비롭기까지 한 측면이 있다. 만유인력은 먼 거리에서 어떻게 작용할까? 알베르트 아인슈타인은 1916년에 이를 설명하기 위해서 빛의 속도로 전파되는 중력파가 존재한다고 예상했다. 이를 오래 찾아 헤맨 끝에 결국, 뉴턴 이후 3세기도 더 지난 2016년에 2개의 블랙홀이 융합되는 과정에서 중력파를 발견했다고 생각하기에 이른다……. 비록 여기에는 논란의 여지가 있긴 하지만 말이다. 뉴턴의 성공 이후, 사람들은 대부분의 물리 현상이 미분방정식의 지배를 받는다는 사실을 깨달았다. 역학의 경우 뉴턴의 법칙으로 $\ddot{x}=f(x, \dot{x}, t)$ 형태의 방정식을 얻었다. 이 방정식은 가속이 위치와 속도, 시간의 함수임을 나타내며 이때 위치 x와 초기 순간의 속도에 대한 조건이 주어진다. 이 법칙으로 수학은 곧장 물리학의 영역으로 들어왔고 그 이후 물리학을 떠나지 않았다.

수학 덕분에 물리학이 엄청난 진보를 이룬 오늘, 순진한 질문 하나가 계속 제기된다. 어째서 수학이 자연을 설명해줄까? 질 샤틀레Gilles Châtelet, 1944~1999는 이 의문을 유머러스하게 표현했다. "과학에서 온갖 잡일을 도맡은 하녀이자 동시에 과학의 여왕으로 군림한 수학이, 물리학이라는 이 너저분한 부엌에서도 그렇게 유용하다니, 대체 어찌 된 일인가?"

유진 위그너도 같은 철학적 문제를 제기했다. 이 위대한 물리학자는 1960년에 기억에 길이 남을 글을 썼는데 제목은 '자연 과학에서 수학의 비이성적인 효율성'이다. 그는 이 글에서 수학의 성공을 '기적' 또는 '우리가 이해할 수도 없고 감히 받을 자격도 없는 근사한 선물'이라고 일컫는다. 마치 수학이 성공을 거둔 이유가 세계를 이해하는 우리 능력의 한계 밖에 있다는 듯 말이다. 수학이 효율적인 이유는 기적보다는 우리가 이미

지적했듯 수학적 공리가 현실에 근접하려 한다는 사실에서 찾아야 할 것이다. 게다가 수학은 불변하는 것들, 이론 속에 숨어 있는 군이나 구조를 탐지해내도록 만들어져 있다. 결국, 이는 물리학자들이 따르는 방법론과 크게 다르지 않다.

신호 처리

31

물리학에 계속 머물러 있으면서 모든 물리학자들에게 아주 잘 알려진, 인기 있는 방법론 하나를 살펴보자. 화성에 있는 탐사 장치의 이미지 전송, 지문 또는 디엔에이DNA 프로필 파일 관리, 19세기의 음성 녹음 자료 복원, 증시 변동 추이 분석과 음성 또는 이미지 파일 압축 사이에는 어떤 관계가 있을까? 이들은 모두 하나의 응용수학 영역에 속한다. 바로 신호 처리다. 이 기법은 무엇이고 어째서 이토록 쓰임새가 다양할까?

어떤 파동이나 파일의 구성 요소 일부를 강화하거나 축소하거나 덧붙이기 위해서 아날로그 또는 디지털 방식으로 조작하는 일, 바로 이것이 물리학의 전 분야, 아니 과학 전체의 지배자로 군림하는 이 분야의 쟁점이다. 이 분야가 어디에나 존재한다는 증거로, 과학을 공부하는 학생이 이 분야를 속속들이 배우기 위해 몇 개월이라는 시간을 들인다는 사실을 꼽을 수 있다. 이 분야의 아버지는 조제프 푸리에Joseph Fourier, 1768~1830인데, 이 학자는 수도자의 맹세를 하기 며칠 전에 프랑스혁명으로 수도회들이

해체되지만 않았어도 그냥 수도자가 되었을 것이다…….

모든 것을 바꾼 금속 막대

푸리에는 물질 내의 열전도에 관심을 갖다가 1807년에 신호 처리의 기초를 세웠다. 그는 무엇보다 초기 순간 $t=0$에서 온도 분포를 알고 있으며 양 끝이 섭씨 0도로 유지되는 금속 막대의 열 변화를 계산하려 했다. 앞에서 살펴본 뉴턴의 역학 문제와 마찬가지로, 이 문제는 열방정식이라 불리는 미분방정식의 풀이에 해당한다.

길이가 L인 막대 위를 움직이는 점을 가로좌표 t 위의 점이라고 하면, 초기 순간의 온도는 x의 함수, 다시 말해서 $f(x)$다. 일반적으로 막대에서 온도 u는 x와 t 두 매개변수에 따라 달라지므로 이를 $u=u(x, t)$라고 쓸 수 있다. 물리학 법칙에 따르면 u는 $\frac{\partial u}{\partial t}=c\frac{\partial^2 u}{\partial x^2}$ 형식의 편미분방정식(여기에서 $c>0$)의 지배를 받는다. 이를 쓰기 위해서 라이프니츠의 일반 미분 표기법을 본뜬 르장드르의 편미분 표기법을 사용했다. 그러므로 $\partial u/\partial t$는 t에 대한 u의 미분(u가 오직 t에 대해서만 변화하는 종속변수라면 이를 du/dt라고 표기하겠지만 그렇지 않다. 이렇게 표기함으로써 차이를 분명히 표시하고 편미분임을 알린다)이다. 이 미분방정식은 모든 x에 대하여 초기 조건 $u(x, 0)=f(x)$, 그리고 모든 t에 대하여 경계 조건 $u(0, t)=u(L, t)=0$과 함께 오는데, 이는 $f(0)=f(L)=0$임을 전제로 한다.

근사한 생각

첫눈에 보기에는 이 문제를 푸는 것이 불가능하다. 푸리에는 문제를 단순하게 만들려고 일단 t의 함수와 x의 함수의 곱 형태의 해들을 찾으려 했고, 경계 조건을 고려하여 계산한 끝에 정수 n에 의존하는 함수

$u_n(x, t)$가 구해졌다. 이 식이 복잡한 것은 t에 대한 지수함수 $-c(n\pi/L)^2t$와 변수 x에 대한 삼각함수 $(n\pi/L)x$의 사인값의 곱이기 때문이다.

여기에서 푸리에가 근사한 생각을 해냈는데, 그것은 일반적인 해를 함수의 무한급수 $u=A_1u_1+A_2u_2+\dots$ 형태로 나타내는 것이다. 초기 조건은 f를 사인값의 합으로 분해한 $f(x)=A_1\sin[(\pi/L)x]+A_2\sin[2(\pi/L)x]+\dots$로 쓰인다. 항이 유한개일 때처럼 계산이 정상적인 방식으로 진행된다는 가정 아래, 이 등식으로 A_n 계수들의 값을 얻는다. 계산에는 적분이 사용되고 이 계산은 삼각함수의 성질 덕분에 간단히 나타낼 수 있다. 그 결과는 다음과 같다.

$$A_n=(2/L)\int_0^L f(x)\sin[n(\pi/L)x]dx.$$

푸리에는 복잡한 문제를 사인값의 합을 구하는 문제로 만든 것이다. 사인 함수는 파동, 즉 일정한 규칙을 갖고 시간의 흐름에 따라 변하는 함수의 가장 기초적인 형태다. 달리 말하면, 푸리에는 어떤 함수를 파동의 수열로 변환시킨 것이다. 오늘날 이렇게 단순화하는 접근법을 푸리에 해석Fourier analysis이라고 부른다.

격렬한 반발

푸리에는 몰랐지만, 그의 이론은 훗날 일부 연구소에서 가장 많이 사용되는 수학적 도구가 된다. 하지만 당시에는 그의 방법이 환영받는 분위기가 아니었다. 푸리에는 응용수학으로 손을 더럽혔다며 혹독하게 비판받았다. 위대한 독일 수학자 카를 야코비Carl Jacobi, 1804~1851는 "푸리에는 수학의 주요 목적이 공공의 이득이고 자연 현상을 설명하는 것이라는 견해를 드러냈다. 하지만 푸리에 같은 철학자라면 과학의 유일한 목적이 인간 정신을 드높이는 것이며 따라서 수의 문제는 세상의 체계 문제만큼이나 중요하다는 사실을 잘 알고 있었어야 했다"라고 썼다.

오늘날에도 여전히 통용되는 응용수학과 순수수학의 구분은 당시 수학계를 첨예하게 가르는 주제였다. 야코비를 비롯한 일부 수학자는 수학에 대한 귀족적 관점을 옹호했다. 푸리에는 그 대척점에 서 있던 인물로, 상아탑의 학자 이미지와 거리가 멀어서 1802년부터 1815년까지 프랑스 이제르Isère 지역의 주지사를 지냈고(이 지역을 아는 사람들을 위해 한마디 하자면, 로타레Lautaret 협로를 지나 그르노블Grenoble과 브리앙송Briançon을 잇는 도로 건설을 추진한 사람이 바로 그였다……), 주거 난방을 개선하기 위해 열전도에 관심을 가졌으며, (그 당시에 벌써) 태양열과 지열 에너지를 개발해 사용할 생각을 했다. 저 삼각급수 연구를 보면 수학의 순수 이론적 측면과 응용적 측면이 각별히 뒤얽혀 있음을 알 수 있다. 이를 분리하는 것은 인위적이다.

하지만 야코비의 비판도 이해할 만하다. 푸리에 분석의 원본을 살펴보면 엄정함이 떨어졌고, 이는 그가 열에 관한 자신의 연구를 프랑스 왕립 과학아카데미에 제출했을 때 심사원단이 내놓은 의견이기도 했다. "그의 분석에는 무언가가 부족한데, 보편성이 상대적으로 부족하고 엄정함이라는 측면에서도 그렇다." 사실, A_n을 적분으로 대체해 얻은 등식은 특정 조건에서만, 특히 f가 상당히 정칙적일 때(연속함수이며 그 도함수도 연속)만 정확하다. 함수 f가 정칙적이지 않다면 문제는 상당히 까다로워진다…….

이 때문에 훗날 다른 수학자들이 푸리에의 연구를 다시 연구했다. 게오르그 칸토어도 이들 중 한 사람이었다. 그는 $a_n \cos nx + b_n \sin nx$의 항으로 이루어진 무한급수에서 이 급수의 합이 0이 되었을 때 각 항의 계수

a_n과 b_n도 0이 되도록 하는(이렇게 0이 됨은 급수 전개의 유일성 문제와 연관되어 있다) 원소들의 집합 E에 관심이 있었다. 이 집합들에 대한 연구로 그는 무한 집합들을 비교하게 되었고, 이로써 우리가 이미 살펴본 기초의 위기가 시작되었다.

어디에서나 쓰이다

오늘날 푸리에 해석은 모든 물리학자, 특히 신호를 연구하는 물리학자라면 지니고 있어야 하는 도구 상자 중 하나다. 신호라는 용어는 전기에서 나왔지만, 일반적으로 시간에 따라 변화하며 정보를 운반하는 물리량이라고 할 수 있다. 녹음기로 채취한 음파가 그 예다. 어떤 한 음을 지속하면 주기적인 신호를 얻는다. 이 음성 신호를 시각화하려면, 공기의 압력에 따라 변하는 마이크 막의 이동 $f(t)$를 다음 그림과 같이 나타낸다.

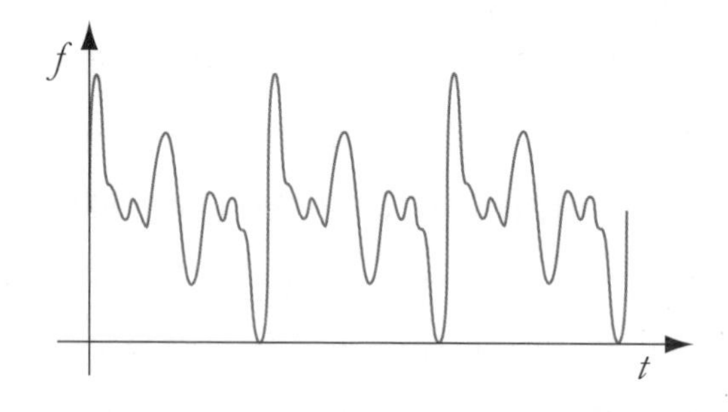

'파'의 지속음을 기록한 것.

푸리에 변환을 이용해서 주기가 T, 즉 진동수가 $F=1/T$인 신호 f를 삼각함수 $a_n\cos(n\,2\pi Ft)+b_n\sin(n\,2\pi Ft)$의 무한급수로 분해할 수 있으며, 이를 f의 조화함수라고 부른다. 주 함수는 $n=1$일 때며 진동수는 F고, 뒤따르는 함수들은 $n=2, 3, \ldots$일 때고 진동수는 $2F$, $3F$ 등이다. 어떤 신호의 조화함수를 결정하기 위한 계산은 적분 계산에 해당하고, 따라서 컴퓨터로 자동 처리할 수 있다. 예를 들어, 여기에서 들리지 않는 조화함수를 제거해서 음원 파일이 압축되는 결과를 얻어낸다. 여기에 정보 손실 없는 압축을 결합하면 MP3 코드를 얻을 수 있다. 이 방법은 데이비드 허프만David Huffman, 1925~1999이 생각해냈는데, 가장 흔한 옥텟들을 좀 더 적은 수의 비트로 부호화하는 방법이다. 같은 계산이 어떤 신호에 겹쳐진 소음을 제거하는 데 사용된다.

웨이블릿에 의한 압축

JPEG를 압축할 때도 같은 원리를 이미지에 적용한다. 일단 이미지를 픽셀 덩어리(8×8 또는 16×16)로 잘게 자른다. 그런 다음, 놀랍게도 각 덩어리를 소리처럼 다룬다……. 2000년대까지는 이미지 압축에 순수한 푸리에 해석을 사용했다. 그러다가 푸리에 해석이 그 사촌뻘인 '웨이블릿wavelet' 변환으로 대체되었는데, 푸리에의 사인곡선 대신, 여기서는 일부 시간 구간에서만 유의미한 곡선으로 대체되었다.

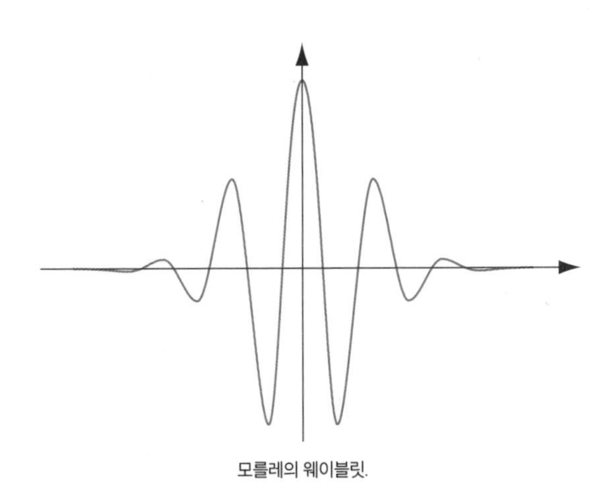

모를레의 웨이블릿.

웨이블릿이라는 용어는 1984년에 석유 탐사 기술자인 장 모를레Jean Morlet, 1931~2007가 처음 사용했다. 모를레 웨이블릿에서 코사인함수는 (지수가 $-(ct)^2$인) 지수함수에 의해 완화된다.

세부 사항은 그리 중요하지 않지만 여기에서 알아야 할 것이 있다. 바로 이 압축법이 푸리에 해석을 개선했지만 이미지의 질에는 파괴적이라는 사실이다. JPEG 파일도 MP3 압축에서처럼 뒤이어 허프만 압축이 적용되는데, 덩어리마다 따로따로 압축되기 때문에 압축이 균일하지 않다. 따라서 JPEG 형식으로 된 이미지는 편집하지 않는 게 좋다. 이 형식의 이미지는 오로지 전송을 위한 것이다.

신호 이론은 푸리에 해석이나 웨이블릿 분석을 통해서 압축과 전송 말고도 다른 여러 용도로 쓰일 수 있다. 소리와 이미지 영역만 살펴봐도 손상된 신호 개선, 필터링, 전송, 형태 인식 등에 사용된다. 푸리에의 연구는 그가 원했던 분야, 즉 인류에게 유용한 응용 분야에서뿐 아니라 순수수학 분야에서도 광범위하게 계속 사용되고 있다. 프랑스의 수학자 이브 메예르Yves Meyer, 1939년 출생는 이 이론을 발전시킨 공로를 인정받아 2017년에 아벨상을 받았다.

건축과 수학

32

건축은 아마 우리 사회에서 수학이 가장 시각적으로 표현된 방식이리라. 도시가 집단적 상상력에 남기는 흔적은 수학적으로 완벽하다고 할 만한 훌륭한 건축물에 잘 드러난다. 늘씬한 모습의 에펠탑이 없는 파리, 세계에서 가장 긴 현수교 중 하나인 골든게이트 없는 샌프란시스코, 조개껍질이 겹쳐진 형상을 한 오페라하우스 없는 시드니는 상상하기 힘들다. 전통 건축에서 벽과 지붕에는 직선과 평면이 주로 사용되었다. 그러다가 수학이 건축 기법에서 혁명을 일으켰다. 바로 곡선을 만들어낸 것이다!

건축에서 사용된 가장 오래된 곡선은 아치로 둥글게 만든 천장, 궁륭穹窿(프랑스어로 voûte, 영어로 vault)이다. 솔직히 말하면, 고대 건축가들은 시행착오를 거듭하다 우연히 궁륭을 발견했을 것이다. 그전까지는 벽에 문을 내거나 천장을 만들기 위해 기둥이 받치고 있는 윗부분(엔타블러처entablature)에 상인방上引枋처럼 적당히 긴 돌을 위에 놓았는데, 그 예를 기원전 3천 년 전 유적지에서 찾아볼 수 있다. 상인방은 곧잘 깨지곤 했다. 당시 건축가들은 적당히 튼튼한 돌을 찾지 못하면 좀 더 작은 돌 여러 개를 아치 모양으로 배치했다. 이때 모양을 고정시키기 위해서 중앙에 끼워 넣는 돌을 종석宗石, keystone이라고 부른다. 아르키메데스 시대에 기술자들은 돌에 가해지는 힘을 서로 비교하여 이 기법의 장점을 이해할 만한 지식을 충분히 지니고 있었지만, 그럼에도 불구하고 실수와 시도를 거듭한 끝에 이 기법을 알아냈을 것이다.

점점 더 거대해지는 궁륭

기초 공법이 복잡해지면서 돌에 가해지는 힘을 계산하는 일이 필요해졌다. 궁륭에서는 아치의 측면을 위에서 내리누르는 힘이 충분히 강해야 상인방이 좌우로 밀어내는 힘에 측면이 밀려나지 않는다. 건축가는 큰 출입구에는 단순히 원주나 여인의 모습으로 조각된 기둥인 여상기둥(카리아티드Caryatid)을 더했는데〔남성 모습의 기둥은 남상기둥(남상주 또는 어틀랜티즈Atlantes)이라고 한다〕, 이렇게 만들어진 건조물로는 아테네의 에레크테이온Erechtheion 등이 있다. 이런 기둥 위에는 문처럼 상인방을 얹었다.

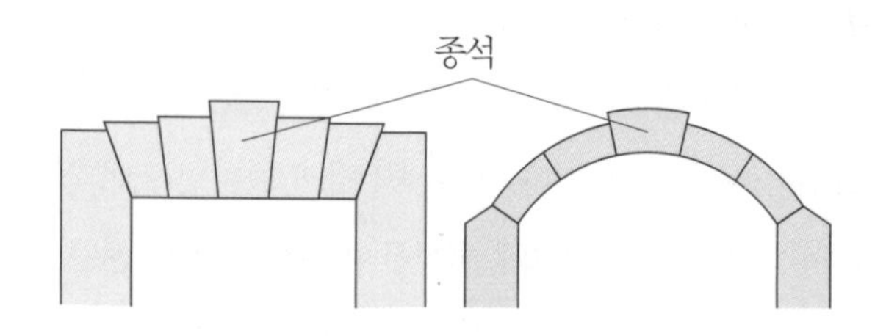

종석이 있는 문의 상인방.

로마인이 지은 원호로 된 궁륭에도 이와 같은 개념이 적용된다. 이집트와 그리스에서도 비록 대체로 창고나 운하 따위의 실용적 건축물에서이긴 하지만 이미 원호 궁륭을 찾아볼 수 있다. 여기도 측면 기둥이 그 질량으로 건축물 전체의 안정성을 보장해주고, 기둥에는 궁륭의 무게가 가해진다. 궁륭을 연장해 방의 천장을 만들 수도 있다. 궁륭은 로마인이 지은, 세고비아의 수도교水道橋에서처럼 다리를 짓기 위해 사용되기도 한다.

고대 및 근대 고전주의 시대에는 주로 궁륭과 돔에서 원, 원기둥, 구면이 나타났고, 현대에 이르러 갖가지 형태로 발전한다. 고대 그리스인은 편평하거나 기울어진 지붕과 궁륭 말고도 반구형의 지붕, 다시 말해 돔을 생각해냈다. 이 구조물의 안정성을 보장해준 원리는, 궁륭과 마찬가지로 돔을 지탱하기 위해 계산된 견고한 벽에 달려 있다. 콘스탄티노플(오늘날의 이스탄불)의 성소피아대성당의 돔 같은 고대의 돔은 육중한 기초 벽으로 받쳐져 있어서 전체 건축물이 안정적으로 지탱된다(성소피아대성당의 돔은 안타깝게도 1346년에 무너졌다. 그보다 2년 전에 발생한 지진이 원인이었다).

건축학적 도전

피렌체의 산타마리아델피오레대성당은 건축가들에게 골치 아픈 문제를 제기했다. 1418년에 축조가 거의 마무리되고 이제 돔을 맨 위에 올리고 비계飛階(건설현장에서 손이 닿지 않는 높은 곳을 시공하기 위해 가설 발판 등을 임시로 설치한 것 — 옮긴이)를 제거하기만 하면 되었다. 꼭대기에는 지름 45미터의 휑한 구멍이 뚫려 있었다. 그런데 건축가가 건물을 닫을 둥근 지붕의 상세한 설계도를 남기지 않은 채 죽고 말았다. 문제는, 아무도 이토록 거대하고 무거운 구조물을 건물 위에 얹어 버티게 하는 방법을 몰랐을 뿐 아니라, 버팀대까지의 거리가 너무 멀어 나무로 된 비계를 사용할 수 없는 상황에서 돔을 어떻게 제조해야 할지도 몰랐다는 것이다. 이 문제를 해결하려고 건축경진대회가 열렸다. 필리포 브루넬레스키Filippo Brunelleschi, 1377~1466는 외부와 내부 이중으로 된 가벼운 구조물

피렌체 산타마리아델피오레대성당의 돔.

을 내놓아 이 대회에서 우승했다. 구조물 전체는 버팀대 없이 수평으로 된 테를 차곡차곡 쌓아 올렸는데, 아프리카 일부 나라에서 탄두 모양의 전통 가옥을 짓는 방법과 비슷하다. 상上이집트에서도 볼 수 있는 이런 식의 건축물은 고대 왕국 누비아Nubia에서 처음으로 만들어진 것으로 보인다.

지진에 저항하기

건축 기술로 지주에 오로지 수직으로만 가해지는 힘을 얻어내려는 구조물의 정적 균형 문제에 덧붙여, 오늘날에는 동적 균형이 연구된다. 이는 특히 구조물이 지진에 저항하는 데 유용하다. 매다는 다리, 즉 현수교의 경우에 이 현상이 더욱 쉽게 이해된다. 현수교의 가장 단순한 형태는 히말라야산맥에서 찾아볼 수 있는데, 이런 다리를 한번 건너보면 이 섬세한 구조물의 균형과 다리를 위협하는 위험을 이해할 수 있다.

히말라야산맥의 다리는 2개의 산 사이에 다리의 양쪽 끝을 매달아 만든 유연한 구조물이다. 다리 양끝을 고정시키는 일이 관건으로, 단단한 암석에 양끝을 대충 같은 높이로 고정해야 한다. 이런 다리는 여러 사람이 올라가면 세로 흔들림(프랑스어로 roulis, 영어로 rolling)과 가로 흔들림(프랑스어로 tangage, 영어로 pitching)이 생겨서 건너기 힘들다. 여러 사람이 발맞추어 걸으면 상황은 더 나빠진다. 그래서 가끔은 그네를 타는 것처럼 균형을 잡는 게 힘들어진다! 여기에 바람까지 불면 상황은 최악이 된다…….

이런 불편을 줄이기 위해 히말라야산맥의 다리 중에서 잘 만들어진 다리에는 가로로 힘을 가해주는 케이블이 다리를 안정적으로 받쳐준다. 이 케이블이 그리는 곡선은, 힘이 다리 길이 전체에 고루 지속적으로 가해지도록 포물선 형태를 취한다(이는 복잡한 계산으로 얻은 결과다). 히말라야산맥의 다리에서는 포물선과 매우 비슷한 다른 곡선도 찾아볼 수 있다. 양끝을 고정해 매단 사슬이 그리는 곡선인 현수선catenary이다(갈릴레이는 이 두 곡선이 같은 것이라고 생각했다). 쌍곡코사인을 따르는 이 곡선의 방정식은 크리스티안 하위헌스Christian Huygens, 1629~1695가 발견했다. 다리를 지탱하는 케이블을 힘을 주어 팽팽히 당기면, 이 곡선이 직선과 거의 비슷해진다. 하지만 잘 관찰해보면 절대로 직선이 아니다. 왜일까? 이유는 아주 단순하다. 케이블 양끝에 가해지는 힘 때문에 일정 시간이 지나면 다리가 파괴될 수도 있는데, 이 힘을 줄이기 위해서다. 이 힘을 최소화하기 위한 곡선의 이상적인 형태는 고압 전선이나 케이블카의 케이블을 매달기 위해 사용하는 형태다.

양쪽에 다리를 안정시키는 2개의 포물선이 있는 히말라야산맥의 다리.

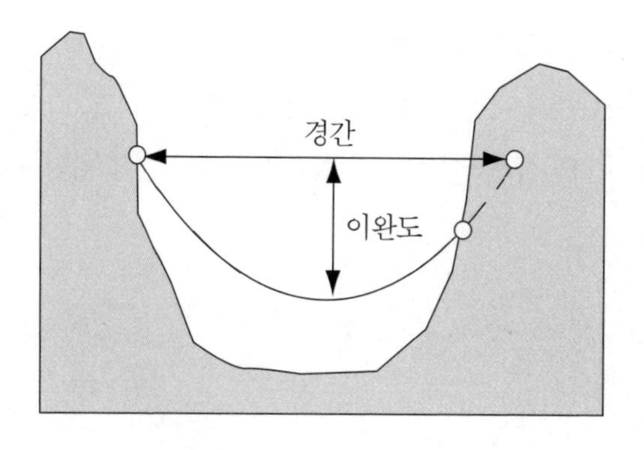

경간徑間: portée , 이완도: flèche

계산에 따르면, 이를 위해서 이완도(곡선의 아래 부분과 고정 지점 높이 사이의 거리)는 경간의 3분의 1이어야 하는데, 그러면 다리를 내려가는 일이 엄청나게 위험해질 것이다! 그래서 이완도가 그렇게 큰 경우는 드물고 경간의 10분의 1을 넘는 일이 거의 없다.

근대적 다리

프랑스의 탕카르빌Tancarville 다리 같은 근대적 현수교도 히말라야산맥에 놓인 다리와 비슷하다. 근대 현수교는 일정한 간격의 줄을 이용해 두 지점 사이를 연결하는 팽팽히 당겨진 케이블로 금속재 교상을 지탱하는 구조다. 앞에서 말한 것과 같은 이유로, 케이블의 모양은 문외한이 생각할 수 있듯 현수선이 아닌 포물선이다. 케이블은 드리워지는 것이 아니라 지탱하는 역할을 하기 때문이다! 경간이 보통이거나 짧을 때, 이완도는 경간의 약 9분의 1이다. 자연히 어떤 현수교는 경간이 지주를 기준으로 여러 구간으로 나뉘는데, 이는 여러 개의 다리가 연속되는 것으로 볼 수 있다. 중간에 있는 경간에는 앞의 경간이 버팀대 역할을 해주므로 버팀대가 필요 없긴 하지만 말이다.

히말라야산맥의 다리를 건너본 사람이라면 모두 알겠지만, 여러 사람이 박자를 맞추어 걸으면 균형을 잃을 정도로 다리가 출렁일 수 있다.

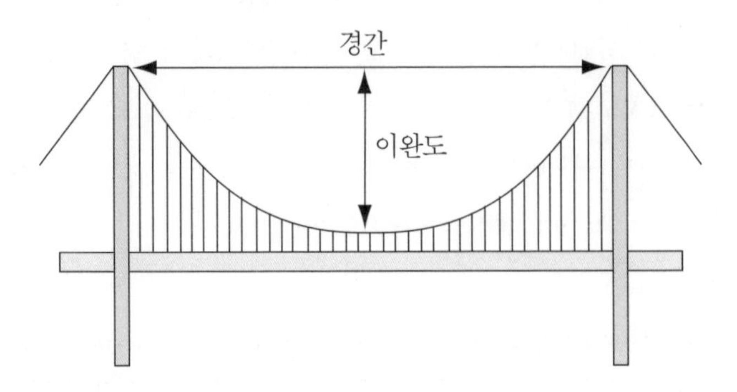

현수교의 단면도. 이완도가 매우 과장되어 그려져 있다.

1831년 4월 12일에 영국의 랭커셔주Lancashire에 있는 브로턴Broughton 다리에서 이와 같은 현상이 재앙 수준으로 발생했다. 제60보병연대의 분견대 74명이 보조를 맞추어 이 다리를 건너는데, 다리가 공명하면서 진동하기 시작했다. 결국 다리 기둥 하나가 교상 위로 무너져 내리며 군인 40명이 떨어졌다. 다행히 6미터 아래로 흐르는 강은 그 부분의 수심이 그리 깊지 않았고 20명이 부상하는 것으로 사태는 마무리되었다. 이 사건 이후, 영국 군대는 훈련 지침을 수정해 다리를 건널 때 보조를 맞추어 걷지 않기로 했다. 프랑스 군대도 이런 지침을 적용했다. 그럼에도 불구하고 1850년에 앙제Angers의 한 현수교에서 최악의 재앙이 벌어졌다. 이 사고로 220명이 사망했다.

이런 현상은 물리학에서 공진共振, resonance이라는 이름으로 알려져 있다. 공진은 진동하는 모든 것에서 생기는 현상이다. 전형적인 두 가지 예는 지진과 그네다. 우리는 규칙적으로 힘을 가해 그네의 움직임을 증폭한다. 1940년 11월 7일, 미국의 타코마 다리Tacoma narrows bridge는 이런 식으로 약 한 시간가량 위험스럽게 흔들리다가 결국 무너져 내렸는데(인터넷으로 그 동영상을 찾아볼 수 있다……), 시속 65킬로미터밖에 안 되는 바람의 영향으로 흔들림이 계속 증폭되다 생긴 재앙이었다. 원인은 복합적인데, 어쨌든 이 다리를 만든 건축가가 바람의 정적 효과는 고려하되 동적 효과를 고려하지 않는 실수를 저지른 것은 분명하다. 오늘날 교상은 바람에 저항하기 위해서 비행기의 날개처럼 디자인한다.

수학에서 멀어지지 않으면서 한 가지를 더 짚고 넘어가면, 히말라야산맥의 가교에서 전형적으로 보이는 U자형 곡선이 필요 없는 현수교가 있다. 바로 사장교斜張橋(프랑스어로 pont à haubans, 영어로 cable-stayed bridge)다. 프랑스 남부 도시 미요Millau의 고가 다리와 이 범주에 속하는

미요의 고가 다리.

다른 다리에는 양쪽에 버팀목이 필요 없다. 다리가 수직 기둥 위에 놓여 있기 때문이다. 따라서 이 다리들은 보다 유동적인 땅 위에 세워질 수 있다. 반면에 이들의 경간은 더 작아서 기둥마다 최대 1,100미터를 감당할 수 있다. 경간이 더 길려면 버팀대가 아주 높아야 하는데, 그러면 금세 위험한 정도로 바람에 취약해지기 때문이다. 교상은 버팀대로부터 시작되는 비스듬한 줄로 고정되어 있고, 따라서 버팀대는 다리의 총 무게를 지탱한다.

직선으로부터 곡선을

오늘날 건축물은 주로 철근 콘크리트로 만들어진다. 철근 골조는 주로 평면이나 원기둥처럼 직선으로 작도된 면의 형태를 띤다. 그렇지만 직선만 사용해서 보다 복잡한 곡면을 만들어내는 것이 불가능하지는 않다……. 어떻게 해서 그런지 알고 싶다면, 자전거 바퀴 2개를 하나의 금속 막대에 연결시켜 올려보라. 바퀴 2개를 고무줄로 연결하면 상대적으로 평범한 곡면인 원기둥이 만들어진다. 하지만 바퀴 중 하나를, 가령 위쪽 바퀴를 돌리기만 하면 더 놀라운 형태가 탄생한다. 고무줄이 움직여 새로운 곡면이 나타나는 것이다. 이 곡면은 1엽 회전쌍곡면이라는 복잡한 이름으로 불린다.

왜 이런 이름이 붙었을까? 이유는 단순하다. 쌍곡선을 여러 축 가운데 하나를 중심으로 회전시켜도 이 곡면을 만들 수 있기 때문이다. 다른 축을 중심으로 똑같은 쌍곡선을 회전시키면, 두 부분으로 된 2엽 곡면이 생긴다. 서로 매우 다른 이 두 곡면을 구분하기 위해서 항상 '엽葉, sheet'의 개수를 명시한다. 바퀴를 이렇게 계속 돌리다보면 원뿔이 생긴다.

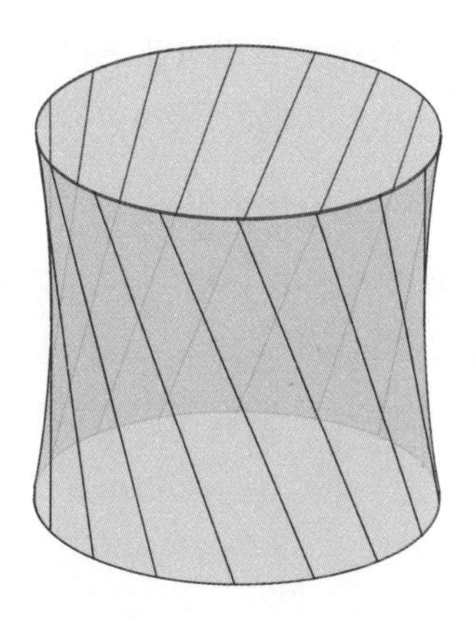

1엽 회전쌍곡면.

이 곡면들은 바퀴 축을 중심으로 회전하여 직선(고무줄)에 의해 만들어진다. 이 직선을 모선(프랑스어로 génératrice, 영어로 generator)이라고 부른다. 이제 원기둥을 반대 방향으로 돌려보라. 똑같은 곡면이 생길 것이고, 이로써 이 곡면은 두 계통의 모선을 지닌다. 만일 변형되지 않는 막대를 최초의 원 2개에 고정하여 곡면을 구축하면 이 특질로써 견고함이 보장된다.

원자력발전소의 (기하학적) 아름다움

이 곡면은 우리 주위 풍경에서 흔히 볼 수 있다. 물리적인 이유로 화력발전소나 원자력발전소의 냉각탑이 회전쌍곡면 형태를 취하기 때문이다. 일부 급수대도 이런 형태를 띤다. 철제 격자 2개를 교차시켜 콘크리트를 강화하면 자재의 철근 작업이 간단해진다(그리고 이로써 철근이 스스로 서 있을 수 있다). 네팔에서는 길이가 같은 대나무 쪽 여러 개를 노끈으로 군데군데 묶고 똑같은 각도로 한쪽 방향으로 기울여서 등받이 없는 전통 의자를 만든다. 그 형태 또한 멋들어진 회전쌍곡면을 이룬다.

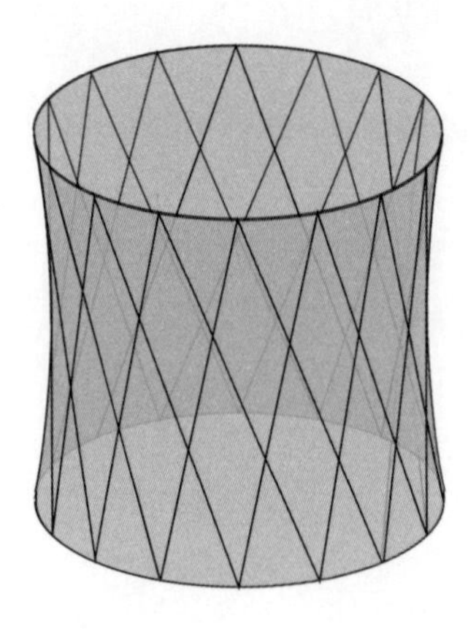

두 계통의 모선을 지닌 1엽 회전쌍곡면.

쌍곡면을 만들기 위해 사용되는 방법에서 원기둥을 평면으로 대체할 수 있다. 그러면 앞에서와 같이 두 계통의 모선이 있는 새로운 곡면이 만들어진다. 이 곡면의 이름은 쌍곡포물면인데, 이 곡면에서 포물선과 쌍곡선을 찾아볼 수 있기 때문이다. 똑같은 이유로, 이 새로운 곡면 역시 건축가들에게 사랑받는다. 이 곡면은 특히 지붕을 제작하는 데 쓰인다.

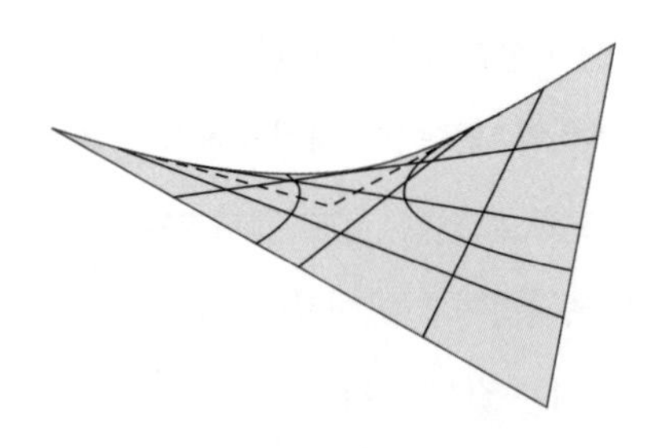

모선과 포물선, 쌍곡선을 지닌 쌍곡포물면.

둥근 형태의 네팔 전통 의자는 오로지 직선 막대로만 만들어진다.
그 놀라운 디자인으로 이런 수학적 시험이 가능해진다.

1920년대 소련의 한 건축 사조에서는 공산주의를 칭송할 목적으로 여러 근대적 실험을 했는데, 그 과정에서 독창적인 건축물이 탄생했다. 가령, 러시아 서부 도시 예카테린부르크의 이세트Iset 호텔은 하늘에서 보면…… 낫과 망치 모양을 띤다. 더 흥미롭게도, 지난 수십 년 동안 '고전적인' 마천루로 상징되는 근대 건축의 합리성과 단절하려는 해체주의 사조가 생겼다. 이 스타일로 지은 건축물 중 가장 돋보이는 것은 시드니 오페라하우스다. 여러 개의 조개껍질 모양 지붕을 한데 모아놓은 건축물인데, 지붕을 모두 이어 붙이면 지름이 75미터인 구를 만들 수 있다. 지붕의 모든 표면은 수백 개 이상의 똑같은 타일로 이루어져 있는데, 그래서 건축이 단순했다.

만에서 바라본 시드니의 오페라하우스

과감한 건축물들

시드니 오페라하우스가 아름답다는 사실은 반박할 수 없겠지만, 런던의 거킨 같은 근대적인 건물의 경우는 그렇지 않다. 그럼에도 불구하고 매력적인 이 건물의 이름은 피클을 담아 먹는 작은 오이(영어로 거킨 gherkin)를 닮은 건물 모양 때문에 지어졌다. 거킨 건물은 그 외면이 골격 위에 장식처럼 덧대어졌다. 멕시코의 소우마야미술관도 마찬가지다. 내부에서 전시실로 통하는 입구는 나선형 통로를 따라 나 있다. 건물 중심

멕시코의 소우마야미술관과 육각형 타일에 비친 햇살의 반사광

인 철근 콘크리트 골조를 안쪽으로 휘어진 강철 기둥 외골격이 뒤덮고 있으며, 그 위를 무수한 삼각형이 뒤덮고, 다시 그 위에 육각형 알루미늄 타일이 16,000개 놓였다. 온종일 햇볕이 타일 위로 비쳐서 그 반사광이 움직인다.

이와는 매우 다른 느낌을 주지만, 조지 루카스Georges Lucas와 「스타워즈」보다는 톨킨John R. R. Tolkien과 『반지의 제왕』의 세계를 연상케 하는 메츠의 퐁피두센터 분관의 지붕도 곡선의 원리를 이용해 건축되었다.

메츠의 퐁피두센터.

음향을 개선하기 위한 곡선

한 지점에서 다른 지점으로 소리를 완벽히 전달하고 싶을 때도 수학은 건축에 끼어들었다. 중세 시료원(무료로 빈민의 병을 치료하기 위해서 설립된 병원 — 옮긴이)에서는 환자에게 다가가거나 목소리를 높이지 않고 신중하고 조심스러운 태도로 말할 수 있기를 바랐다. 건축가들은 타원형 궁륭 천장에서 그 해답을 찾아냈다. 실제로 타원은 초점과 연관된 흥미로운 음향 성질을 지닌다. 파리의 지하철 천장처럼 타원형인 궁륭을 상상해보라. 당신이 그 타원의 한 초점에 서서 말하면, 당신 목소리는 일단 분산되겠지만 뒤이어 반대편에 위치한 다른 초점으로 모이므로 사람들이 그 소리를 들을 수 있다. 지하철 역의 경우에 그 효과는 놀랍다. 건너편 플랫폼에 서 있는 사람과 목소리를 높이지 않고도 이야기를 나눌 수 있으며, 주변의 다른 사람들에게는 두 사람의 대화 소리가 들리지 않는다. 그러려면 예전에 검표원이 서 있던 자리쯤, 그러니까 벤치 조금 앞쪽에서 서로 마주 보고 선 상태로 힘들이지 않고 말하면 된다.

라셰즈디외 수도원(오트루아르Haute-Loire 지방)의 천장 역시 이런 모양을 띤다. 이곳은 옛날에 나병 환자들의 고해성사를 받던 곳이었으니…….

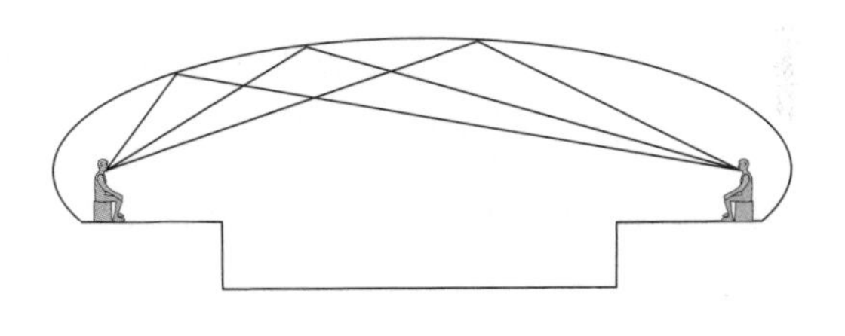

천장이 타원형 궁륭인 지하철 역.

또 다른 건축적 의문이 기하학적 해답을 끌어냈고, 이로써 지금은 통용되지 않는 기하학 분야인 화법기하학畵法幾何學이 탄생했다. 그 의문은 다음과 같았다. 어떻게 적으로부터 요새를 엄폐할까? '엄폐한다'는 말은 '가리어 감추다'라는 뜻으로, 이 질문을 달리 표현하면 곧 '공격하는 사람의 시선과 사격으로부터 건축물의 내부를 어떻게 가릴까'이다. 무조건 성벽을 높이 짓는다고 요새를 보호할 수는 없다. 성벽은 높으면 약해지기 때문이다.

세바스티앵 르 프르스트르 보방Sébastien le Prestre Vauban 같은 뛰어난 기술자들은 현장에서 자신이 짓는 건축물을 엄폐할 줄 알았다. 하지만 수치가 적힌 도면만 가지고 있다면 어떻게 해야 할까? 가스파르 몽주Gaspard Monge, 1746~1818는 이 문제를 해결하고 요새를 짓기 위해서 굳이 기술자를 보내지 않아도 되도록 화법기하학을 창시했다. 몽주는 요새 건축에 자극을 받아서 「정지整地와 성토盛土 이론에 관한 논문」을 출간했는데, 그는 이 논문에서 매우 구체적인 경우, 즉 '모래 무더기를 어떻게 가장 경제적인 방식으로 여러 목적지로 나를까'라는 문제를 다루었다.

이 문제는 최적 수송 문제, 즉 '납품업자가 어떻게 비용을 최소화하면서 일정 수의 판매처로 배송할 수 있을까'라는 문제로 일반화된다. 몽주의 문제는 레오니트 칸토로비치Leonid Kantorovitch, 1912~1986가 다시 연구했고, 그는 이 문제를 연구하며 새로운 분야인 선형계획기법을 창시한 공로로 1975년에 노벨경제학상을 탔다. 보다 최근에 세드리크 빌라니는 최적 수송 문제를 기체 확산 문제에 적용한 업적을 인정받아 필즈상을 받았다. 이렇게 수학은 강의 양 연안을 잇듯 서로 다른 분야 사이에 다리를 놓는 기술이다.

수학과 예술: 의심할 여지없는 가까움

33

그림 수수께끼, 기하학적 불가능, 음계의 무한 상승……. 수학이 예술에 끼어들면 기존의 틀은 산산이 부서진다. 수학 덕분에 더없는 대담함이 표출되고, 창조적인 정신을 옭아매던 굴레가 벗겨진다. 이 장에서는 형이상학적인 짜릿함을 좋아하는 아마추어들이 즐거워할 주제인 수학과 예술 사이의 풍성한 관계를 다룬다. 그리고 이번에는 정말이지 맹세컨대, 대학원 학위가 없어도 황홀함을 만끽할 수 있을 것이다.

그러면 이 개괄을 시작하며 일본으로 여행을 떠나보자. 산가쿠算額는 나무로 된 작은 수학 판이다. 일본에서 이것은 신도 사원, 그리고 가끔은 불교 사원 안에 매달려 있다. 그 기원은 일본이 서구화된 메이지시대 직전의 에도시대(1603~1868)로 거슬러 올라간다. 놓인 장소와 형태가 유사하긴 하지만, 산가쿠는 가톨릭교회에서 신의 은혜에 감사하는 의미로 바치는 봉헌물ex-voto과는 다르다. 산가쿠에는 어떤 감사의 뜻도 없다. 대부분 상당히 아름다운 이 작은 채색 판은 직선과 원으로 구성된 기하학적 수수께끼를 나타낸다. 일본어를 모르면 그 해설을 이해할 수 없지만, 수학자라면 여기에서 도전할 대상, 풀어야 할 문제를 알아볼 것이다. 이것이 산가쿠의 본래 목적이다. 장 콩스탕Jean Constant 같은 현대 예술가는 주로 미학에 중점을 두며 이 전통을 이어가고 있다.

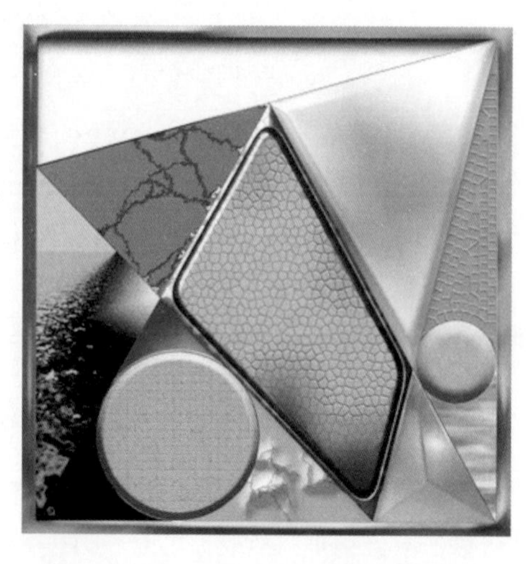

장 콩스탕의 산가쿠 한 점과 그 기본 아이디어.

이 예는 현대 일본의 수학 교수인 후카가와 히데토시深川英俊가 발견한 산가쿠에 해당한다. 이 산가쿠가 제시하는 수수께끼는 다음과 같다. 두 삼각형이 등변삼각형일 때, 두 원의 반지름의 비는 무엇인가? 해답은 간단한데, 당신은 찾아낼 수 있겠는가? (주의할 것. 기초적인 기하학일 뿐이지만 증명이 그렇게 자명하지는 않다. 답은 2다.)

프랙탈 예술

프랙탈을 다룬 장에서 본 물결무늬 도형을 기억하는가? 모티브가 무한히 반복되며 현기증을 일으키는 그림 말이다. 그 도형이 예술가들에게 영감을 주었다는 사실이 그리 놀랍지는 않을 것이다. 특히 조스 레이스Jos Leys와 제레미 브뤼네Jérémie Brunet는 프랙탈 곡선으로 기이하고도 최면적인 형태를 창조해냈다. 뒤에 나올 조스 레이스의 작품은 외계인을 연상케 하는 한편, 제레미 브뤼네의 작품은 공상과학영화에서 나올 법한 우주선을 떠올리게 한다.

수학은 예술가들의 귀에 보다 고전적인 방식으로 속삭이기도 한다. 파트리스 지네르Patrice Jeener는 수학 방정식에서 영감을 받아 가끔은 동물적이기까지 한 기이한 형상의 표면을 판화로 찍어낸다. 그는 간단히 정의하면 특히 '면적을 최소화하는 곡면'인 최소 곡면에 관심을 둔다. 이들 곡면 대부분은 둥글린 철사 같은 어떤 윤곽선 위로 늘려지는 비눗방울로 형상화할 수 있다. 비누 막은 자신의 에너지를, 즉 자신의 표면을 최소화하는 경향이 있기 때문이다.

파트리스 지네르는 수백 개의 수학적 모델을 소장한 파리의 푸앵카레 연구소 도서관에서 부분적으로 영감을 얻었다. 그 도서관에는 예를 들어 카를 바이어슈트라스Karl Weierstrass, 1815~1897가 연구한 함수를 나타낸 349

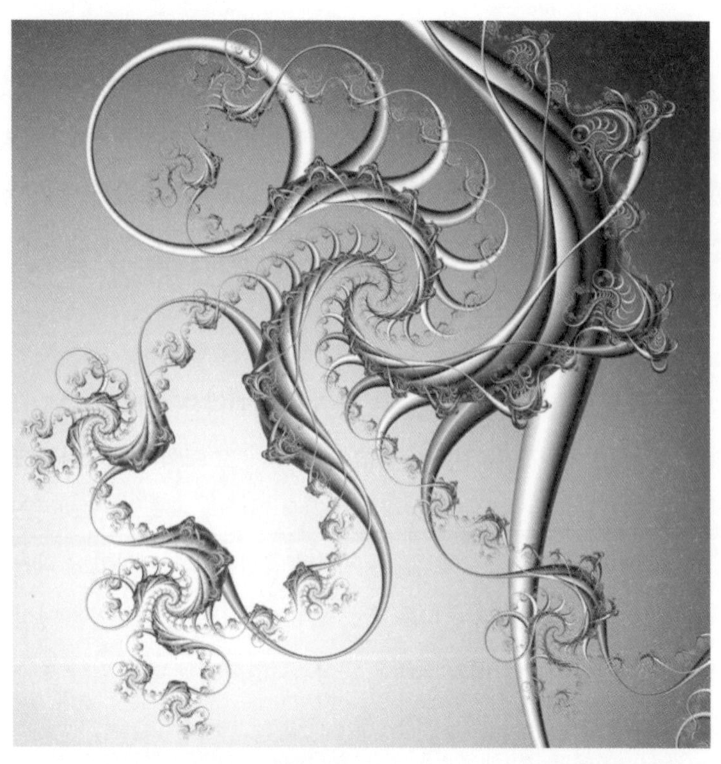

조스 레이스의 「화성 침략자들」과 제레미 브뤼네의 「불타는 우주선」

쪽짜리 원서 판본이 있다.

푸앵카레연구소는 그야말로 알리바바의 동굴이다. 그곳에는 수학 이론을 연상시키는 다양한 물건이 보관되어 있다. 1930년대에 만 레이Man Ray, 1890~1976는 그 모델들을 사진으로 찍으면서 이를 예술작품이라고 간주했다. 그가 자신의 자서전 『자화상Self Portrait』에서 어떻게 말하는지 들어보자.

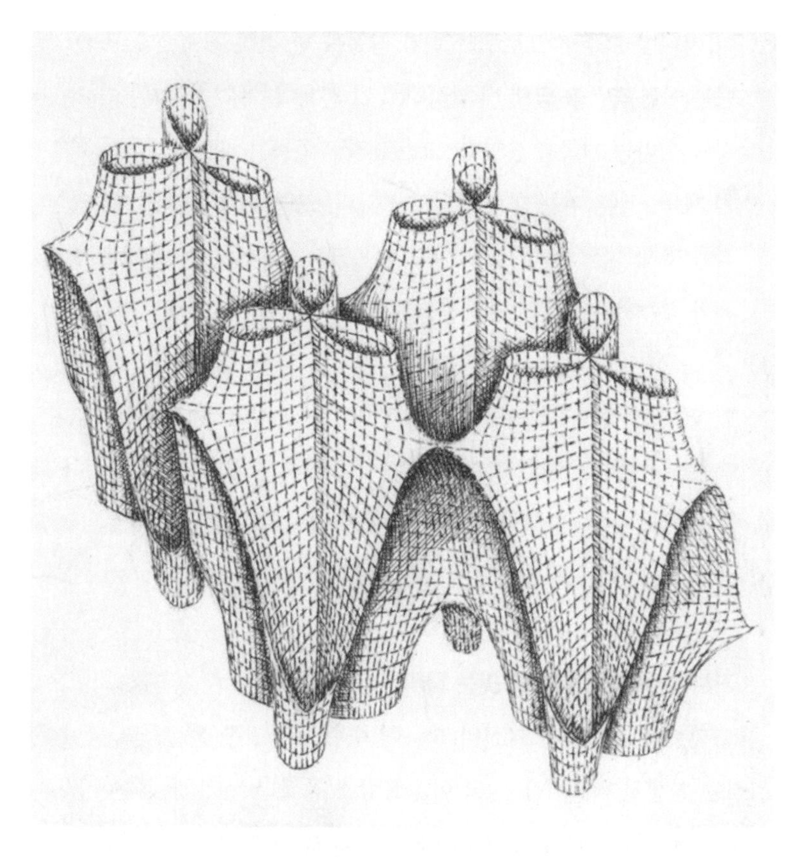

바이어슈트라스의 함수를 표현한 파트리스 지네르의 작품.

"내가 할리우드로 가져온 사진 중에는 1930년대에 작업한 프린트가 잔뜩 있었는데 이것들은 일련의 회화 작품에 모델로 사용될 것이었다. 이 프린트들은 푸앵카레연구소의 먼지 낀 진열장 속에서 대수 방정식의 예로 사용되던 나무, 금속, 석고, 철사로 된 물건들을 나타냈다. 이런 방정식은 내게 아무런 의미도 없었지만, 물건의 형상 자체는 우리가 자연에서 찾아볼 수 있는 형상만큼이나 다양하고 적실했다. …… 이것들을 그리면서 나는 정확히 복제하는 것이 아니라 그 각각으로부터 회화 작품을 한 점씩 제작했다. …… 나는 이런 작품을 열댓 개 완성하고 그 전체에 「셰익스피어풍의 방정식」이라는 제목을 붙였다. 그리고 각 작품에는 셰익스피어의 희곡 제목을 생각나는 대로 임의로 붙였다. 그렇게 해서 붙인 마지막 작품의 제목은 「끝이 좋으면 다 좋아」였다. 사람들은 나름대로 주제와 작품의 상징적인 연관성을 보았다."

만 레이는 푸앵카레연구소의 잡동사니를 뒤지다가 바이어슈트라스의 함수를 우연히 발견했고, 지네르는 이를 다시 그렸다. 지네르는 이 작품에 시사하는 바가 풍부한 「윈저의 즐거운 아낙네들Les Joyeuses Commères de Windsor」이라는 제목을 붙였다.

기하학, 수학과 회화를 잇는 다리

고전주의 화가들은 자신의 작품에 수학적 상징을 은근슬쩍 담았다. 뒤러는 자신의 작품 「멜랑콜리아」, 프랑스 플로리스Frans Floris는 지구본 위로 컴퍼스를 들고 있는 기하학의 알레고리 작품에, 얀 부크호르스트Jan Boeckhorst는 「기하학Die Geometrie」에서 그렇게 했다. 회화와 가장 밀접

알브레히트 뒤러의 동판화 「멜랑콜리아」에는 수학적, 비교秘敎적 상징이 여럿 담겨 있다. 주요 인물은 컴퍼스를 사용하는 한편, 바닥에는 구와 다면체가 있으며 벽에는 4차 마방진이 보인다. 어떤 이들은 뒤러가 이 작품에서 자신의 영적 자화상을 그리고자 했다고 말한다.

한 관계를 유지해온 수학 분야를 하나 든다면, 그건 바로 기하학이다. 그 이유는 두 가지인데, 첫 번째 이유는 르네상스 시대에 원근법 규칙이 발견되었다는 것이다.

그 이전에 화가들은 어떤 장면을 그릴 때, 주어진 한 지점에서 눈이 그 장면을 보는 그대로 표현하지 않았다. 대체로 인물들의 상대적인 크기는 그들이 얼마나 멀리 떨어져 있는지가 아니라 그들이 얼마나 중요한 인물

피에로 델라 프렌체스카의 「부활」. Museo Civico di Sansepolcro.

인지를 나타냈다. 그리하여 신이나 왕, 파라오 같은 강력한 인물은 일반 사람들보다 더 크게 그렸다. 폼페이의 일부 프레스코화를 비롯해 르네상스 시대 이전에 제작된 작품에 깊이감이 표현되어 있다면, 그것은 솜씨 좋은 예술가의 직관 덕분이지 체계적인 이론을 적용한 결과는 아니었다.

원근법의 기하학적 규칙을 처음으로 제시한 사람은 레온 바티스타 알베르티Léon Battista Alberti, 1404~1472였다. 그는 『회화에 대하여De Pictura』에서 다음과 같이 말했다. "여기에서 우리는 광선을, 눈 속에 아주 긴밀하게 연결된 일종의 직선 다발을 이루는 극도로 가느다란 실이라고 상상한다……." 이 새로운 법칙은 피에로 델라 프란체스카Piero della Francesca의 작품 「부활」에서 나무들이 줄지어 서 있는 모습이나 당시의 포석 바닥을 표현한 데서 찾아볼 수 있다. 고전주의 시대에는 참으로 다양한 분야에서 원근법이 사용되었다. 게다가 이 회화 기법은 우리가 앞에서 살펴본 사영기하학을 탄생시켰다.

미치게 하는 기하학!

회화가 기하학에 흥미를 둔다는 두 번째 증거는, 바실리 칸딘스키Wassily Kandinsky에서 파울 클레Paul Klee, 호안 미로Joan Miró에 이르기까지 현대미술에서 기하학적 형상이 폭발적으로 발견된다는 사실이다. 이런 형상 사용은 에셔와 빅토르 바자렐리Victor Vasarely에서 최고조에 이르는데, 이들은 사영 규칙을 왜곡해 실제 공간에서 존재할 수 없는 대상을 창조해냈다. 그 예로, 에셔의 그 유명한 영원히 흐르는 폭포를 잠시 살펴보자. 이를 구축하려면, 서로 직각을 이루는 3개의 직선을 따라 나무로 된 9개의 입방체를 놓는다. 이 입방체를 원근법으로 그리면 아래 왼쪽 그림이 나온다. 왼쪽 위에 있는 입방체를 오른쪽에 있는 입방체들 뒤로 옮기는 건 그림으로 실현 가능한

데, 이렇게 하면 오른쪽의 도형을 얻는다……. 그런데 이 도형은 실제 공간에서 존재할 수 없다!

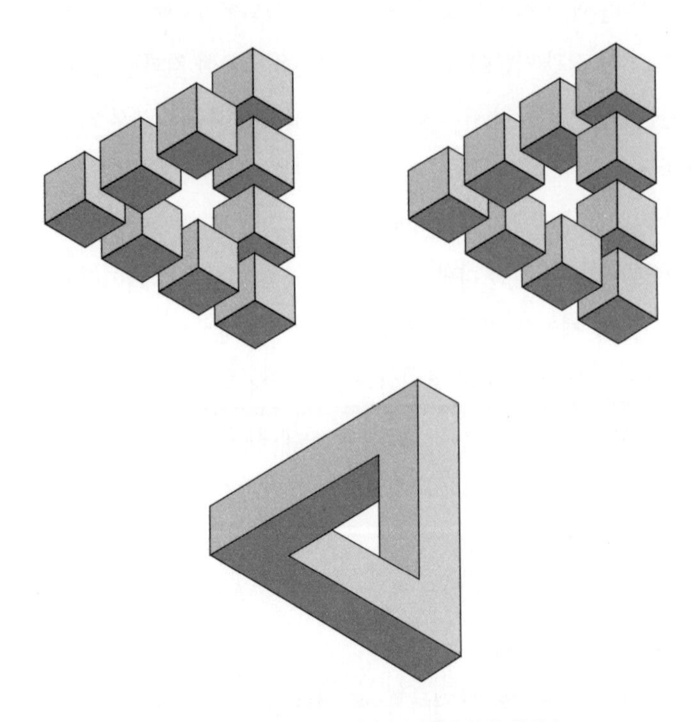

왼쪽은 원근법으로 그린 9개의 입방체. 오른쪽은 불가능한 쌓기.
아래는 펜로즈 삼각형.

입방체를 버리면 새로운 도형을 얻는데 이것은 펜로즈 삼각형이다. 펜로즈 삼각형은 1950년에 영국의 수학자 로저 펜로즈Roger Penrose, 1931년 출생가 만들었다고 본다. 하지만 이 형상의 밑그림은 이미 1934년에 스웨덴 화가 오스카 로이터스바르드Oscar Reutersvärd, 1915~2002가 그렸다.

공간에 위치한 이 물체는 4면을 지닌 것처럼 보인다. 하지만 사실 하나의 면밖에 지니지 않는다. 이런 물체를 2개 합치면, 역시 현실에서 존재

오스카 로이터스바르드의 일본 풍경, 1934년.

하지 않는 영원히 흐르는 가상의 폭포를 만들어낼 수 있다. 다음 그림에서 물은 오른쪽으로 흘러가서 떨어지고 그 힘으로 물레방아를 작동시킨 다음…… 다시 떨어지는 지점까지 움직인다. 하지만 냇물은 수평으로 흐르므로 이런 폭포는 존재할 수 없다.

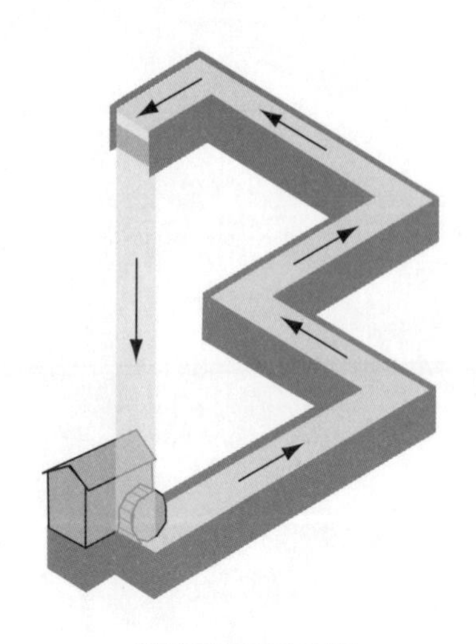

에셔 풍의 영속적인 움직임.

쪽매맞춤, 기하학과 회화의 이단아

에셔는 평면 쪽매맞춤으로도 유명하다. 에셔 이전에 러시아의 수학자 에브그라프 페도로프Evgraf Fedorov, 1853~1919는, 같은 모티브를 뒤집는 경우는 배제하고 반복하여 붙이면 평면을 서로 다른 5가지 방법으로 뒤덮을 수 있고, 모티브를 뒤집는 경우까지 포함하면 12가지 방법을 더해야 함을 증명했다. 처음 5가지 방법은 그라나다의 알람브라 궁전의 모자이크에서 찾아볼 수 있다. 어떤 이들은 그곳에서 쪽매맞춤 17가지를 찾아볼 수 있다고 주장하지만, 그건 전설인 것 같다.

만들기 가장 쉬운 쪽매맞춤 중 하나는 입체로 본 정육면체를 생각나게 하는 마름모꼴로 이루어진다. 마름모꼴을 서로 다른 2가지 방식으로 재편성하면, 다음 그림에서 보듯 별과 육각형으로 이루어진 다른 쪽매맞춤을 만들 수 있다.

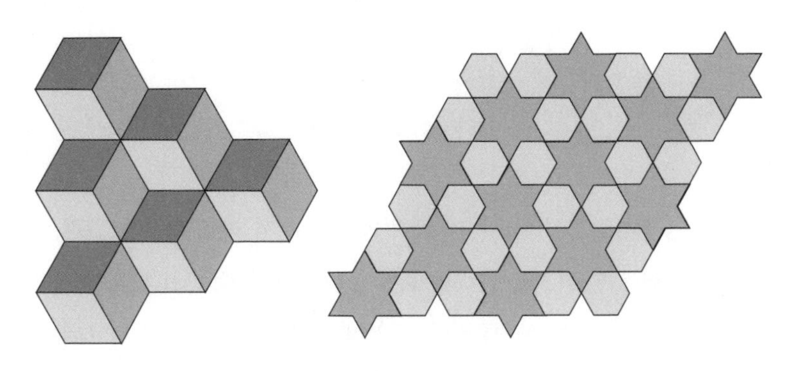

왼쪽은 마름모꼴로 이루어진 쪽매맞춤, 오른쪽은 이것을 변형한 것.

이 쪽매맞춤은 각을 120° 회전(3개의 마름모로 이루어진 한 쪽매의 서로 다른 회색 톤 마름모들을 변형해서)하고, 벡터 사이가 60°가 되도록 평행이동을 두 번 해서(한 쪽매에서 다른 쪽매로 옮아가게 하면서) 만들어진다. 다른 형식의 쪽매맞춤은 앞 그림의 마름모처럼 기하학적 형태로 알아볼 수 있는 다른 4개의 그룹에 해당한다. 이 그룹들을 이용해서 보다 독창적인 모티브를 지닌 쪽매맞춤을 만들 수 있다. 이를 위해 조각가 라울 라바Raoul Raba는 위의 기하학적 쪽매맞춤의 기본 모티브, 즉 마름모꼴의 복사본을 종이로 만들어 반으로 접는다는 간단한 생각을 했다.

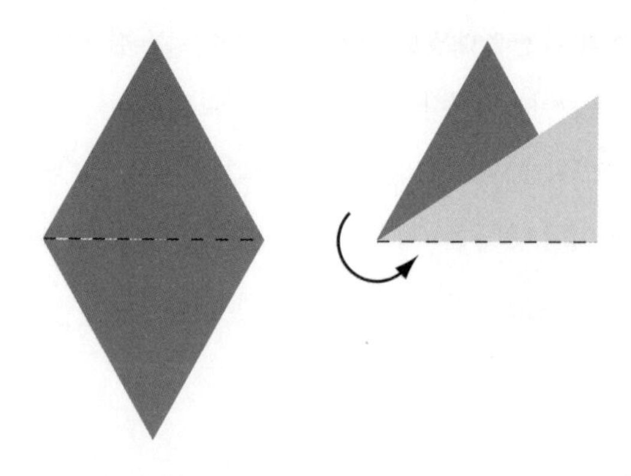

기본 마름모꼴을 반으로 접기.

그러면 정삼각형이 나오는데 그 위쪽 앞면 끝을 서로 붙인다. 그런 다음 윗면에 있는 한 점 P를 선택해서 이 점을 세 꼭짓점 A, B, C에 연결하되 양면 중 한 면을 지나도록 한다. 유일한 조건은 이 경로가 서로 교차하지 않는다는 것이다. 그런 다음 종이를 펼치면 다음 쪽에 나오는 모티브를 얻는데, 그 위에 애초의 정삼각형을 표시해놓았다.

이 작도 방법으로 애초의 쪽매맞춤 그룹이 보존된다. 모티브는 O를 중심으로 120° 회전하여 변형된 모티브에 완벽히 들어맞는다. 마찬가지로 쪽매맞춤 조각들의 초기 그룹을 다른 방식으로 이동해서 변형한 모티브에도 들어맞는다. 이렇게 해서 우리는 같은 그룹에 속한 새로운 쪽매맞춤 모티브를 만들어냈다.

라바의 방법은 기본 모티브 5개, 즉 정삼각형, 정삼각형을 반으로 접은 것, 정사각형, 정사각형을 반으로 접은 것, 직사각형 모티브에서 사용할 수 있다. 각 경우에 그 원리는 위에서 정삼각형으로 한 방식과 동일하고 이로부터 쪽매맞춤 조각 다섯 그룹을 얻는다. 같은 방법으로 에셔가 한 것처럼 새로운 쪽매맞춤을 만들어낼 수 있다.

마지막의 도마뱀 쪽매맞춤은 에셔에게 헌정하는 것이다!

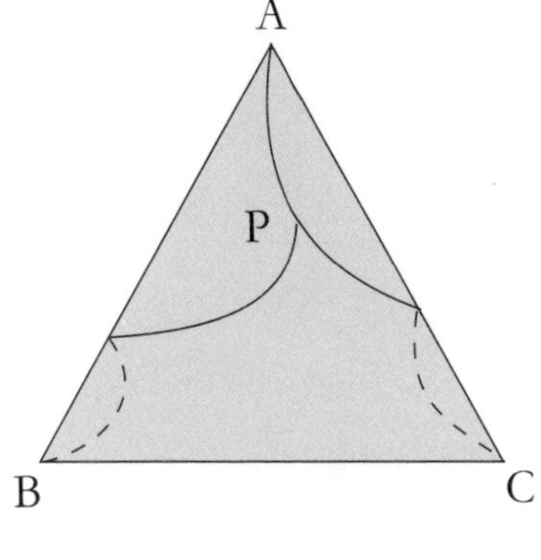

윗면의 한 점 P가 꼭짓점들에 연결된다. 밑면에 그은 선은 점선으로 나타냈다.

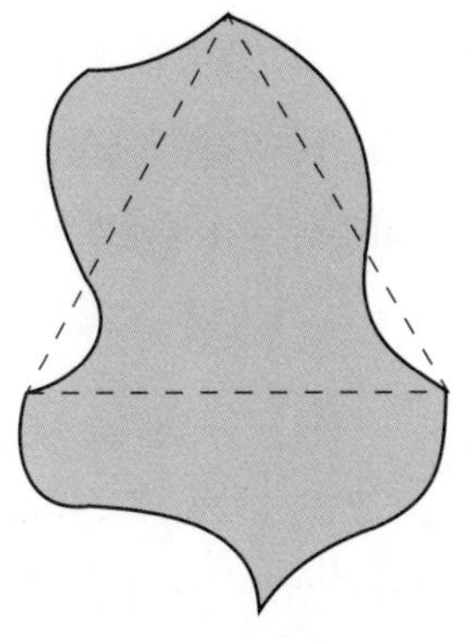

정삼각형으로 만든 새로운 모티브.

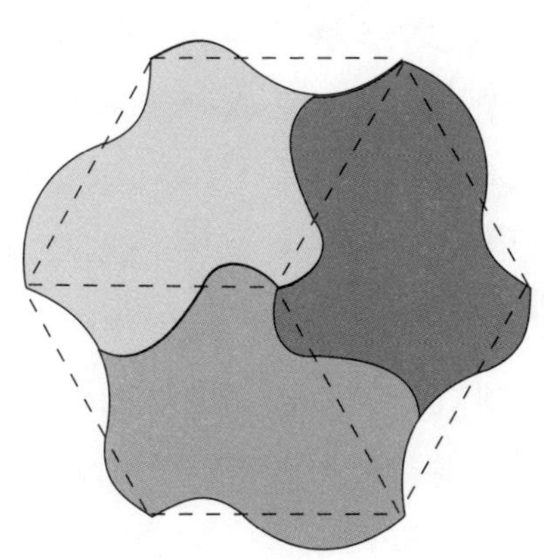

애초의 마름모 모티브와 함께 표시한 새로운 모티브.

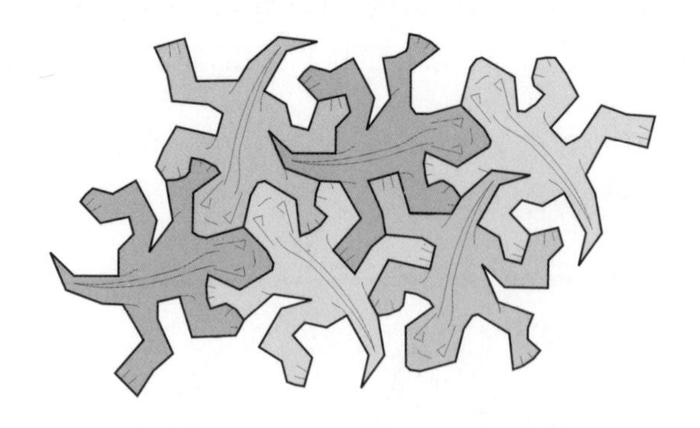

에셔에게 헌정하는 도마뱀 쪽매맞춤.

지금까지 살펴본 쪽매맞춤은 모두 주기적 쪽매맞춤이다. 단 하나의 쪽매를 이동해 만들었기 때문이다. 펜로즈는 비주기적 쪽매맞춤을 발견했는데, 다음 그림이 조스 레이스가 해석한 비주기적 쪽매맞춤을 수록한다.

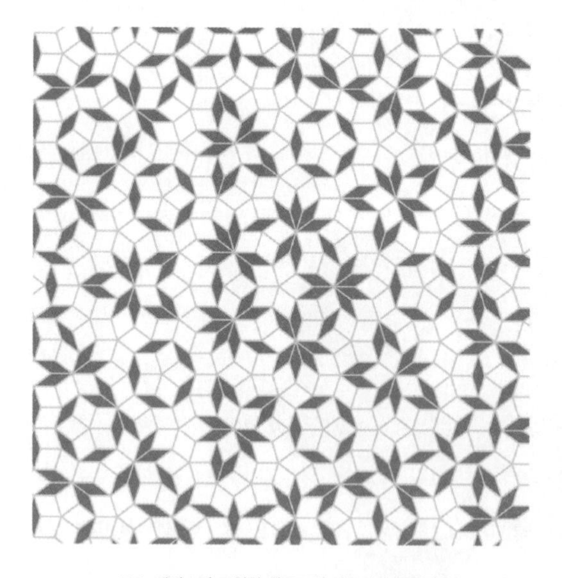

조스 레이스가 표현한 펜로즈의 비주기적 쪽매맞춤.

이 쪽매맞춤은 화학에서 준결정準結晶 구조를 기술하기 위해 응용된다. 이런 형식의 쪽매맞춤은 펜로즈 훨씬 이전에도 찾아볼 수 있는데, 그 대표적인 예가 15세기에 지어진 이스파한Ispahan(현재 이란의 도시 — 옮긴이)의 능에서 발견된다.

음악이 좋으면……
수학이 울려 퍼지면

다룰 주제가 아직 많이 남았지만 시각 예술을 뒤로하고 음악에 대해 다루겠다. 많은 수학자가 음악적인 문제에 관심을 가졌는데, 그중에서 몇 명만 들자면 피타고라스, 갈릴레이, 데카르트, 오일러가 있다. 오늘날 수학은 음악적 상상력을 실현하는 매체가 되었다. 그 성질상, 음악은 음표와 박자 같은 불연속량을 수단으로 작용하고, 따라서 디지털로 쉽게 치환된다.

그래서 어떤 음악가들은 π의 소수를 음악으로 만들었다. 예를 들어 데이비드 맥 도널드David Mac Donald는 0부터 9까지 각 숫자를 상승하는 음계의 한 음표와 연결시켰다. 숫자는 10개 있으므로 그는 숫자 7, 8, 9에 한 단계 높은 옥타브를 사용한다. 그런 다음 왼손으로 반주를 덧붙이는데, 그 결과는 놀랍다!

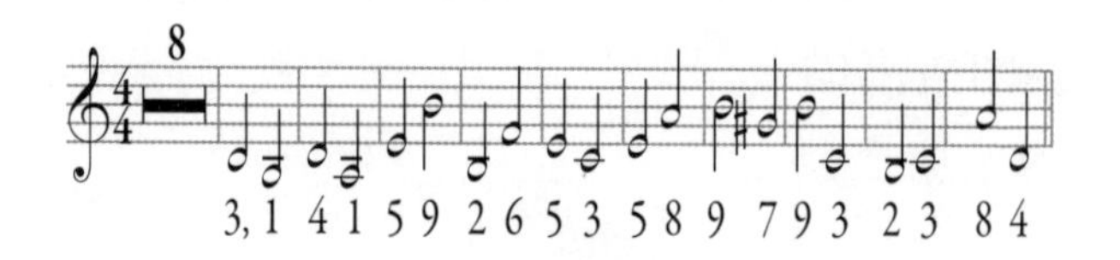

π의 소수 첫 숫자들.

로저 셰퍼드Roger Shepard는 끝없이 올라가는 계단('펜로즈 계단')에서 영감을 받아 끝없이 올라가는 것 같은 소리를 만들었다. 셰퍼드의 음은 모든 옥타브에서 동시에 연주한 같은 음을 조합한 것이다. 음정의 여러 음을 반복 연주함으로써 펜로즈 계단과 같이 끝없이 올라가는 듯한 인상을 준다.

펜로즈 계단

세 가지 악기를 가지고 보다 고전적인 방식으로 이런 음의 착각을 불러일으킬 수 있다. 세 악기로 각기 서로 다른 옥타브로 '도'를 연주하게 한 다음, 음계를 '레, 미' 등으로 올린다. 다음 옥타브의 '도'에 이르면, 가장 높은 옥타브로 연주하던 악기가 세 옥타브를 낮추어 연주한다. 사람들은 이런 변화를 깨닫지 못한다. 다른 두 악기로는 계속 상승 음계를 연주하기 때문이다. 셰퍼드에 이어, 음악 정보처리 전문가 장클로드 리세Jean-Claude Risset, 1938~2016는 이 끝없는 상승의 지속적인 버전을 만들었다. 이것이 셰퍼드-리세 글리산도다. 그는 속도가 끝없이 빨라지거나 느려지는 느낌을 주는 음악도 상상했다. 음악의 비유클리드기하학이라고나 할까?

지구를 구하기 위한 수학?

34

지구는 조만간 백억에 이를 인구를 먹여 살릴 수 있을까? 가까운 미래에 전 세계적인 바이러스 유행병으로 우리 대부분이 죽게 될까? 한 세기가 지나면 지구온난화 때문에 온도 상승분 한계점인 2도를 넘어설까? 지구의 미래는 장밋빛인가……? 수학자들은 이런 위협에 맞서 무척 소중한 도움을 제공한다!

지구의 자원과 우리 삶, 우리 사회를 관리하기 위해서 중요한 문제 중 하나는 예측이다. 예측이 과학적으로 가치 있으려면, 현실 모델에 근거를 두어야 한다. 사회적 수학의 가장 오래된 모델 가운데 하나는 토머스 로버트 맬서스Thomas Robert Malthus, 1766~1834라는 이름과 연관된다.

맬서스는 맬서스주의 정책이라는 말이 주는 부정적인 이미지와는 사실상 거리가 먼 인물이다. 그는 인구 변화가 각 영토마다 지수적 증가 모델을 따른다고, 즉 한 해 인구는 각 영토에서 그 전해 인구에 일정한 비율을 곱한 것과 같다고 생각했다. 반면에 식량 자원(식량을 공급받을 수 있는 거주자 수)의 증가는 산술적 증가 모델을 따른다고, 즉 한 해의 자원은 그 전해의 자원에 (농경지 증가를 반영한) 일정 수치를 더한 것과 같다고 보았다. 이로부터 맬서스는 재앙이 일어날 수밖에 없다고 추론했다. 영토당 인구수는 지수적으로 증가하므로, 주어진 영토가 먹여 살릴 수 있는 인구수를 언젠가는 넘어설 수밖에 없기 때문이다. 그래서 맬서스는…… 산아제한을 권장했다.

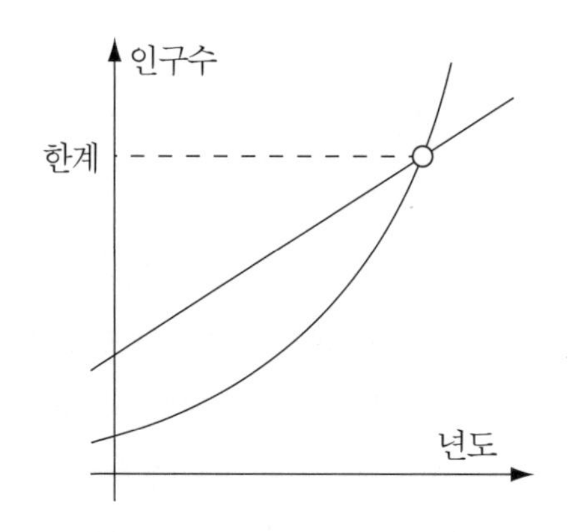

맬서스에 따른 인구 변화(곡선)와 인구를 먹여 살릴 자원 변화(직선).

당시에 이런 생각은 특히 가톨릭교회를 중심으로 부정적으로 받아들여졌다. 그 이후 '맬서스주의'라는 용어는 모든 산아제한정책을 대상으로 하는 경멸의 뜻을 내포하게 되었다. 일반적으로 수학적 모델은 여기에서 인구 변화와 같은 어떤 특정한 현실을 설명하기 위해서 만들어진다. 이 사실을 염두에 두고 이런 모델을 현실과 혼동하지 말아야 한다. 수학적 모델의 결과는 사용하기 전에 현실과 대조해보아야 한다.

이런 의미에서 맬서스가 장기적인 인구 변화를 기술하려고 사용한 지수적 증가 모델은 현실성이 없다. 모든 지수적 증가는 한계에 이르게 마련이다. "나무는 결코 하늘까지 뻗어 올라가지 않는다"라는 말도 있지 않던가. 이런 이유로 동물 세계에서 증가는 결코 끝없이 지속되지 않는다. 식량 부족으로 개체 증가가 멈추거나, 아니면 포식으로 개체 증가가 멈춘다. 먹이와 포식자의 상호작용은 수학적으로 복잡하다. 이 상호작용으로 균형 상태가 올 수도, 두 종이 소멸할 수도 있고……, 혼돈(카오스)이 올 수도 있다.

나그네쥐의 개체 수

동물의 세계에서 자연적인 조절을 찾아볼 수 있는 가장 놀라운 예는 북극 지대에 사는 햄스터를 닮은 조그마한 설치류인 나그네쥐(레밍 lemming)에서 찾아볼 수 있다. 전설에 따르면 나그네쥐는 이타성이 대단한 동물이라서 자신이 속한 공동체의 선을 위해 공동체의 개체 수가 지나치게 많아지면 집단으로 자살한다고 한다. 이런 터무니없는 이야기의 발단은 한 '다큐멘터리' 영화인 것 같다. 1958년에 월트디즈니 스튜디오가 제작한 「화이트 와일드니스White Wilderness」에 나그네쥐 무리가 절벽 위에서 바다로 떨어지는 모습이 등장했다. 이건 물론 영화적 특수효과였다. 영화를 꼼꼼히 살펴보면 한 장면에 열두 마리 이상의 나그네쥐가 동시에 등장하는 일이 없다.

하지만 이런 허위 증거에도 부분적으로 진실이 담겨 있어서, 나그네쥐 개체 수는 정기적으로 급격히 (나그네쥐가 아니라 그 개체 수가) 떨어진다. 나그네쥐의 개체 수 변화는 실제로 다음에서 보는 것처럼 기이한 곡선을 따른다.

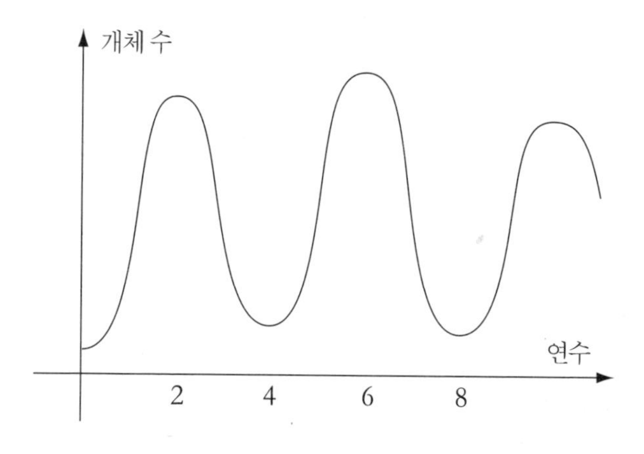

나그네쥐 개체 수의 변화.

이 곡선은 4년마다 반복되지만, 주기가 최솟값일 때 개체 수가 0에 너무도 근접하기에 나그네쥐의 개체 수 변화를 하루하루 관찰하는 사람은 누구든 이 동물이 금세 멸종할까 봐 두려워할 만하다. 최솟값과 최댓값의 비는 실제로 엄청나서 1부터 약 1,000에 이른다!

실제로 이런 큰 변동은 나그네쥐가 주포식자인 흰담비와 맺는 관계로 설명할 수 있다. 여우와 갈매기, 흰올빼미도 나그네쥐를 사냥한다. 하지만 나그네쥐는 이들 포식자의 메뉴 중 하나일 뿐인 반면, 흰담비는 오로지 나그네쥐만 먹고 산다. 이런 배타성 때문에 나그네쥐에 대한 흰담비의 포식 의존성이 커서 나그네쥐의 수가 줄어들면 흰담비의 개체 수도 줄어든다. 그래서 살아남은 나그네쥐는 다시 개체 수를 늘릴 여유를 갖게 되고, 이런 식으로 이야기는 계속 반복된다. 이탈리아의 수학자이자 물리학자 비토 볼테라Vito Volterra, 1860~1940는 나그네쥐 개체 수의 요요 현상을 양적으로 기술한 모델을 제시한 최초의 인물이다(글상자 참조).

나그네쥐 개체 수 변화에 관한 로트카-볼테라 모델

비토 볼테라는 미국의 인구역학 이론가 앨프리드 로트카Alfred Lotka, 1880~1949가 1925년에 윤곽을 잡아놓은 이 모델을 1년 뒤에 발표했다. 지수 증가 모델에서 영감을 받아 만든 모델이다.

볼테라는 나그네쥐와 흰담비 개체 수 변동을 시간의 흐름 속에서 검토했다. 좀 더 정확히 말하면, 어떤 순간 t에 $x=x(t)$가 나그네쥐의 개체 수 크기를 나타내고, $y=y(t)$가 흰담비 개체 수 크기를 나타낸다면, 볼테라는 맬서스의 모델로부터 영감을 받되 포식을 염두에 두면서 x와 y를 연구했다. 그는 t와 $t+\Delta t$ 사이의 시간 구간에 나그네쥐 개체 수가 Δt와 나그네쥐 수 x에 비례하여 증가하는 한편, 흰담비가 먹어치운 나그네쥐 수는 Δt와 나그네쥐 수 x, 흰담비 수 y에 비례한다고 생각했다. 따라서 나그네쥐 수의 증가는 $\Delta x=x(a-by)\Delta t$와 같고, 여기에서 계수 a는 흰담비가 없을 때 나그네쥐의 번식률에 해당하고, b는 포식에 해당한다.

흰담비의 경우도 마찬가지다. 나그네쥐가 없을 때 흰담비가 죽는다는 사실을 고려하면, 방정식 $\Delta y=y(-c+dx)\Delta t$를 얻는데, 여기에서 계수 c는 나그네쥐가 없을 때 흰담비의 사망률, d는 흰담비의 번식률에 해당한다. 나그네쥐와 흰담비의 초기 개체 수와 상수 a, b, c, d 값을 알면, 이 두 방정식을 이용해서 나그네쥐와 흰담비 개체 수 변화를 계산할 수 있다. 이들 상수 값은 관찰한 사실에 알맞도록, 즉 두 개체 수의 예전 변화에 알맞도록 조절되어야 한다. 일부 값에 대해서는 실제로 관찰된 4년 주기성이 나타난다. 이 두 방정식은 두 미분방정식 $x'=x(a-by)$와 $y'=-y(c-dx)$ 체계로 귀착되는데 이것이 엄밀한 의미에서 볼테라 모델이다.

볼테라 모델은 $x'=x(a-by)$와 $y'=-y(c-dx)$ 형식의 두 미분방정식 체계로 귀착된다. 모든 수학적 모델은 대체로 이런 형식, 즉 여러 요인,

초기 조건, 과거에 따라 조절되는 계수 사이의 상호의존을 반영하는 미분 체계다. 이를 계산함으로써 미래에 대한 예측을 추론할 수 있다. 하지만 이런 예측은 앞의 체계에서 확인할 수 있듯 계수로 어떤 값을 선택하느냐에 따라 섬세하게 반응한다. 따라서 계산으로 얻은 결과는 항상 정기적으로 현실과 비교해보아야 한다. 과거의 경험, 특히 전염병의 경험으로 이런 교훈을 얻을 수 있었다.

팬데믹: 질병 범汎유행 주의

2014년 에볼라 전염병으로 크게 두려워했던 경험을 들어 이 내용을 검토해보자. 그해 9월 말에 세계보건기구WHO는 에볼라 바이러스의 새로운 피해자 수가 5월 이후 서아프리카에서 매달 두 배로 증가한다는 사실을 확인했다. 이것은 무엇을 뜻할까? 5월에 250명의 새로운 피해자가 생겼으면, 새로운 피해자가 6월에는 5백 명, 7월에는 1천 명, 8월에는 2천 명, 9월에는 4천 명 생겼다는 말이다. 이런 식으로 계속 진행되었다면 2015년 9월에는 새로운 피해자가 1,600만 명 생겼을 것이다. 이 병에 걸린 사람 둘 중 한 명이 사망하니 사망자 수는 그야말로 어마어마했겠지만, 이런 어두운 미래는 현실이 되지 않았다. 왜일까?

여기에는 물론 세계보건기구의 대처가 큰 역할을 했다. 하지만 전염병은 지수적 증가 모델이 아닌 다른 논리를 따른다. 윌리엄 커맥William Kermack, 1898~1970과 앤더슨 맥 켄드릭Anderson Mac Kendrick, 1876~1943은 질병이 대규모로 어떻게 작용하는지 정확하게 기술한 최초의 학자였는데, 그때가 1927년이었다. 두 사람의 모델은 인구를 세 부류로 나눈다. S는 질병에 걸릴 위험이 있는 사람, I는 이미 감염된 (그리고 전염성이 있는) 사람, R은 질병에서 치유되어 살아남은 사람에 사망자를 더한 것이다(이 두 경우에 속하면 더 이상 아무도 감염시키지 않을 테니까!).

SIR 모델은 시간의 흐름 속에서 실험으로 측정 가능한 두 비율에 따라 이 세 집단의 변화를 검토한다. 첫 번째 비율 (α)는 감염된 한 사람에 대한 질병 전염률, 즉 어떤 사람이 바이러스와 접촉한 다음에 질병에 걸릴 확률이다. 두 번째 비율 (β)는 I 상태에서 R 상태로 옮아가는 것을 측정한다. Δt 시간이 흐른 다음에 추가로 감염된 사람의 수 $\alpha IS\Delta t$를 세는데, 이때 R은 $\beta I\Delta t$만큼 증가한다. 따라서 감염된 사람의 수 변화는 $\alpha S-\beta$에 $I\Delta t$를 곱한 것과 같다.

볼테라의 모델과 마찬가지로, SIR 모델은 미분 체계로 표현된다. 감염된 환자의 수가 증가하면, 즉 $\alpha S-\beta>0$이면 질병이 확산된다(즉 범유행 질병이 된다)는 사실을 알기 위해서 굳이 이것을 적어볼 필요는 없을 것이다. 따라서 몫 β/α는 한계치다. 잠재적인 질병 피해자의 수가 이 한계치보다 적으면, 질병은 확산되지 않는다. 반대인 경우에는 팬데믹Pandemic, 즉 범유행 질병(또는 가축 범유행 질병)이 된다. 역설적으로 보일지 모르지만, 전염병이 생기는 것은 감염된 사람의 수에 달린 게 아니라, 질병에 걸릴 위험이 있는 사람의 수에 달렸다!

모기 정리

이 말만으로도 백신 접종 정책은 정당화된다. 거의 효능이 없는 백신 접종이라도 말이다. 질병 범유행 상황을 피하려면, 질병에 걸릴 위험이 있는 사람 수를 줄여야 한다! 에볼라의 경우에는 백신이 없었기에 환자를 격리하고 의료진을 보호하는 일밖에 할 수 없고, 실제로 WHO는 그렇게 하라고 권고한다. 이런 판단은 로널드 로스Ronald Ross, 1857~1932가 1911년에 발견한 '모기 정리' 역시 정당화한다. 이 정리에 따르면, 말라리아를 근절하기 위해서 모기를 모조리 제거할 필요는 없다. 개체 수를 특정 한계치 이하로 떨어뜨리기만 하면 된다.

이 정리는 프랑스의 말라리아 퇴치 정책이 효과적이었음을 '경험적으로' 사후에 정당화해주었다. 예전에 프랑스의 솔로뉴와 푸아투 지방의 습지, 심지어 포르루아얄 데 샹 주변 같은 습한 지역에서는 말라리아가 지속적으로 창궐했다. 19세기에 이 지역에 배수 처리를 해서(사람들이 종종 단언하듯 퀴닌으로 만든 식전주인 캥키나를 마셔서 면역력이 좋아진 것이 아니라!) 말라리아 위협이 근절되었다.

지수적 증가: 현실인가 모델인가

기이한 수학적 사실을 설명하는 것으로 이 장을 마무리할까 한다. 어째서 많은 예측 모델은 지수적 성질을 띨까? 이를 설명하기 위해서 $t+\Delta t$ 순간의 상태가 t 순간의 상태에 선형적으로 의존하고 일정 수, 가령 2천 개의 매개변수(실제로 일기예보 모델은 수천 개의 매개변수를 이용한다. 기지마다 적어도 온도, 기압, 습도, 풍속 등 4개의 매개변수가 있는데 프랑스에는 기지가 5백 개가 넘는다!)로 특징 지워지는 어떤 현상을 상상해보자.

2천 개의 매개변수는 하나의 벡터 안에 통합된다. t 순간에 이 벡터의 변화가 그 값에 선형적으로 의존한다면, 미지수가 2천 개인 2천 개의 미분 방정식 체계를 얻는다. 앞에서 다룬 것처럼 1개가 아닌 2천 개의 매개변수를 지닌 맬서스 모델인 것이다. 일반적으로 단 하나의 매개변수 a가 있을 때 시간 t에 따른 함수로, x는 지수적인 형식인 $x=ka^t$을 띠는데 이는 거의 항상 재앙으로 이어진다. 즉, $a>1$이면 y는 무한히 커지고, $a<1$이면 y가 0에 근접해간다. 안정적인 상태는 $a=1$일 경우다. 매개변수가 더 많아서 문제가 더욱 복잡해진다 해도, 변수들의 변화는 이와 비슷하

고, 안정적인 경우는 드물다. 이런 체계의 성질 때문에 초기 조건에서 조그마한 오류라도 있으면 뒤이어 결과에 큰 차이가 난다. 이는 현실 때문이라기보다는 선택된 수학적 모델 때문일까? 결국, 모델은 모델일 뿐이다. 중요한 것은 모델이 반영하고자 하는 현실이고, 따라서 모델의 결과는 현실과 비교해야 한다. 이런 사실을 우리는 일기예보를 접하며 매일 깨닫는다. 일기예보는 장기적으로 신뢰할 수 없으며 앞에서 이미 살펴본 나비 효과가 생긴다.

신생아의 수명을 예측할 수 있을까

35

한 여자 아기가 막 태어났다. 언론은 그 아기의 기대 수명이 85세라는 사실을 우리에게 알려준다. 언론은 어떤 근거로 이렇게 단언하는가? 기대 수명이란 무엇을 뜻하는가? 현대 사회에서 이 질문은 상당히 중요하다. 퇴직할 나이, 생명보험 계약서 작성, 사회보장과 상호보험의 예산 균형……. 여러 공공 및 민간 정책은 기대 수명 예측에 달려 있다. 하지만 우리 삶의 여러 측면을 결정하는, 보기보다 더 복합적인 이 개념을 모두가 진정으로 이해하고 있을까? 그렇지만은 않은 것 같다……. 고등학교 경제 수업 시간에 제대로 이해하지 못한 사람들을 위해 간단히 복습해보자.

기대 수명. 이 수치가 산 사람뿐 아니라 죽은 사람을 위해서 계산된다는 사실을 알고 보면 이건 참으로 이상한 용어다. 사전적 정의에 따르면, 기대 수명은 같은 해에 태어난 사람들의 평균 수명이다. 지난 세대에 대해서는 사망 시 평균 연령이라고 말하는 게 더 낫지 않을까? 지난 세대만이 기대 수명을 확실히 계산할 수 있는 유일한 범주다. 가령 1850년에 태어난 사람들의 출생 시 기대 수명을 알려면, 그 사람들의 1850년도 출생증명서와 사망증명서만 입수하면 된다. 이로부터 사망 시 평균 나이를 추론하는 것이다. 그해에 태어난 세대의 사망자 수가 나온 표로도 이것을 계산할 수 있다.

0	100,000	18	67,265	36	55,724	54	44,392	72	23,569	90	1,181
1	84,905	19	66,749	37	55,155	55	43,607	73	22,039	91	805
2	79,355	20	66,102	38	54,600	56	42,766	74	20,433	92	542
3	76,991	21	64,905	39	54,058	57	41,868	75	18,818	93	368
4	75,304	22	63,645	40	53,497	58	40,964	76	17,198	94	226
5	73,906	23	62,987	41	52,912	59	39,975	77	15,521	95	143
6	72,901	24	62,396	42	52,320	60	39,003	78	13,932	96	95
7	72,132	25	61,855	43	51,713	61	37,958	79	12,221	97	62
8	71,483	26	61,287	44	51,100	62	36,967	80	10,820	98	43
9	70,817	27	60,738	45	50,487	63	35,874	81	9,369	99	27
10	70,280	28	60,197	46	49,873	64	34,722	82	8,072	100	17
11	69,877	29	59,655	47	49,276	65	33,453	83	6,842	101	7
12	69,508	30	59,110	48	48,660	66	32,179	84	5,741	102	4
13	69,179	31	58,561	49	48,004	67	30,803	85	4,758	103	1
14	68,874	32	58,003	50	47,328	68	29,454	86	3,843	104	1
15	68,549	33	57,435	51	46,573	69	27,929	87	3,077	105	1
16	68,141	34	56,863	52	45,881	70	26,570	88	2,390		
17	67,728	35	56,294	53	45,136	71	25,149	89	1,797		

1850년 출생자 100,000명에 대한 각 연령에서 생존자 수.

이 표로, 1850년에 태어난 사람 중 첫해에 사망한 사람 수를 계산할 수 있다. 이는 출생자 수(100,000)에서 1년 후 생존자 수(84,905)를 뺀 수, 즉 15,095다. 마찬가지로 84,905에서 79,355를 뺀 5,550명이 출생 후 두 번째 해에 사망했다. 같은 계산법으로 출생한지 세 번째 해에 사망한 사람은 2,364명이다. 사망할 때의 정확한 나이는 모르므로, 우리는 사망 시기가 진행 중인 해의 중간이라고 추정할 수 있다.

따라서 태어난 첫해에 사망한 아기는 생후 6개월에 사망했고, 두 번째 해에 죽은 아기는 생후 1년 6개월에 사망했다는 식으로 계산한다. 사망 시 평균 나이를 계산하기 위해서 15,095명은 0.5세, 5,550명은 1.5세, 2,364명은 2.5세 등으로 센다. 0.5를 15,095로 곱하고, 1.5는 5,550으로, 2.5는 2,364로 곱한 값 등등을 모두 합하고, 이렇게 더한 최종 값을 100,000으로 나누면 41.5세가 나온다.

출생 첫해에 살아남은 사람들의 평균 수명을 구하는 계산법도 비슷하다. 이를 계산해보면 48세다(그러면 총 수명은 49세가 된다). 영아 사망자를 배제하면, 1850년에 태어난 세대의 진정한 기대 수명은, 1870년 전쟁 사망자(그 영향을 표에서 볼 수 있다)를 포함해 50세 가까이 된다.

살아 있는 사람의 기대 여명

연대순으로 사망자 수를 표로 작성하는 방식으로는 이제 막 태어난 아기의 기대 수명을 계산할 수 없고, 오직 세대 전원이 사망한 이들의 기대 수명만 계산할 수 있다. 살아 있는 사람들의 기대 여명을 추정하는 것은 예측의 영역에 속한다. 이제 막 태어난 아기들 중 몇 명이 가령 10세에 사망할지 어떻게 알 수 있을까? 사실, 우리는 이것을 진행 중인 해의 사망자 수로부터 추정한다. 보다 정확히 말하면, 각 연령의 남녀 사망자 수의 비를, 총 인구 및 사망 추정치를 이용해 계산한다. 인구 이동이 없다면 이 계산은 매우 간단하다.

어떤 해의 1월 1일에 40세인 남자 수를 세어보니 440,428명이고,

12월 말에 그해에 사망한 40세 남자 수를 세어보니 815명이라고 하자. 40세 남자의 사망자 수의 비는 815를 440,428로 나눈 값, 즉 1.850퍼밀이다. 하지만 새로 온 이들을 고려하기 위하여 약간의 교정을 가해야 한다. 이듬해 1월 1일에 41세 남자 수가 440,112라면, 지난해와 비교해서 316명이 부족한데 사망자 수는 815다. 이 차이는 815에서 316을 뺀 499명이라는 양의positive 이동 인구수에 해당한다. 새로 온 사람들이 언제 도착했는지 모르므로, 그 절반을 1월의 인구수에 포함해서 센다. 이제 815를 440,678로 나누는데, 최종 사망률이 1.849퍼밀이므로 교정치는 극도로 적다. 큰 수의 법칙을 적용할 수 있으면 이 방법은 신뢰할 만하다. 그렇지 않을 때, 특히 노령 인구에 대한 계산 결과는 신뢰할 수 없다.

현재의 생명표

통계학자들은 위에서 계산한 생애 각 해에 사람들의 사망자 수의 비를 가지고 사망자 수의 표를 재구성한다. 이제 더 이상 실제 인구를 검토하지 않고, 검토되는 연도의 연령별 사망률 조건으로 평생을 살아가는 100,000명으로 구성된 가상의 세대를 검토한다. 이 가상의 세대에 관하여 매년 구축할 수 있는 표를 현재의 생명표라고 부른다. 이 표를 이용해서 아기가 태어나자마자 그 아이의 기대 수명을 계산한다.

이 방법은 사망자 수의 상황이 계속 현재와 똑같을 거라는 가정에 근거를 둔다. 그렇지 않을 것임을 알면서도 말이다! 어쨌거나 이렇게 계산한 결과는, 사망한 지난 세대의 사망자 수 표를 사용하는 것보다 미래의 현실을 실제에 더 가깝게 예측하게 해준다. 가끔은 합리적인 추정이 허황된 정확성보다 낫다. 하지만 이런 가정을 했다는 사실 자체는 염두에 두어야 한다.

이렇게 한 예측은 공공 정책 입안자들이 인구 변동을 예측하게 해줄 뿐 아니라 보험회사가 생명보험 계약서 내용을 정할 때도 사용된다. 그 기본 원칙은 어떤 특정 연령인 사람이 다른 어느 연령까지 살 가능성을 추정하는 것이다. 예를 들어 1850년에 태어난 세대의 사망자 수 표를 사용하면, 40세인 어떤 사람이 47세까지 살 가능성은 49,276(표에 따른 47세 사람의 수)을 53,497(40세인 사람의 수)로 나눈 것이고 이는 약 92퍼센트다. 이 사람이 이 기간에 사망할 암울한 가능성은 약 8퍼센트다.

이 표로 종신정기금의 이자율도 계산할 수 있다. 표에 나온 40세인 사람 53,497명이 표에 나온 사망자 수를 그대로 따르고, 각각에 대한 연간 정기금이 1유로라고 상상하고 계산을 어떻게 해야 하는지 살펴보자. 보험회사는 이듬해에 생존자 모두에게 52,912유로를 지급해야 하고, 그다음에는 52,320유로……, 이렇게 해서 마지막 해에 1유로가 될 때까지 지급해야 할 것이다. 그러면 53,497명에 대해 1,486,859유로라는 합이 나오는데, 이는 종신정기금을 지급하기 위해서 한 사람당 약 28유로를 예비해놓아야 한다는 뜻이다.

그렇다면 이제 보험회사가 지급해야 할 금액을 현실에 맞게 수정해서 (보다 정확하지만 위험 부담이 큰) 계산해볼 차례다. 예를 들어, 보험회사가 자기 돈을 연 이자율 5퍼센트로 투자할 수 있다면, 1년 뒤 1유로의 정기금을 지급하기 위해서는 오늘 $1/1.05=0.952$유로를 예비해놓아야 한다. 마찬가지로, 2년 뒤 같은 정기금을 지급하기 위해서는 지금 $1/1.05^2=0.907$유로가 필요하고, 이런 식으로 계속 계산할 수 있다. 앞에서 한 계산을 다시 해보면, 한 명당 14유로를 예비해놓아야 한다. 하지만 이 예비비는 시장금리에 따라 달라진다. 가령 시장금리가 2퍼센트면 예비비는 21유로가 된다…….

물론 요즘에는 현대적인 표를 바탕으로 계산을 한다. 이 표는 법의 규제를 받지만 원칙은 똑같다. 이 문제는 17세기에 이미 이론적 수준에서 이해되었다. 하지만 당시에 종신정기금을 지불하던 오텔디외l'Hôtel-Dieu와 앵퀴라블Incurables 같은 몇몇 기관이 1689년에 파산했다. 하지만 그 기관들의 종신정기금 공증 계약서를 분석해본 결과, 그들이 파산한 것은 잘못 계산한 이자율이 아니라 예비비의 유동성 때문이었다. 특히 현금화가 어려운 부동산이 문제였다.

그 기원은 해운업

보험회사에서 사용하는 용어로 손해보험(특종보험: 화재, 사고, 각종 위험) 계약을 제안한 초기 회사들도 마찬가지로 파산했다. 하지만 그 이유는 달랐고, 나중에 수학적 계산으로 이 결함을 수정했다. 이런 형식의 계약은 18세기에 처음 이루어졌다. 디드로Denis Diderot와 달랑베르Jean Le Rond d'Alembert가 편집한 유명한 『백과전서Encyclopédie』에서 '보험(해상)'이라는 표제어 하에 니콜라 드 콩도르세Nicolas de Condercet, 1743~1794 후작이 작성한 계약서가 실려 있다. 1720년에 남해회사 금융 위기로 인해 여러 보험회사가 줄줄이 파산하자, 콩도르세는 보험료 총액을 어떻게 정해야 보험회사의 파산 확률을 무시해도 좋을 만큼 줄일 수 있을지 자문했다. 그래서 그는 각각의 선박이 좌초할 확률 p를 알고 있을 때, 선박 n척 가운데 m척 이하가 좌초할 확률을 연구했다.

이론적으로 이 계산은 간단한 편이다. 어떤 선박이 좌초할 확률이 5퍼센트인 경우의 확률을 살펴보자. 선박 10척 중에서 단 한 척도 좌초하지 않을 확률은 0.95^{10}, 즉 약 60퍼센트다. 어떤 특정 선박이 좌초하고 다른 선박은 좌초하지 않을 확률은 $0.95^{9} \times 0.05$다. 따라서 10개의 선박 중 특정하지 않은 한 선박이 좌초할 확률은 $10 \times 0.95^9 \times 0.05$, 즉 약 31퍼센트다. 특정한 선박 2척이 좌초할 확률은 $0.95^8 \times 0.05^2$다.

선박 10척 전체를 쌍으로 묶는 가지 수는 45이므로, 이들 가운데 특정하지 않은 선박 2척이 좌초할 확률은 $45 \times 0.95^8 \times 0.05^2$, 즉 약 7.5퍼센트다. 이로써 2척 혹은 2척 이상이 좌초할 확률은 따라서 0.95^{10}와 $10 \times 0.95^9 \times 0.05$, $45 \times 0.95^8 \times 0.05^2$의 합, 즉 98.8퍼센트다. 여기에서 보험사는 감당할 위험의 추정치를 알게 된다. 1.2퍼센트의 파산 위험률이 받아들일 만하다고 보이면, 간단한 버전의 계산이 암시하듯 5퍼센트의 손실분을 예비해놓는 것이 아니라 20퍼센트의 손실분을 예비해놓기만 하면 되는데, 이때 보험 가입자 수가 큰 수의 법칙을 적용할 만큼 충분히 많아야 한다.

이항분포

여기에서 자크 베르누이Jacques Bernouilli, 1655~1705로 하여금 이항분포를 도입하게 한 계산을 찾아볼 수 있다. 이항분포는 일어날 확률이 p인 어떤 사건을 n번 시행할 때 이 사건이 k번 일어날 확률을 나타낸다. 이것은 뉴턴의 이항법칙 $(1+x)^n$의 전개에 해당하는 계수들로부터 계산되고 그 형태는 $1+nx+[n(n-1)/2]x^2+\ldots$다. 이 합에서 x^k의 계수는 n 가운데 k의 조합combination이라고 부르고 C_n^k 또는 $\binom{n}{k}$로 표기한다. 이들 계수는 파스칼의 삼각형(이렇게 불리지만 페르시아 수학자들은 10세기에 이미 이것을 알고 있었고, 뉴턴의 이항법칙 역시 마찬가지다)을 이용해서 점진적으로 계산할 수 있다. 파스칼의 삼각형에서 그림의 회색 원으로 표시된 수는 흰색 원으로 표시된 두 수의 합이다.

	1	x	x^2	x^3	x^4	x^5	…
$1+x$	1	1					
$(1+x)^2$	1	2	1				
$(1+x)^3$	1	3	3	1			
$(1+x)^4$	1	4	6	4	1		
$(1+x)^5$	1	5	10	10	5	1	
	…	…					

파스칼의 삼각형.

왼쪽 열에 있는 이항들의 전개는 해당하는 행에서 읽힌다. 가령 3행은 $(1+x)^3=1+3x+3x^2+x^3$으로 읽을 수 있다. 이항분포는 일어날 확률이 p인 어떤 사건을 n번 시행할 때 이 사건이 k번 일어날 확률이 다음과 같음을 나타낸다.

$$\binom{n}{k}p^k(1-p)^{n-k}.$$

따라서 n척의 선박 중 최대 m척의 선박이 좌초할 확률은 0부터 m까지 항들의 합과 같다. 이 계산은 풀기 까다로운 방정식에 해당한다. 예를 들어서 파산 확률이 1퍼센트 미만이길 바란다면 이 합이 99퍼센트를 넘어야 한다. 이 문제를 풀어낸 사람은 피에르시몽 드 라플라스Pierre-Simon de Laplace, 1749~1827다. 그는 정규분포를 이용해서 이항분포의 근사치를 알아내어 문제를 풀었다. 이에 대한 기술적인 부분을 너무 깊이 설명하지는 않겠다. 그냥 간단히 말하면, 왼쪽으로는 무한대, 그리고 n과 m, p에 종속되는 값(이를 구하는 공식은 별로 중요치 않지만 그래도 말하자면 $\frac{m-np}{\sqrt{np(1-p)}}$다) 사이 구간에서 방정식 $y=\frac{e^{-x^2/2}}{\sqrt{2\pi}}$의 가우스곡선 아래쪽 면적 $\Phi(x)$로 정의되는 함수를 이용해 앞의 총합에 근접할 수 있다. 이 공식 때문에 문제가 복잡해지는 것처럼 보일 수 있는데, 이 함수를 정확하게 계산할 수는 없더라도 그래프 및 표로 나타내는 것이 가능하다. 가령 크레티앵 크랑 Chrétien Kramp, 1760~1826 같은 학자가 그렇게 했다.

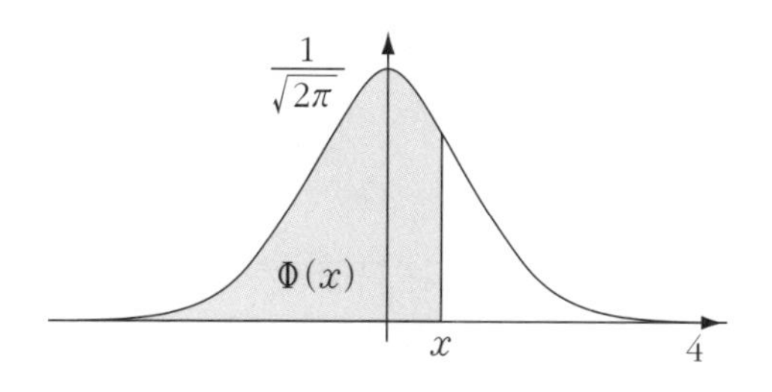

$\Phi(x)$는 가우스곡선 아래쪽의 회색 면적과 같다.

콩도르세가 해상 보험을 위해 시작한 이 계산들은 화재보험이나 오늘날의 자동차보험 같은 모든 손해보험에 적용된다. 이 분야의 통계적 기초는 19세기 초반에 자리 잡았다. 오늘날에는 보뉘스말뤼스bonus-malus 제도(우리나라의 '저탄소차 협력금 제도'의 모델이 된 프랑스의 제도 — 옮긴이) 문제, 특히 보험을 개별화하는 경향이 있는 빅데이터와 더불어 통계적 접근법이 복잡해지고 있다. 이로써 보험금을 결정할 때 복잡한 문제가 제기된다. 보험금 결정은 보통 큰 수의 법칙에 의거하는데, 이는 개별화와 정반대되기 때문이다.

언론이 너무 빨리 숫자를 꺼내들 때

36

언론은 이것으로 가득하다. 정치가들도 온통 그 이야기뿐이다. 텔레비전 토론 참가자들은 그것을 욕설처럼 서로에게 퍼붓는다. 대체 무엇이 언론인과 위정자를 그토록 심한 흥분 상태로 몰아갈까? 바로 숫자, 수치다! 수치가 민주주의적 삶에서 너무도 필수불가결한 것이 되었기에 언론과 정치계는 끄떡하면 수치를 꺼내들고 이를 함부로 조작하게 되었고, 그래서 급기야 신문에는 왜곡된 수치를 바로잡아준다는 '해설'이나 '팩트 체크' 같은 새로운 형식의 기사가 거의 항상 실린다. 정확성이 결여되거나 고전적인 통계적 함정에 빠진 수치를 이용한 논평의 사례를 몇 가지 살펴보자.

2015년 12월에 각종 언론은 "프랑스에서 15만 명이 에이즈 바이러스에 감염되어 있고, 이 사람들 중 2만 명이 그 사실을 모르고 있다"라고 앞다투어 보도했다. 아무런 설명 없이 인용된 이상한 수치로, 이성적인 사람이라면 누구든 듣고 놀랄 만하다. 환자 자신이 에이즈에 걸렸는지 모르는데 어떻게 2만 명이 자신이 에이즈에 걸렸다는 사실을 모른다고 단언한단 말인가? 어떻게 이런 추정을 했을까? 사실 이 정보는 정확하지만 불완전하다.

이런 추정을 하려면 여러 정보를 교차분석해야 한다. 매년 프랑스에서 예를 들어 약 1,500명의 새로운 에이즈 환자가 생긴다고 해보자. 이 환자들 중 일부는 자신이 에이즈 양성임을 알 테고, 다른 이들은 모를 것이다. 대략적인 계산 아이디어는 이런 것이다. 약 200명은 자신이 감염되었음을 모르다가 진단을 받고 이를 알게 되었다. 따라서 알려진 양성 반응자 1,300명에 대해 알려지지 않은 200명의 양성 반응자가 있다고 추정할 수 있다. 따라서 감염 사실이 알려진 13만 명에 대해, 감염 사실을 모르는 사람은 2만 명이다.

물론 계산 모델은 이것보다 더 정교하다. 어떤 집단은 다른 집단보다 이 질병의 위험에 대해 더 잘 알고 있고 좀 더 자발적으로 검사를 받기 때문이다. 비록 근사치이긴 하지만 이 수치는 정확하다. 단지 이 수치를 얻기 위해 사용한 방법을 전혀 언급하지 않았고, 그래서 이 수치의 타당성이 의심받을 수 있다는 사실이 유감스러울 뿐이다(이 수치는 무척 중요한 의미를 지닌다. 에이즈 백신이 없으므로 이 전염병을 근절하고 환자를 보다 잘 치료하기 위한 이상적인 방법은 자신이 감염된 사실을 모르는 사람의 수를 줄이는 것이기 때문이다. 현재 프랑스에서 이 방법은 잘 실행되는 듯 보인다. 5년 전에는 이 비율이 두 배였으니까).

고속도로 위의 보행자

몇 년 전에 매우 걱정스러우면서도 왜곡된 다른 어떤 수치도 라디오에서 반복해서 보도되었다. 통계에서 아마추어 수학자의 무지로 인한 왜곡 또는 의도적인 왜곡은 늘 일어나는 일이다. 뉴스는 다음과 같았다. "경찰에 따르면 고속도로에서 보행자의 기대 수명은 20분이라고 합니다." 이 기대치는 전투에 나선 군인의 기대 수명 30분보다 더 짧다.

기대 수명의 정의는, 같은 상황에 놓인 사람들의 평균 수명이다. 사망자 수의 표로부터 이것을 어떻게 계산하는지는 이미 살펴보았다. 즉, 어떤 세대의 기대 수명은 같은 해에 태어난 사람들의 사망 시 평균 연령이다. 이미 보았듯, 사망자 수의 표로 이를 계산할 수 있다. 하지만 고속도로 보행자의 기대 수명은 대체 어떻게 계산해야 할까?

많은 보행자가 사망하지 않는다는 사실은 상대적으로 분명하다. 단 한 명만 여러 해 동안 살아남아도 보도된 결과는 인정할 수 없게 되어야 마땅하다. 그러므로 20분이라는 기대 수명은 말이 안 된다! 그런데 더 자세히 살펴보니 이런 결과는 고속도로에서 사망한 사람의 수만 감안해 계산한 결과로 나온 것이었다. 그러니까 고속도로에서 사망한 보행자는 평균 20분 동안 걸어 다니다가 사망했다. 달리 말하면, 선택된 표본이 왜곡되어 있었다! 표본은 고속도로의 모든 보행자가 아니라 고속도로에서 사망한 보행자만 포함한다. 전투에서 사망한 군인에 대해서도 마찬가지다. 고속도로 운전자들에게 충격을 주려고 경찰이 분명히 의도적으로 통계 수치를 왜곡했을 것이다. 이런 조작은 좋은 의도에서 행해지지만, 수치의 신뢰도를 떨어뜨린다. 이 보도 이후로 경찰이 이 점을 이해한 것 같다. 이제는 고속도로에서 사망한 보행자 수만 보도되는 것을 보면 말이다.

노숙자에 관한 논란

경찰만 아니라 사회단체도 좋은 의도 때문에 함정에 빠질 수 있다. 프랑스의 '길거리 사망자 단체Collectif des morts de la rue'는 거리에서 사망하는 노숙자 문제에 대중의 관심을 불러일으키려는 사회단체로, 2007년 5월부터 11월까지 길거리에서 사망한 사람들을 연령대별로 분석했다. 사망자

99명 가운데 6명만 65세 이상이었고, 19명은 46세 미만, 22명은 46세에서 50세 사이, 22명은 56세와 65세 사이였다. 더 엄밀히 계산해보니 사망 시 평균 연령은 50세였다. 이 수치가 무엇을 의미할까? 별 의미 없다. 똑같은 계산법으로 어느 '유아원 사망자 단체'가 유아원에서 아이들이 아주 어린 나이에 사망함을 증명해낼 수도 있을 것이다…….

수치를 들어서 길거리에서 지내는 사람이 일찍 사망한다는 사실을 증명하고 싶으면, 연령대별 노숙자 사망자 수를 계산하는 편이 낫다. 그러면 계산 신뢰도가 더 높을 것이다. 위에 소개한 계산법은 편향되어 있다. 위에서 소개한 두 건의 수치 왜곡은 물론 좋은 의도에서 이루어졌겠지만, 무엇보다 우리 사회가 수학적으로 얼마나 무지한지 보여준다. 어쨌거나 이런 논법은 그들이 지지하는 대의를 해치는 결과만 초래할 뿐이다.

원자력 사고

프랑스 일간지 《리베라시옹Libération》도 이와 똑같은 오류에 빠졌다. 그 기사 제목은 '원자력 사고, 통계적 확실함'이었다. 본문 가운데 있는 다음과 같은 문장이 비판적 독자의 시선을 잡아끈다. "지난 30년간 발생한 주요 사고를 확인한 결과, 원자력발전 시설에서 심각한 사고가 생길 확률은 프랑스에서 50퍼센트이고 유럽연합에서는 100퍼센트 이상으로 추정된다."

100퍼센트 이상일 확률이라니, 세상에, 어떻게 이것이 가능한가? 기사를 분석한 결과, 이 이상한 확률은 더욱 이상한 계산의 결과로 나왔음을 알 수 있었다. 전 세계적으로 원자력발전 시설에는 30년 이상 가동된 원자로가 450개 있다. 이 기간에 심각한 사고가 네 건 벌어졌다(체르노빌과 후쿠시마의 원자로 3개). 이로부터 원자로 하나당, 그리고 매년 사고가 생길 확률이 4를 450과 30의 곱으로 나눈 값, 즉 0.0003과 같다고 추론할 수 있다. 후쿠시마 사고를 단일 사건이 아닌 원자로 단위로 구분하여 사고 세 건으로 간주한다는 이유로 이 계산법에 반대할 수 있다. 이 계산에서는 여러 종류의 시설 간 차이도 전혀 고려되지 않는다. 하지만 일단은 이 계산을 인정한다고 해보자. 계산이 정말 초현실적이 되는 건 이다음부터이기 때문이다.

이 기사 작성자들에 따르면, 30년 동안 프랑스 원자로 58개에 대한 확률은 58 곱하기 30×0.0003, 즉 52퍼센트일 것이라고 한다. 그리고 유럽의 143개 원자로에 대한 확률은 129퍼센트가 되는데, 기사 작성자들은 겸손하게도 이를 그저 '100퍼센트 이상'이라고 적었다. 이런 추론법 대로라면 동전을 두 차례 던져 뒷면이 적어도 한 번 나올 확률이 100퍼센트다……. 한 번 던질 때마다 뒷면이 나올 확률이 50퍼센트이기 때문이다. 이건 약삭빠른 사람들이 쓰는 그럴듯한 술책이다! 확률은 서로 더하는 게 아니라 곱하는 것이다. 그러니 위 동전에 대한 확률은 100퍼센트가 아니라 75퍼센트다. 동전던지기를 하는 사람에겐 미안한 일이지만!

이 기사 작성자들과 똑같은 전제를 사용해서 정확히 계산한다면, 한 원자로에서 1년 동안 사고가 생기지 않을 확률을 검토해야 한다. 이는 곧 1에서 0.0003을 뺀 0.9997이다. 따라서 유럽의 143개 원자로에서 30년 동안 사고가 발생하지 않을 확률은 $0.9997^{143\times30}$, 즉 27퍼센트다. 따라서 사고가 날 확률은 73퍼센트다……. 이것은 엄청난 수치지만 기사에서 언급한 129퍼센트와는 크게 차이가 난다. 보다 일반적인 직관에 따라 후쿠시마 사고를 심각한 사고 세 건이 아닌 한 건으로 간주하면, 0.0003은 0.00015로 대체해야 하고, 이렇게 계산하면 사고 위험률은 47퍼센트가 된다……. 이 역시 상당한 수치며 상식적으로 보다 쉽게 받아들일 만하다. 그렇다면 대체 왜 기사에서 말도 안 되는 수치가 나왔을까? 무지 때문일까? 아니면 독자와 수數를 존중하는 마음이 부족했기 때문일까?

차별의 오류

1973년에 미국 버클리대학교가 여성에 대한 차별로 고소되었을 때 저질러진 오류는 이보다 훨씬 더 미묘했다. 사건은 분명해 보였다. 남성 지원자의 44퍼센트가 합격한 반면, 여성 지원자는 35퍼센트가 합격했다. 규모가 가장 큰 여섯 학부에 대해 조사를 실시했는데, 이 학부를 여기에서 A부터 F로 표기한다.

학부	남학생	합격자	여학생	합격자
A	825	62%	108	82%
B	560	63%	25	68%
C	325	37%	593	34%
D	417	33%	375	35%
E	191	28%	393	24%
F	272	6%	341	7%

합격 세부 사항.

이 표에서는 그 어떤 차별도 보이지 않는다. 오히려 주요 학부(A)에서는 여학생 합격률이 남학생 합격률보다 확실히 높다. 그런데 이것은 이 학부들의 지원자 수를 살펴보면 설명이 된다. 여학생은 학생을 매우 까다롭게 뽑는 학부에 대거 지원하는 경향이 있다. 이런 학부에서 여학생의 합격률은 남학생 합격률보다 아주 조금 낮다. 다른 학부들에서 여학생은 남학생보다 훨씬 많이 선발됐다. 전체 평균을 내면 까다롭게 합격자를 뽑는 학부들이 최종 비율에 영향을 미친다. 여학생이 이런 학부에 대거 지원했기 때문이다. 통계학자 에드워드 심슨Edward Simpson이 연구한 이 역설은 여러 경우에서 찾아볼 수 있다.

놀라운 벤포드의 법칙

이 장을 마무리하면서 언론에 나오는 숫자에 관한 재미있는 사실 하나를 언급할까 한다. 어느 이상한 법칙에 따르면 일상생활에서 쓰는 수가 많은 경우에 숫자 1로 시작하는 것처럼 보인다. 보다 정확히 말하면, 어느 주어진 숫자가 의미 있는 자릿수에서 맨 처음에 나올 빈도는 다음 표와 같다.

숫자	1	2	3	4	5	6	7	8	9
빈도(%)	30	18	12	10	8	7	6	5	4

이것은 사이먼 뉴컴Simon Newcomb이 1881년에 로그표를 언급하면서 처음 말한 내용이다. 그 이후에 잊혔다가 1938년에 프랭크 벤포드Frank Benford가 강江의 길이와 주식 시가, 도시 인구를 살펴보다가 재발견했다! 이 법칙은 오늘날 벤포드의 법칙으로 알려져 있다. 소수 목록이나 고전적인 유사난수pseudo random number 목록을 비롯하여 이 법칙의 수학적 반례는 많다. 반면에, 계승(팩토리얼, n!)들의 목록은 벤포드의 법칙을 만족한다.

'자연'적으로 만들어진 수열 가운데, 인간의 출생 시 (그램 단위) 몸무게는 이 법칙을 만족하지 않고, 같은 형식의 여러 제한적인 수열도 마찬가지로 이 법칙을 만족하지 않는다. 회계 관련 자료는 벤포드의 법칙을 따르는 것처럼 보여서, 어떤 이들은 이 법칙을 부정행위를 탐지하는 데 사용하기도 한다. 하지만 벤포드의 법칙은 어떤 경우에도 부정행위의 증거가 될 수는 없다. 이를 위해서는 적어도 이 법칙을 수학적 정리로 변환해야 한다. 이런 정리는 확률 정리에 해당하고, 검토되는 수의 수열에 관한 가설을 충족하며, 결론을 지녀야 한다. 따라서 진정으로 던져야 할 질문은 다음과 같다. 수열은 어떤 가설하에서 벤포드의 법칙을 만족하는가?

예를 들면, [1, 9] 구간에 대해 확률균등분포에 따라 분포된 수는 벤포드의 법칙을 충족할 아무런 이유가 없다. 반대로, 중요한 처음 숫자들은 균등하게 분포되어 있고, 따라서 각각이 11.1퍼센트의 빈도로 나타난다. 실제로 벤포드의 법칙은 달리 분포된 수열, 어떤 값은 1단위고 어떤 수는 100단위, 100만 단위 등으로 크기 단위가 뒤섞여 있는 수열에 적용된다.

그러므로 크기가 여럿인 수가 같은 확률분포를 지녔다고 가정하자. 가령 어떤 정수 수열에서 한 항이 [1, 9], [10, 99], [100, 999], ⋯ , [10^5, 10^6-1] 중 한 구간에 위치할 확률이 각각 같다고 하자. 이 경우에 1과 10^6-1 사이의 임의의 수 x를 얻을 확률은 균등하지 않고, 오히려 x에 반비례한다. 이때 어떤 수에서 중요한 의미를 띠는 첫 번째 숫자가 1일 확률을 계산할 수 있다. 그러면 근사치 log 2가 나오는데 이는 0.301이고 예상한 30퍼센트와 아주 가깝다.

일반적으로, 가능한 크기 단위의 개수가 늘어나면 어떤 수의 의미 있는 첫 번째 숫자가 c일 확률은 $1+1/c$의 상용로그와 같은데, 이는 애초에 주어진 표에 잘 들어맞는다. 따라서 벤포드의 법칙은 모든 수학 정리와 마찬가지로 일정한 가설하에서 충족된다. 이 맥락 바깥에서 이 법칙을 적용하는 것은 위험하다. 재무재표의 경우, 흔히 그렇듯 서로 다른 크기 단위를 포함하는 재무재표는 이 법칙을 대략 만족하고, 그렇지 않은 재무재표는 그렇지 않다. 그렇다고 해도 이걸로 부정행위가 이루어졌는지를 탐색한다는 것은…….

여론조사와 선거의 뒤범벅

(37)

선거 때마다 이것은 비판받는다. 사람들은 이것이 이런저런 정치 흐름을 읽어내지 못했다며 근시안적이라고 비난한다. 여론조사는 정기적으로 이렇게 도마 위에 오른다. 여론조사, 또는 확률이 어떻게 선거 결과를 바꿀 수 있을까. 민주주의의 다른 측면, 특히 선거제도와 법정에서 울려 퍼지는 통계자료는 확률론적인 수학에 직접적인 영향을 받는다. 여론조사나 다른 확률적인 수치가 어느 정도로 사회의 현실을 반영할까? 이런 수치가 진정으로 공공의 논의에 도움이 될까?

여론조사의 타당성을 평가하려면, 그 기초로 되돌아가보아야 한다. 겉에서 보면 여론조사는 1,000명 가량의 사람이 전체 인구를 대표한다는 생각에 근거를 둔 것처럼 보인다. 바로 이것이 언론이 대표표본에 대해 말하는 이유다. 그런데 대표표본은 어떻게 선택되고 어떤 점에서 그것이 대표성을 띤다는 걸까? 이것은 복잡한 문제이므로 특수한 경우를 들어 살펴보자. 어느 나라 또는 어느 대도시에서 유권자의 40퍼센트가 아비가엘에게,

나머지 유권자는 베레니스에게 표를 던지기로 결심했다고 상상해보자. 무작위로 한 유권자를 선택하자. 그 사람은 이 도시의 투표를 정확하게 대표할 수 없다. 이 사람은 아비가엘에게 투표하거나(확률 40퍼센트), 베레니스에게 투표한다(확률 60퍼센트).

무작위로 두 사람을 선택하면, 세 가지 확률이 생긴다. 두 사람이 아비가엘에게 투표하거나, 두 사람이 베레니스에게 투표하거나, 한 사람은 아비가엘, 한 사람은 베레니스에게 투표하는 경우다. 이 세 경우는 각각 일정한 확률로 생긴다. 아비가엘이 두 번 나오게 하려면, 일단 아비가엘 투표자를 뽑아야 하는데, 그 확률은 40퍼센트다. 그런 다음 두 번째 아비가엘 투표자를 뽑아야 한다. 비가 늘어나므로 이제 확률은 16퍼센트다. 마찬가지로 베레니스 투표자 2명이 나올 확률은 36퍼센트다. 따라서 각 후보자를 한 사람씩 뽑을 확률은 48퍼센트다.

좋은 표본

무작위로 뽑은 투표자 2명은 전체 도시를 대표할 수 없지만, 단 한 사람의 투표자를 뽑는 데 비하면 확실히 낫다. 10명의 투표자를 가지고 같은 식으로 추론할 수 있다. 아비가엘에게 투표하는 10명의 투표자를 뽑을 확률은 이제 무척 작아서 0.4^{10}이고 이는 0.01퍼센트에 해당한다. 계산은 좀 더 힘겹지만, 앞의 경우와 형식은 같다. 결국, 우연히 선택한 10명 가운데 아비가엘 투표자를 0명, 1명, 2명 등으로 뽑을 확률을 나타내면 다음 표와 같다.

아비가엘 투표자	0	1	2	3	4	5	6	7	8	9	10
확률(%)	0.6	4	12	21	25	20	11	4	1	0.1	0.01

아직 정확한 대표성과는 거리가 멀지만, 25퍼센트의 경우에 도시는 무작위로 뽑은 투표자 10명으로 잘 대표된다! 표본의 크기를 늘린 다음에 무작위로 투표자 100명을 뽑는 것에 대해 작성한 같은 표를 다시 살펴보자. 그러면 표본이 아비가엘 투표자를 32보다 적게 포함하거나 48보다 많이 포함할 총 확률이 10퍼센트보다 적다는 사실을 알게 될 것이다. 달리 말하면, 도시의 유권자 가운데 무작위로 100명을 뽑아 투표하게 하면, 아비가엘에게 투표한 사람 비율이 32퍼센트에서 48퍼센트 사이일 확률이 90퍼센트다.

이번에는 투표자 1,000명을 무작위로 골라 이 계산을 다시 실시한다. 그러면 아비게일 투표자가 37퍼센트에서 43퍼센트 사이일 확률이 95퍼센트다. 확률적 여론조사의 수학적 원칙이 바로 여기에 있다. 무작위로 1,000명을 표본으로 뽑아서 그들을 투표하게 한다. 그 결과가 진짜 투표와 일치할 확률(오차 3퍼센트)은 95퍼센트 이상이다. 이 확률적 방법은 정치적이지 않은 다른 여론조사를 위해서 공공 연구원에서 주로 사용한다. 이론적으로 이것이 가장 좋은 방법이지만, 실시하는 데 비용이 많이 든다.

여론조사의 위험

확률적 여론조사를 할 때 위험은 무작위 표본을 잘못 선택하는 것, 통계학자의 용어를 빌리면 '표본을 왜곡하는 것'이다. 어떤 연구소가 비용을 절감하기 위해서 요즘처럼 인터넷으로 여론조사를 실시한다고 가정해보자. 당연히 표본은 왜곡될 것이다. 아무리 무작위로 표본을 선택한다 해도 인터넷에 접속한 사람만 대상에 포함되기 때문이다. 전화나 기타 다른 방법을 사용하는 여론조사 역시 마찬가지다. 무작위로 전화번호를 선택하게 해주는 방법이 있지만, 어떤 이들은 통화하기 힘들거나 응답하기를 거부한다. 이때 그 사람들을 우연히 고른 다른 사람들로 대체하는 것만으로는 충분치 않다. 집에 항상 없거나(가령 밤에 일을 해서), 또는 대답하기를 거부하는 것은 모든 사람의 경우가 아니고, 따라서 이런 태도에 정치적 의미가 담겨 있을 수 있기 때문이다.

일부 연구소는 이런 거부를 있을 법한 정치적 선택으로 해석하고, 과거의 결과에 비추어 이 '기권 표'를 후보자들에게 골고루 분배한다. 마찬가지로, 여론조사에서 보통 실제 선거 결과에 비해 표가 10퍼센트 부족하게 나온다면, 여론조사 연구소는 자신들의 여론조사 결과를 그만큼 교정한다. 이런 식으로 여론조사는 위태로워진다. 대답하기를 거부하는 것이 반드시 누구를 뽑을지 털어놓지 못해서 감춘다는 뜻은 아니고, 자신의 의도를 감추는 방법은 여러 가지기 때문이다. 이 모든 경우는 과학의 영역을 넘어선다.

통계 규칙 때문에 표본을 무작위로 선택하긴 하지만, 확률적 방법론의 어려움 탓에 오늘날 프랑스의 사설 연구소들은 통상 표본이 각 인구 부문에서 일정한 비율이 되도록 우연성을 교정한다. 왜일까? 그 주요 이유는 이미 말했다. 조사 대상자를 선택하는 방법이 무엇이든 표본은 언제나 왜곡될 것이다. 인터넷을 사용하면 인터넷이 없는 사람을, 길거리에서 조사하면 길거리에 없는 사람을, 집 전화로 여론조사를 하면 집 전화가 없는 사람을 배제하게 된다. 이런 예는 무수하다.

따라서 선택된 표본은 표적이 되는 인구 전체와 같은 특성을 지니도록 고려한다. 이 특성은 보통 성, 나이, 사회적 직업 범주, 거주지 유형이다. 이리하여 할당 표본에는 전체 인구와 같이 남자가 46퍼센트, 여자가 54퍼센트 포함되어 있고, 다른 성질에 대해서도 마찬가지일 것이다. 여론조사 연구소는 확률적 방법으로 얻은 결론이 결론으로 유효하다고 단언하지만, 이건 실제로 실시해보아야 알 수 있다. 할당 조사법은 순수하게 경험적인 방법이고, 이 때문에 가끔 중대한 오류가 생기기도 한다.

1948년 미국 대통령 선거 때에 일부 신문에서 토머스 듀이Thomas Dewey가 승리할 거라는 여론조사 결과를 보도했고 그의 맞수 해리 트루먼Harry Truman이 당선될 가능성은 너무도 희박해 보였다. 하지만 결국 트루먼이 상당한 표 차이로 당선되자, 그 이후로 미국의 연구소들은 할당 조사법을 더 이상 사용하지 않았다. 하지만 확률적 방법론조차 수학과 아무런 관련 없는 한 가지 사실을 가정한다. 바로, 조사 대상자가 자신이 생각하는 대로 대답할 것이고 여론조사를 조작하려 하지 않는다고 보장할 수 없다는 점이다. 사람의 마음에 직접 물어보지 않는 한, 여론조사는 결코 정확한 과학이 될 수 없다.

선거제도의 부당함

그리고 민주주의 역시 정확한 과학이 결코 될 수 없다! 수십 년 동안 정치계가 유지해온 신화 중 하나가 바로 프랑스에서 시행되는 투표 방식이 국민의 열망을 완벽히 반영하는 통치자를 국가 지도자로 뽑게 해준다는 것이다. 국회에서 자신들의 정당한 가치대로 대표되지 못하는 야당만이 이런 민주주의에 대한 환상을 규탄하며 상 · 하원의원 선거에 비례대표제를 더 많이 도입하자고 강하게 주장한다. 사실을 말하자면 이를 실현할 만한 어떤 이상적인 시스템도 존재하지 않는다.

아비가엘, 베레니스, 카롤린 세 사람이 후보로 나온 투표로 이 사실을 증명해보겠다. 선거 체계가 투표 결과에 어떤 영향을 미치는지 어떻게 연구할까? 논리적으로 보면, 세 후보자를 순서대로 나열하는 방법에는 여섯 가지가 있고, 각 유권자에게는 나름대로 자신만의 후보 순서가 있다. 여섯 가지 가능한 선택 가운데 하나씩을 고르는 유권자의 수가 다음 표에 주어진다고 상상해보자.

아비가엘, 베레니스, 카롤린	1,000
아비가엘, 카롤린, 베레니스	23,000
베레니스, 아비가엘, 카롤린	500
베레니스, 카롤린, 아비가엘	19,000
카롤린, 아비가엘, 베레니스	2,000
카롤린, 베레니스, 아비가엘	16,000

그런 다음 누구도 절대로 자신의 최초 선택을 바꾸지 않는다고 가정한다. 이런 가정은 좀 과장되긴 했지만, 굳이 이런 가정을 하는 이유는 단지 어떤 이상한 현상을 설명하기 위해서다. 영국식 투표, 즉 1회 투표로 한 명을 선출하는 선거로 선택을 하게 해보자. 각 후보의 득표수는 앞의 표로 쉽게 계산할 수 있다. 베레니스와 카롤린이 19,500표와 18,000표밖에 얻지 못하므로 아비가엘이 24,000표로 당선된다.

유권자가 총 두 차례 투표하고 1차 투표에서 3등을 한 후보자가 탈락되는 프랑스 대통령 선거 체계에서라면 2차 투표에서 아비가엘과 베레니스가 맞선다. 각 유권자는 이 두 후보 중 자신의 선호도에 따라 마음을 정한다. 짜잔! 놀랍게도, 여섯 그룹의 유권자 가운데 베레니스를 아비가엘보다 선호하는 유권자가 대다수다. 좀더 정확히 말하면, 그들은 첫 번째 표의 제3, 4, 6행에 나오는 유권자다. 그들의 수는 35,500명이다.

이런 형태의 선거에서는 베레니스가 당선된다. 이 두 선거 방법은 모두 민주주의적이지만 서로 다른 두 가지 결과를 낳는다! 이로부터 우리는 선거제도가 선거 결과를 결정한다고 추론할 수 있다. 물론 이게 과장된 말일지 모르지만, 선거제도가 영향을 미치는 것만은 확실하다. 이 역설은 1785년에 콩도르세가 처음으로 언급했다.

비례대표제도 능사는 아니다

실제 지지율과는 거리가 먼 의회를 구성할 수도 있는 1회 또는 2회 다수결 투표제에 비해, 비례대표제는 실제 지지율을 그대로 반영하고자 한다. 구체적으로 살펴보기 위해서 비례대표제에서 의원직을 100석이라고 가정하면, 이를 당들이, 그러니까 아까 사용한 이름을 그대로 다시 쓰면 아비가엘, 베레니스, 카롤린 당 사이에서 나누어 가져야 한다. 원칙은 의원 수가 유권자 수에 비례하도록 하는 것인데……, 이것은 보통 수학적으로 불가능하다!

비례대표제에서는 유권자 수가 만일 85,518이라면 의원 한 사람에 유권자 855.18명이 할당된다. 그래서 만일 아비가엘 당이 유권자 38,846명의 표를 받는다면, 38,846을 855.18로 나누어 의원 45명이 된다. 이 숫자를 얻기 위해 나머지를 버릴 수밖에 없는데, 이는 곧 아비가엘 당에 사용되지 않은 표가 남아 있다는 말이다. 이는 정확히 38,846에서 45와 855.18의 곱을 뺀 362.90표다.

각 당에 대해서 이렇게 할 수 있지만, 우수리 때문에 모든 의원직이 분배되지는 못할 것이다. 그렇다면 남은 의원직을 어떻게 채울까? 주로 두 가지 방법을 사용한다. 첫 번째는 알렉산더 해밀턴Alexander Hamilton, 1757~1804이 생각해낸 방법인데, 나머지 표가 가장 많은 당에 잔여 의석을 하나씩 배분하기 때문에 최대잉여법이라고 부른다. 흔히 사용되는 다른 계산법은 미국의 토머스 제퍼슨Thomas Jefferson, 1743~1826과 벨기에의 빅토르 동트Victor D'Hondt, 1841~1901가 고안한 방법이다. 이 방법에서는 의원 한 명당 득표율이 가장 높은 당에 여분의 의원직을 준다. 예를 하나 살펴보자.

		의원직 수	나머지	추가 H	H	의원당 득표	추가 J	J
아비가엘	38,846	45	362	1	46	863	0	45
베레니스	31,912	37	270	0	37	862	0	37
카롤린	14,760	17	221	0	17	868	1	18

해밀턴의 계산법을 쓰면 세 당은 각각 46, 37, 17석을 갖는다. 제퍼슨의 계산법으로는 각각 45, 37, 18석을 차지한다. 차이는 적지만 그래도 존재한다. 더 큰 문제는 다른 데 있다. 이 두 계산법은 몇 석을 더 얻기 위해서 인위적으로 당을 분할하게 부추긴다. 예를 들어, 베레니스 당이 두 당으로 나뉘어 일정한 비율로 득표하면, 다음 예에서 보듯이 한 석을 더 얻을 수 있다.

		의원직 수	나머지	추가 H	H	의원당 득표	추가 J	J
아비가엘	38,846	45	362	0	45	863	0	45
베레	16,000	18	606	1	19	888	1	19
니스	15,192	18	518	1	19	884	1	19
카롤린	14,760	17	221	0	17	868	0	17

두 경우에, 베레니스 당은 베레 당과 니스 당으로 나뉘면서 총 의원 수가 37명에서 38명이 된다. 해밀턴 계산법을 사용하면 주요 당인 아비가엘 당이 손해를 보고, 제퍼슨 계산법을 사용하면 가장 작은 당인 카롤린 당이

손해를 보는 것이다. 이 역설적인 결과는 비례대표제를 도입한 나라에서 소규모 당이 늘어나는 현상을 부분적으로 설명해준다.

법정에서 벌어지는 실수

이 책에서 여러 차례 강조했는데, 확률을 사용할 때 확률의 미묘함을 완전히 파악하지 못하면 여러 함정에 빠질 수 있고, 직관을 거스르는 장애물을 만날 수 있다. 사법 영역에서 오류가 발생해서 피고의 삶에 영향이 미칠 때는 더욱 당황스럽고 심지어는 범죄의 성질을 띠게 된다……. 1999년에 영국의 젊은 여성 샐리 클라크Sally Clark는 1년 간격을 두고 자신의 두 아들을 살해했다는 혐의로 유죄판결을 받았다. 재판에서 이 여인은 자신의 무죄를 주장하며 아기들이 영아돌연사로 사망했다고 말했다. 검사측은 그녀가 거짓말을 한다고 주장하며 이른바 확률적 증거를 근거로 들었다.

검사측은 어느 소아과 의사의 보고서를 제출했는데, 언급할 가치가 있다고 보이는 그 의사의 이름은 로이 메도Roy Meadow 경이다. 이 사람에 따르면, 한 부부의 두 자녀가 영아돌연사로 사망할 확률은 7,300만분의 1이다. 이 수는 대체 어디에서 나왔을까? 메도는 샐리 부부처럼 부유한 비흡연자 부부 가족의 자녀에게 영아돌연사가 생길 위험률로부터 계산을 시작했는데, 그 확률은 8,543분의 1이다.

메도의 뒤이은 추론은 주사위를 2개 던져서 6이 두 번 나올 확률이 36분의 1이라고 단언하게 해주는 추론법과 비슷했다. 이 소아과 의사는 어떤 부부의 자녀가 사망할 확률이 8,543분의 1이라면, 두 자녀가 사망할 확률이 8543^2분의 1……, 그러니까 약 7,300만분의 1이라고 단언했다. 그는 영국에서 1년에 아기가 70만 명 출생하므로, 이런 우연한 일은 한 세기에 한 번밖에 일어날 수 없다고 강조했다. 배심원은 이 말에 설득당했고 샐리 클라크에게 종신형을 구형했다.

하지만 이 소아과 의사의 계산법은 조잡하고 잘못되었다. 첫 번째 오류는, 클라크 부부에게서 위험을 감소시키는 특질, 즉 부유한 비흡연자라는 특질만 감안했다는 점이다. 반면, 위험 요인, 즉 자녀가 모두 남자아이였는데, 남아 영아 사망률은 여아에 비해 2배라는 점은 무시했다. 끝으로, 첫 아이가 영아돌연사로 사망하면, 둘째가 같은 이유로 사망할 위험이 10배로 높아진다.

달리 말해, 정확히 계산하려면 일단 영국 평균 영아 사망률인 1/1,300으로부터 시작해서, 여기에 1/130을 곱했어야 한다. 이렇게 계산하면 169,000분의 1이라는 위험률이 나오는데, 이는 앞의 결과와 크게 다르다. 소아과 의사 메도는 이 사실을 알고 있었을 것이다. 영국에서 어떤 부부의 두 자녀가 영아돌연사로 사망하는 일은 매년 한두 건 생기기 때문이다! 메도의 이런 오류에 사법 체제의 근본적인 허점까지 더해졌다. 의사에게 의료 감정을 맡기는 것이 당연하듯, 통계 수치 감정은 통계학자에게 맡기는 일 또한 당연할 것이다. 아무리 별 볼 일 없는 통계학자라도 위의 소아과 의사가 저지른 조잡한 실수쯤은 가려낼 수 있었을 것이다.

무죄일 확률?

부유한 데다 비흡연자인 어느 부모의 두 자녀가 사망할 위험률로 추정된 7,300만분의 1이라는 수치는, 로또 복권을 산 사람이 거액에 당첨될 확률 1,400만분의 1을 생각나게 한다. 최근에 당첨된 사람을 예로 들어보자. 그는 당첨될 확률이 1,400만분의 1이었으니 그렇다면 그가 속임수를 쓴 것이라고 여겨야 할까? 이 추론은 당첨된 후에 한 것이니 아무런 의미가 없다. 만일 추첨하기 1주일 전에 당신이 미래의 당첨자를 지목했다면, 그건 의미가 있었으리라. 샐리 클라크의 경우도 비슷하다. 확률 계산이 사후에 이루어졌으니까.

게다가 검사와 배심원은 메도의 계산을 '피고가 무죄일 확률이 7,300만분의 1'이라고 해석한 것처럼 보인다. 이런 식으로 결론을 내리려면 모든 확률을 비교했어야 한다. 영국에서 어떤 여자가 자신의 아이를 살해할 확률이 이 아이가 영아돌연사로 사망하는 경우보다 더 있을 법한 일인가? 매년 새로 태어나는 아기 70만 명 중에 30명이 살해당하는데 이는 23,000분의 1로, 이에 비해 영아 사망률은 1,300분의 1이다. 따라서 아이 둘을 살해할 확률은 메도의 논리에 따르면 5억 290만분의 1이고, 두 아이가 영아돌연사로 사망할 확률은 우리가 위에서 보았듯이 169,000분의 1이다.

이 간단한 계산으로 이 사건에서 통계가 얼마나 잘못 사용되었는지 알 수 있다. 샐리 클라크는 2003년에 항소심에서 무죄판결을 받았지만, 이 일로 받은 충격에서 헤어나지 못하고 결국 2007년에 사망했다. 통계를 부적절하게 사용한 탓에 벌어진 다른 사법 오류도 여럿 있었다. 민주주의가 기능하기 위해서는 확률이 필요하지만, 이를 위해 어떤 대가든 반드시 감수해야만 하는 것은 아니다.

금융 수학은 범죄인가

38

2008년 금융 위기로 금융 수학에 대한 비판이 빗발치듯 쏟아졌다. 금융에 수학이 사용된 것이 금융 위기의 주요 원인이었다는 것이다. 그중에서 가장 신랄한 비판은 아마 2008년 11월 2일자 《르 몽드Le Monde》에서 미셸 로카르Michel Rocard가 한 비판일 것이다.

"진실은, 은행들이 하듯 금융을 증권화해서 불량 채권을 다른 채권 사이에 은닉해놓는 것은 순 도둑질이라는 것이다. 어휘를 가려 써줄 가치도 없다. 정확히 그 이름으로 불러주어야 제대로 처벌할 수 있다. 우리는 금융 산업과 금융 과학의 지식 산업에 대해 지나치게 예의를 차리는 경향이 있다. 수학 교사는 학생들에게 주식으로 어떻게 한탕 벌 수 있을지를 가르친다. 그들이 하는 일은, 그들 자신은 알지 못하지만 인도에 반하는 죄에 해당한다."

미셸 로카르가 말한 인도에 반하는 죄라는 평에 대해 굳이 분석하지는 않겠다. 정치가들은 사람들이 자기 말을 듣게 하려고 과장하는 습관이 있으니까. 마치 음량을 높이기만 하면 사람들이 자기 말을 더 잘 들을 거라는 듯 말이다. 미셸 로카르가 암시했듯, 금융 수학은 실제로 새로운 상품, 파생 금융 상품을 만들어내는 데 기여한다. 하지만 파생 금융 상품이라는 아이디어 자체는 새롭지 않다. 고대에 이미 존재했으니까!

최초의 흔적은 아리스토텔레스의 『정치학Politika』 제1권에 나온다.

"밀레토스Miletus의 탈레스에 관해 하는 이야기를 인용하려 한다. 이윤이 많이 남는 투기로, 사람들은 분명히 탈레스의 현명함 때문에 그것을 그의 공으로 돌리지만, 누구나 할 수 있는 일에 대한 이야기다. 탈레스는 자신의 천문학 지식을 동원해 겨울이 되자마자 다음 번 올리브 수확이 풍성할 거라고 예측했다. 탈레스는 가난에서 그를 보호해주지도 못하는 철학이란 쓸모없다며 자신의 가난을 비웃는 사람들에게 응수해주려고, 얼마 되지 않는 자기 수중의 돈을 털어서 선금을 내고 밀레토스와 히오스Chios의 모든 압축기를 빌렸다. 경쟁자가 없었기에 싸게 빌릴 수 있었다. 수확기가 오자 갑자기 경작자들이 몰려와 압축기를 찾는 바람에 그는 원하는 값을 받고 압축기를 다른 사람들에게 다시 대여해 큰 이윤을 남겼다. 이런 능숙한 투기로 탈레스는 철학자도 자신이 원할 때 쉽게 부유해질 수 있음을 증명했다. 그것이 철학자의 관심사는 아니라도 말이다."

실화일까 전설일까? 최초의 투기꾼은 정말 수학자였을까? 모를 일이다. 근대의 파생 상품은 탈레스의 투기 시스템보다 더 복잡하지만 원칙은 같다. 이를 설명하기 위해서 탈레스가 압착기를 기한부로 대여하는 것에 대한 자신의 옵션을 되팔려 했다고 상상해보자. 적당한 가격은 얼마였을까? 마이런 숄스Myron Scholes, 1941년 출생는 피셔 블랙Fischer Black, 1938~1995의 도움을 받아서 이런 가치 인상 계산 공식을 만들어내는 모델을 제시하며 이 질문에 답했다. 확률을 동원한 이 공식은 우리가 이미 살펴본 기대치 계산법에 해당한다.

46억의 손실

이 계산은 여러 가정에 의존하는데……, 이런 가정이 사실로 확인되는 경우는 거의 없다. 가령, 시장이 안정적이고 유통이 원활하며 재정거래arbitrage가 없다고 가정해야 하는데, 이 모든 가정은 경제가 동요하면 모두 거짓이 된다. 마이런 숄스가 자신의 모델을 지나치게 믿는 바람에 2005년에 투자신탁에서 46억 달러 손실을 보았다는 사실은, 이런 수학적 구축물에 대해서, 특히 이런 수학적 구축물을 적용하는 사람들에 대해서 얼마나 신중한 태도를 취해야 하는지 보여준다. 이 사람들이 제대로 된 식견을 갖추지 못한 채 맹목적으로 수학적 모델을 사용하든, 부정행위를 하려는 의도를 가지고 이를 이용하든 말이다.

미국에서 벌어진 부동산 채권의 금융화(서브프라임)는 애초부터 실패할 수밖에 없는 금융 활동의 한 예다. 실제로 채권 전체에 대한 위험 부담을 공평하게 분배함으로써, 특히 해당하는 위험들 사이에 서로 상관관계가 없으면 위험 부담을 줄일 수는 있다. 하지만 그렇다고 이런 방법이 모든 의심스러운 채권을 —그것도 채권들 사이에 상관관계가 있는 경우라면, 제대로 된 수준의 위험으로 바꿔주는 것은 아니다. 서브프라임 위기의 발단 중 하나는 무엇보다 몇 달 만에 이런 주택담보대출에 적용할 수 있는 변동금리가 크게 뛴 것이었다. 그래서 손해율(보험 가입 인구 대비 재해 비율)은 채권 상호 부조로 완화되지 않고 동시에 폭등했다.

불안정성은 지속되는가

금융 모델이 일탈 적용된 다른 예를 들어보겠다. 밸류 앳 리스크Value at Risk, 즉 금융 위기 노출도 측정에 개입하는 급변동성 측정(가령 유가 증권에 대한 불안정성 측정)이 그렇다. 이 모든 모델은, 급변동성이 안정적이라고 간주하고, 과거에 관찰된 급변동성의 통계적 변동으로부터 매개변수를 추정한 수치에 오랫동안 근거를 두었다. 2008년 금융 위기가 닥치자 이런 식의 모델이 크게 의문시되는 반면, 극단적 시나리오, 즉 매개변수의 변화 속에서 지속성이 단절되는 것으로 특징지어지는 '스트레스 시나리오'를 고려하는 다른 모델이 사용되기 시작했다.

미셸 로카드의 비난으로 다시 돌아가보면, 이런 모델을 가르치는 수학 교사들 탓을 할 이유가 없다. 이런 모델에는 정확한 가정들이 주어져 있으니 모델을 적용하기 전에 이들을 확인하는 게 당연하기 때문이다. 특히 위험 부담의 상호 분담은, 위험 부담 간에 서로 상관관계가 없어서 매번 한 편이 다른 편을 보상해주어야만 의미가 있다.

사람들은, 수학 교사가 모든 정리에는 가정이 주어져 있으며 정리를 사용하기 전에 이런 가정을 확인하는 것을 지나치게 강박적으로 강조한다고 비난한다. 수학 교사가 이렇게 하는 것은 학생이 피타고라스의 정리를 직각삼각형이 아닌 삼각형에 적용하거나……, 또는 숄스의 공식을 그 적용 조건 이외에 적용하지 않도록 하기 위해서다. 수학을 사용하는 일부 사람들의 무책임함 또는 부정직함의 책임을, 수학을 가르치는 수학자들에게 떠넘겨서는 안 된다!

디지털, 위험인가 고용 기회인가

39

인터넷은 수학이 적용되는 주요 분야 가운데 하나다. 디지털 혁명 덕분에 'GAFA'라는 약자(구글Google, 애플Apple, 페이스북Facebook, 아마존Amazon, 그리고 이를 확장 해석하여 다른 대형 인터넷 회사들)로 대표되는 미국 회사들이 큰돈을 벌었다. 그들이 얻은 부는 회사가 판매하는 상품에 있는 것이 아니라, 회사가 인터넷을 통해서 수집하는 고객의 개인정보에 있다. 이 빅데이터Big Data를 이용하기 위해서 GAFA와 그보다 규모가 작은 회사들은 앞다투어 수학자들을 쓸어 모아 고용하고 있다.

그리고 이런 움직임은 인터넷으로 서로 연결된 사물들의 출현과 더불어 증가할 수밖에 없다. 이런 사물들이 늘어나면 정보의 물결이 휘몰아쳐 지수적으로 증가할 것이다. 빅데이터라는 원재료는 이를 적절한 알고리즘으로 이용할 줄 안다면 흥미로울 정보를 제공해준다. 의학 분야에서는 이 정보로 환자 치료를 최적화해 그들의 삶의 질을 개선하고 심지어 생명을 구할 수도 있다.

하지만 웹에 관심 있는 수학도들에게 풍성한 취업 기회를 제공해주는 건 이런 어마어마한 데이터베이스를 활용하는 일만은 아니다. 점점 더 커지고 있는 정보 보안 요구 역시 그렇다. 우리는 인터넷이 처음 만들어졌을 때부터 지닌 결함의 대가를 계속해서 치르고 있다. 전화망과 달리 인터넷은 미리 전송 경로를 고정해두지 않는다. 즉, 정보 전달은 통신량이 가장 적은 경로를 통해 이루어진다. 이 체계의 주요 단점은 보안에 대해 전혀 고려하지 않았다는 점이다. 그래서 이런 결함을 이용해 다른 사람의 이메일을 해킹하고 더 심하게는 은행 계좌를 해킹하는 일이 벌어진다.

루이 푸쟁, 인터넷의 진정한 시조

널리 퍼진 믿음과 달리, 미국은 인터넷의 요람이 아니었다. 인터넷의 기초인 데이터그램은 프랑스인 루이 푸쟁Louis Pouzin, 1931년 출생이 1970년대 초에 발명했다. 하지만 프랑스 통신 관리부에서는 미니텔Minitel(정부 주도로 개발되어 1980년대부터 사용된 프랑스의 통신 네트워크 서비스 및 이를 제공하는 단말기. 새로운 전화 체계의 핵심이었기에 단말기는 무료로 가정에 배포되었고 주로 전화번호부 대용으로 쓰였다 — 옮긴이)을 빨리 개발하는 편을 선호했다. 그 탓에 루이 푸쟁의 프로젝트는 채택되지 않았고, 뒤이어 미국인들이 이 연구를 이어가 그 유명한 인터넷 프로토콜Internet Protocol, IP로 재탄생시켰다. 데이터그램은 신뢰할 수 없는 전송 통로에서 보내지도록 예정된 패킷 데이터를 분할하는 시스템이다. 1950년에 에콜 폴리테크니크를 졸업한 푸쟁은 당시에 막 탄생하는 정보처리 분야에 관심을 가진 최초의 인물 중 한 사람이었다.

보안을 위한 무작위 키

그러므로 자료 암호화는 인터넷 보안에서 매우 중요한 측면이다. 현대 암호의 기본 원칙을 처음 말한 사람은 오귀스트 케르크호프스Auguste Kerckhoffs, 1835~1903로, 그에 따르면 암호화 체계는 그 비밀 유지에 의존하는 것이 아니라 정기적으로 바꾸는 키key에 의존한다. 섀넌은 이 원칙을 "적敵, enemy은 시스템을 안다"라는 말로 요약했다.

르네상스 시대에 이미 블레즈 드 비즈네르Blaise de Vigenère, 1523~1596가 이 원칙을 따르는 체계를 디자인했다. 비록 당시에는 그다지 크게 주목받지 못했지만 말이다. 그 알고리즘은 단순하지만, 손으로 이를 적용하는 것은 힘겹기 그지없다. 이것은 어떤 키에 따라 달라지는 문자 이동 체계다. 가령, 키 ABC는 A에 대해서는 0 이동, B에 대해서는 1 이동, C에 대해서는 2 이동에 해당한다. 이렇게 하면 'mathématiques'는 'mbvhfoaukqvgs'로 암호화된다. 다행히도 키는 보통 이보다 더 복잡하지만 원칙은 같다. 암호 해독은 키의 길이가 길고 키가 무작위로 선택될수록 더 어렵다. 이상적인 방법은 키가 메시지만큼이나 길고 그 키를 단 한 번 사용하는 것이다.

예전에는 난수를 만들어내려면 앞면 또는 뒷면 뽑기나 대체로 무작위적이라고 보이는 물리적 현상을 사용했고(오늘날에는 컴퓨터로 난수를 얻는다), 이를 공유하기 위해서 외교 행낭이나 그와 비슷한 비밀스러운 방법을 사용했다. 요즘에는 난수 창출과 공유에 첩자가 보면 파괴되는 양자quanta를 이용한다. 바로 양자암호(현재 이것은 사용 가능하다)인데 이것을 현재 사용 불가능한 양자컴퓨터와 혼동하면 안 된다. 일회용 암호표는 1963년부터 워싱턴과 모스크바를 잇는 유명한 핫라인 전화의 암호다. 이는 또한 냉전시대에 간첩들이 기이한 작은 수첩(아래)을 들고 다니며 사용하던 암호이기도 하다.

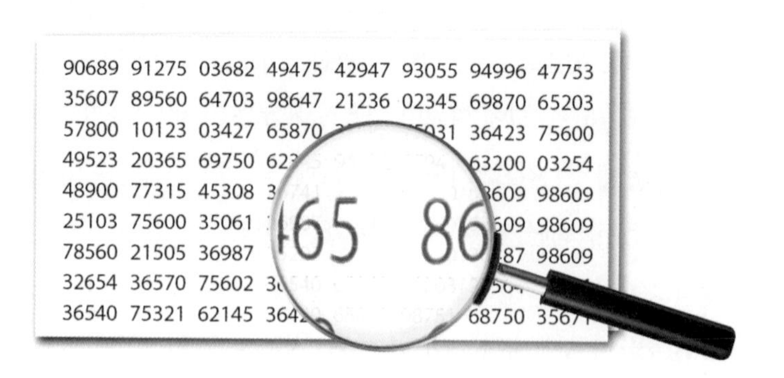

무작위 수가 적힌 수첩.

일회용 암호표의 원리는 간단하다. 일단 우리가 원하는 방법을 이용해서 메시지를 일련의 수로 암호화하고(예를 들어, A=01, B=02, 등), 그렇게 얻어진 메시지에 같은 길이의 난수를 더하되 올림은 하지 않는다. 이렇게 하면 'mathématiques'는 13 01 20 08 05 13 01 20 09 17 21 05 19가 된다. 여기에 수첩에 적힌 첫 26개의 숫자를 더한다.

원래 메시지	13012	00805	13012	00917	21051	9
+ 키	90689	91275	03682	49475	42947	9
= 암호화된 메시지	03691	91070	16694	49382	63998	8

따라서 암호화된 메시지는 03691 91070 16694 49382 63998 8이다. 만일 키, 즉 수첩에 적힌 수를 알면, 암호화된 메시지에서 키에 적힌 수를 빼서 이 메시지를 해독할 수 있다. 이 암호화 체계는 견고하지만 키를 안전하게 전달하느냐 여부에 의존한다. 이 방법은 수만 방송하는 이상한 라

디오 방송인 '난수 방송'에서 사용되었을 가능성이 무척 높다(단파로 이런 방송을 내보내는 방송국은 여러 나라에 있다. 이런 방송국은 첩보 활동과 연관되어 있다는 의심을 받는다).

현대 암호

오늘날 인터넷으로 소통할 때 개인정보 보호는 이런 형식의 체계로 이루어지는데, 이때 키는 일련의 비트bit로 우리는 이를 대칭 키라고 한다. 암호화와 해독이 서로 대칭하기 때문이다. 이 두 작업은 덧셈의 속도로, 즉 순간적으로 실행된다. 키의 전달은, 암호화를 할 줄 아는 것만으로는 해독할 수는 없는 비대칭 암호로 보장된다.

이 암호화 방법 중 가장 잘 알려진 것은 1976년에 리베스트Ron Rivest, 샤미르Adi Shamir, 에이들맨Leonard Adleman이 발명한 RSA 암호화다. 이 체계는 소인수분해의 어려움에 기초한다. 이 암호화 방법은 (지수를 이용한) 거듭제곱에 바탕을 두고 있어서 아주 느리고 에너지를 많이 소모하는데, 그렇기 때문에 대칭 키 전달에만 이 방법을 사용한다(RSA 체계, PGPPretty Good Privacy 체계 구현의 경우에 그랬다).

이런 암호화 방법을 사용하는 것이 인터넷 보안을 보장해줄까? 만일 이런 방법이 잘못 사용된다면 그렇지 못하다. 짧은 키를 사용하는 알고리즘은, 해커가 비밀번호를 하나하나 전부 시험해봄으로써 알아낼 수 있다. 그래서 현재 대칭키는 128비트의 길이가 넘어야 안전하다고 볼 수 있다. 그러지 않으면 고전적인 비밀번호를 전부 넣어보고 보안을 간단히 깰 수 있다. 실제로 인터넷에는 일반적인 비밀번호, 즉 사용자의 모국어로 된 '집' 또는 '물건' 같은 흔한 단어, 이름, 123456 같은 '논리적인' 수열, 사용자의 분야에서 사용하는 특별하고 희귀한 단어 등이 수록된 여러 사전이 올라와 있다. 자신의 비밀번호가 밝혀지길 원치 않는다면, 이런 목록에 등장하지 않을 비밀번호를 생각해내야 한다. 그리고 각 계좌나 사이트에 서로 다른 비밀번호를 사용하는 것도 신중한 태도다.

양자 알고리즘

RSA 암호화의 경우, 위의 주의사항을 잘 지켜 조심하고 키가 충분히 길면 깰 수 없다. 정말 깰 수 없을까? 그리 확실치는 않다……. 피터 쇼어Peter Shor는 수를 인수분해해주는 효율적인 확률 알고리즘을 만들었다. 이론적으로 이 알고리즘은 RSA로 암호화한 메시지를 빨리 해독할 수 있다. 문제는 이 알고리즘이 아직 존재하지 않는 컴퓨터인 양자컴퓨터에서 이루어진다는 사실이다! 하지만 이 알고리즘을 양자컴퓨터를 모방한 컴퓨터로 모의실험해볼 수는 있었다(물론 양자컴퓨터의 속도는 낼 수 없었지만).

진짜 양자컴퓨터는 많은 비트를 겹쳐 놓은 큐비트qubit(양자 비트)를 사용한다. 이론적으로, 큐비트로 한 계산은 계산하는 동안 이렇게 겹쳐진 상태를 유지할 수 있다는 조건에서 병행 실시한 계산과 동등하다. 양자컴퓨터는 현재 아직 미완성 단계고, 언젠가 완성될 수 있을지도 의문이다. 어떤 이들은 양자컴퓨터를 갖고 있다고……, 그래서 현대 비대칭 암호화를 전부 해독할 줄 안다고 주장하고 싶겠지만 말이다. 만일 양자컴퓨터가 언젠가 완성된다면, 적어도 대칭 암호 키 전송에 관한 부분은 재검토해보아야 할 것이다.

소프트웨어에 난 문

효율적인 양자컴퓨터가 등장할지도 모르는 상황에 대비는 해야겠지만, 현재로서 RSA 암호화는 암호 키가 충분히 길면 해독 불가능하다. 이런 암호화에 대해 첩보 기관들이 즐겁기만 할 리 없다. 안전한 소통 수단을 지닌 것이 기업이나 국가의 비밀을 보호하는 데 필요한 일이긴 하지만 말이다. 이에 대한 해결책은, 각자 자신의 암호 키를 신뢰하는 제3자에게 맡겨놓고, 법원이 그러라고 결정을 내리면 이 제3자가 권한을 지닌 공식 기관에 키를 제출하는 것이리라.

에드워드 스노든Edward Snowden에 따르면, 미 국가안전보장국은 다른 방법을 이용하기로 했고, 미국 소프트웨어 제조업자들에게 그들의 암호화 알고리즘을 비켜 갈 수 있는 비밀 문을 만들어달라고 부탁했다. 이 방법에서 최악의 단점은, 어떤 성채에 들어가는 숨겨진 문이 존재한다면, 모든 사람이 이것을 발견해 사용할 가능성이 열린다는 점이다. 이렇게 함으로써 NSA는 자신이 통제하는 모든 암호화 체계에 약점을 만들어낸 것이다. 크래커들이 이것을 이용하지 않을 이유가 어디에 있겠는가?

인터넷으로 서로 연결된 사물들 때문에 이 위험은 증폭된다. 이런 사물의 수는 폭발적으로 증가하고 있다. 그런데 이들은 거의 보호되지 못하고 있으며 따라서 크래커들의 손쉬운 표적이 된다. 그래서 크래커는 스팸메일 발송이나 피싱 행위, 서비스 거부 공격, 비밀번호 무차별 대입 탐색 같은 악의적인 행동을 하기 위해 장악한 컴퓨터들인 좀비 네트워크 또는 봇네트botnet들을 갖출 수 있다. 이것이 공상과학물처럼 보일 수 있지만(당신 전동칫솔이나 혈압 측정기가 당신에게 스팸메일을 보낼 수 있다고 어떻게 생각할 수 있겠는가?), 이런 일은 벌써 일어났다! 각종 예측에 따르면 인터넷으로 연결된 사물들의 수는 2020년에 200억 개를 넘을 거라고 한다. 크래커들에게 시장은 엄청나다…….

중세에 군대가 요새를 공격할 때는 방어가 가장 약한 곳부터 찾았다.

마찬가지로, 예를 들어 병원 전체의 정보 네트워크에 침입할 목적으로 인터넷에 연결된 사물 하나가 공격의 대상이 된다고 상상할 수 있다. 이런 식의 공격 전략에 대비해 네트워크를 어떤 식으로 방어할지 깊이 생각해 보아야 한다. 주변기기 방어로 요새를 지키는 현재의 방어 모델이 과연 최고일까? 침입 탐지와 공격적인 대응책을 비롯한 여러 방어법에 대해 깊이 고찰해보아야 할 것이다.

인터넷으로 연결된 사물이 도구이자 교두보일 수 있다면, 이들이 지닌 데이터는 언젠가 크래커들이 노리는 표적이 될 것이다. 그날이 오면, 당신의 가장 내밀한 사생활이 노출되고, 당신 건강에 중요한 기기들이 위험해지는 상황이 발생할 것이다. 예를 들면, 인터넷으로 연결된 환약 용기(프랑스어로 pilulier, 영어로 pill organizer)나 혈압 측정기가 당신의 의사에게 잘못된 정보를 보낼 수 있을 것이다. 크래커들의 상상력은 무한한 만큼 그들은 병원이나 의사, 환자에게 필요한 건강 기기를 고장 낸다고 협박하여 돈을 갈취해낼 방법을 어떻게든 찾아낼 것이다. 지나치게 암울한 미래를 제시하고 싶지는 않지만, 사물 인터넷으로 우리가 새로운 위험에 노출되어 있다는 사실을 이해할 필요가 있다. 지금은 이런 위험 가능성을 너무도 간과하고 있다. 수학자가 해결책을 찾아내지는 못할지라도 그들이 일정 부분 기여할 것이라는 데는 의심의 여지가 없다.

지능적 기계로?

40

수학은 정보 보안 말고 인터넷의 다른 분야에서도 기초를 이룬다. 바로 인공지능 분야다. 정확한 의미의 지능적인 기계에 대해 말하는 것은 당장은 공상과학 영역에 속한다. 사실상, 인간의 지능으로 가능한 일이라 여겨지는 어떤 일을 해낼 수 있는 기계를 우리는 지능적인 기계로 간주한다. 이런 의미에서, 당신의 메일함에 도착하는 전자우편이 합법적인 메일인지 스팸메일인지, 아니면 그보다 더 나쁜 피싱 시도인지를 판별하는 것은 지능적인 활동이다. 마찬가지로 웹에 어지럽게 널려 있는 정보 가운데 좋은 정보를 찾아내는 일에도 역시 깊이 있는 관점과 분석이 필요하다. 하지만 수학에서 어떻게 지능이 생겨날 수 있을까?

스팸 차단 필터에서 쓰이는 수학

스팸 차단 필터는 메일링 소프트웨어의 지킴이다. 이 필터는 우리가 쉽게 짐작하듯 일반적인 논리를 사용하는 것이 아니라 통계를 사용한다.

스팸 차단 필터의 기본 원리는, 예를 들어 '비아그라'나 '다이어트', '백만' 같은 특정 단어가 있는지를 분석하는 데 있다. 이것만으로 원치 않는 메시지를 탐지해내기에 충분치 않지만, 어떤 주어진 단어가 스팸메일에서 나올 확률을 측정하는 소프트웨어를 만드는 일은 쉽다.

이를 위해서는 아주 많은 스팸메일을 모아서 그 단어가 나오는 횟수를 세기만 하면 된다. 이렇게 함으로써 조건부 확률, 풀어 말하자면 메일이 스팸메일임을 알 때 단어 M이 나올 확률을 추정할 수 있다. 이것을 $p(M|S)$라고 표기한다. 마찬가지로 메일이 스팸메일이 아님을 알 때 M의 확률 $p(M|S$아님$)$을 계산할 수 있다. 이런 확률이 계산, 아니 추정되었으므로 어떤 메일이 도착하면 소프트웨어가 이 메일을 구성하는 단어의 목록 C를 작성한다. 메일에 담긴 단어 하나하나가 스팸메일에서 등장할 확률을 곱하면, 메일이 스팸메일임을 알 때 C의 확률을 얻는데 이를 $p(C|S)$라고 표기한다.

10,000개의 메일에 대한 여러 가능성을 도표로 나타내면 다음과 같다.

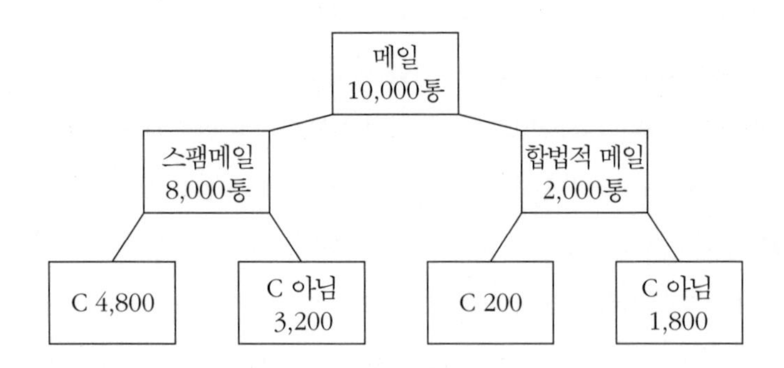

물론 우리가 관심을 갖는 것은 이 확률이 아니라, 메일의 단어 목록이 C임을 알 때 이 메일이 스팸메일일 확률인 $p(C|S)$다. 놀랍게도 이 두 확률은 토머스 베이즈Thomas Bayes, 1702~1761가 발견한 정리로 서로 연결되어

있다. 예를 들어, 앞에 기술한 계산으로 $p(C)=50$퍼센트와 $p(C|S)=60$퍼센트임을 얻는다면, 메일의 80퍼센트가 스팸메일이라는 사실, 즉 $p(S)=80$퍼센트임을 알 수 있다.

메일이 담고 있는 단어 목록이 C라면, 이 메일이 스팸메일이 아닐 확률은 200(그 단어 목록이 C인 합법적인 메일의 수)을 5,000(그 단어 목록이 C인 메일의 수)으로 나눈 값, 즉 4퍼센트다. 따라서 그 메일이 스팸메일일 확률은 96퍼센트다.

베이즈의 정리를 증명하는 것은 이 도표상의 풀이 과정을 일반화하는 것에 다름 아니다. 기술적으로 이것은 $p(S|C)=[p(C|S)\cdot p(S)]|p(C)$(여기에서 $0.6\times0.8/0.5=0.96$을 다시 찾아볼 수 있다)라고 쓰지만, 그냥 위 도표의 형식으로 이 정리를 사용하면 된다.

베이즈의 필터를 사용하는 알고리즘은 최초의 계산이 이루어진 방식에 따라 다양한 효력을 발휘한다. 만일, 초기 계산을 하기 위해서 의약품이나 포르노그래피에 관한 스팸메일만 사용한다면, 당신에게 백만 유로를 꼭 벌어보길 바란다는 '친구' 또는 당신이 방금 미지의 삼촌으로부터 유산을 받았다는 '공증인'이 보낸 그 흔한 스팸메일은 필터가 걸러내지 못할 것이다. 하지만 어쨌거나 현재 사용되는 필터의 원리는 위와 같다.

검색 엔진

인간의 지능을 필요로 하는 것처럼 보이는 일 중에서 기계에게 맡기는 또 다른 일로는 웹페이지 분류가 있다. 검색 엔진이 어떻게 일을 수행하는지 이해하는 가장 좋은 방법은 웹을 거대한 도표로, 웹페이지는 도표의 매듭으로 상상해보는 것이다. 한 페이지가 다른 페이지를 가리킬 때, 즉 마우스를 클릭하여 다른 페이지로 넘어갈 수 있을 때 매듭 2개는 서로 연결되어 있다. 이 도표는 수십억 페이지를 모은 것이기 때문에 엄청나게 크다. 여기에서 나는 검색 엔진으로 조회되는 페이지만 검토하겠다. 웹의 일부는 보이지 않도록 감추어져 있지만 말이다(글상자 참조).

빙산의 잠긴 부분, 그 웹 버전

웹의 검색되는 부분은 빙산에서 눈에 보이는 부분과 비슷하다. 이 말은 검색 엔진으로 조회되지 않는 부분(심층 웹deep web)이 전부 소위 말하는 다크넷darknet, 즉 체제에 반대하는 일부 사람들의 불법 거래 네트워크라는 뜻은 아니다. 이는 기밀을 유지하려는 회사들의 내부 소통 네트워크일 수도 있다. 이런 네트워크는 'Open-Root' 같은 최상위 도메인(인터넷 주소 맨 끝부분으로 한국의 경우 kr이다) 이름 판매자가 제공한다. 이 판매자들은 웹에 연결된 컴퓨터라면 모두 접근할 수 있는 도메인 이름을 팔기도 하지만, 접근할 수 없는, 따라서 DNSDomain Name System(도메인 이름 시스템)에서 조회할 수 없는 다른 도메인 이름도 판다. 기업들은 이런 방법 덕분에 직접적인 정탐 행위를 피하기 위해서라도 더욱 신중을 기할 수 있다.

검색 가능한 페이지의 대부분(90퍼센트)은 한 방향, 반대 방향 또는 쌍방향으로 서로 연결되어 있다. 다른 페이지들은 단절된 페이지 그룹을 이룬다. 이 페이지들은 자기들만을 서로 가리키고, 일반적인 인터넷 사용자들의 관심을 끌지 않는다. 이런 단절된 그룹을 제외하면, 인터넷은 27퍼센트의 페이지를 포함하는 커다란 핵심부로 이루어져 있다. 이런 페이지의 특성은 그들 사이에서 클릭 몇 번으로 이동할 수 있다는 점이다. 그 주위로 핵심부와 한 방향 또는 그 반대 방향으로 연결되어 있는(그 페이지로 가거나 그 페이지에서 온다) 페이지들이 있고, 여기에 덧붙여서 핵심부로부터 직접 이동해 갈 수는 없지만 그 반대 방향으로는 연결되어 있는 두 지류가 있다. 좀 더 말단으로 가면, 똑같은 웹 페이지(들)를 가리키고 반대 방향으로는 가리키지 않는 페이지로 이루어진 그룹 같은 특정한 구조가 나타난다. 이런 구조는 팬들의 그룹을 나타낸다.

검색 엔진은 주어진 주제를 다루는 페이지들의 검색 결과를 적합도에 따라 분류해 번호를 매긴 웹 도표를 사용한다. 이 분류는 인터넷 사용자 스스로가 이런저런 사이트로 자신의 웹 페이지를 연결하느냐 아니냐에 따라 이루어진다. 각 페이지는 이런 식으로 자기를 가리키는 페이지 수에 따라 점수가 매겨지는데, 이 페이지는 이 점수를 자신이 가리키는 페이지로 나누어준다. 계산법을 보다 정확히 살펴보기 위해서 검색하려는 주제를 다루는 A, B, C, D로 표기되는 4개의 웹 페이지로 제한된 웹의 일부를 상상해보자.

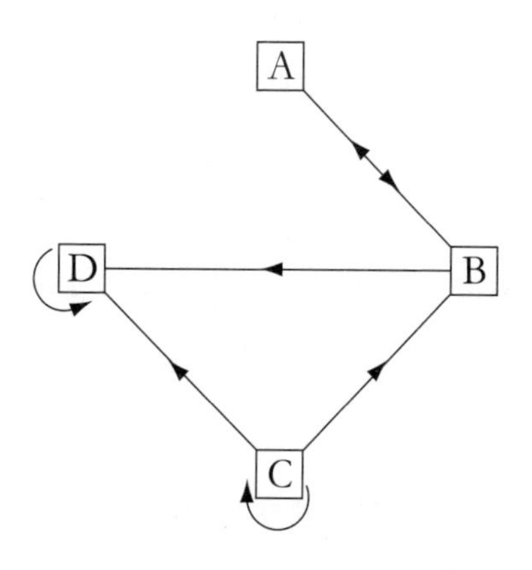

각 페이지의 점수를 정하기 위해서 일단 각 페이지에 똑같은 점수, 여기에서는 25퍼센트를 배분한다. 그런 다음, 페이지들 사이의 간섭을 고려한다. 즉, B 페이지는 A와 D 두 페이지를 가리키므로 이 두 페이지에 자신의 점수를 절반씩 준다. 마찬가지로, B 페이지는 A 페이지의 점수, 그리고 C 페이지 점수의 3분의 1을 받는다. 이 다양한 식은 아래 표에 따라 여러 차례 적용된다.

페이지	점수 1	점수 2	점수 3	점수 4	점수 5	점수 6
A	25%	12.5 %	16.66%	7.63%	8.79%	3.97%
B	25%	33.33%	15.27%	17.59%	7.94%	8.90%
C	25%	3.83%	2.77%	0.92%	0.31%	0.10%
D	25%	45.83%	65.27%	73.84%	82.94%	87.02%

체계가 안정적이 되기 위해서 오래 계속할 필요는 없다. 이렇게 해서 D, B, A, C라는 페이지 등급이 매겨진다. 검색 엔진은 이런 식으로 작용하는데, 단 여기에 수천 개의 페이지가 개입된다. 이 과정은 우리가 확률을 다루며 앞에서 살펴본 마르코프 연쇄이고, 우리가 한 계산은 행렬 계산이다. 원칙은 재귀적이고 알고리즘 역시 그렇다. 이 계산은 엄청나서 손으로 할 수 없지만 원칙은 간단하다. 당신에게 웹사이트가 하나 있고 그 사이트가 많이 노출되는 것을 원할 때, 이 원칙에 따르면 그 사이트를 위해 돈을 쓰는 것은 아무런 소용이 없다. 그저 사이트를 알리기만 하면 된다! 일부 사이트들이 그 사이트를 가리킬 것이고 그러면 사업은 번창하기 시작한다.

베이즈의 정리에 마르코프 연쇄가 결합된 이 생각은 현재 인공지능 연구에서 따르는 원칙을 보여준다. 이 원칙의 강점은 이런 체계의 학습 능력이다. 그들의 매개변수는 끊임없이 진화하기 때문이다. 하지만 기계가 인터넷 페이지 분류나 체스 게임, 그리고 언젠가는 자동차 운전 같은 매우 특화된 일을 수행하는 데 있어서 인간과 비슷해지거나 심지어 인간을 능가하는 수준에 이른다면, 이때 가장 예민한 문제는 기계에게 일반적인 지능, 즉 일종의 상식을 부여하는 일이 된다.

여기에서 우리는 공상과학의 영역으로 들어선다. 기계가 지능적이 되려면 우리의 장점과 단점을 가질 필요가 있을까? 감정과 도덕적 가치, 쾌락과 두려움을 지닐 필요가 있을까? 어떻게 기계의 가치를 인간의 가치에 맞춘단 말인가? 공상과학 소설가 아이작 아시모프Isaac Asimov, 1920~1992가 말한 로봇공학의 법칙을 기계에 이식할 수 있을까?

로봇공학의 법칙

법칙 1. 로봇은 인간에게 해를 입힐 수 없고, 행동하지 않음으로써 인간이 위험에 처하도록 놔둘 수도 없다.

법칙 2. 로봇은 인간이 자신에게 내리는 명령에 복종해야 한다. 단, 그 명령이 첫 번째 법칙과 충돌할 때는 예외로 한다.

법칙 3. 로봇은 자기 보호가 첫 번째 또는 두 번째 법칙과 충돌하지 않는 한 자신의 존재를 보호해야 한다.

이런 식의 법칙을 정의하고 이를 기계에 이식하는 어려움을 당신 나름대로 가늠해보길 바란다. 아시모프의 세상은 당장은 오지 않을 것이다. 인공지능에 대해 우리는 아마 오랫동안 부분적인 성공으로 만족해야 할 것이다.

에필로그

세상의 수학으로 떠난 여행을 마무리하는 이 시점에, 수학이 너무도 많은 사람이 생각하듯 죽은 학문이 아니라 살아 있는 학문이라고 당신이 생각하게 되었기를 바란다. 수학은 선사시대부터 고대에 이르며 여러 차례 탄생했지만 차츰 하나로 통합되었다. 그래서 과거에는 여러 수학 문화에 대해 말할 수 있었지만, 지금 그렇게 하는 것은 부당할 것 같다. 수학의 일반적인 구조는 보편적이고, 수학 정리가 그렇듯 심지어 영원한 것처럼 보인다.

그런데 수학자는 단순히 정리에 대한 증명을 만들어내는 사람만은 아니다. 수학자는 문제를 정하는 사람이기도 하다. 그래서 어떤 이론이 특정한 현실과 일치하도록 그 이론에 대한 공리를 새로 만들어내거나 선택한다. 수학자라는 직업은 진화한다……. 수학의 풍경이 점점 더 빽빽하고 울창해질수록, 수학자의 역할도 서로 구분된 영토를 가깝게 만들고 서로 멀리 떨어진 세계의 기슭 사이에 다리를 놓는 일이 된다.

수학은 구조 면에서도 변화한다. 처음에 수학은 기하학과 산술을 오가며 질서가 잡혔다. 그러다가 대수학, 해석학, 확률, 통계학, 위상기하학,

연산정보처리학 등이 생겨났다. 끝으로 그 구분은 횡단으로도 이루어진다. 그래서 오늘날 기하학은 대수기하학, 미분기하학, 계산기하학뿐 아니라 해석, 투영, 유클리드, 쌍곡 또는 타원기하학 등으로 분화되었다.

이제 수학의 세계는 너무도 많은 분야로 나뉘어서 그 누구도 더 이상 이 모든 분야를 잘 다룰 수는 없다. 푸앵카레가 그럴 수 있었던 마지막 인물인 것 같다. 그 때문에 18세기까지만 해도 수학은 몇몇 명민한 아마추어가 연구한 학문이었지만, 19세기에 와서 전문화되었고 20세기에는 산업화되기에 이르렀다. 매년 새로이 증명되는 정리의 수만 해도 수십만 개에 이른다! 이런 증가와 더불어 수학자의 수도 증가해서 1900년에 100여 명이던 것이 지금은 거의 10만 명이다.

수학은 어디에나 있다. 단, 이를 알아보려면 어느 정도 기본 지식과 소양을 갖추어야 한다. 하지만 수학의 매력은 다른 데서 나오는 경우가 많다. 수학을 예술의 한 형태로 만드는 수학에 내재된 아름다움으로부터 말이다. 문외한에게 수학의 유용함과 아름다움을 보여주기란 어려운 일이다. 이것을 해내는 것이 이 책의 목적이었고, 내가 이 목적을 이루어냈기를 진심으로 바란다.

감사의 말

이 책을 쓰는 모험을 마무리 지으며 내가 수학을 좋아하게 만들어준 스승들에게 감사를 전하고 싶다. 목록이 길므로 그중 첫 번째 인물인 초등학교 4학년 때 담임이었던 고티에 선생님만 소개한다. 고티에 선생님은 자신이 보기에 나한테 너무 쉽다고 생각한 수학 문제를 다른 학생들이 푸는 동안, 내가 대수학의 놀라운 세계에 눈뜨게 해주었다. 수학에 관해 함께 토론한 친구들에게도 감사한다. 그 토론 덕분에 이 책이 더욱 풍성해질 수 있었다. 역시 내 친구 가운데 한 사람만 특별히 소개하자면, 아쉽게도 올해 세상을 뜬 나의 영원한 친구 클로드 소제르Claude Sauser, 그리고 수학 잡지 《탕장트Tangente》 편집위원들과 매년 5월에 파리 생쉴피스 광장에서 열리는 문화와 수학 놀이 박람회 준비위원들 역시 빼놓을 수 없다. 자기 작품 이미지를 무료로 제공해준 예술가 친구들인 파트리스 지네르, 조스 레이스, 장 콩스탕, 제레미 브뤼네에게도 감사를 표한다. 끝으로 무엇보다 편집자 크리스티앙 쿠니용, 그리고 논평을 통해 나를 격려해준 동시에 내가 오늘날의 수학까지 폭넓게 다룰 수 있도록 자극해준 세드리크 빌라니에게도 감사를 전한다.

옮긴이 후기

번역가로서 느끼는 즐거움 중 하나는 예상치 못한 책과의 만남이다. 나는 프랑스어로 쓰인 책으로 이루어진 바다에서 아름다운 진주를 발굴해 한국 독자에게 소개하는 즐거움은 아쉽게도 아직 잘 모른다. 그보다는, 출판사에서 번역하고자 하는 책을 검토 또는 번역해 달라고 의뢰가 들어와서 책을 만난 적이 많다. 그렇게 인문서, 사회과학서, 소설, 에세이, 아동심리서, 요리책, 수채화 기법서 등을 번역했다. 『세상의 모든 수학』과도 그렇게 만났다. 그런데 400쪽이 넘는, 수학의 역사를 다룬 책이라니……. 스스로 어문, 인문, 사회과학의 테두리 안에서 지낸다고 여겨왔고, 수학은 고등학교 때까지 의무적으로 '다스려야' 했던 과목으로 기억하며 지내던 차에 당황스럽지 않을 수 없었다. 조심스런 마음으로 책을 검토했고, 매료되었고, 출간에 앞서 전문가의 감수가 이루어질 거라는 확답을 받은 후에 이 책을 한국어로 옮겼다.

그 과정에서 수학은 무엇보다 인간이 만들어낸 것이고, 인류 문화의 하나로서 우리 삶에 항상 크게 영향을 끼쳤으며, 저자가 말하듯 "어디에나 있다"라는 사실을 어렴풋이 이해하게 되었다. 물론 이 책에 나오는 수

식이나 증명, 그 본질을 내가 전부 깊이 있게 이해했다고 말할 수는 없을 것이다. 하지만 수학의 역사를 그 기원부터 오늘날까지 통시적으로, 그것도 흥미로운 일화와 설명을 곁들여 살펴보고 나니, 수학이 마치 친근한 인물처럼 느껴진다.

이름깨나 들어보았을, 어느 위대하지만 아리송한 인물의 일생을 잘 그린 전기를 읽었을 때 그 인물이 좀 더 친근하게 다가오듯, 그 사람의 모든 면모를 이해할 수는 없더라도 그의 이름을 언급하는 일이 전처럼 낯설거나 이상하지는 않은 것처럼. 수학은 나의 삶과 동떨어진, 내가 살아가는 테두리 바깥에 있는 대상이 아니라 나의 환경을 이루며 내게 영향을 미치고 있다고 생각하게 되었다. 누구든지 뉴스가 전하는 여론조사 결과를 보면서, 인터넷으로 지도를 검색하면서, 은행 카드를 가게의 단말기에 넣으면서, 스팸 메일을 정리하면서, 정부의 전염병 관리 대책을 들으면서 이 모든 일이 수학과 연관되어 있다는 사실을 인식한다면 세상을 바라보는 방식에도 변화가 올 것이다. 그리고 그릇된 수치나 논리에 현혹되지 않고 조금 더 합리적으로 사고하려고 노력하게 되리라. 아마 이것이 평생 수학을 가르쳤고 수학 대중화에 힘써온 저자가 이 책을 쓴 의도일 거라는 생각이 든다.

개인적으로 1부에서 영(0)에 얽힌 이야기와 계산 기법을 설명한 부분, 3부에서 수학자의 윤리를 설명한 부분이 흥미로웠고, 오늘날 수학의 쓰임새를 설명하는 4부는 모든 장이 재미있었다. 수학에 대한 기본 소양을 조금 더 지녔더라면 이 책에 수록된 함수와 방정식의 미묘함까지 속속들이 파악할 수 있었을 거라는 아쉬움도 느꼈다. 수학이 나와 동떨어진 것이 아니라 항상 내 주위에 존재하며 나의 삶에 영향을 미친다는 사실을 더 일찍 깨달았더라면 지식의 공백이 지금보다는 덜하지 않았을까 하는 의문도

들었다. 수학과 계속 친했기에 이 책에 담긴 모든 미묘함을 파악할 수 있을 독자에게 미리 부러움을 느낀다. 그렇지 않고 나처럼 수학과 멀었던 사람이라면 이 책을 읽고 수학의 매력을 발견할 거라고 확신한다.

2020년 3월, 프랑스 낭트에서

이정은

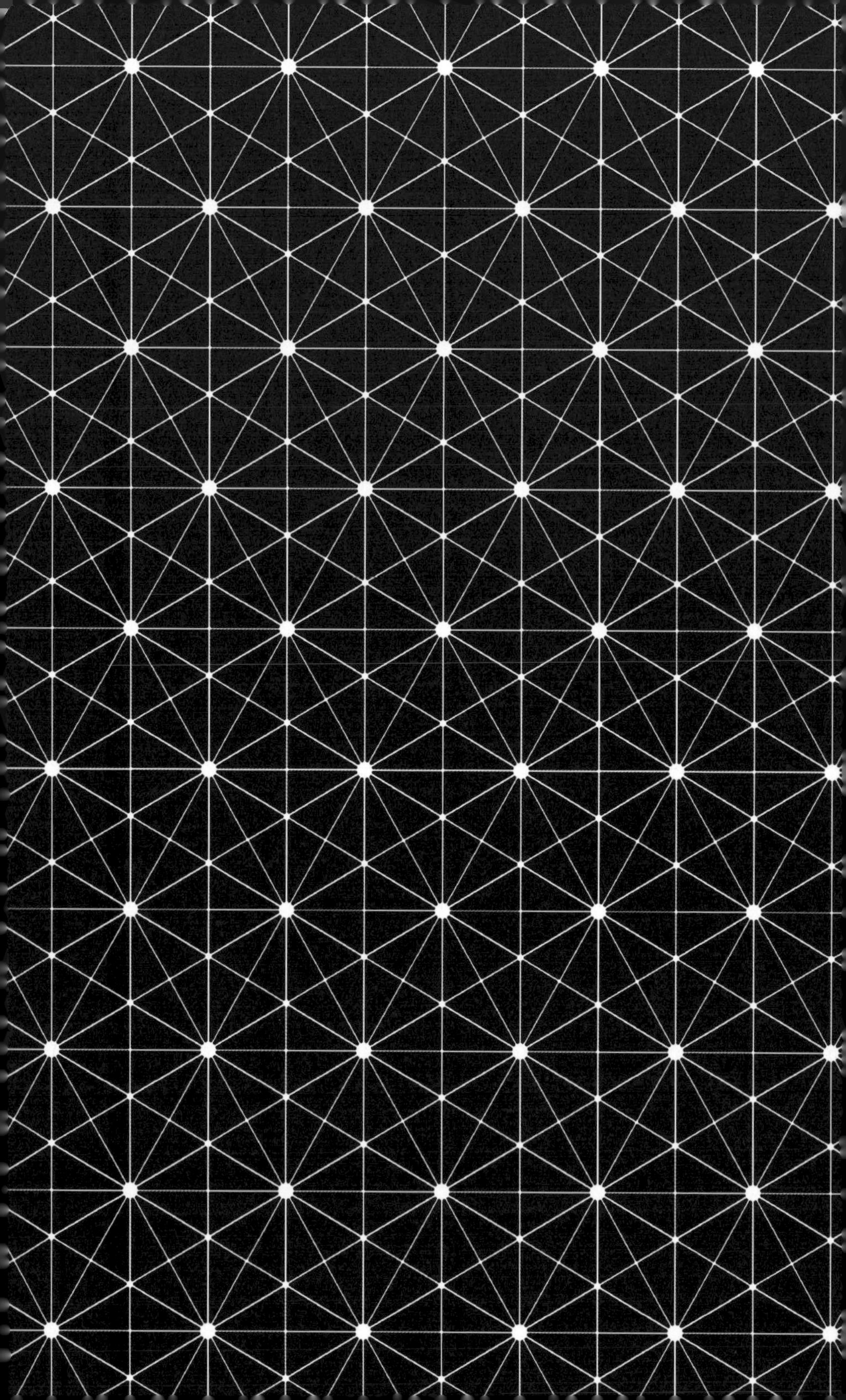

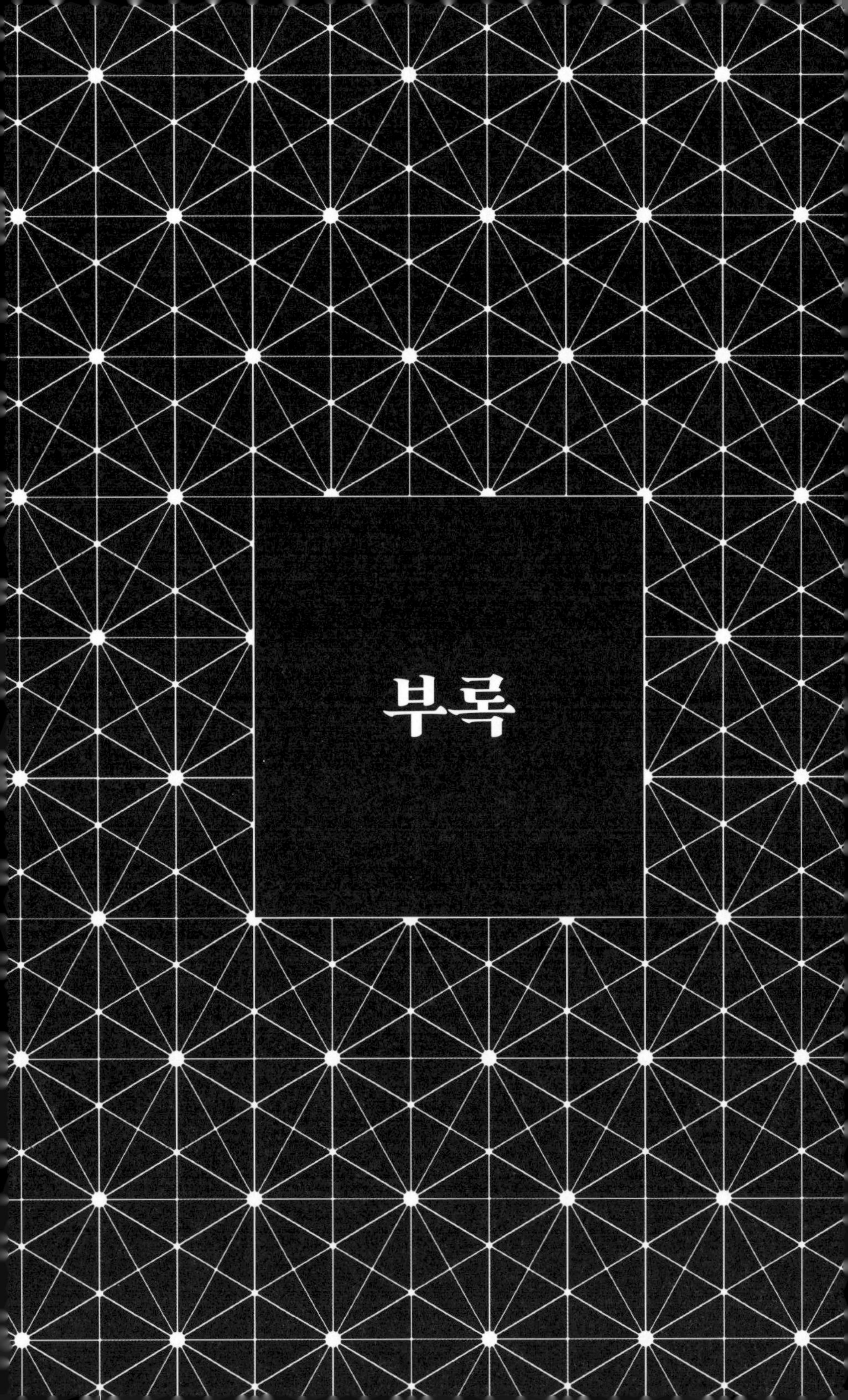

부록

수학 일반을 다룬 자료를 먼저 소개하고, 그 뒤에 이 책의 장 순서에 따라 주제별로 참고자료를 소개한다.

수학 일반

보데, 장Jean BAUDET, 『수학의 역사 신新개론Nouvel abrégé d'histoire des mathématiques』, 뷔베르, 2002년.

부르바키, 니콜라Nicolas BOURBAKI 『수학 역사의 기본원리Éléments d'histoire des mathématiques』, 마송, 1984년.

뷔세르, 엘리자베트Élisabeth BUSSER(기획), 『고대부터 1000년까지 수학의 역사Histoire des mathématiques de l'Antiquité à l'an Mil』, 《탕장트》 제30호 특별호, 폴, 2007년.

이브스, 하워드Howard EVES, 『수학의 역사 입문An Introduction to the History of Mathematics』, 제5판, 더 샌더스 시어리즈, 1981년.

레닝, 에르베(기획), 『천 년의 수학사Mille ans d'histoire des mathématiques』, 《탕장트》 제10호 특별호, 폴, 2005년.

에드워즈, 헤럴드Harold EDWARDS, 피쿠티, 에토레Ettore PICUTTI 공저, 『고대부터 21세기까지 수학Les Mathématiciens, de l'Antiquité au XXIe siècle』, 푸르 라 시앙스, 2010년.

IREM, 『문제의 역사, 수학의 역사Histoires de problèmes, histoire des mathématiques』, 엘리프스, 1993년.

역사상 중요한 수학자에 대해 알아보려면

오슈코른, 베르트랑Bertrand HAUCHECORNE, 쉬라토, 다니엘Daniel SURATTEAU 공저, 『수학 A부터 Z까지Des mathématiciens de A à Z』, 엘리프스, 2008년.

조예 깊은 독자를 위한 CNRS 사이트: www.images.math.cnrs.fr

조예 깊은 교사 독자를 위한 ENS 사이트: www.culture-math-ens.fr

인터넷에서 자주 그렇듯 이 두 사이트는 계속 업데이트되므로 각 주제에 대해 각자 나름대로 검색해보기를 권한다.

고대(1, 2장)

단트지그, 토비아스Tobias DANTZIG, 『과학의 언어, 수Le Nombre, langage de la science』, 파요, 1931년.

이프라, 조르주Georges IFRAH, 『숫자의 보편적인 역사Histoire universelle des chiffres』, 세게르, 1981년.

베유, 앙드레André WEIL, 「어떤 형태의 혼인 법칙의 대수학적 연구에 관하여Sur l'étude algébrique de certains types de lois du mariage」, in 클로드 레비스트로스 Claude Lévi-Strauss, 『친족체계의 기본 구조Structures élémentaires de la parenté』, 프랑스 대학 출판사, 1949년. 이 논문은 다음 책에서도 찾아볼 수 있다: 레닝, 에르

베. 「원주민, 수학 문화Les aborigènes, une culture mathématique」, 『수학과 지리학Mathématiques et géographie』, 《탕장트》 제40호 특별호, 폴, 2011년.
베유, 앙드레. 『과학 작품들OEuvres scientifiques』 제1권, 스프링어, 1979년.

마법과 수학(3장)

바셰 드 메리지아크, 클로드가스파르Claude-Gaspar BACHET de Méziriac, 『수로 하는 유쾌하고 즐거운 문제들Problèmes plaisants et délectables qui se font par les nombres』, A. 라보즌, 고티에빌라르에서 제3판, 1874년. 이 책은 프랑스 국립도서관(BNF) 사이트에 온라인으로 게재되어 있다.
부틀루, 자크Jacques BOUTELOUP, 『마방진과 라틴방진, 오일러 방진Carrés magiques, carrés latins et eulériens』, 에디시옹 뒤 슈아, 1991년.
반 덴 에센, 아르노Arno VAN DEN ESSEN, 『마방진: 유휘부터 스도쿠까지, 어떻게 5000년 된 퍼즐 놀이가 세상을 지배하게 되었나Carrés magiques : du Lo-Shu au sudoku, comment un casse-tête vieux de 5000 ans a conquis le monde』, 블랭, 2013년 ; 2016년 개정판.
완전수에 관한 (적절하고 잘 쓰인) 약간의 유머: 마르코 슈첸베르거Marco SCHÜTZENBERGER, 「완전수에 관한 풍자극 소티Une sotie sur les nombres parfaits」, 『수: 어제와 오늘의 비밀Les Nombres : secrets d'hier et d'aujourd'hui』, 《탕장트》 제33호 특별호, 폴, 2008년.

측량과 지도학(4, 5장)

게즈, 드니Denis GUEDJ, 『베레니스의 머리카락Les Cheveux de Bérénice』, 르 쇠이유, 200년.

게즈, 드니. 『자오선La Méridienne』, 세게르, 1987년. 이 두 책은 수학 대중화 소설이다.
코엔, 질Gilles COHEN(기획), 『수학과 지리학Mathématiques et géographie』, 《탕장트》 제40호 특별호, 폴, 2011년.
르포르, 장Jean LEFORT, 『지도 제작 모험L'Aventure cartographique』, 푸르 라 시앙스, 2004년.

피타고라스의 정리(6장)

브라엠, 장루이Jean-Louis BRAHEM, 『기하학자와 기하학의 역사Histoires de géomètres et de géométrie』, 르 포미에, 2011년.
유클리드EUCLIDE, 『원론Les Éléments』, 2개 국어판, 조르주 카야 번역, CNRS 출판사, 1978년.
푸레, 에밀Émile FOURREY, 『진기한 기하학 문제Curiosités géométriques』, 제4판, 뷔베르, 1938년.

소수(7장)

들라에, 장폴Jean-Paul DELAHAYE, 『멋진 소수: 산술의 중심으로 떠나는 여행Merveilleux nombres premiers : voyage au coeur de l'arithmétique』, 푸르 라 시앙스, 2000년.
호프만, 폴Paul HOFMAN, 『에르되시: 수를 싫어한 남자Erdös: l'homme qui n'aimait que les nombres』, 블랭, 2000년.
GIMPS 사이트: www.mersenne.org. 이 사이트는 메르센의 소수 연구를 위한 사이트다.
독시아디스, 아포스톨로스Apostolos DOXIADIS, 『페트로스 삼촌과 골드바흐의 추측

Oncle Petros et la conjecture de Goldbach』, 크리스티앙 부르주아, 2000년 ; 르 쇠이유, 2002년. 이 마지막 책은 수학 대중화 소설이다.

계산 기법(8장)

두아지, 필리프Philippe DOISY, 『수의 뿌리에서: 기원부터 오늘날까지 수 계산의 역사À la racine des nombres : une histoire du calcul numérique des origines à nos jours』, 엘리프스, 2006년.

엘리프스 공동체Collectif Ellipses, 『로그의 역사Histoires de logarithmes』, 엘리프스, 2006년.

샤베르, 장뤼크Jean-Luc CHABERT(기획) 『알고리즘의 역사: 돌멩이부터 반도체 칩까지Histoire d'algorithmes : du caillou à la puce』, 개정판, 블랭, 2010년.

(자료로 잘 뒷받침된) 유머를 좋아하는 사람을 위하여, 배비지의 기계에 관한 다음 소설: 파두아, 시드니Sydney PADUA, 『러브레이스와 배비지의 스릴 넘치는 모험: 최초의 컴퓨터에 관한 (대부분) 실화The Thrilling Adventures of Lovelace and Babbage: The (mostly) True Story of the First Computer』, 판테온 북스, 2015년.

불가능(9, 10, 11장)

리토, 브누아Benoît RITTAUD, 『2의 멋들어진 운명Le Fabuleux Destin de 2』, 르 포비에, 2006년.

코엔, 질(기획). 『불가능의 수학Les Maths de l'impossible』, 《탕장트》 제49호 특별호, 폴, 2013년.

들라에, 장폴. 『매혹적인 수Le Fascinant Nombre』, 푸르 라 시앙스, 1997년.

들라에, 장폴. 『수학과 신비Mathématiques et mystères』, 푸르 라 시앙스, 2016년.

엘구아르슈, 이브Yves HELLEGOUARCH, 『페르마-와일스의 수학으로의 초대Invitation

aux mathématiques de Fermat-Wiles』, 뒤노드, 2001년. 이 마지막 책을 읽으려면 대학원 수준의 수학 지식이 필요하다.
세이프, 찰스Charles SEIFE, 『영零: 어느 위험한 생각에 관한 전기Zéro : la biographie d'une idée dangereuse』, JC 라테스, 2002년.

대수 방정식(12장)

레닝, 에르베(기획), 『대수 방정식Les Équations algébriques』, 《탕장트》 제22호 특별호, 폴, 2005년.
토스카노, 파비오Fabio TOSCANO, 『비밀스러운 공식 — 르네상스 시대의 이탈리아를 열광시킨 수학 대결La Formule secrète – le duel mathématique qui enflamma l'Italie de la Renaissance』, 블랭, 2011년.

미적분법(13장)

라이프니츠의 미적분법

로피탈, 기욤 드Guillaume de L'HOSPITAL, 『곡선의 이해를 위한 무한소 해석Analyse des infiniment petits pour l'intelligence des lignes courbes』, 1696년 판본 재판, ACL출판사, 1988년.

코시의 미적분법

코시, 오귀스탱루이Augustin-Louis CAUCHY, 『미적분법Le Calcul infinitésimal』, 1825년 판본 재판, ACL출판사, 1987년.

로빈슨의 비표준해석학

코엔, 질(기획). 『적분법Le Calcul intégral』, 《탕장트》 제50호 특별호, 폴, 2014년
들르디크, 앙드레André DELEDICQ, 「비표준해석학, 크기 자릿수 이론L'analyse non

standard, théorie des ordres de grandeur」, in 카지로, 프란시스Francis Casiro(기획), 『무한: 유한, 불연속, 연속L'Infini : le fini, le discret et le continu』, 《탕장트》 제13호 특별호, 폴, 2006년.

함수(14, 15장)

오일러에 의한 지수함수 확장

베르, 자크Jacques BAIR, 앙리, 발레리Valérie HENRY 공저, 「시간의 흐름에 따른 함수 개념Le concept de fonction au fil du temps」, 《로장주Losanges》 제5권, 2009년.

코엔, 질(기획). 『함수Les Fonctions』, 《탕장트》 제56호 특별호, 폴, 2016년.

오일러, 레온하르트Léonard EULER, 『무한해석 개론Introduction à l'analyse infinitésimale』, J.B. 라베 번역, 1796년 판 재판, ACL출판사, 1987년.

기하학(16장)

클라인, 펠릭스Felix KLEIN, 『에를랑겐 계획, 현대 기하학 연구에 관한 비교 고찰Le Programme d'Erlangen, considérations comparatives sur les recherches géométriques modernes』, 장 디외도네Jean Dieudonné의 서문, 고티에빌라르, 1974년.

푸앵카레, 앙리Henri POINCARÉ, 『과학과 가설La Science et l'Hypothèse』, 플라마리옹, 1902년 ; 에테엔 기, "샹", 2017년.

레닝, 에르베(기획). 『변환: 기하학에서 예술까지Les Transformations : de la géométrie à l'art』, 《탕장트》 제35호 특별호, 폴, 2009년.

구조(17장)

베르디에, 노르베르Norbert VERDIER, 『갈루아, 저주 받은 수학자Galois, le mathématicien maudit』, 푸르 라 시앙스, 2011년.

그로텐디크, 알렉산더Alexandre GROTHENDIECK, 『수확과 파종Récoltes et semailles』. 그로텐디크의 이 책은 출간되지 않았지만 인터넷에서 PDF 형식의 문서로 찾아볼 수 있다 ; 저자는 이 책에서 자신의 작업과 동료들과의 관계를 점검한다.

푸앵카레, 앙리. 『과학과 방법Science et méthode』, 플라마리옹, 1908년. 이 책은 BNF 사이트에 온라인으로 게재되어 있다.

조이너, 데이비드David JOYNER, 『군이론의 모험: 루빅스큐브, 메를린 기계, 그리고 다른 수학적 장난감들Adventures in Group Theory: Rubik's Cube, Merlin Machine and Other Mathematical Toys』, 존스 홉킨스 대학 출판사, 2008년. 이 책을 읽으려면 학사 수준의 수학 지식이 요구된다.

정보처리학(18장)

다이슨, 조지George DYSON, 『튜링의 성당: 디지털 세계의 기원Turing's Cathedral: The Origins of the Digital Universe』, 판테온 북스, 2012년. 이 책은 최초의 컴퓨터 에니악이 책 제목에 나온 것과는 달리 튜링이 아닌 폰 노이만의 연구팀에 의해 개발된 과정을 생생히 기술한다.

모로, 르네René MOREAU, 『이리하여 정보처리학이 탄생했도다Ainsi naquit l'informatique』, 뒤노드, 1981년.

무작위, 카오스, 프랙탈(19, 20장)

오댕, 미셸Michèle AUDIN, 『파투, 쥘리아, 몽텔, 1918년의 위대한 수학상 수상자, 그리고 그 이후……Fatou, Julia, Montel, le grand prix des sciences mathématiques de 1918, et après……』, 스프링어, 2009년.

코엔, 질(기획). 『우연과 확률Hasard et probabilités』, 《탕장트》 제17호 특별호, 2004년.

망델브로, 브누아Benoît MANDELBROT, 『자연의 프랙탈 기하학The Fractal Geometry of Nature』, 프리먼 앤드 컴퍼니, 1983년.

망델브로, 브누아. 『프랙탈과 카오스, 망델브로 집합 그리고 그 너머Fractals ans Chaos, the Mandelbrot Set and Beyond』, 스프링어, 2004년.

리토, 브누아Benoît RITTAUD, 『우연과 확률Hasard et probabilités』, 르 포미에, 2002년.

π의 소수(21장)

들라에, 장폴. 『매혹적인 수 πLe Fascinant nombre π』, 푸르 라 시앙스, 2001년.

보리스 구레비치Boris Gourévitch의 사이트 π의 세계: www.pi314.net. 이 사이트에는 풍성한 참고자료 목록과 다른 사이트 링크가 수록되어 있다.

새천년을 위한 수학 난제(22장)

슈피로, 조지George SZPIRO, 『푸앵카레의 추측La Conjecture de Poincaré』, JC 라테스, 2007년. 이 마지막 책은 수학 대중화 소설이다.

들라에, 장폴. 『복잡도, 정보처리학과 수학의 경계에서Complexités, aux limites de l'informatique et des mathématiques』, 푸르 라 시앙스, 2006년.

수수께끼(23장)

레크레오매스 사이트: www.recreomath.qc.ca. 이 사이트에는 특히 앨퀸의 수수께끼 대부분이 수록되어 있다 (/art_alcuin.htm)

가드너, 마틴Martin GARDNER, 『샘 로이드의 수학 퍼즐Mathematical Puzzles of Sam Loyd』, 도버, 1959년.

가드너, 마틴. 『더 많은 샘 로이드의 수학 퍼즐More Mathematical Puzzles of Sam Loyd』, 도버, 2011년. 마틴 가드너의 수수께끼는 웹사이트 www.martin-gardner.org에서 찾아볼 수 있는데, 여기에는 그의 여러 저서에 대한 참고자료가 나와 있다.

듀드니, 헨리Henry DUDENEY, 『캔터베리 퍼즐The Canterbury Puzzles』, 펭귄, 2017년.

뤼카, 에두아르Édouard LUCAS, 『수학적 유희Récréations mathématiques』(전2권), 알베르 블랑샤르, 1992년. 이 마지막 책은 BNF 사이트에서 참조할 수 있다.

철학과 수학의 기초(24~29장)

아르티그, 미셸Michèle ARTIGUE, 「수학에서 오류의 역할Le rôle de l'erreur en mathématiques」, 《탕장트 에뒤카시옹》 7호, 2009년 1월.

바슐라르, 가스통Gaston BACHELARD, 『새로운 과학 정신Le Nouvel Esprit scientifique』, 플라마리옹, 2015년 ; "샹", 2017년.

바디우, 알랭Alain BADIOU, 질, 아에리Gilles HAÉRI 공저, 『수학 예찬』, 플라마리옹, 2015년 ; "샹", 2017년.

바뤼크, 스텔라Stella BARUK, 『선장의 나이: 수학에서 오류에 관하여L'Âge du capitaine : de l'erreur en mathématiques』, 르 쇠이유, 1985년.

들라에, 장폴Jean-Paul DELAHAYE, 「증명의 꿈에서 현실까지Du rêve à la réalité des preuves」, 《푸르 라 시앙스》 402호, 2011년 4월.

비디아니, 라자르 조르주Lazare Georges VIDIANI, 「바나흐-타르스키의 역설Le paradoxe de Banach-Tarski」, 《시앙스 & 앵포Sciences & Info》 11호, 2001년 2월. 선택공리를 사용한 바나흐와 타르스키의 풀이가 이 논문에 상세히 증명되어 있다.

하디, 고드프리Godfrey HARDY, 『어느 수학자의 변명L'Apologie d'un mathématicien』, 블랭, 1999년.

호프스태터, 더글러스Douglas HOFSTADTER, 『괴델, 에셔, 바흐: 영원한 화환 잎사귀들Gödel, Escher, Bach : les brins d'une guirlande éternelle』, 뒤노드, 1985년.

쥐스탱스, 다니엘Daniel JUSTENS(기획), 『수학, 아름다움에서 윤리로Mathématique, de l'esthétique à l'éthique』, 《탕장트》 제51호 특별호, 폴, 2014년.

스멀리언, 레이먼드Raymond SMULLYAN, 『괴델의 불완전성 정리Les Théorèmes d'incomplétudes de Gödel』, 뒤노드, 2000년.

물리학의 수학적 처리(30, 31장)

동브르, 장Jean DHOMBRES, 로베르, 장베르나르Jean-Bernard ROBERT 공저, 『푸리에, 수학적 물리학의 창조자Fourier, créateur de la physique mathématique』, 블랭, 1998년.

기다글리아, 장미셸Jean-Michel GHIDAGLIA, 「이미지를 압축하기 위한 웨이블릿Des ondelettes pour compresser les images」, 《라 르셰르슈》 제 349호, 2002년.

해밍, 리처드Richard HAMMING, 「수학의 비이성적인 효율성The Unreasonable Effectiveness of Mathematics」, 《월간 미국 수학The American Mathematical Monthly》, 제87권 2호, 1980년 2월. 이 논문은 인터넷에서 무료로 읽을 수 있다.

뉴턴, 아이작Isaac NEWTON, 『프린키피아(자연철학의 수학적 원리)Principes mathématiques de la philosophie naturelle』, 에밀리 뒤 샤틀레 번역, 알렉시 클레로 해설, 전2권, 알베르 블랑샤르, 1966년.

건축과 예술(32, 33장)

코엔, 질(기획). 『수학과 건축Mathématiques et architecture』, 《탕장트》 제60호 특별호, 폴, 2017년.

몽주, 가스파르Gaspard MONGE, 『화법기하학Géométrie descriptive』, 보두앵, 공화력 7년. 이 마지막 책은 BNF 사이트에 온라인으로 게재되어 있다. 공화력 7년은 1798~1799년에 해당한다.

코엔, 질(기획), 『수학과 조형예술Maths et arts plastiques』, 《탕장트》 제23호 특별호, 폴, 2005년.

브뤼네, 제레미Jérémie BRUNET, 『프랙탈 예술: 상상력의 경계에서L'Art fractal : aux frontières de l'imaginaire』, 폴, 2014년.

코엔, 질(기획), 『수학과 음악Maths et musique』, 《탕장트》 제11호 특별호, 폴, 2005년.

쥐스탱스, 다니엘Daniel JUSTENS, 「몽주의 손수레La brouette de Monge」, 《탕장트 쉬프》, 제70~71호, 2013년.

생태, 인구 및 의학(34, 35장)

리토, 브누아Benoît RITTAUD, 『지수적으로 증가하는 두려움La Peur exponentielle』, PUF, 2015년.

코엔, 질(기획), 『수학과 의학Mathématiques et médecine』, 《탕장트》 제58호 특별호, 폴, 2016년.

쥐스탱스, 다니엘Daniel JUSTENS(기획), 『보험 수학Les Mathématiques des assurances』, 《탕장트》 제57호 특별호, 폴, 2016년.

사회(36~40장)

페농브르 협회Association Pénombre, 『미친 숫자들Chiffres en folie』, 라 데쿠베르트, 1999년.

발랭스키, 미셸Michel BALINSKI, 『미완성인 보통선거Le Suffrage universel inachevé』, 블랭, 2004년.

쿠아즌, 실비Sylvie COISNE, 「인공지능: 위협Intelligence artificielle: la menace」, 《라 르셰르슈》 제498호, 2015년 4월.

들라에, 장폴, 「놀라운 벤포드의 법칙L'étonnante loi de Benford」, 《푸르 라 시앙스》 제351호, 2007년 1월.

두아디, 라파엘Raphaël DOUADY(기획), 『수학과 금융Maths et finances』, 《탕장트》 제32호 특별호, 폴, 2008년.

레닝, 에르베. 『비밀 암호의 세계, 고대부터 인터넷까지L'Univers des codes secrets』, 익셀, 2012년.

슈넵스, 레일라Leila SCHNEPS, 콜메즈, 코랄리Coralie COLMEZ 공저, 『법정에서의 수학, 계산의 오류가 사법 오심을 야기할 때Les Maths au tribunal, quand les erreurs de calcul font les erreurs judicaires』, 르 쇠이유, 2015년.

이미지 출처

26쪽: ⓒ Smithsonian's Human Origins Program.

38쪽: Courtesy the artist, Jilamara Arts and Crafts Association and Galerie Luc Berthier, ⓒ Timothy Cook.

53쪽: 사진 ⓒ The British Museum, 런던, Dist. MRM-Grand Palais/The Trustees of the British Museum.

62쪽: Jean-Pierre Estarague.

72쪽: ⓒ 2017 Biblioteca Apostolica Vaticana, Codex Vat. 190.

75쪽: ⓒ YBC 7289, courtesy Yale Babylonian Collection.

78쪽: ⓒ Cuneiform Tablet Plimpton 322, Rare Book and Manuscript Library, Columbia University in the City of New York.

112쪽: Hervé Lehning.

113쪽: ⓒ SSPL/Science Museum/Leemage.

114쪽: ⓒ Mogi/Wikimedia.

190쪽: ⓒ busik/Shutterstock.com.

239쪽: ⓒ V. Borrelli, S. Jabrane, F. Lazarus, D. Rohmer, B. Thibert.

336쪽: ⓒ Anna Levan/Shutterstock.com.

338쪽: ⓒ Alexander Zotov/123RF.

341쪽: ⓒPHB.cz (Richard SEmik) /Shutterstock.com.

347쪽: ⓒAndres Virviescas/Shutterstock.com.

348쪽: ⓒShigeru Ban Architects Europe 그리고 Jean de Gastines Architectes/Metz Metropole/Centre Pompidou Metz/Olivier Martin Gambier/Artedia/Leemage.

352쪽: ⓒ2017, Jean Constant. Digital Sangaku #9.

354쪽 위: Jos Leys, www.josleys.com ; 아래: ⓒJérémie Brunet, L'art fractal de Jérémie Brunet, Pôle Edition 2014.

355쪽: Patrice Jeener의 개인 소장품.

357쪽: ⓒ개인 소장품.

358쪽: ⓒ개인 소장품.

361쪽: ⓒPhoto Moderna Museet/Stockholm; 권리 보유.

367쪽: Jos Leys, www.josleys.com. 368쪽: Hervé Lehning.

컴퓨터그래픽: Laurent Blondel/Coredoc.

검색해보았으나 찾아내지 못한 저작권자들이 있습니다. 이분들은 출판사에 연락을 취해주시기를 부탁드립니다.

글상자 목록

'초월'은 어디에서 왔는가? 170

9의 검산: 옛날에는 초등학생이 어떻게 계산 결과를 확인했나 107

x와 +, =의 발명 147

나그네쥐 개체 수 변화에 관한 로트카-볼테라 모델 374

대수학의 기본정리 154

로맨틱한 수학자 에바리스트 갈루아 201

루이 푸쟁, 인터넷의 진정한 시조 412

무작위 과정에서 마르코프 연쇄 228

백만 달러를 받기 위해 오리가미를 납작하게 만들기! 253

베르트랑의 추측 증명 097

비유클리드기하학이 아인슈타인의 손에 들어가다 194

빙산의 잠긴 부분, 그 웹 버전 422

아르키메데스의 전설 129

알렉산드리아-시에네 거리 측정 059

에르되시 수, 수학자들의 친족관계 측정법 095

왜 노벨수학상은 없는가? 087

왜 아르키메데스의 무덤에는 구球가 있었을까? 158

원주민의 꿈의 시대 038
유명한 플라톤주의자의 글 발췌 273
유한집합의 부분집합 정하기 142
이상한 선택공리 289
이집트 조세 당국의 사기 054
정말 모든 것을 계산할 수 있을까 215
정수를 더하는 가우스의 방법 110
정형 증명의 불가해성 280
천재 은둔자 알렉산더 그로텐디크 207
카오스이론: 푸앵카레의 실수에서 일기예보까지 309
페르마의 무한강하법 134
푸앵카레는 어떻게 쌍곡기하학을 대중화했나 197
프랙탈이 존 내시의 꿈을 구체화하다 238
플림프턴의 점토판 해독 079
피타고라스가 생각한 길이 통분법 123

찾아보기

0-9

15 퍼즐 265

3등분 126, 128

4색 (정리) 279, 299

9의 검산 106

A-Z

AKS 검사법 101

DNS 422

GAFA 411

GIMPS 090

JPEG 331

mp3 331

NP 완전 252

NP 251

P=NP 251

P 251

PGP (Pretty Good Privacy) 415

RSA 415

SI 171

SIR 모델 376

ZF, ZFC 289, 290

ㄱ

가네다 야스마사 242

가드너 (마틴) 267

가변량 162

가우스 (카를) 110, 153

가우스곡선 386

가우스의 방법 110, 386

가짜 난수 (유사난수) 227, 394

가케야 소이치 311
각도 33, 58, 61, 130, 169, 195
갈루아 (에바리스트) 183, 201
갈릴레이 161, 219, 273, 320, 337
거듭제곱근(의) 077, 109, 125, 146, 150, 154, 170, 242
검색 엔진 422
결정학 200
결합되는, 결합성 153, 202, 280
경도 057, 067
계산 가능한 215, 385
계산 054, 102, 108
계산자 112
고드망 (로제) 303
골드바흐의 추측 093
골-피터스 투영법 069
공리 143, 182, 224, 270, 272, 275, 292
공진 340
괴델 (쿠르트) 274, 275, 291
구(球) 066, 158, 248, 290
구고의 정리 081
구르사 (에두아르) 210
구면기하학 198
구면삼각형 068
국세청, 조세 당국 028, 054
군 042, 183, 200
귀납 143, 264, 277
규칙 176, 178, 202, 214, 232, 272, 276, 277, 292
그레고리 (제임스) 242
그로텐디크 (알렉산더) 208, 300
그린 (벤) 092
극한 165, 177
글리산도 369
금융(의) 407
급수 164, 171, 322, 330
기대 수명, 기대 여명 379, 390
기대치 220, 390, 409
기초의 위기 143, 256, 282, 291, 330
기하학 178, 181
길이 122, 183, 196
끌림 영역 235

ㄴ

나그네쥐 이론 372
나비 (효과) 235, 310, 378
낙서 046
내시 087, 238
네이피어 로그 111, 172
노벨상 087, 208, 238, 350
노이만 (존 폰) 144, 216, 226, 298, 302
논리 211, 216

논리학 159, 165, 182, 272, 275, 277, 288
높이 056, 186, 304
뇌터 (에미) 206
뉴먼 (맥스) 215
뉴턴 (아이작) 063, 322, 385
니코마코스 (게라사의) 045

ㄷ

다각형 033, 128, 241
다리 153, 261, 335, 336, 339
다크넷 422
다항식 168, 206, 216
단위 026, 076, 103, 136, 171, 184, 221, 226, 395
달 032, 059, 060, 114
달랑베르 (장 르 롱) 384
닮음 184
대각선 092, 124, 285
대수 방정식 146
대수학 127, 146, 202, 206
대수학의 154, 166, 176
데카르트 (르네) 148, 152, 205, 257, 368
델 페로 (시피오네) 147
델 피오레 (안토니오 마리아) 149
도 033
독립 225
돌멩이 027, 102, 106
돔 335
동역학(계) 234
동적 균형 336
동적 시스템 234
동트 (빅토르) 403
뒤러 (알브레히트) 049, 356
듀드니 (헨리) 265
들리뉴 (피에르) 209
등거리변환 183
등차수열 050, 092
디드로 (드니) 384
디리클레 (요한) 092
디오니시우스 엑시구스 135
디오판토스 132, 147, 152, 260, 308
디지털 411

ㄹ

라 발레 푸생 (샤를 드) 094
라그랑주 (조제프루이) 176, 203
라디안, 호도 171
라마누잔 (스리니바사) 168, 305
라바 (라울) 364
라빈-밀러 검사법 101

라이프니츠 (고트프리트) 114, 162, 256, 322
라플라스 (피에르시몽 드) 386
랭랜즈 (로버트) 208
러셀 (버트런드) 287
러시아식 곱셈법 108
레비스트로스 (클로드) 037
레오나르도 다빈치 084
레이스 (조스) 353, 366
로그 094, 111, 166, 172, 394
로렌츠 (에드워드) 310
로렌츠 기계 215
로바체프스키 (니콜라이 아비노비치) 197, 293
로베르발 (질 페르손 드) 160
로봇 425
로빈슨 (에이브러햄) 165
로스 (로널드) 376
로이드 (샘) 265
로이터스바르드 (오스카) 360
로트카 (앨프리드) 374
루돌프 (크리스토프) 125
루빅스큐브 259, 266
뤼카 (에두아르) 090, 260
르장드르 (아드리앵마리) 092, 094, 097, 207, 327
리만 (베른하르트) 097
리만의 가설 098, 172, 246
리베스트 (론) 415
리샤르 (쥘) 293
리세 (장클로드) 369
리예프스키 (마리안) 302
린데만 (페르디난트 폰) 131
린드 파피루스 034, 052, 108

ㅁ

마르코프 228, 424
마법의 032, 046
마친 (존) 241
만 레이 355, 356
망델브로 230, 236
매개변수 079, 176, 234, 297, 327, 377, 410, 425
매클레인 (손더스) 208
맥 도널드 (데이비드) 368
맥 켄드릭 (앤더슨) 375
맨해튼 (계획) 226, 302
맬서스 370, 374, 377
메넬라오스 (알렉산드리아의) 067, 187
메르센 090
메르카토르 069
메소포타미아 023, 027, 074, 136
메예르 (이브) 332

면도사의 역설 287
면적 052, 155
명제 121, 276, 292, 296
모기 정리 376
모델 209, 272, 353
모선(母線) 192, 343
모페르튀 063
몬테카를로법 226
몽주 (가스파르) 350
무게중심 184
무리수 035, 125
무작위 144, 222, 397
무한, 무한대 046, 091, 133, 155, 157, 159, 160, 171, 182, 191, 195, 224, 232, 282, 353
무한강하 133, 134
무한소 162, 165
미르자하니 (마리암) 207
미분 175
미분계수 176
미분방정식 323, 327
미분법 322
미분소 162
미적분법 165, 180
미타그레플레르 (예스타) 087, 309

ㅂ

바나흐 (스테판) 290
바디우 (알랭) 011, 273
바빌로니아, 바빌로니아의 031, 076, 110, 136
바셰 (클로드가스파르) 050, 262
바스카라 083
바이어슈트라스 (카를) 353, 356
바자렐리 (빅토르) 359
발명 028, 035, 106, 111, 147, 181, 266
발명을 보는 관점 270
방정식의 차수 131
방첼 (피에르로랑) 131
배비지 (찰스) 113
배적 123, 127, 131
배중 288
법원 404, 419
베유 (앙드레) 042, 209, 210
베이즈 (토머스) 420
벤포드의 법칙 394
변량 322
보렐리 (뱅상) 238
보방 (세바스티앵 르 프르스트르) 350
복면산 266
복소수 133, 146, 153, 154, 169, 172

복잡도 216, 251
본 도법 069
볼테라 (비토) 373, 376
볼테르 063
봄벨리 (라파엘) 151
부르바키 (니콜라) 042, 209
분수 034, 167
불가능 119, 121, 122, 127, 133, 215, 283, 285, 292, 360
불가분량 160
불완전성 291
뷔퐁 (조르주루이 르클레르 드) 226
브라마굽타 138
브라마의 탑 263
브라헤 (튀코) 321
브루노 (조르다노) 320
브뤼네 (제레미) 353, 428
블랙 (피셔) 409
비례대표제 400, 402
비밀 문 417
비어 있음, 공 135, 137, 144
비에트 (프랑수아) 147
비유클리드 194, 369
비유클리드기하학 194
비주기적 쪽매맞춤 366
비즈네르 (블레즈 드) 413
비트 211, 214, 331, 415
빅데이터 387
빌라니 (세드리크) 011, 350

ㅅ

사망자 수 표, 사망률 382, 390
사영기하학 189, 359
사이클로이드 160
사인 061, 067, 160
산가쿠 351
산술학 34, 45, 52, 90, 98, 133, 144, 147, 165, 216
삼각법 060, 067
삼각측량 061
삼각형, 삼각형의 033, 036, 052, 184, 188, 192, 195, 304
상상력 278, 333
새천년을 위한 수학 난제 247
생명보험 379, 383
샤미르 (아디) 415
샤틀레 (질) 324
서브프라임 409
선거 396
선택(공리) 289
세금 028, 054
셀베르그 (아틀레) 094
셰퍼드 (로저) 369

소로반, 일본 주판 104
소수 086
소수에 대한 추측 099, 246
소프 (에드워드) 218
손해보험 (특종) 384
쇼어 (피터) 416
쇼어의 알고리즘 416
숄스 (마이런) 409
수 026, 034, 138
수를 세다 023
수수께끼 259
수수께끼들 034, 047, 096, 132, 252
수직이등분선 185
수판 103~105
수학자들 052, 082, 083, 092, 095, 111, 146, 248, 270
수학자란 259, 268, 270, 272
순수 (수학) 102, 150, 301, 329
숫자 30, 106, 135
슈티펠 (미하엘) 111
스팸 차단 필터 419
스팸메일(스팸) 420
식 175
신비주의적인, 신비주의 035, 043, 080, 126, 193
신호 329
실수 151
실질, 실질적 무한 158
심슨의 역설 394
쌍곡 192, 197, 323, 337, 342
쌍곡기하학 197
쌍곡면 344
쌍곡선 192, 342
쌍곡포물면 344
쌍둥이 (소수) 093, 099, 246

ㅇ

아다마르 (자크) 094
아라비아 60, 68, 105, 146, 260
아르키메데스의 나선 130
아르키메데스의 방법 128, 158
아름다움 010, 084, 200, 273, 303, 306, 343, 427
아리스타르코스 59
아리스토텔레스 181, 273, 288, 319
아벨 (닐스) 203
아벨상 208, 332
아시모프 (아이작) 425
아시모프의 로봇공학의 법칙들 425
아우구스티누스 (히포의) 044
아이젠하워 (드와이트) 302
아인슈타인 (알베르트) 194, 324
아폴로니오스 (페르사의) 192

아핀기하학 185
악수 096
안티키테라 기계 114
알 킨디 091, 282
알렉상드르 (잔) 301
알바타니 (아부) 067
알베르티 (레온 바티스타) 359
알와파 067
알콰리즈미 105, 146
암호화 086, 099, 212, 302, 413
압축 326, 331
앨퀸 261
야코비 (카를) 328
양자 (컴퓨터, 암호) 413, 416
언론의 숫자 388
에니악 컴퓨터 216
에라토스테네스 057, 088
에르되시 (폴) 094
에르미트 (샤를) 273
에볼라 375
에셔 (M.C.) 195, 359
에이들맨 (레오나르드) 415
에이즈 388
에일렌베르크 (사무엘) 208
여론조사 396
여성 207
역설 159, 219, 273, 285, 287, 290, 394, 402
역설, 모순에 의한 추론 285
역함수 172, 241
연산, 알고리즘 105, 108, 276
연속성 177
연속체 (가설) 285, 295
연역 277
영 106, 143
예술 351
예측 모델 310, 370, 375
오렘 (니콜) 205
오류 307
오리가미 252
오일러 (레온하르트), 오일러의 090, 153, 164, 261
오일러의 공식 169
오트레드 (윌리엄) 112
오펜하이머 (로버트) 298
와일스 (앤드루) 118, 133, 208
완전(수) 044, 090
왜곡된, 편향된 388, 389, 391
우딘 (휴) 296
우연성 218, 222, 397
원 041, 058, 066, 160, 198, 222, 343
원근법 181, 189, 359, 360
원뿔 189, 192, 321, 342
원뿔곡선 192, 300, 323

원시함수 166
원적 문제 127, 286
원주민 027, 038
월리스 (존) 153
웨이블릿 331
웹페이지 분류 422
위그너 (유진) 272, 324
위도 063
위상 차원 232
위치 (기수법) 031, 106
유리수 034, 123, 166, 244, 284
유율 (미분계수) 322
유클리드(의) 044, 073, 080, 085, 088, 157, 182, 196
유클리드기하학 183
유휘 082
윤리 298
음악 367
응오바오쩌우 209
응용수학 102, 301, 303, 328
이 (알렉산더) 240
이상고 뼈 026
이집트(의) 024, 028, 034, 052, 080, 108, 334
이항분포 385
인공지능 419
인도(의) 060, 082, 084, 101, 135, 143, 305
인터넷 프로토콜, IP 412
인터넷 090, 099, 228, 411
일기예보 228, 235, 309, 377
일회용 암호표 413

ㅈ

자기참조 293
자연로그 172
자오선 062, 067
자와 컴퍼스 125
작도 가능한 수 131
잠재적인 (무한) 158, 165
적분 163, 176, 331
전쟁 144, 210, 216, 226, 300, 301, 302,
점토판(태블릿) 031, 074, 075
접선, 탄젠트 173, 241, 271
정각도법 지도 069
정규분포 386
정규수 243
정리 126, 185, 276
정수 023, 144
정적 균형 336
정적도법 지도 069
정지 문제 215

정합성 292
정형 증명 기법 279, 280
제논 (엘레아의) 159
제르맹 (소피) 207
제타 함수 094, 172
제타 094, 097, 172
제퍼슨 (토머스) 403
조합하는 법칙 200
존스 (윌리엄) 157
좌우대칭 161, 172
주비 082
주판 104
중국(의) 006, 046, 082
중력파 324
중선 185
중심, 중심닮음변환 184
중앙 185, 193
쥘리아 (가스통) 210, 236
쥘리아 (집합) 237
증명 073, 082, 084, 091, 129, 277
증명할 수 없는 291
지구 057
지네르 (파트리스) 353
지능적 기계 419
지도 065, 068, 299
지동설 059, 319
지라르 (알버트) 154
지수함수 164
직각(의) 055, 072, 126, 158
직관 178, 225, 270, 279
직선 126, 180, 182, 189, 190
진실 246, 273, 291
집합 292, 330
쪽매맞춤 363

ㅊ

챔퍼나운 (데이비드) 244
천동설 059
천문학 044, 310
체 088, 100
체르멜로 (에른스트) 289
체바 (지오바니) 188
체비쇼프 (파프누티) 097
초기 조건 234, 310, 327, 374
초월 166, 170, 286
최대잉여법 402
최적 수송 350
추론 074, 122, 140, 275, 319, 392, 402
추상적인 090, 106, 121
추상화 119
추측 045, 092, 096, 133, 239
측량 023, 034, 052, 061

ㅋ

카르노 (라자르) 147
카르다노 (지롤라모) 145, 150, 219
카린시 (프리제시) 096
카발리에리 (보나벤투라) 160
카시니 (자크) 061
칸토로비치 (레오니트) 350
칸토어 (게오르그) 144, 283
커맥 (윌리엄) 375
컴피스 123, 131
케르크호프스 (오귀스트) 413
케일리 (아서) 202
케플러 (요하네스) 321
켐프 (앨프리드) 299
코사인 067, 332, 337
코시 (오귀스탱루이) 165, 180, 219
코언 (폴) 295
코흐 (헬게 폰) 231
콕세터 (도널드) 195
콘 (알랭) 274
콘도 (시게루) 240
콜라츠 (로타르) 095, 238, 293
콜로서스 215
콜모고로프 224
콩도르세 (니콜라 드) 384, 387
콩스탕 (장) 352, 428
쾨니히스베르크 (다리) 261
에우독소스 (쿠니도스의) 158 <- ㅇ 자리로 보내주세요
쿠머 (에른스트) 133
크랑 (크레티앵) 387
크로네커 (레오폴트) 023
큰 수의 법칙 382
클레로 (알렉시) 063
클레이 (랜던) 247
클레이 연구소 097, 247, 249
클로드 섀넌 211, 413
키 302, 413
키케로 158

ㅌ

타르스키 (알프레드) 290
타르탈리아 (폰타나) 145, 149, 150
타오 (테렌스) 086, 092
타원 192, 321, 349
타이히뮐러 (오스발트) 300
탈레스 056, 123, 187, 408
태양 056, 059, 234, 321
테일러 (리처드) 299
토스카나의 역설 219
톰 (르네) 274
톰슨 (제임스) 171

통분이 불가능한 124
통분할 수 있는 122
튜링 (앨런) 213
튜링 기계 215, 296

ㅍ

파산 384
파스칼 (블레즈) 114, 160, 189, 193, 220, 277, 385
파이 (π) 161, 167, 240
파푸스 (알렉산드리아의) 190
판 쾰런 (루돌프) 241
팔팅스 (게르트) 209
팽르베 (폴) 301
페도로프 (에브그라프) 363
페라리 (루도비코) 151
페렐만 (그리고리) 248
페르마 (피에르 드) 099, 132, 147, 205, 208, 299
페르시아의 067
페아노 (주세페) 143, 232, 277, 292, 293
펜로즈 (로저) 360, 366, 368
펜로즈 삼각형 360
편미분방정식 327
평면 기하학 182
평화주의(자) 301
포물선 192, 271, 300, 323, 337, 339, 344
푸리에 (조제프) 173, 326
푸리에 해석 328
푸아송 201
푸앵카레 (앙리) 197, 203, 229, 247, 251, 288, 307, 427
푸앵카레연구소 355
푸앵카레의 추측 247
푸쟁 (루이) 412
풀이법, 공식 147
프랙탈 230, 312, 353
프렝켈 (아브라함) 289
플라톤 081, 123, 126, 181, 269
플라톤주의자의 268, 295
플로리스 (프랑스) 356
플루타르코스 080, 129
플림프턴 (조지 아서) 077
피보나치 (레오나르도) 105, 260
피싱 417
피타고라스, 피타고라스학파의 045, 087, 126
픽셀 212
필즈상 087, 092, 207, 249, 350

ㅎ

하세 (헬무트) 239

하우스도르프 (펠릭스) 232

하우스도르프의 차원 232

하위헌스 (크리스티안) 337

함수 166, 172

합 107, 152, 160, 164, 168

합성수 100

항등원 170, 202

해밀턴 (알렉산더) 402

해밀턴 (윌리엄) 153, 202

허수 152

허프만 (데이비드) 331

헤로도토스 053

헤론 (알렉산드리아의) 109

현수선 337

호 064, 169, 171

혼돈, 카오스 228, 234, 309, 372

확률 100, 218, 308, 320, 376, 384, 386, 391, 398, 404, 420

확장 140

황금비 048, 317

후카가와 (히데토시) 353

히에로니무스 (로도스의) 056

히파티아 (알렉산드리아의) 207

힐베르트 (다비트) 246, 270, 276, 287, 291, 294, 296

세상의 모든 수학

초판 1쇄 인쇄 2020년 4월 9일
초판 3쇄 발행 2022년 7월 8일

지은이 에르베 레닝
옮긴이 이정은
감수 김성순
펴낸이 김선식

경영총괄 김은영
기획편집 이수정 **책임마케터** 권장규
마케팅본부장 이주화
채널마케팅팀 최혜령, 권장규, 이고은, 박태준, 박지수, 기명리
미디어홍보팀 정명찬, 최두영, 허지호, 김은지, 박재연, 배시영
저작권팀 한승빈, 이시은
경영관리본부 허대우, 하미선, 박상민, 윤이경, 권송이, 김재경, 최완규, 이우철
외부스태프 교정교열·표지 및 본문디자인 책과이음 본문조판 아울미디어

펴낸곳 다산북스 **출판등록** 2005년 12월 23일 제313-2005-00277호
주소 경기도 파주시 회동길 357, 3층
전화 02-702-1724
팩스 02-703-2219 **이메일** dasanbooks@dasanbooks.com
홈페이지 www.dasanbooks.com **블로그** blog.naver.com/dasan_books
종이·인쇄·제본 갑우문화사

ISBN 979-11-306-2931-5 (03410)

• 이 도서의 국립중앙도서관 출판시도서목록(CIP)은 서지정보유통지원시스템 홈페이지(http://seoji.nl.go.kr)와 국가자료공동목록시스템(http://www.nl.go.kr/kolisnet)에서 이용하실 수 있습니다. (CIP제어번호 : CIP2020011195)